高职高专建筑工程专业系列教材

土力学与地基基础

（按新规范编写）

		王文睿	主　编
芦长青	张乐荣	高佑凯	副主编
胡　静	曹晓婧	雷济时	
	黄金枝	屈文俊	主　审

中国建筑工业出版社

图书在版编目（CIP）数据

土力学与地基基础/王文睿主编. —北京：中国建筑
工业出版社，2012.8
（高职高专建筑工程专业系列教材）
ISBN 978-7-112-14568-3

Ⅰ.①土… Ⅱ.①王… Ⅲ.①土力学-高等职业
教育-教材②地基-基础（工程）-高等职业教育-教材
Ⅳ.①TU4

中国版本图书馆 CIP 数据核字（2012）第 183444 号

　　本书是按照高职高专建筑工程技术专业应用型人才的培养目标、规格以及《土力学与
地基基础》教学大纲的要求，依据我国现行国家标准《建筑地基基础设计规范》GB
50007—2011、《建筑结构荷载规范》GB 50009—2012 和《建筑结构可靠度设计统一标准》
GB 50068 等编写的。全书共 11 章，主要内容包括：绪论，土的物理性质，土的力学性
质，工程地质勘察，天然地基上的浅基础设计，土压力与挡土墙设计，桩基础，区域性地
基，软弱地基处理，基坑工程，地基基础的抗震验算和隔振设计等。本书语言通俗易懂、
简练明了、概念清楚、推理准确、结论可靠、重点突出。本书覆盖面广、实用性强，便于
初学者入门和专业人员掌握。为了便于学生学习，本书在每章正文之前有学习目的与要
求，正文之后有本章小结、复习思考题。

　　本书不仅可作为高职高专建筑工程技术专业的教学用书，也可作为工程技术人员提高
学历和考取执业资格证书的学习参考书。

＊　　　＊　　　＊

责任编辑：范业庶
责任设计：赵明霞
责任校对：党　蕾　陈晶晶

高职高专建筑工程专业系列教材

土力学与地基基础

（按新规范编写）

王文睿　主　编

芦长青　张乐荣　高佑凯

胡　静　曹晓婧　雷济时　副主编

黄金枝　屈文俊　主　审

＊

中国建筑工业出版社出版、发行（北京西郊百万庄）
各地新华书店、建筑书店经销
霸州市顺浩图文科技发展有限公司制版
北京富生印刷厂印刷

＊

开本：787×1092 毫米　1/16　印张：20¼　字数：491 千字
2012 年 8 月第一版　2017 年 4 月第五次印刷
定价：39.00 元
ISBN 978-7-112-14568-3
（22659）

版权所有　翻印必究
如有印装质量问题，可寄本社退换
（邮政编码 100037）

前　言

本书是按照高职高专建筑工程技术专业应用型人才的培养目标、规格以及《土力学与地基基础》教学大纲的要求，依据现行国家标准《建筑地基基础设计规范》GB 50007—2011、《建筑结构荷载规范》GB 50009—2012 和《建筑结构可靠度设计统一标准》GB 50068 等编写的。

本书在编写中，紧紧围绕职业教育特点，注重实用技能培养，以工程应用为主旨，以工科职业教育实际能力培养为目标，在充分尊重教育教学规律的前提下构建课程新体系。本书语言通俗易懂，简练明了，概念清楚，推理准确，结论可靠，重点突出。本书覆盖面广，实用性强，便于初学者入门和专业人员掌握。为了便于学生学习，本书在每章正文之前有学习目的和要求，正文之后有本章小结、复习思考题。

本书内容包括绪论，土的物理性质，土的力学性质，工程地质基勘察，天然地基上的浅基础，土压力与挡土墙设计，桩基础，基坑工程，区域性地基软弱地基处理，基坑工程，地基基础的抗震验算与隔震设计等内容。本书注重地基基础学科知识在工程实际中的应用，注重学生实际工作技能培养。本书具有较强针对性和实用性，不仅可作为各级职业学院建筑工程技术专业的教学用书，满足各类院校实际教学的需要，还可作为土木工程技术人员的参考书。本书也可作为工程技术人员提高学历和考取职业资格证书的学习参考书。

本书第一章、第五章、第六章由王文睿、芦长青编写，第二章、第三章、第四章由张乐荣、芦长青、高佑凯编写，第七章、第八章、第九章第由高佑凯、胡静、曹晓婧编写，第十章、第十一章由雷济时、胡静、曹晓婧编写。

上海交通大学博士生导师黄金枝教授、同济大学博士生导师屈文俊教授共同审阅了全书，并提出了许多宝贵的意见和建议，长安大学曹照平副教授和刘淑华高级工程师对本书的编写提出了许多宝贵的意见和建议；已故的知名学者、知名数学力学专家、土木工程教育界老前辈林钟琪教授，几十年来对作者的学习、工作给予了长期的关心和支持，在此作者对他老人家表示深切的怀念和崇高的敬意；在本书的编写过程中还得到了作者单位领导和同事提供的许多帮助，作者表示衷心的感谢。

限于编者的理论水平和实际经验，书中不足之处在所难免，欢迎广大师生和其他读者批评指正。

目　　录

第一章　绪　论

学习要求与目标:
1. 理解地基及基础的概念。
2. 了解本课程的性质、研究对象及特点。
3. 掌握本课程的学习方法。

第一节　土力学与地基基础的概念

土是地壳岩石长期经受强烈风化所形成的,是各种矿物质的集合体。土由固体颗粒、水和空气三相组成。土包括无黏性土和黏性土两大类。宏观上看,用于建筑物的地基土是连续的整体,微观上看,它是多孔和松散的,正是因为土在组成上与其他固体有许多不同之处,所以其物理性能、力学性能就必然具有其自身特性。

我国幅员辽阔,各地自然地理环境有很明显的特殊性,土的沉积条件不同,所以,在一些地区形成了地域特色明显的特殊土,它们具有各自的特殊性。

为了准确全面了解土的物理、力学特性,运用力学基本原理和土工实验技术,研究土的物理性质以及在外力作用下的应力、变形、强度和渗透性等特性,在长期工程实践过程中,经过不断完善和提高,形成了一门专门研究土的物理、力学性能的具有自身特性的学科,通常人们把这个学科称为土力学。换句话说,土力学就是研究土的工程性质和在力的作用下土体受力及变形特性的学科。土力学在学术界被视为力学体系中的一个分支,但由于土具有复杂性、多样性的工程特点,现阶段在解决土力学问题时,还不能像其他力学的分支一样做到理论完备、逻辑严密、公式精确。地基土中许多参数及土的性质确定,需要借助于当地经验、现场试验以及室内试验,并辅助以理论计算才能实现。所以,土力学是一门依赖于实践的学科。

任何建筑物都建造在地层之上,建筑物和它承受的全部荷载都由它下面的地层承受。受建筑物传来荷载影响的那一部分地层称为地基。建筑物在地面以下并将上部荷载传至地基的结构就是基础,地基和基础俗称下部结构。基础底面至地面的距离称为基础的埋深。直接支承基础的地层称为持力层,在持力层下方的地层称为下卧层。受基础传来荷载影响的地层深度通常大致为基础底面宽度的几倍。

地基是土层的一部分,地层是自然界的产物。当拟建场地确定、建筑物选址定点后,人们对场地条件的选择,受客观条件制约就没有改变的余地,人们只能通过可利用的各种手段和途径,尽可能了解清楚给定场地内所需的地基土有关特性,并在设计和施工中加以合理的利用或据此对地基进行必要的处理。

基础的作用是将建筑物和其承受的全部荷载传递给地基。作为下部结构的基础是建筑结构的重要组成部分，因此，基础也应该具有足够的强度、刚度和耐久性。基础的形式、所用材料、埋置深度、底面尺寸和基础截面尺寸，都是影响基础承载性能、变形性能和耐久性能的重要因素，这些指标都需要通过设计计算确定。

地基基础应满足以下两个方面的基本条件要求。

（1）强度条件　要求作用在地基上的荷载不超过地基承载力，以保证地基在防止结构整体失稳方面具有足够的安全储备。

（2）变形条件　控制基础的沉降使其不超过规范规定的容许变形值。

为了满足以上两个条件，就必须研究地基土的物理、力学性能，所以土力学是地基基础工程设计和施工的理论基础。

天然土层可以作为建筑物地基的称为天然地基；需经人工加固和处理后才能作为建筑物地基的称为人工地基。通常把埋置深度不大于 5m 的基础称为浅基础。浅基础只需经过挖槽、排水等普通施工程序就能建造完成，例如，墙下或柱下条形基础、柱下单独基础、交梁基础、筏板基础和箱形基础等。若浅层土质不良，需要将基础埋设到深层并利用深层良好的承载能力，且埋置深度在 5m 以上的基础称为深基础，例如，桩基础、墩基础、沉井基础和地下连续墙基础等。

建筑物的上部结构、地基和基础是建筑物赖以存在的三部分，虽然各部分功能各异，但它们构成了一个既互相制约又共同工作的整体。最合理的方法应同时考虑静力平衡和变形协调，即采用考虑共同作用的分析方法进行设计。但现阶段由于研究和试验的局限性尚不能如此。目前仍然采用将上部结构、基础和地基三部分分开，按照静力平衡条件，采用不同的假定进行分析计算，设计值中部分采用了考虑共同作用特性的研究成果。

第二节　本课程的特点、学习方法和要求

一、课程的特点

地基和基础位于地面以下，系隐蔽工程。它的勘察、设计和施工质量，直接影响建筑物的安全。地基、基础一旦发生质量事故，补救和处理往往非常困难，甚至无法补救。历史上由于地基、基础发生事故造成由建筑物的损毁导致的重大财产损失和人员伤亡的事例并不鲜见。一般说来，没有地基及基础的安全稳定，任何建筑物都难以保证其正常使用或安全稳定。

地基基础的造价在全部工程造价中占有很高的比例，基础选型和施工方案的选择对地基与基础工程造价和建筑工程总工程造价有着直接影响。科学合理的设计、严密的组织管理、精心的施工是控制地基基础造价的有效途径。地基基础施工受地下土层和地下水等其他一些不可完全预知的因素影响，具有复杂性和一定的难度，特别是深基础的施工更是如此，所以，地基基础的施工工期对建筑总工期的影响也很大，合理的设计方案和施工方案是缩短地基基础施工工期的有效途径。

随着经济社会的不断发展，土地资源的稀缺程度越来越高，在空间上人们不仅需要兴建高层建筑，而且在经济承受能力可以满足的前提下，在地下空间的利用上人们总是希望

尽可能多地发掘地下空间，这种现状对地基基础学科的研究和发展提出了许多值得认真研究和解决的课题。此外，对以往认为不适宜进行工程建设的不良地基条件的地段，充分研究透这类地基土的特性，发掘其利用价值，合理充分利用这些地段建造适宜的建筑，对节约建设用地，减少基本农田的征用都有着现实可观的效益和长远的意义。

地基基础是建筑结构的重要组成部分，和上部结构一样设计时也要满足受力和变形两方面条件的相关要求。

（1）强度条件　要求作用在地基上的荷载不超过地基承载力，以保证地基在防止结构整体失稳方面具有足够的安全储备。

（2）变形条件　控制基础的沉降使其不超过规范规定的容许变形值。

为了满足以上两个条件，就必须研究和掌握地基土的物理、力学性能，以便在工程设计和施工中正确判断和把握地基土的特性，并能在地基基础设计和施工方案确定时加以利用。所以土力学是地基基础工程设计和施工的理论依据之一。

二、学习方法和要求

本门课程包括工程地质的基本概念、土力学和地基基础设计等内容，同时又涉及钢筋混凝土及砌体结构和施工技术课程的相关知识，内容较为广泛、综合性强。此外，一方面本课程又与工程实践紧密相连，另一方面土力学的许多物理、力学性质需要通过试验获取，有时也需要根据当地经验确定，所以本课程又是一门实践性和应用性都很强的课程。本课程的学习必须以力学、建材等课程知识学习为基础，以土工试验为着眼点展开学习，学习时要善于动手试验、善于观察、善于归纳总结，善于对照书本理论知识开展学习活动。学习时要做到目标明确、方法得当、时间保证。所谓目标明确是指一定要弄清楚学什么？为什么学？学到何种程度？要弄清楚通过本课程的学习需要构建的知识结构、技能结构和素质结构体系的具体内容和要求，以确立有效完成学习任务、实现学习目标思路，探索出符合自身特点的学习方法。

为了便于学习，本书每章在学习内容前按教学大纲要求编写了学习目标和要求，它们是本章节学习过程要理解、领会和贯彻的内容和标准，是指导学生学好本课程的纲领。我们所提倡的学习方法得当是指，学习过程中思路正确，理解和掌握知识的方法得当，学习态度端正，以及将所学知识转化为实际工作技能过程中具有有效性和高效性。

学习时，首先要求学生具有相关课程的基础知识作保证。其次是要求学生能够正确理解记忆所学名词、定义和各种基本概念，正确理解并领会各种基本原理，理解和掌握所学知识。其次，是要求学生逐步掌握运用所学知识解决实际问题的思路、方法和和技能；再次，认真领会理解各种实验目的、过程、方法、推理以及所作结论，还要做到对常用主要计算公式的来由脉络清楚，做到在理解的基础上推导并记忆常用主要公式；最后，学会正确理解运用有关的各种设计、施工验收、试验等的相关规范的基本技能，养成遵守和执行《规范》的基本素养，能够比较好地掌握理论联系实际的工作方法及途径，善于养成在工程实际中学知识、学技能的好习惯和好素养。学习过程中，可通过施工现场的参观、课程设计等其他实训环节，提高课堂学习的成效，达到所学知识逐步转化为实际工作技能的目的。要完成上述任务、达到上述要求，必须认真完成一定数量的思考题和其他练习题，加深对有限的课堂教学内容的理解、消化、掌握和巩固。通过持续不断的复习，在理解基础上记忆和掌握所学知识，最终达到掌握实际工作技能目的。

总之，《土力学与地基基础》是一门理论相对较深，学习难度较大，理论性和实践性都很强课程，本课程涉及的知识和技能在工程实际中运用较为广泛，它对学生走向工作岗位后的设计、施工、预算和管理等方面技能的培养具有较高的关联度，认真学好这门课程，对学生毕业后在建筑行业工作具有很现实的意义。

改革开放以来的几十年间，我国经济社会发展速度快、成效大，建筑业的发展对国家现代化进程的加快起到了较大的促进作用，建筑工程技术和建筑工程施工专业的毕业生任重道远、前途光明，衷心希望我国未来的建设者和接班人不辜负党和国家的期望，能够通过自身的不懈努力，把自己塑造成为掌握一定理论知识和工程实践所需基本技能的建设行业高素质的人才，在实现国家富强文明的伟大事业中充分施展自己的聪明才智，做出自己应有的贡献，把实现自身价值的理想融入祖国经济社会发展的实践中，无愧于自己的一生，不辜负伟大时代对青年一代的期盼。

本 章 小 结

1. 土力学是研究土的工程性质和在力的作用下土体状态的学科。在工程实践过程中，为了准确全面了解土的物理、力学特性，运用力学基本原理和土工实验技术，研究土的物理性质以及在外力作用下的应力、变形、强度和渗透性等特性，并经不断完善和提高，形成了一门具有自身特性的学科，这个学科称为土力学。土力学是力学的一个具有特殊性的分支，它研究的对象岩土其种类多、组成上多样性、复杂性且为多孔隙不连续、松散，整体性很差。工程地基中的土许多参数和有些土的性质确定，需要借助于当地经验、现场试验以及室内试验并辅助以理论计算才能实现。所以，土力学是一门对实践依赖性很强且不同于一般力学的学科。土力学是地基基础工程设计和施工的理论基础。

2. 地基是指受建筑物传来荷载影响的那一部分地层。建筑物在地面以下并将上部荷载传至地基的结构就是基础，地基和基础俗称下部结构。基础底面至地面的距离称为基础的埋深。直接支承基础的地层称为持力层，在持力层下方的地层称为下卧层。受基础传来荷载影响的地层深度通常大致为基础底面宽度的几倍。天然土层可以作为建筑物地基的称为天然地基；需经人工加固和处理后才能作为建筑物地基的称为人工地基。

3. 地基土具有地域固定性，当拟建场地确定、建筑物定点后，人们无法改变地基范围内土层的基本组成和构造。人们只能通过可利用的各种手段和途径尽可能了解清楚特定场地内土的各种所需的特性，并在设计和施工中加以合理的利用或采取对应的措施进行必要的处理，以满足工程建设的需要。

4. 基础是将建筑物和其承受的全部荷载传递给地基的地下结构。它是结构的重要组成部分，它也应该具有足够的强度、刚度和耐久性。它的形式、所用材料、埋置深度、底面尺寸和基础截面尺寸，都需要通过设计计算来确定。

5. 通常把埋置深度不大于5m的基础称为浅基础。如墙下或柱下条形基础、柱下单独基础、交梁基础、筏板基础和箱形基础等。埋置深度在5m以上的基础称为深基础。如桩基础、墩基础、沉井基础和地下连续墙基础等。

6. 地基基础要满足受力和变形两方面条件的相关要求。强度条件要求作用在地基上的荷载不超过地基承载力，以保证地基在防止结构整体失稳方面具有足够的安全储备。变形条件要求控制基础的沉降使其不超过规范规定的容许变形值。

7. 土力学与地基基础课程包括工程地质的基本概念、土力学和地基基础设计等内容，同时又涉及钢筋混凝土及砌体结构和施工技术课程的相关知识，内容较为广泛，综合性强。同时本课程又与工程实践紧密相连，土力学的许多物理、力学性质需要通过试验获取，有时也需要根据当地经验确定，所以本课程又是一门实践性和应用性都很强的课程。

建筑地基基础是一门理论相对较深，学习难度较大，同时也是实践性很强课程，本课程涉及的知识和技能在工程实际中运用较为广泛，它对学生走向工作岗位后的设计、施工、预算和管理等方面技能的培养具有较高的关联度，认真学好这门课程，对学生毕业后在建筑行业工作具有很现实的意义。

土力学与地基基础课程的学习必须以力学、建材等课程知识学习为基础，以土工试验为着眼点展开学习，学习时要善于动手试验、善于观察、善于归纳总结、善于对照书本理论知识开展学习活动。

复习思考题

一、名词解释

地基　基础　天然地基　人工地基　深基础　浅基础

二、问答题

1. 土力学的特点有哪些？研究对象的特点有哪些？

2. 地基和基础的作用各是什么？

3. 地基基础设计应满足的两个基本要求是什么？

4. 土力学地基基础课的特点、学习任务包括哪些内容？

5. 怎样才能学好土力学地基基础课？

第二章 土的物理性质

学习要求与目标：
1. 了解岩石和土的成因类型、土的组成。
2. 掌握土的物理指标、土的性状评价。
3. 掌握岩土的工程分类。

众所周知，地球是由地核、地幔和地壳三部分组成的，处在地球表面的坚硬的外壳（地壳）是人们生存和所有工程建筑的场所。在地球形成、发育和演变的漫长过程中，形成了各类型的地质构造、地形地貌以及多种多样的岩石和土。

地壳表层的岩石和土常作为建筑物的地基。岩石形成年代较长，颗粒间连接牢固，呈整体或具有节理裂隙的岩体，在山区和地层深处分布较广。土是松散的沉积物，它是岩石经风化、剥蚀、搬运、沉积而成的。土形成年代较短，一般在第四纪时沉积，因此，土又称为第四纪沉积物。

第一节 土 的 形 成

风化作用是一种使岩石产生物理和化学变化的破坏作用。岩石风化后变成粒状的物质，导致强度降低，透水性增强。风化作用分为物理风化、化学风化及生物风化三种。所谓物理风化是指由于温度变化和岩石裂隙中水的冻结，以及岩类的结晶引起岩石表面逐渐破碎崩解的变化过程。物理风化仅使岩石机械破碎，风化产物与母岩矿物成分相同，其化学成分没有发生变化。化学风化是指地表岩石在水溶液、大气以及有机体的化学作用或生物作用下引起的破坏过程。它不仅使得岩石结构被破坏，而且改变岩石的化学成分，从而形成新的矿物。化学风化主要有氧化、水化、水解、溶解和碳酸化等作用。生物生长过程对岩石的破坏作用称为生物风化。如穴居地下的蚯蚓活动、树根的生长过程施加给岩石的作用都可引起岩石的机械破碎。岩石表面生长的细菌、苔类分泌的有机酸溶液可以产生化学作用，分解岩石的成分，使岩石发生变化。

地表土分布广、成因类型多而复杂，不同成因类型的沉积物，各具一定的分布规律、地形形态及工程性质，土的成因主要包括残积土、坡积土、洪积土、冲积土及其他沉积土。

一、残积土

原岩表面经风化作用后残留在原地的碎屑物，称为残积土。它的分布受地形限制。在宽广的分水岭上，由于地表水流速很低，风化产物能留在原地，形成一定厚度。在平缓的山地或低洼地带也常有残积土分布。

残积土中残留的碎屑的矿物成分，在很大程度上与下卧母岩一致，这是它区别于其他沉积土的主要特征。砂石经风化剥蚀后生成的残积土多为砂岩碎块。由于沉积土未经搬运，其颗粒大小未经分选和磨圆，大小混杂，均质性差，土的物理力学性质各处不一，且其厚度变化大，如图2-1所示。在工程建设时，要充分注意残积土的不均匀性引起地基土受力的差异性的不利影响。

在我国南方地区某些残积土具有一些特殊的工程性质。如由石灰岩风化而成的残积红黏土，虽然其孔隙比较大，含水量高，但因其结构性强因而承载力高。由花岗岩风化而成的残积土，虽然室内测定的压缩模量较低，孔隙也比较大，但其承载能力并不低。

二、坡积土

高处的岩石风化产物，由于受到雨雪水流的搬运作用，或由于重力作用而沉积在较平缓的山坡地上，这种沉积物称为坡积土。它一般分布在坡腰或坡脚，其上部与残积土相连，如图2-2所示。

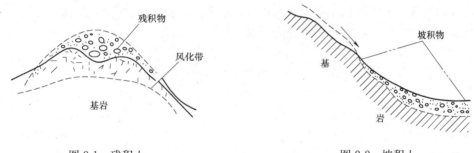

图 2-1　残积土　　　　　　　　　　图 2-2　坡积土

坡积土随斜坡自上而下逐渐变缓，呈现由粗而细的分选作用，但层理不明显。其矿物成分与下卧基岩没有直接关系，这是与残积土明显区别之处。

坡积土底部的倾斜度取决于下卧基岩面的倾斜程度，而其表面倾斜度则与生成的时间有关。时间越长，搬运沉积在山坡下部的物质越厚，表面倾斜也越小，在斜坡较陡地段的厚度常较薄，而在坡脚地段的沉积土较厚。

由于坡积土形成于山坡，故较易沿下卧基岩倾斜而发生滑移。因此在坡积土上进行工程建设时，要考虑坡积土本身的稳定性和施工开挖后边坡的稳定性。

三、洪积土

由暴雨或大量的融雪骤然积聚而成的暂时性山洪急流，将大量的基岩风化产物或基岩剥蚀、搬运、堆积于山谷冲沟出口或山前倾斜平原而形成洪积土，如图2-3所示。由于山洪流出山沟谷口后其流速骤减，被搬运的粗碎屑物质先堆积下来，随着离开山谷沟口距离的加大，洪积土的颗粒越来越细，分布范围也随之扩大。洪积土的地貌特征是靠山近处窄而陡，离山较远处宽而缓，形似扇形或锥体，故称为洪积扇（锥），如图2-4所示。

洪积物质离山区由近渐远颗粒呈现由粗到细的分选作用，碎屑颗粒的磨圆度由于搬运距离短而仍然不佳。由于山洪大小交替变化和分选作用，常呈现不规则交错层理构造，并有夹层和透镜石。

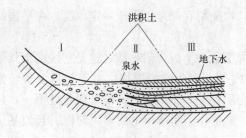
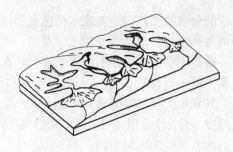

图 2-3　洪积土
Ⅰ—靠近山区的粗颗粒洪积土；
Ⅱ—中间过渡地段较为宽广的沼泽地；
Ⅲ—离山较远地段粉粒及黏粒洪积土

图 2-4　洪积扇（锥）

四、冲积土

河流两岸的基岩及其上覆盖的松散物质，被河流流水剥蚀后，经搬运、沉积于河道坡度较平缓的地带而形成的沉积物，称为冲积土。冲积土具有明显的层理构造。经过长距离的搬运过程，颗粒的磨圆度较好。随着从上游到下游的流速降低，冲积土具有明显的由粗到细的分选现象。上游冲积土多为粗大颗粒，中下游冲积土大多为细小颗粒。

冲积土根据形成的原因不同可分为以下几种。

1. 平原河谷冲积土

平原河谷冲积土包括河床冲积土、河漫滩冲积土、河流阶地冲积土及古河道冲积土等，如图 2-5 所示。其特点是类型较多，构成比较复杂。河床冲积土大多为中密砂砾，作为建筑物地基，其承载力较高，但必须注意河流冲刷作用可能导致建筑物地基的毁坏以及凹岸边坡的稳定问题，河漫滩冲积土其下层为砾砂、卵石等粗粒物质，上部则为河流泛滥时沉积的较细颗粒土，局部夹有淤泥和泥炭层。河漫滩地段地下水埋藏很浅，当沉积土为淤泥或泥炭时，其压缩性高、强度低，作为建筑物地基时，应认真对待，尤其是在淤塞的故河道地区，更应慎重处理；如沉积土为砂土，则其承载力可能较高，但开挖基坑时必须注意可能发生的流砂现象。河流阶地沉积土是由河床沉积土和河漫滩沉积土演变而来的，其形成时间较长，又受周期性干燥作用，故土的强度较高，可作为建筑物的良好基础。

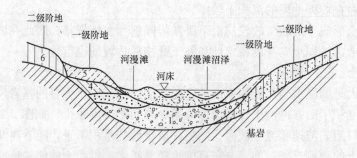

图 2-5　平原河谷横断面示意图

2. 山区河谷冲积土

在山区，河谷两岸陡峭，大多仅有河谷阶地，如图 2-6 所示。山区由于地势通常较陡，河流流速很高，故沉积土较粗，大多为砂砾填充的卵石、圆砾等。山间盆地和宽谷中有河漫滩冲地土，其分选性较差，具有透镜体和倾斜层理构造，但厚度不大，在高阶地往往是岩石或坚硬土层，作为地基土，工程地质条件较好。

3. 三角洲冲积土

三角洲冲积土是由河流搬运的物质在入海或入湖的地方沉积而成的。三角洲的分布范围较广，其中水系密布且地下水位较高，沉积物厚度也较大。

三角洲沉积土的颗粒较细，含水量大且呈饱和状态。当建筑场地存在较厚淤泥

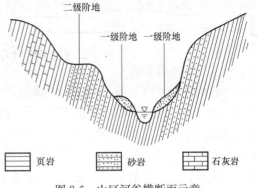

图 2-6　山区河谷横断面示意

或淤泥质土层时，将给工程建设带来许多麻烦和困难。在三角洲沉积土的上层，由于长期的干燥和压实作用，表面会形成一种硬壳，其承载力较下部土层高，应在设计时加以利用。在三角洲进行工程建设时，应注意查明有无沉积土所掩盖的暗浜或暗沟存在。

五、其他沉积土

海洋沉积土、湖泊沉积土和冰川沉积土以及风化土，它们都是各自作用的产物。

1. 海洋沉积物

海洋按海水深度及海底地形划分为滨海带、浅海区、陆坡区及深海区。

（1）滨海沉积物　主要由卵石、圆砾和砂等粗碎屑物质组成，其中也可能存在黏性土夹层。这种土具有基本水平或缓倾斜的层理构造，在砂层中常有波浪作用的痕迹。作为地基，其承载力较高，但透水性较强。

（2）浅海沉积物　主要是细颗粒砂土、黏性土、淤泥和生物化学沉积物（硅质和石灰质等）。离海岸越远，沉积物的颗粒越细小。浅海沉积物具有层理构造，其中砂土较滨海区更为疏松，因而压缩性高且不均匀；一般近岸黏土质沉积物密度小、含水率高，因而其压缩性大，强度低。

（3）陆坡和深海沉积物　主要是有机质软泥，成分均一。

2. 湖泊沉积物

湖泊沉积物可分为湖边沉积物和湖心沉积物。

（1）湖边沉积物　主要由湖浪冲蚀湖岸，损毁岸壁形成的碎屑物质组成的。在近岸带沉积的多数是粗颗粒的卵石、圆砾和砂土；远岸带沉积的是细颗粒砂土和黏性土，湖边沉积物具有明显地斜层理构造。作为地基时，近岸带具有较高的承载力，远岸带则要低一些。

（2）湖心沉积物　是由河流或湖流夹带的细小悬浮颗粒到达湖心后沉积形成的，主要是黏土和淤泥，常夹有细砂、粉砂薄层，称为带状黏土，其压缩性高、承载力低。

第二节　土的组成

土是岩石风化生成的松散沉积物。它的物质成分包括构成土的骨架固体颗粒及填充在孔隙中的水和气体。一般情况下，土就是由固体颗粒、液态的水和气体组成的三相体系。当孔隙全部被水填充时称为饱和土；当孔隙中只有空气时称为干土。饱和土和干土均属二

相体系。土体中颗粒大小和矿物成分差别很大，各组成部分的数量比例也不相同，土粒与其周围的水又发生着复杂的作用。因此，要研究土的工程性质就必须了解土的组成及土的结构构造。

土粒矿物成分 {原生矿物（物理风化）/次生矿物（化学风化）

一、土的固体颗粒

土的固体颗粒（土粒）构成土的骨架，土粒大小与其颗粒形状、矿物成分、结构构造存在一定关系。粗大颗粒往往是岩石经物理作用风化形成的碎屑，其形状呈块状或粒状，常形成单粒结构；而细小颗粒主要是化学风化形成的次生矿物和有机质，多呈片状，形成蜂窝状或絮状结构。砂土和黏土是两种不同的土类，它们的颗粒形状、矿物成分、结构构造各不相同，这主要是由它们的颗粒组成显著不同造成的。

1. 土粒的级配

土粒的大小及其矿物成分的不同，对土的物理力学性质影响极大。当土粒的粒径由粗到细逐渐变化时，土的性质也相应发生变化。随着土粒粒径变细，无黏性且透水性强的土逐步变为具有黏性且低透水性的可塑性土。因而，在研究土的工程特性时，应将土中不同粒径的土粒，按某一粒径范围分成若干组。划分时同一粒组的土，其物理力学性质应较为接近。粒组与粒组之间的分界尺寸称为界限粒径。

通常将土划分为六大粒组：漂石或块石、卵石或碎石、圆砾或角砾、砂粒、粉粒及黏粒。各组的界限粒径分别是 200mm、20mm、2mm、0.075mm 和 0.005mm。表 2-1 列出了土粒粒组的划分方法和界限。

土粒粒组的划分　　　　　　　表 2-1

粒组名称	粒径范围(mm)	一般特征
漂石或块石颗粒	>200	透水性强、无黏性、无毛细水
卵石或碎石颗粒	200～20	透水性强、无黏性、无毛细水
圆砾或角砾颗粒	20～2	透水性强、无黏性，毛细水上升高度不超过粒径大小
砂粒	2～0.075	易透水，当混入云母等杂质时透水性下降，而压缩性增强；无黏性，遇水不膨胀，干燥时松散；毛细水上升高度不大，随粒径变小而增大
粉粒	0.075～0.050	透水性小、湿时稍有黏性，遇水膨胀小，干时稍有收缩，毛细水上升高度较大，极易出现冻胀现象
黏粒	<0.005	透水性很小、湿时有黏性，可塑性，遇水膨胀大，干时收缩显著，毛细水上升高度较大，且速度较慢

土中土粒的大小及其组成情况，通常以土中各个粒组的相对含量（各粒组质量占总质量的百分数）来表示，称为土粒的级配。　*但中细搭配良好*

土中各个粒组的相对含量可通过颗粒分析试验得到。颗粒分析方法有筛分法、密度计法或移液管法等。前者适用于粒径大于 0.075mm 的土，后者适用于粒径小于 0.075mm 的土。筛分法使用一套不同孔径的标准筛，将风干、分散的具有代表性的土样，放入一套从上到下、筛孔由粗到细排列的标准筛进行筛分，称出留在各筛子上的颗粒质量，并算成相应的质量百分比，由颗粒分析结果可判断土粒的级配情况及确定土的名称。标准筛孔径（60mm、40mm、20mm、10mm、5mm、2mm）及细筛孔径（2.0mm、1mm、0.5mm、0.25mm、0.075mm）组成。

颗粒分析试验结果可用表或曲线表示。某土样土工试验结果见表 2-2，图 2-7 所示的是根据试验结果绘出的粒径级配累计曲线，根据上述两种方法整理出来的成果便可确定土的分类名称。

筛分法颗粒分析表　　　　　　　　　表 2-2

试样编号	b							
筛孔直径(mm)	20	10	2	0.5	0.2	0.75	<0.075	总计
留筛土重(g)	10	1	5	39	27	11	7	100
占全部土重的百分比(%)	10	1	5	39	27	11	7	100
小于某筛孔直径的土重百分比(%)	90	89	84	45	18	7		

注：取风干试样 100g 进行试验。

用粒径级配曲线表示试样颗粒组成情况是一种比较完善的方法，它能表示土的粒径分布和级配。图 2-7 中纵坐标表示小于（或大于）某粒径土的含量（以质量百分比表示），横坐标表示粒径。由于土的粒径相差悬殊，采用对数表示，可把粒径相差几千、几万倍的颗粒含量表达得更清楚。

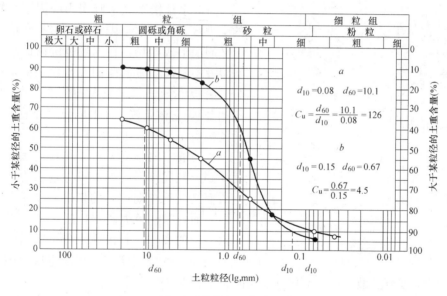

图 2-7　粒径级配曲线示例

图 2-7 曲线中 a、b 分别表示两个试样颗粒组成情况，由曲线的坡度陡缓可大致判断土的均匀程度。如 b 曲线较陡，表示颗粒大小相差不多，土粒较均匀；反之，a 曲线平缓，则表示粒径相差悬殊，土粒级配良好。

工程中常用不均匀系数 C_u 来反映粒径级配的不均匀程度：

$$C_u = \frac{d_{60}}{d_{10}}$$

（2-1）

式中　d_{60}——小于某粒径的土粒质量累计百分数为 60% 时相对的粒径，又称为限制粒径；

d_{10}——小于某粒径的土粒质量累计百分数为 10% 时相对的粒径，又称为有效粒径。

把 $C_u < 5$ 的土，如图 2-7 中 b 试样（$C_u = 4.5$），看作级配均匀；把 $C_u > 10$ 的土看作

11

级配良好，如图 2-7 中的试样（$C_u = 126$）。在填土工程中，可根据不均匀系数 C_u 值来选择土料。若 C_u 较大，则土粒较为不均匀，这种土比之粒径均匀的土易于夯实。

2. 土粒的矿物成分

土粒是岩石风化的产物。土粒的矿物成分主要取决于母岩的成分及其所受的风化作用。土中矿物成分可分为原生矿物和次生矿物两大类。原生矿物是由母岩经过物理风化生成的，其矿物成分与母岩相同，常见的有石英、长石、云母等。粗的土粒通常由一种或几种原生矿物颗粒所组成。次生矿物主要是黏土矿物，如蒙脱石、伊利石和高岭石等。由于黏土矿物是很细小的扁平颗粒，能吸附大量的水分子，亲水性强，具有显著的吸水膨胀、失水收缩的特性，按亲水性的强弱分蒙脱石吸水性最强，高岭石最弱。

二、土中的水和气体

土中的水可以处在液态、固态和气态。当土中水在 $0℃$ 以下时，土中水冻结成冰，形成冻土，其强度增大。但冻土融化后，强度急剧降低。土中气态水对土的强度影响不大。土中液态水可以分为结合水和自由水两大类。

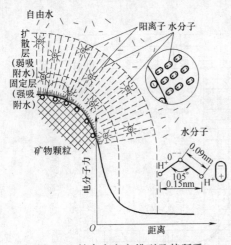

图 2-8 结合水定向排列及其所受电分子变化的简图

1. 结合水（吸附水）

结合水是指受电子吸引力吸附于土粒表面的土中水。由于细小颗粒表面带有负电荷，使土粒周围形成电场，在电场范围内的水分子和水溶液中阳离子一起吸附在土粒表面，因为水分子是极性分子（正负电荷偏在电荷的两端，不重合），它被土粒表面的电荷或乳液中离子电荷的吸引而定向排列，如图 2-8 所示。

水溶液中的阳离子处于土粒周围时，一方面受到土粒周围形成的电场静电引力作用，另一方面又受到布朗运动的扩散力作用。越靠近土粒表面，静电引力越强，把水化离子（吸附了水分子的离子）和极性水分子牢固地吸附在颗粒表面上形成固定层。在固定层外围，静电引力比较小，受到扩散作用，水化分子和极性分子形成扩散层。

结合水又可分为强结合水和弱结合水，强结合水相当于固定层中的水，而弱结合水则相当于扩散层中的水。

（1）强结合水 指靠近土粒表面的水。它没有溶解能力，不能传递静水压力，只有在 $105℃$ 时才能蒸发。这种水牢固地结合在土粒表面，其性质接近固体，重力密度约为 $12 \sim 24 kN/m^3$，冰点为 $-78℃$，具有极大的黏滞度、弹性和抗剪强度。

（2）弱结合水 是存在于强结合水外围的一层结合水。它仍不能传递静水压力，但水膜较厚的弱结合水能向邻近的薄水膜缓慢转移。当黏性土中含有较多弱结合水时，土具有一定的可塑性。

2. 自由水

自由水是存在于土粒表面电场范围以外的水，土的性质与普通水一样，服从重力定律，能传递静水压力，冰点为 $0℃$，有溶解力。自由水按其移动所受作用力的不同，可分为自重水和毛细水。

（1）<u>自重水</u>　指土中受重力作用而移动的自由水，它存在于地下水位以下的透水层中。

（2）<u>毛细水</u>　毛细水受到它与空气交界面处表面张力的作用，它存在于潜水位以上透水土层中。当孔隙中局部存在毛细水时，毛细水的弯液面和土粒接触处的表面张力作用于土粒，使土粒之间由于这种毛细压力而挤紧，土因而具有微弱的黏聚力，称为毛细粘结力，如图2-9所示。

在工程中，<u>毛细水的上升对建筑物地下部分的防潮措施和地基土的浸湿和冻胀有重要的影响。碎石土中无毛细现象。</u>

土中气体存在于土孔隙中未被水占据的空间。在粗粒的沉积物中常见到与大气连通的空气，它对土的力学性质基本上无影响。在细粒土中则常见到与大气隔绝的封闭气泡，它在外力作用下具有弹性，并使土的透水性减少。

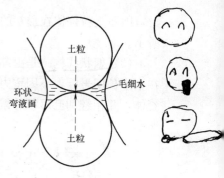

图2-9　土中毛细水压力示意图

第三节　土的结构和构造

一、土的结构

土的结构是土粒或土粒集合体的大小、形状、相互排列与连接等综合特征，一般分为单粒结构、蜂窝结构和絮状结构三种类型。

（1）单粒结构　是由土粒在水或空气中下沉而形成的，全部由砂粒或更粗土粒组成的土，常具有单粒结构。因其颗粒较大，在重力作用下落到较为稳定的状态，土粒间的分子间应力相对很小，所以颗粒之间几乎没有连接。单粒结构可以是疏松的，也可以是紧密的，如图2-10所示。

呈紧密状态的单粒结构的土，强度较高，压缩性小，是较为良好的天然地基。具有疏松单粒结构的土，土粒间空隙较大，其骨架是不稳定的，当受到振动和其他外力作用时，土粒易发生相对移动，引起很大的变形。因此，土层未经处理一般不宜作为建筑物地基。

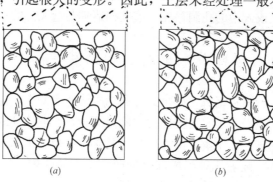

(a)　　　　　　　　　(b)

图2-10　土的单粒结构
(a) 疏松排列的单粒结构；(b) 紧密排列的单粒结构

（2）蜂窝结构　主要是较细的土粒（如粉粒）组成的结构形式。这些土粒在水中基本上是以单个土粒下沉，当碰到已经下沉的土粒时，由于土粒间的分子应力大于土粒的重力，因而土粒停留在最初的接触点上不再下沉，形成孔隙体积大的蜂窝状结构，如图2-11所示。

（3）絮状结构 是由黏粒集合体组成的结构形式。黏粒（直径小于0.005mm）能够在水中长期悬浮，不因重力而下沉。当悬浮液介质发生变化，黏粒便凝结成絮状的集粒絮凝体，并相继和已沉积的絮状集粒体接触，从而形成孔隙体积很大的絮状结构，如图2-12所示。

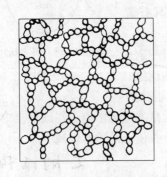

图2-11 土的蜂窝结构

图2-12 土的絮状结构

二、土的构造

在同一土层剖面中，颗粒或颗粒集合体相互间的特征，称为土的构造。土的构造最大特征就是成层性，即具有层理结构。这是由于不同阶段沉积的物质成分、颗粒大小或颜色不同，而使竖向呈现成层的性状。常见的有水平层理和交错层理构造，带有夹层、尖灭和透镜体等，如图2-13所示。土的构造的另一特征是土的裂隙性，即裂隙构造。土中裂隙的存在会大大降低土的强度和稳定性，对工程不利。此外，也应注意到土中有无腐殖质、贝壳、结核体等包裹物，以及天然或人为的孔洞存在。这些构造都会造成土的不均匀性。

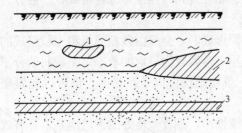

图2-13 土的层理构造

第四节　土的三相比例指标

土的成因类型、土的颗粒组成、矿物成分和结构构造等知识，这些是从土的内部组成和本质上讨论了土的性质。为了在工程应用中满足受力及变形验算的需要，还必须对土从各部分组成的量的方面进一步了解，即需要弄清楚土中土粒、水和气三部分的质量与体积之间的比例关系。因为，随着三种组成部分的改变，土的疏密、轻重、软硬、干湿等性质，可通过某些表示其三相组成比例关系的指标反映出来。

土的三相比例指标有：土的密度、土的重度、土粒相对密度、含水率、土的干密度、土的干重度、饱和重度、有效重度、孔隙比、孔隙率和饱和度等。这些指标有些相互之间可以换算，必须在理解各指标定义和表达式的基础上，通过推导和换算练习，掌握它们之间的相互关系。

一、指标的定义

图 2-14 表示土的三相组成。图的左边表示各相的质量，右边表示各相所占的体积，并以下列符号表示各相的质量体积。

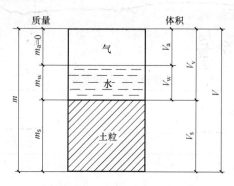

图 2-14　土的三相组成示意图

图中　m_s——土粒的质量（g）；

$\quad\quad m_w$——土中水的质量（g）；

$\quad\quad m_a$——土中空气的质量（g）；

$\quad\quad m$——土的质量（g），$m=m_s+m_w$；

$\quad\quad V_s$——土粒的体积（cm³）；

$\quad\quad V_v$——土中孔隙的体积（cm³），$V_v=V_a+V_w$；

$\quad\quad V_w$——土中水的体积（cm³）；

$\quad\quad V_a$——土中空气的体积（cm³）；

$\quad\quad V$——土的体积（cm³）；$V=V_a+V_w+V_s$。

土中各相的重力可由质量乘以重力加速度得到，即

土粒的重力 $\quad\quad\quad\quad\quad\quad\quad\quad G_s=m_sg$ $\quad\quad\quad\quad\quad\quad\quad\quad$ (2-2)

土中水的重量 $\quad\quad\quad\quad\quad\quad\quad\quad G_w=m_wg$ $\quad\quad\quad\quad\quad\quad\quad\quad$ (2-3)

土的重量 $\quad\quad\quad\quad\quad\quad\quad\quad\quad G=mg$ $\quad\quad\quad\quad\quad\quad\quad\quad$ (2-4)

式中　g——为重力加速度，取 9.8m/s^2。

1. 土的密度 ρ

单位体积土的质量密度，简称土的密度，并以 ρ 表示（单位为 g/cm³ 或 t/m³）。

$$\rho=\frac{m}{V}\quad\quad\quad\quad (2\text{-}5)$$

土的密度须通过土工试验测定。实验时质量可以 g（克）为单位，体积以 cm³ 为单位，$1\text{g/cm}^3=1\text{t/m}^3$。天然状态下土密度（天然密度）值变化较大。通常砂土 $\rho=1.6\sim2.0\text{t/m}^3$；黏性土和粉土 $\rho=1.8\sim2.0\text{t/m}^3$。

2. 土的重度 γ

单位体积土所受的重力称为土的重度，并以 γ 表示

$$\gamma=\frac{G}{V}=\frac{mg}{V}=\rho g\quad\quad\quad\quad (2\text{-}6)$$

土的重度常用 kN/m³ 表示，因此，通常砂土 $\gamma=16\sim20\text{kN/m}^3$，黏性土和粉土 $\gamma=$

$$\gamma = \frac{G}{V} = \frac{G_W + G_S}{V} \qquad d = \frac{G_S}{V_S} \cdot \frac{1}{\gamma_W} \qquad W = \frac{G_W}{G_S} \qquad V = V_r + V_S$$

$$V_S = 1$$

18～20kN/m³。

3. 土粒相对密度 G_s （土粒比重）

土粒密度（单位体积土粒的质量）与 4℃时纯水密度 ρ_{w1} 之比，称为土粒相对密度（表2-3），并以 G_s 表示（无量纲），即

M_S 与土粒相同的水的质量

$$G_s = \frac{m_s}{V_s} \frac{1}{\rho_{w1}} = \frac{\rho}{\rho_{w1}} \qquad \text{或} \qquad \frac{G_S}{V_S} \cdot \frac{1}{\gamma_W} = d_S \tag{2-7}$$

土粒相对密度参考值 表2-3

土 的 类 别	砂土	粉土	黏 性 土	
			粉质黏土	黏土
土粒相对密度	2.65～2.69	2.70～2.71	2.72～2.73	2.73～2.74

4. 土的含水率

测定方法：土中水的质量与土粒质量之比（用百分数表示），称为土的含水率，并以 w 表示：

烘箱法（105℃～110℃）8h

$$w = \frac{m_w}{m_s} \times 100\% = \frac{G_W}{G_S} \times 100\% \tag{2-8}$$

酒精燃烧法，用于少量试样快速测定

含水率的数值和土中水的重力与土粒重力之比（用百分数表示）相同。即

$$w = \frac{G_w}{G_s} \times 100\% \tag{2-9}$$

含水率是表示土的湿度的一个指标，天然土的含水率变化范围很大。含水率越小，土越干；反之，土越湿越饱和。土的含水率对黏性土、粉土的性质影响较大，对粉砂土、细砂土稍有影响，而对碎石土等没有影响。

5. 土的干密度 ρ_d

单位体积中土粒的质量，称为土的干密度，并以 ρ_d 表示：

$$\rho_d = \frac{m_s}{V} \tag{2-10}$$

土的干密度值一般为 1.3～1.8t/m³。

工程中常以土的干密度来评价土的密实程度，并常用这一指标来控制填土的施工质量。

6. 土的干重度 γ_d

单位体积中土粒所受的重力，称为土的干重度，并以 γ_d 表示：

$$\gamma_d = \frac{G}{V} = \frac{m_s g}{V} = \rho_d g \tag{2-11}$$

7. 土的饱和重度 γ_{sat}

土中孔隙完全被水充满时土的重度，称为土的饱和重度，并以 γ_{sat} 表示：

孔隙体积

$$\gamma_{sat} = \frac{G_s + \gamma_w V_v}{V} \tag{2-12}$$

式中 γ_w ——水的重度（kN/m³）。

$$\gamma_w = \rho_w g$$

计算时可取水的密度近似等于 4℃时纯水的密度 ρ_{w1}，即

$$\rho_w \approx \rho_{w1} = 1 t/m^3$$

和

$$\gamma_w = 10 kN/m^3$$

土的饱和重度一般为 $18 \sim 23 kN/m^3$。

8. 土的有效重度 γ'

地下水位以下的土受到土的浮力作用，扣除水浮力后单位体积上所受的重力，称为土的有效重度，并以 γ' 表示：

$$\gamma' = \frac{G_s - \gamma_w V_s}{V} = \frac{G_s - \gamma_w(V - V_v)}{V} = \frac{G_s - \gamma_w \cdot V + \gamma_w V_v}{V} \qquad (2\text{-}13)$$

或

$$\gamma' = \gamma_{sat} - \gamma_w \qquad (2\text{-}14)$$

$$= \frac{G_s + \gamma_w V_v - \gamma_w}{V}$$

$$= \gamma_{sat} - \gamma_w$$

9. 土的孔隙比 e

土中孔隙体积与土颗粒体积之比称为土的孔隙比，并以 e 表示：

$$e = \frac{V_v}{V_s} \qquad 一般的习惯 \qquad (2\text{-}15)$$

孔隙比用小数点表示。孔隙比是表示土的密实程度的一个重要指标。黏性土和粉土的孔隙比变化较大。一般说来，$e < 0.6$ 的土是密实的，土的压缩性小；$e > 1.0$ 的土是疏松的，压缩性高。

e 越小，土越密实

10. 土的孔隙率 n

土中孔隙体积与总体积之比（用百分数表示），称为土的孔隙率。并以 n 表示

$$n = \frac{V_v}{V} \times 100\% \leq 1 \qquad 总小于1 \qquad (2\text{-}16)$$

11. 土的饱和度 S_r

土中水的体积与孔隙体积的之比（用百分数表示），称为土的饱和度，并以 S_r 表示：

完全饱和下 ≤ 1 $\qquad S_r = \frac{V_w}{V_v} \times 100\% \qquad$ 总小于1 $\qquad (2\text{-}17)$

习惯上根据饱和度 S_r 的数值，把细砂、粉土等砂土分为稍湿、很湿和饱和三种状态，见表2-4。

饱和 $S_r = 1$

砂土湿度状态的划分   表 2-4

湿　度	稍　湿	很　湿	饱　和
饱和度 S_r（%）	$S_r \leq 50$	$50 < S_r \leq 80$	$S_r > 80$

二、指标的换算

前述土的三相指标中，土粒密度 ρ、土粒比重 d_s 和含水率 w 是通过试验测定的（这时可通过 ρ 值得到土的重度 γ），其他指标可从 γ、G_s 和 w 换算得到。下面采用图 2-14 形式（图中左边改用重力表示），假定土粒体积 $V_s = 1$，并以此推导出土的孔隙比、干重度、饱和重度和有效重度的计算公式。

因为 $V_s = 1$

根据式（2-15），$V_v = e$，可得 $\qquad V = 1 + e \qquad V = V_s + V_v$

由于 $G_s = \gamma_w G_s$，$G_w = w \gamma_s G$，根据式（2-9）可得 $G_w = w \gamma_s G_s = w \gamma_s G_s$；$G = \gamma_w G_s (1 + w)$

由土的重度的定义得

$$V = \frac{W}{\gamma} = \frac{\gamma_w G_s (1 + w)}{\gamma}$$

由图 2-14 所采用的假设

$$e = V - 1 = \frac{G}{\gamma} - 1 = \frac{\gamma_w G_s (1 + w)}{\gamma} - 1$$

上式右边各指标已测定，故可算出孔隙比 e。按各指标的定义，从图 2-14 中各项带入可得

$$\gamma_d = \frac{G_s}{V} = \frac{\gamma_w G_s}{\gamma_w G_s (1 + w) / \gamma} = \frac{\gamma}{1 + w}$$

$$\gamma_{sat} = \frac{G_s + \gamma_w V_v}{V} = \frac{\gamma_w (G_s + e)}{1 + e}$$

$$\gamma' = \frac{G_s - \gamma_w V_s}{V} = \frac{\gamma_w (G_s - 1)}{1 + e}$$

$$n = \frac{V_v}{V} = \frac{e}{1 + e}$$

$$S_r = \frac{V_w}{V_v} = \frac{w G_s}{e}$$

上面推导得到的各指标换算公式列于表 2-5 中。

土的三相组成比例指标换算公式 表 2-5

指　　标	符号	表达式	常用换算公式	常用单位
土粒相对密度	G_s	$G_s = \dfrac{m_s}{V_s \rho_{wl}}$	$G_s = \dfrac{S_r e}{w}$	
密度	ρ	$\rho = \dfrac{m}{V}$		t/m³
重度	γ	$\gamma = \rho g$ $\gamma = \dfrac{G}{V}$	$\gamma = \gamma_d (1 + w)$ $\gamma = \dfrac{\gamma_w (G_s + S_r e)}{1 + e}$	kN/m³
含水率	w	$w = \dfrac{m_w}{m_s} \times 100\%$	$w = \dfrac{S_r e}{G_s}$ $w = \dfrac{\gamma}{\gamma_d} - 1$	
干重度	γ_d	$\gamma_d = \rho_d g$ $\gamma_d = \dfrac{G_s}{V}$	$\gamma_d = \dfrac{\gamma}{1 + w}$ $\gamma_d = \dfrac{\gamma_w G_s}{1 + e}$	kN/m³
饱和重度	γ_{sat}	$\gamma_{sat} = \dfrac{G_s + \gamma_w V_v}{V}$	$\gamma_{sat} = \dfrac{\gamma_w (G_s + e)}{1 + e}$	kN/m³
有效重度	γ'	$\gamma' = \dfrac{G_s - \gamma_w V_s}{V}$	$\gamma' = \dfrac{\gamma_w (G_s - 1)}{1 + e}$	kN/m³
孔隙比	e	$e = \dfrac{V_v}{V_s}$	$e = \dfrac{\gamma_w G_s (1 + w)}{\gamma} - 1$ $e = \dfrac{\gamma_w G_s}{\gamma_d} - 1$	
孔隙率	n	$n = \dfrac{V_v}{V}$	$n = \dfrac{e}{1 + e}$ $n = 1 - \dfrac{\gamma_d}{\gamma_w G_s}$	
饱和度	S_r	$S_r = \dfrac{V_w}{V_v} \times 100\%$	$S_r = \dfrac{w G_s}{e}$ $S_r = \dfrac{w \gamma_d}{n \gamma_w}$	

注：1. 在换算公式中，含水率可取小数点代入计算；

2. γ_w 可取 10kN/m³。

【例 2-1】　某原状土样，试验测得的天然密度 $\rho = 1.8\text{t/m}^3$（天然重度 $\gamma = 18.0\text{kN/m}^3$），含水率 $w = 21.8\%$，土粒相对密度 $G_s = 2.75$。试求土的孔隙比 e、孔隙率 n、饱和度 S_r、干重度 γ_d、饱和度 γ_{sat} 和有效重度 γ'。

【解】　(1) $e = \dfrac{\gamma_w G_s (1+w)}{\gamma} - 1 = \dfrac{2.75 \times (1+0.218) \times 10}{18} - 1 = 0.861$

(2) $n = \dfrac{e}{1+e} = \dfrac{0.861}{1+0.861} = 46.3\%$

(3) $S_r = \dfrac{w G_s}{e} = \dfrac{0.218 \times 2.75}{0.861} = 69.6\%$

(4) $\gamma_d = \dfrac{\gamma}{1+w} = \dfrac{18}{1+0.218} = 14.78\text{kN/m}^3$

(5) $\gamma_{sat} = \dfrac{\gamma_w(G_s + e)}{1+e} = \dfrac{10 \times (2.75 + 0.861)}{1+0.861} = 19.40\text{kN/m}^3$

(6) $\gamma' = \dfrac{\gamma_w(G_s - 1)}{1+e} = \dfrac{10 \times (2.75 - 1)}{1+0.861} = 9.40\text{kN/m}^3$

【例 2-2】　用环刀切取一土样，测得该土样体积 69cm³，质量 135g。土样烘干后测得其质量 118g，若土粒比重 $d_s = 2.72$。试求上的密度 ρ、含水率 w 和孔隙比 e。

【解】：
$$\rho = \frac{m}{V} = \frac{135}{69} = 1.96\text{g/cm}^3 = 1.96\text{t/m}^3$$

$$w = \frac{m_W}{m_s} \times 100\% = \frac{135 - 118}{118} = 14.41\%$$

$$e = \frac{\rho_w d_s (1+w)}{\rho} - 1 = \frac{1 \times 2.72 \times (1 + 0.1441)}{1.96} = 0.33$$

第五节　土的物理性质

一、无黏性土的密实度

砂土、碎石土统称为无黏性土，无黏性土的密实度对其工程性质有重要的影响。在密实状态下，砂土、碎石土的结构稳定、压缩性小、强度较大，可作为建筑物的良好地基；当它们处在疏松状态时，特别是对于细砂、粉砂来说，稳定性差、压缩性大、强度偏低，属于软土范围。上述性质是由砂土和碎石土的单粒结构的特征所决定的。评价无黏性土的一个重要指标就是其密实度。

判别砂土密实度的方法有几种，其中采用天然孔隙比的大小来判别砂土密实度的方法是一种较简捷的方法，但这种方法的不足之处是它不能反映砂土的级配和形状的影响。实测证明，较疏松的级配良好的砂土孔隙比要比密实度颗粒均匀的砂土孔隙小。此外，现场采取原状未扰动的砂样较为困难，在地下水位以下或较深的砂层更是如此。因此，国内外不少单位都采用砂土相对密实度作为砂土密实度分类的指标。相对密实度的计算公式如下：

$$D_r = \frac{e_{max} - e}{e_{max} - e_{min}} \tag{2-18}$$

或

$$D_r = \frac{\rho_{dmax}(\rho_d - \rho_{dmin})}{\rho_d(\rho_{dmax} - \rho_{dmin})} \tag{2-19}$$

式中 e_{max}——砂土最松散状态时的孔隙比。可取风干砂样，通过长颈漏斗轻轻倒入容器来确定；

e_{min}——砂土最密实状态的孔隙比。可将风干砂样分批装入容器，采用振动或锤击夯实方法增加砂样的密实度，直至密度不变时确定其最小孔隙比；

e——砂土的天然孔隙比；

ρ_{dmax}——砂土的最小干密度（g/cm³）；

ρ_{dmin}——砂土的最大干密度（g/cm³）；

ρ_d——砂土要求的干密度（或天然干密度）（g/cm³）。

若砂土天然孔隙比 e 接近 e_{min}，则其相对密度较大，砂土处于较密实状态；若 e 接近 e_{max}，D_r 较小，则砂土处于较疏松状态。根据 D_r 值大小，可将砂土密实度划分为下列三种状态：

$1 \geqslant D_r > 0.67$	密实
$0.67 \geqslant D_r > 0.33$	中密
$0.33 \geqslant D_r > 0$	松散

采用相对密实 D_r 度来评价砂土的密实程度时，要在现场采取原状土样以求得土的天然孔隙比，如前所述，采取现场原状土样比较困难，在具体工程中，天然砂土可以根据标准贯入试验的锤击数的多少将砂土分为松散、稍密、中密及密实四类，具体标准见表2-6。

砂土密实度的划分 　　　　　　　　　　　　　表 2-6

密实度	松散	稍密	中密	密实
标准贯入试验锤击数 N	$N \leqslant 10$	$10 < N \leqslant 15$	$15 < N \leqslant 30$	$N > 30$

碎石土的密实度可以根据重型圆锥动力触探锤击数 $N_{63.5}$ 和野外鉴别方法划分。其划分标准见表2-7、表2-8。

碎石土的密实度 　　　　　　　　　　　　　表 2-7

重型圆锥动力触探锤击数 $N_{63.5}$	$N_{63.5} \leqslant 5$	$5 < N_{63.5} \leqslant 10$	$10 < N_{63.5} \leqslant 20$	$N_{63.5} > 20$
密实度	松散	稍密	中密	密实

注：1. 本表适用于平均粒径小于等于50mm且最大粒径不超过100mm的卵石、碎石、圆砾、角砾等碎石土。对于平均粒径大于50mm的碎石土，可按野外鉴别方法划分其密实度，参照表2-8。

2. 表内 $N_{63.5}$ 为经综合修正后平均值。

碎石土密实度野外鉴别方法 　　　　　　　　　　　　　表 2-8

密实度	骨架颗粒含量和排列	可挖性	可钻性
密实	骨架颗粒含量大于总重的70%，呈交错排列，连续接触	锹、镐挖掘困难，用撬杠方能松动，井壁一般较稳定	钻井极困难；冲击钻探时，钻杆、吊锤跳动剧烈，孔壁较稳定
中密	骨架颗粒含量等于总重的60%～70%，呈交错排列，大部分接触	锹、镐可挖掘；井壁有掉块现象，从井壁取出大颗粒处，能保持颗粒凹面形状	钻进较困难；冲击钻探时，钻杆、吊锤跳动不剧烈，孔壁有塌落现象
稍密	骨架颗粒含量小于总重的55%～60%，且排列混乱，大部分不接触	锹可以挖掘，井壁易坍塌；从井壁取出大颗粒后，填充物砂粒立即塌落	钻进较容易；冲击钻探时，钻杆稍有跳动；孔壁易塌落

注：1. 骨架颗粒系指与表2-1碎石土分类名称对应粒径的颗粒。

2. 碎石密实度的划分，应按表列各项要求综合确定。

二、黏性土的物理特征

黏性土依靠土粒间黏聚力使土具有黏性，黏土颗粒较细，单位体积的颗粒总表面积较大，土粒表面与水作用的能力较强。随着土中含水量变化，土具有不同的物理性质，因而也就具有不同的工程性质。

（一）黏性土的状态

随着含水率的增加，黏性土可能处在固态、半固态、可塑状态和流塑状态，如图2-15所示。此处所谓的可塑状态，是指当黏性土在含水率范围内，可用外力塑成任何形态而不发生裂纹，并当外力移去后仍能保持原有塑成的形状的性能。

黏性土由一种状态转到另一种状态的分界含水率，称为界限含水率。

土由可塑状态转到流塑状态的界限含水率，称为液限。液限也可理解为土呈可塑状态时的上限含水率，用符号 w_L 代表并用百分数表示。

图2-15 黏性土物理状态与含水量的关系

土由半固态转到固态的界限含水率，称为塑限。塑限也可理解为土呈可塑状态时的下限含水率，用符号 w_P 代表并用百分数表示。

土由固态转到半固态的界限含水率，称为缩限。用符号 w_s 代表并用百分数表示。当土处于固态和半固态时，土较坚硬，统称坚固状态。半固态时随着土中水分的蒸发，土的体积会缩小，固态时即便土中水分也会蒸发，但土体积已不再缩小。

当土中仅含强结合水时，土呈固体状态。含有弱结合水时，土呈半固态。当土中含有一定量的自由水时，土粒间可相互滑动而不破坏土粒间的联系，土呈可塑状态。若土中含有大量的自由水时，土呈流塑状态。随着含水量的增加，土从固态转到流塑状态，土的强度也同样逐渐降低。

土的界限含水率和土粒组成、矿物成分、土粒表面吸附阳离子等性质有关，可以说界限含水率的大小反映了上述因素的综合影响，因而对黏性土的分类和工程性质的评价具有重要意义。

我国的标准已规定采用锥式液限仪进行液限和塑限联合试验，如图2-16所示。

液、塑限的测定方法可用《土工试验方法标准》GB/T 50123—1999中规定的联合测定法来进行。试验时取代表性试样，加不同量的纯水，调成三种不同稠度的试样，用电磁落锥法分别测定圆锥在自重作用下沉入试样5s时的下沉深度。以含水率为横坐标，圆锥沉入深度为纵坐标，在双对数坐标上绘制二者关系曲线，三点连一线，如图2-17中的 A 线。当三点不在一直线时，通过高含水率的一点与其余两点连成两条直线作其平均值连线，如图2-17中的 B 线。试验方法标准规定，形成深度为17mm时所对应的含水率为液限；下沉10mm所对应的含水率为10mm液限；下沉深度为2mm所对应的含水率为塑限。

（二）黏性土塑性指数和液性指数

1. 塑性指数

液限与塑限的差值即为塑性指数，用符号 I_p 代表并习惯上略去百分号，即

$$I_p = w_L - w_P \tag{2-20}$$

塑性指数表示土处在可塑状态的含水率变化范围，其值的大小取决于颗粒吸附结合水

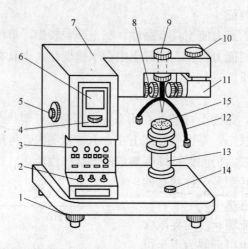

图 2-16　光电式液、塑限仪结构示意图

1—水平调节螺钉；2—控制开关；3—指示发光管；4—零线调节螺钉；5—反光镜调节螺钉；
6—屏幕；7—机壳；8—物镜调节螺钉；9—电磁装置；10—光源调节螺钉；11—光源装置；
12—圆锥仪；13—升降台；14—水平泡；15—盛样杯（内装试样）

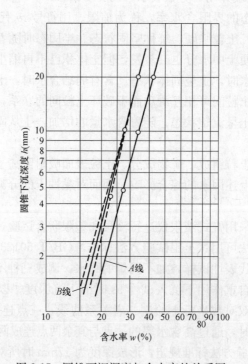

图 2-17　圆锥下沉深度与含水率的关系图

的能力，即与土中黏粒含量有关。黏粒含量越多，土的比表面积越大，塑性指数越高。

塑性指数是描述黏性土物理状态的重要指标之一，工程上普遍根据其值的高低对黏性土进行分类。

《建筑地基基础设计规范》GB 50007—2011 对塑性指数大于 10 的土，分类方法见表 2-9 所列。

黏性土的分类 表 2-9

土 的 名 称	黏 土	粉 质 黏 土
塑性指数 I_p	>17	$10 < I_p \leqslant 17$

注：塑性指数由相应与 76g 圆锥体沉入土样中深度为 10mm 时测定的液限计算而得。

2. 液性指数

土的天然含水率和塑限的差值与塑性指数之比即为液性指数，用符号 I_L 表示，即

$$I_L = \frac{w - w_P}{I_p} \qquad (2-21)$$

液性指数表征了土的天然含水率与分界含水率之间的相对关系。当 $I_L \leqslant 0$ 时，$w \leqslant w_P$，表示土处在坚硬状态；当 $I_L > 1$ 时，$w > w_L$，土处于流动状态。因此，根据 I_L 值可以直接判定土的软硬状态。《建筑地基基础设计规范》GB 50007—2011 给出的黏性土的状态划分标准见表 2-10。

黏性土的状态划分 表 2-10

状态	坚硬	硬塑	可塑	软塑	流塑
液性指数 I_L	$\leqslant 0$	$0 < I_L \leqslant 0.25$	$0.25 < I_L \leqslant 0.75$	$0.75 < I_L \leqslant 1$	>1

注：当用静力触探探头阻力判定黏性土的状态时，可根据当地经验确定。

3. 灵敏度

由技术钻孔取出的黏性土样，如能保证天然状态下土的结构和含水率不变，则称为原样土。如土样的结构、构造受到外来因素扰动，则称为扰动土样。土经扰动后，土粒间的胶结物质以及土粒、离子、水分子所组成的平衡体系受到破坏，即土的天然结构受到破坏，导致土的强度降低和压缩性增加。土的这种结构性对强度的影响称为土的灵敏度，用 S_t 来表示。

$$S_t = \frac{q_u}{q_{ur}} \qquad (2-22)$$

式中　q_u——原状土的无侧限抗压强度或十字板抗剪强度（kPa）；

q_{ur}——具有与原状土相同含水率并彻底破坏其结构的重塑土的无侧限抗压强度或十字板抗剪强度（kPa）。

按灵敏度的大小不同，黏性土分类，见表 2-11。

按灵敏度不同对黏性土的分类 表 2-11

分类	不灵敏	中等灵敏	灵敏	极灵敏
灵敏度	$S_t \leqslant 2$	$2 < S_t \leqslant 4$	$4 < S_t \leqslant 8$	$S_t > 8$

土的灵敏度越高，其结构性越强，受扰动后强度降低就越多。所以在基础施工中应注意保护槽（坑）底土，尽量减少对土结构的扰动。

饱和黏性土的结构受到扰动导致强度降低，当扰动停止后，土的一部分强度随时间的变化而逐渐增长。这是由于土粒、离子和水分子体系随时间变化而逐渐形成新的平衡状态的缘故。黏性土这种胶体化学性质，称为土的触变性。在黏土内打桩时，桩侧土的结构受到破坏，强度降低，但在停止打桩以后，桩侧土的一部分强度渐渐恢复，桩的承载能力增加。

4. 黏性土的黏聚力

黏性土能承受一定的拉力，并能承受剪力，说明黏性土具有一定的黏聚力。黏聚力分为原始粘结力、固化黏聚力、毛细黏聚力三种。

（1）原始粘结力　是由土粒间分子引力产生的。由于黏土颗粒较小，土粒间距离较近，使得颗粒间的分子引力较为显著，能克服其他阻力，将邻近土粒连接在一起。当土粒受到扰动后，只有夯实到原来的密实度，原始粘结力才能恢复。

（2）固化黏聚力　是由土粒间的化学胶结作用形成的，这种化学胶结作用需要很长的年代才能形成。若土的结构受到扰动，则固化胶结作用在短期内不能形成。

（3）毛细黏聚力　是由土粒间孔隙中的毛细水压力作用产生的。毛细黏聚力一般较小，可略去不计。

第六节　地基岩土的分类

在建筑工程中，对地基岩土的工程分类，是根据工程实践经验和其主要特征，把工程性能近似的岩土划分为一类，这样做既便于正确选择对土的研究方法，又可根据分类名称大致判断土（岩）的工程特性，评价岩土作为建筑材料或地基的适宜性。

《建筑地基基础设计规范》GB 50007—2011 规定：作为建筑物地基岩土，可分为岩石、碎石土、砂土、粉土、黏性土和人工填土六类。

1. 岩石

岩石是指颗粒间牢固粘结，呈整体或具有节理裂隙岩体。

（1）岩石的硬质程度。

作为建筑地基的岩石除应确定岩石的地质名称外，还应根据岩石的坚硬程度，依据岩石的饱和单轴抗压强度，将岩石分为坚硬岩、较硬岩、较软岩、软岩和极软岩，见表 2-12。当缺乏饱和单轴抗压强度资料时，可在现场通过观察定性划分，划分的标准按表 2-13 查用。

岩石坚硬程度的划分 　　　　表 2-12

坚硬程度级别	坚硬岩	较硬岩	较软岩	软岩	极软岩
饱和单轴抗压强度标准值 f_{rk}(MPa)	>60	$60 \geqslant f_{rk} > 30$	$30 \geqslant f_{rk} > 15$	$15 \geqslant f_{rk} > 5$	$\leqslant 5$

（2）岩石的完整程度。

岩石除按表 2-12 划分坚硬程度外，还应划分其完整程度。岩石的完整程度按表 2-14 划分为完整、较完整、较破碎、破碎和极破碎五类。当缺乏试验数据时可按表 2-15 表执行。

2. 碎石土

碎石土是粒径大于 2mm 的颗粒含量超过全重 50% 的土。碎石土根据颗粒含量及颗粒形状分为漂石、块石、卵石或碎石、圆砾或角砾六种。其分类标准见表 2-16。

3. 砂土

砂土是指粒径大于 2mm 的颗粒含量不超过全重 50%、粒径大于 0.075mm 的颗粒含量超过全重 50% 的土。按粒组含量分为砾砂、粗砂、中砂、细砂和粉砂，分类标准见表

岩石坚硬程度的定性划分

表 2-13

名 称		定 性 鉴 定	代表性岩石
硬质岩石	坚硬岩	锤击声清脆,有回弹,震手,难击碎;基本无吸水性	未风化～微风化的花岗岩、闪长岩、辉绿岩、玄武岩、安山岩、片麻岩、石英岩、硅质砾岩、石英砂岩、硅质石灰岩等
	较硬岩	锤击声较清脆,有轻微回弹,稍震手,较难击碎;有轻微吸水性	(1)微风化坚硬岩; (2)未风化～微风化的大理石、板岩、石灰岩、钙质砂岩等
软质岩	较软岩	锤击声不清脆,无回弹,较易击碎;指甲可刻出印痕	(1)中风化的坚硬岩和较硬岩; (2)未风化～微风化的凝灰岩、千枚岩、砂质岩、泥灰岩等
	软岩	锤击声哑,无回弹,有凹痕,易击碎;浸水后可捏成团	(1)强风化的坚硬岩和较硬岩; (2)中风化的较软岩; (3)未风化～微风化的泥质砂岩、泥岩
极软岩		锤击声哑,无回弹,有较深凹痕,手可捏碎;浸水后可捏成团	(1)风化的软硬; (2)全风化的各种岩石; (3)各种半成岩

岩体完整程度划分

表 2-14

完整程度等级	完整	较完整	较破碎	破碎	极破碎
完整性指数	>0.75	0.75～0.55	0.55～0.35	0.35～0.15	<0.15

注:完整性指数为岩体纵波波速与岩块纵波波速之比的平方,选定岩体、岩块测定波速时应有代表性。

岩石完整程度划分

表 2-15

土 的 名 称	控制性结构面平均间距(m)	相应结构类型
完整	>0.1	整体状或巨厚层状结构
较完整	0.4～1.0	块状或厚层状结构
较破碎	0.2～0.4	裂隙块状、镶嵌状、中薄层状结构
破碎	<0.2	碎裂状结构、页状结构
极破碎	无序	散体状结构

碎石土的分类

表 2-16

土的名称	颗 粒 形 状	粒组含量
漂石 块石	圆形及亚圆形为主 棱角形为主	粒径大于 200mm 的颗粒超过全重的 50%
卵石 碎石	圆形及亚圆形为主 棱角形为主	粒径大于 20mm 的颗粒超过全重的 50%
圆砾 角砾	圆形及亚圆形为主 棱角形为主	粒径大于 2mm 的颗粒超过全重的 50%

注:分类时应根据粒组含量栏从上到下最先符合者确定。

2-17. 砂土在工程中根据其标准贯入试验结果分为松散、稍密、中密、密实等,分类标准见表 2-18。

砂土的分类 表 2-17

土的名称	粒 组 含 量
砾砂	粒径大于 2mm 的颗粒含量占全重 25%～50%
粗砂	粒径大于 0.5mm 的颗粒含量超过全重 50%
中砂	粒径大于 0.25mm 的颗粒含量超过全重 50%
细砂	粒径大于 0.075mm 的颗粒含量超过全重 85%
粉砂	粒径大于 0.075mm 的颗粒含量超过全重 50%

注：分类时应根据粒组含量栏从上到下以最先符合者确定。

砂土的密实度 表 2-18

标准贯入试验锤击数 N	密实度	标准贯入试验锤击数 N	密实度
≤10	松散	15<N≤30	中密
10<N≤15	稍密	>30	密实

注：当用静力触探探头阻力判定砂土的密实度时，可根据当地经验确定。

4. 粉土

粉土是指介于砂土和黏土之间，塑性指数 I_p≤10 且粒径大于 0.075 的颗粒含量不超过全重的 50% 的土。

5. 黏性土

塑性指数 I_p 大于 10 的土称为黏性土，可按表 2-19 分为黏土和粉质黏土。

黏性土的分类 表 2-19

塑性指数	土 的 名 称	塑性指数	土 的 名 称
I_p>17	黏土	10<I_p≤17	粉质黏土

黏性土的状态，可按表 2-20 分为坚硬、硬塑、可塑、软塑和流塑等，划分标准见表 2-20。

黏性土的状态 表 2-20

液性指数	状 态	液性指数	状 态
I_L≤0	坚硬	0.75<I_L≤1	软塑
0<I_L≤0.25	硬塑	I_L>1	流塑
0.25<I_L≤0.75	可塑		

注：当用静力触探探头阻力判定黏性土的状态时，可根据当地经验确定。

6. 人工填土

人工填土是由指人类活动而形成的堆积物。其构成的物质成分较杂乱、均匀性较差。人工填土根据其组成和成因，可分为素填土、压实填土、杂填土、冲填土。

（1）素填土是由碎石土、砂土、粉土、黏土等组成的填土。

（2）压实填土是指经过压实或夯实的素填土。

（3）杂填土为含有建筑垃圾、工业废料、生活垃圾等杂物的填土。

（4）冲填土是由水力冲填泥砂形成的填土。

除了上述六种土类之外，其他特殊土类，如淤泥、淤泥质土、湿陷性黄土、红黏土等，将在第八章中介绍。

【例 2-3】 已知某天然土样的天然含水率 $w=42.3\%$，天然重度 $\gamma=18.15\text{kN/m}^3$，土粒相对密度 $G_s=2.75$，液限 $w_L=40.2\%$，塑限 $w_p=22.6\%$。试确定土的状态和名称。

【解】 塑限指数 $\qquad I_p=w_L-w_P=17.6$ 〉17，黏性土

液性指数 $\dfrac{42.3-22.6}{17.6}=I_L=\dfrac{w-w_p}{I_p}=1.12$ 〉1 $\qquad$ 流塑 $1\leqslant e\leqslant1.5$ $\quad$ $e〉1.5$

因为 $I_P>17$，$I_L>1$，可初步确定为黏土，且处于 流塑状态 。 e $\qquad$ 淤泥质土 $\quad$ 淤泥

$$e=\frac{\gamma_w G_s(1+w)}{\gamma}-1=\frac{2.75\times9.8\times(1+0.423)}{18.15}-1=1.11$$

因为 $w>w_L$，且 $1\leqslant e\leqslant1.5$。该土判定为淤泥质黏土。 处于流塑状态

本 章 小 结

1. 风化作用是一种使岩石产生物理和化学变化的破坏作用。岩石风化后变成粒状的物质，导致强度降低，透水性增强。风化作用分为物理风化、化学风化及生物风化三种。

2. 原岩表面经风化作用后残留在原地的碎屑物，称为沉积土。它的分布受地形限制。在宽广的分水岭上，由于地表水流速很低，风化产物能留在原地，形成一定厚度。在平缓的山地或低洼地带也常有残积土分布。高处的岩石风化产物，由于受到雨雪水流的搬运作用，或由于重力作用而沉积在较平缓的山坡地上，这种沉积物称为坡积土。由暴雨或大量的融雪骤然积聚而成的暂时性山洪急流，将大量的基岩风化产物或基岩剥蚀、搬运、堆积于山谷冲沟出口或山前倾斜平原而形成洪积土。河流两岸的基岩及其上覆盖的松散物质，被河流流水剥蚀后，经搬运、沉积于河道坡度较平缓的地带而形成的沉积物，称为冲积土。

3. 土是岩石风化生成的松散沉积物。它的物质成分包括构成土的骨架固体颗粒及填充在孔隙中的水和气体。一般情况下，土就是由固体颗粒、液态的水和气体组成的三相体系。

4. 土中土粒的大小及其组成情况，通常以土中各个粒组的相对含量（各粒组质量占总质量的百分数）来表示，称为土粒的级配。

5. 土的三相比例指标有：土的密度、土的重度、土粒相对密度、含水率、土的干密度、土的干重度、饱和重度、有效重度、孔隙比、孔隙率和饱和度等。这些指标有些相互之间可以换算。

6. 土由可塑状态转到流塑状态的界限含水率，称为液限，液限也可理解为土呈可塑状态时的上限含水率，用符号 w_L 代表并用百分数表示。土由半固态转到固态的界限含水率称为塑限，塑限也可理解为土呈可塑状态时的下限含水率，用符号 w_P 代表并用百分数表示。土由固态转到半固态的界限含水率称为缩限，用符号 w_s 代表并用百分数表示、

7. 液限与塑限的差值即为塑性指数，用符号 I_p 代表，即 $I_p=w_L-w_P$。塑性指数表示土处在可塑状态的含水率变化范围，其值的大小取决于颗粒吸附结合水的能力，即与土中黏粒含量有关。黏粒含量越多，土的比表面积越大，塑性指数越高。塑性指数是描绘黏性土物理状态的重要指标之一，工程上普遍根据其值的高低对黏性土进行分类。土的天然

含水率和塑限的差值与塑性指数之比即为液性指数，用符号 I_L 表示，即 $I_L = \dfrac{w - w_P}{I_p}$；液性指数表征了土的天然含水率与分界含水率之间的相对关系。当 $I_L \leqslant 0$ 时，$w \leqslant w_P$，表示土处在坚硬状态；当 $I_L > 1$ 时，$w > w_L$，土处于流动状态。土经扰动后，土粒间的胶结物质以及土粒、离子、水分子所组成的平衡体系受到破坏，即土的天然结构受到破坏，导致土的强度降低和压缩性增加。土的这种结构性对强度的影响称为土的灵敏度，用 S_t 来表示。

8. 《建筑地基基础设计规范》GB 50007—2011 规定：作为建筑物地基岩土，可分为岩石、碎石土、砂土、粉土、黏性土和人工填土六类。岩石是指颗粒间牢固粘结，呈整体或具有节理裂隙岩体。碎石土是粒径大于 2mm 的颗粒含量超过全重 50% 的土。砂土是指粒径大于 2mm 的颗粒含量不超过全重 50%、粒径大于 0.075mm 的颗粒超过全重 50% 的土。粉砂是指介于砂土和黏土之间，塑性指数 $I_p \leqslant 10$ 且粒径大于 0.075 的颗粒含量不超过全重的 50% 的土。塑性指数 I_p 大于 10 的土称为黏性土，通常可分为黏土、粉质黏土。人工填土是由指人类活动而形成的堆积物。其构成的物质成分较杂乱，均匀性较差。人工填土根据其组成和成因，可分为素填土、压实填土、杂填土、冲填土。

复习思考题

一、名词解释

沉积土 坡积土 洪积土 冲积土 土粒的级配 粒径级配曲线 土的密度 土的重度 土粒相对密度 土的含水率 土的干密度 土的干重度 土的饱和重度 土的有效重度 土的孔隙比 土的孔隙率 土的饱和度 无黏性土 黏性土 无黏性土的密实度 岩石 碎石土 砂土 粉土 黏性土 人工填土

二、问答题

1. 土是怎样形成的？

2. 何谓土粒粒组？土粒六大粒组划分标准是什么？

3. 土体结构有几种？它与矿物成分及成因条件有何关系？

4. 土中三相比例指标中，哪些指标是直接测定的？哪些指标是推导得出的？怎样推导？

5. 土中三相比例的变化对土的性质有哪些影响？

6. 土的物理性质指标中哪些对砂土的物理性质影响较大？哪些对黏土物理性质影响较大？

7. 塑性指数的大小与土粒粗细有何关系？

8. 怎样用液性指数评价土的工程性质？

9. 地基岩土分为几类？各类土划分的依据是什么？

三、计算题

1. 在某土层中，用体积为 72cm³ 的环刀取样，经测定土样的质量为 125.8g，烘干质量为 118.5g，土粒相对密度为 2.72。试求该土样的含水率、湿重度、浮重度、干重度各是多少？计算该土样在各种情况下的重度各是多少？

2. 饱和土的干重度为 16.5N/m³，含水率 19.6%。试求土粒相对密度、孔隙比和饱和度。

3. 某砂土土样的天然密度为 1.75g/cm³，天然含水率为 9.6%，土粒相对密度为 2.69，烘干后测定的孔隙比为 0.458，最大孔隙比为 0.945。试求天然孔隙比 e 和相对密度 D_r，并评定该砂土的密实度。

4. 已知某土样的天然含水率为 40.8%，天然重度为 17.45N/m³，土粒相对密度为 2.74，液限为 41.8%，塑限为 22.1%。试确定该土样的名称。

5.某无黏性土样，标准贯入试验锤击数 $N=21$，饱和度 $S_r=83\%$，土样颗粒分析结果见表2-21。试确定该土的状态和名称。

土样颗粒分析结果　　　　　　　　　　　　表2-21

粒径(mm)	2~0.5	0.5~0.25	0.25~0.075	0.075~0.05	0.05~0.01	<0.01
粒组含量(%)	5.8	18.1	26.5	23.8	15.3	10.5

1.已知 $V=72cm^3$. $m=125.8g$. $M_s=118.5g$.
$ds=2.72$，求 W. γ_{sat}, γ', γ_d, γ.

解： $W = \dfrac{m_w}{m_s} = \dfrac{m-m_s}{m_s} = \dfrac{125.8-118.5}{118.5} \times 100\%$

$= 6.16\%$

$\gamma_{sat} = \boxed{\rho_{sat}\cdot g = \dfrac{m_s}{V_s}\cdot\dfrac{1}{\rho_w}\cdot g =}$

$\gamma = \dfrac{G_s + \gamma_w\cdot V_r}{V} = \gamma^{-1}$.

$\gamma_d = \dfrac{G_s}{V} = \dfrac{m_s\cdot g}{V} = \dfrac{118.5\times10}{72} = 16.46 kN/m^3$

$\gamma = \dfrac{G}{V} = \dfrac{m\cdot g}{V} = \dfrac{125.8\times10}{72} = 17.47 kN/m^3$

$e = \dfrac{\gamma_w ds(1+W)}{\gamma} -1 = \dfrac{10\times2.72\times(1+6.16\%)}{17.47} -1$

$= 0.65$. $\therefore \gamma_{sat} = \dfrac{\gamma_w(ds+e)}{1+e} = \dfrac{10\times(2.72+0.65)}{1+0.65} = 20.42 kN/m^3$

$\gamma' = \dfrac{\gamma_w(ds-1)}{1+e} = \dfrac{10(2.72-1)}{1+0.65} = 10.42 kN/m^3$

2.已知，γ_d(干重度)$=16.5 kN/m^3$, W(含水率)19.6%
求 ds, e, S_r(饱和度)

解：饱和土 $\therefore S_r=1$

$S_r = \dfrac{wds}{e} = \dfrac{19.6\% \times ds}{e} = 1$ ①

$\gamma_d = \dfrac{\gamma_w ds}{1+e} = \dfrac{10\times ds}{1+e} = 16.5$ ②

联立①②得 $ds=2.44$, $e=0.48$

4.已知，$W=40.8\%$, γ(天然重度)$=17.45 N/m^3$
$ds=2.74$, $W_L=41.8\%$, W_P(塑限)$=22.1\%$

解：塑性指数 $I_P = W_L - W_P = 41.8-22.1 = 19.7 > 17$

$\therefore$ 粘性土

$I_L = \dfrac{W-W_P}{I_P} = \dfrac{40.8-22.1}{19.7} = 0.95$

$\therefore$ 软塑 状态

$e = \dfrac{\gamma_w ds(1+W)}{\gamma} -1$

$= \dfrac{10\times2.74\times(1+40.8\%)}{17.45} -1 = 1.2171$

$\therefore$ 淤泥质土.

$\therefore$ 该土为处于软塑状态的淤泥质粘土

>0.05mm   5.8%

>0.25mm   5.8+18.1=23.9%

>0.075mm   18.1+5.8+26.5=50.4%

$\therefore$ 粉沙

第三章　土的力学性质

学习要求与目标:
1. 理解自重应力的概念及其分布规律,理解附加应力的概念。
2. 熟练掌握自重应力、基底压力和基底附加压力的计算。
3. 掌握均布矩形荷载作用下竖向附加应力的计算。

建筑物上部荷载传到地基上后,使得地基土中原有的应力状态发生了变化,从而引起地基产生变形。如果地基中的应力超过地基土的极限承载能力,则可能引起地基丧失整体稳定性而破坏。由于建筑物荷载差异和地基土不均匀等原因,基础各部分的沉降往往是不均匀的,当不均匀沉降超过一定限度时,将导致建筑物的开裂、倾斜甚至破坏。即便是均匀沉降,如果沉降量太大,也会影响建筑物正常使用。因此,为了计算地基的变形,必须了解土的压缩性,利用压缩性指标计算基础的最终沉降量以及研究变形与时间的关系,将地基在上部荷载作用下的应力和变形控制在允许的范围内,以保证建筑物的安全。

土的力学性质是地基基础验算的重要依据。为了计算地基变形、验算地基承载力和进行土坡稳定性分析以及地基的勘察、处理等,都需要知道土的力学性质,包括土中应力的大小和分布规律、土的压缩性、土的抗剪强度以及土的极限平衡理论等问题。

第一节　概　述

一、土的应力与地基变形的概念

土中应力按其产生的原因不同,可分为自重应力和附加应力。由土的自重在地基内所产生的应力,叫做自重应力;由建筑物传来的荷载或其他荷载(如地面堆放的材料、停放的车辆)在地基内产生的应力,称为附加应力。

在附加应力作用下,地基土将产生压缩变形,引起基础沉降,甚至是不均匀沉降。因此,地基基础设计时,对地基的变形必须加以控制。地基基础设计,还必须保证地基承载力和稳定性要求。

土是由土粒、水和气所组成的非连续介质。土的应力—应变关系与土的种类、密实度、应力历史、受力条件等有密切关系,具有非线性和非弹性特征。同时,土的变形都有一个由开始到稳定的过程,即需要一定的固结时间。为了简化计算,假定地基为均质的弹性体和变形半空间体,即地基的应力与应变呈线性关系,地基土在深度和水平方向的尺寸为无限大,并根据弹性力学公式求解地基土中的附加压力,然后利用某些简化和假设来解决地基的沉降计算问题。

二、饱和土的有效应力原理

根据太沙基有效应力原理可知，饱和土中的总应力 σ 等于有效应力 σ' 与孔隙水压力 u 之和，按式（3-1）计算。在同一深度处孔隙水压力对土体中各个方向的作用都是相等的，它只能是土体颗粒被压缩，且这种压缩量很小，可以忽略不计，孔隙水压力不能使土体颗粒产生移动，故不会使土体产生体积变形（压缩）。孔隙水压力虽然承担了一部分正应力，但承担不了剪应力。只有通过土粒传递的粒间应力，才能同时承担正应力和剪应力，并使土粒彼此之间挤紧，从而引起土体产生体积变化；粒间应力又是影响土体强度的一个重要因素，所以粒间应力又称为有效应力。

饱和土的有效应力原理表达式为：

$$\sigma = \sigma' + u \tag{3-1}$$

式中　σ——总应力；

σ'——通过土粒承受和传递粒间应力，又称为有效应力；

u——孔隙中水压力。

土体孔隙中的水压力有静水压力和超静孔隙水压力之分。前者是由水的自重引起的，其大小取决于水位的高低；后者一般是由附加应力引起的，在土体固结过程中会不断向有效应力转化。超静孔隙水压力通常简称为孔隙水压力。

在饱和土中，无论是土的自重应力还是附加应力，均应满足式（3-1）的要求。对自重应力而言，σ 为水与土颗粒的总自重应力，u 为静水压力，σ' 为土的有效自重应力。对附加应力而言，σ 为附加应力，u 为超静孔隙水压力，σ' 为有效应力增量。

通过以上讨论可知，以下凡涉及土的体积变形或强度变化的应力均是有效应力 σ'，而不是总应力 σ。

第二节　土的自重应力

一、土的自重应力计算原理

在计算土中自重应力时，假设地面以下土质均匀，天然重度为 γ（kN/m³），若求地面以下深度 z（m）处的自重应力，可取横截面面积为 1m^2 的土柱计算（图 3-1）。土柱所受的自重力为 $\gamma z \times 1$，即为 z 处土的自重应力（kPa），即

$$\sigma_{cz} = \gamma z \tag{3-2}$$

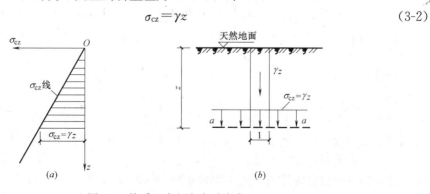

图 3-1　均质土中竖向自重应力

2. 土中存在地下水位:
   地下水位以下的土体 ``都有效重度 γ'
   $\gamma' = \gamma_{sat} - \gamma_w$.

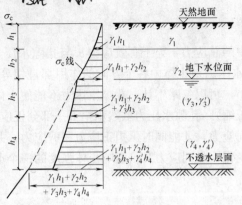

图 3-2　成层土中自重应力

由式（3-2）可见，匀质土的竖向自重应力随深度呈线性增加，应力分布图在竖向为三角形分布；在同一深度处的同一水平面的自重应力则呈均匀分布，如图 3-1（a）所示。

根据弹性力学原理可知，地基中除在水平面上存在竖向自重应力外，在竖直平面上还存在着与自重应力 σ_{cz} 成正比的水平方向应力 σ_{cx} 与 σ_{cy}，即

$$\sigma_{cx} = \sigma_{cy} = K_0 \sigma_{cz} = K_0 \gamma z \qquad (3-3)$$

$$\tau_{xy} = \tau_{yz} = \tau_{zx} = 0 \qquad (3-4)$$

式中　K_0——土的静止侧压力系数，其值可通过试验测得。

通常地基土是由不同重度的土层所构成，如图 3-2 所示，因此，计算成层土在 z 深度处的自重应力 σ_{cz} 时，应分层计算而后叠加，即

$$\sigma_{cz} = \gamma_1 h_1 + \gamma_2 h_2 + \cdots + \gamma_n h_n = \sum_{i=1}^{n} \gamma_i h_i \qquad (3-5)$$

式中　σ_{cz}——天然地面下任意深度 z 处的竖向自重应力（kPa）；

n——深度 z 范围内土层总数；

h_i——第 i 层土的厚度（m）；

γ_i——第 i 层土的天然重度，地下水位以下的土层取有效重度 γ_i'（kN/m³）。

上面讨论的土中自重应力是指土颗粒之间接触传递的应力，也称有效自重应力。因此，地下水位以下的自重应力应减去土层所受的浮力。但在地下水位以下，如埋藏有不透水层（如岩石或坚硬的黏土层），由于不透水层中不存在水的浮力，所以其层面及层面以下的自重应力应按其上覆盖土层的水土总重计算，即除计算土的有效自重应力以外，尚应计入水位面至不透水层顶面深度范围内的水压力。

从自重应力分布曲线的变化规律可知：自重应力随深度的增加而增加；土的自重应力分布曲线是一条折线，拐点在土层交界处和地下水位处；同一层土的自重应力按直线变化。通常，自重应力不会引起地基变形，因为自然界中的天然土层一般形成年代久远，早已固结稳定。但对近期沉积或堆积的土层，在自重应力作用下会产生变形。

【例 3-1】　试计算图 3-3 中各土层界面处及地下水位面处土的自重应力，并绘出分布图。

【解】　粉土层底处　　　　　$\sigma_{c1} = \gamma_1 h_1 = 18 \times 3 = 54$ kPa

地下水位面处　　　　$\sigma_{c2} = \sigma_{c1} + \gamma_2 h_2 = 54 + 18.4 \times 2 = 90.8$ kPa

粉土层底处　　　　　$\sigma_{c3} = \sigma_{c2} + \gamma_2' h_3 = 90.8 + (19 - 10) \times 3 = 117.8$ kPa

基岩层面处　　　　　$\sigma_c = \sigma_{c3} + \gamma_w h_w = 117.8 + 10 \times 3 = 147.8$ kPa

土中应力分布如图 3-3 所示。

二、地下水位升降及填土对土中自重应力的影响

随着我国城市化进程的不断加快，城市发展的规模越来越大，对地表水和地下水的需

  ① 在地下水位以不透水层与不透水层面 都会生突变

随梁度↑，自重动鉴析

求迅速增长，过度开采地下水及工程建设基坑开挖时的降水，导致城市地下水位逐年下降，造成许多城市地表下沉。地下水位下沉后，新增的自重应力会引起土体本身产生变形，造成地表大面积下沉或塌陷。 地下水位↓有自重应力，反之。

地下水位的升降引起土中应力的变化，如图3-4所示。在软土地区，如果大量抽取地下水，使地下水长期大幅下降，导致地基中原水位以下的土体中有效自重应力增加，而造成地表大面积下沉，其上的建筑物会产生附加沉降。如果是湿陷性黄土、膨胀土类，当地下水位上升时，会导致地基土湿陷、膨胀以及地基承载力降低等。在人工抬高蓄水水位的地区，滑坡现象增多。在基础工程完工之前，如停止基坑降水工作而使地下水位回升，则可能导致基坑边坡坍塌，或使得新浇筑尚未充分发挥强度的基础底板混凝土断裂。一些地下水结构（如水池）可能因水位上升而上浮，并带来新的问题和麻烦。对上述问题必须高度重视。

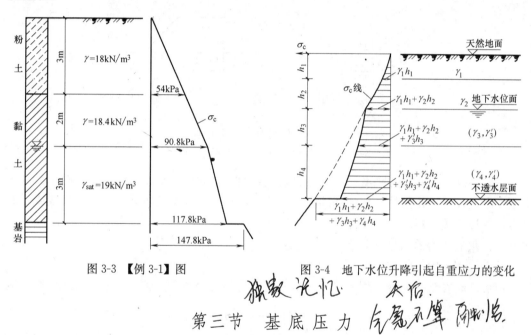

图 3-3 【例 3-1】图   图 3-4 地下水位升降引起自重应力的变化

第三节 基底压力 今宪不算 简捷略

一、基底压力分布

建筑物上部荷载通过基础传至地基，在基础底面与地基之间便产生了接触应力。它是基础作用于地基表面的基底压力，又是地基反作用于基础底面的基底反力。因此，在计算地基中的附加应力以及确定基础底面尺寸时，都必须了解基底压力的大小和分布情况。

影响基底压力分布的因素有很多，除与基础的刚度、平面形状、尺寸和基础的埋深等有关以外，还与作用于基础的荷载大小及分布、土的性质等多种因素有关。刚性基础本身刚度远大于土的刚度，地基与基础的变形协调一致，因此，中心受压的刚性基础置于硬黏性土层上时，由于硬黏性土不易发生土颗粒侧向挤出，基底压力为马鞍形分布，如图3-5（a）所示。如将刚性基础置于砂土表面上，由于基础边缘的砂粒容易朝侧向挤出，基底压力呈抛物线分布，如图3-5（b）所示。如果将作用于刚性基础的荷载加大，当地基接近破坏时，应力图形又变为钟形，如图3-5（c）所示。柔性基础的刚度很小，在荷载的作用下，基础随地基一起变形，其基底压力与上部荷载的分布相同。如均匀受压时，基底压力均匀分布，如图 3-6 所示。

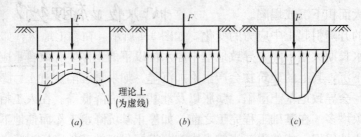

图 3-5　刚性基础下压力分布
(a) 马鞍形；(b) 抛物线形；(c) 钟形

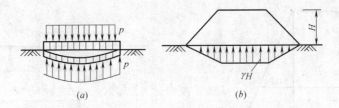

图 3-6　柔性基础下压力分布
(a) 理想柔性基础；(b) 路基下压应力分布

　　一般情况下，基础的刚度介于刚性和柔性之间，基底压力呈非线性分布。对于具有一定刚度以及尺寸较小的柱下单独基础和墙下条形基础等，其基底压力可看成呈直线或平面分布，并按下述材料力学公式计算。

二、基底压力的简化计算

　　1. 轴心荷载作用下的基底压力

　　矩形基础在轴心荷载作用下，基底压力假设为均匀分布，如图 3-6 所示。其平均压应力值按下式计算

$$p = \frac{F+G}{A} \tag{3-6}$$

式中　p——基底平均压力（kPa）；

　　　F——上部结构传至基础顶面的竖向力（kN）；

　　　G——基础自重和基础上的土重（kN）；$G = \gamma_G A d$，其中 γ_G 为基础及基础上填土的平均重度，一般取 20kN/m^3，但地下水位以下部分应取有效重度，d 为基础的埋置深度（m），当室内外高差较大时，取平均值；

　　　A——基础底面积，（m²）。如为条形基础，且荷载沿长度方向均匀分布，则沿长度方向取 1m 计算。此时，式中 F、G 为每延米的相应值，A 取用基础宽度。

　　2. 偏心荷载作用下的基底压力

　　偏心荷载分为单向偏心和双向偏心，常见的为单向偏心，即偏心力作用在矩形基底的一个对称轴上，设计时通常将基底长边方向取与偏心一致，也就是说偏心力在长轴上作用对截面短边对称轴有偏心距，此时基础底边偏心力作用下受压一侧产生最大压应力 p_{max}，偏心

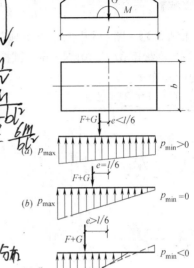

弯矩作用下基底受拉一侧产生最小拉应力或最小拉应力 p_{min}，如图 3-7 所示，p_{max}、p_{min} 的计算公式为：

$$p_{min}^{max}=\frac{F+G}{A}\pm\frac{M}{W} \tag{3-7}$$

式中　M——作用在基础底面的弯矩（kN·m）；

　　　W——基础底面的抵抗矩（m³）。

偏心荷载的偏心距 $e=\dfrac{M}{F+G}$，基础底面的抵抗

矩 $W=\dfrac{bl^2}{6}$，将 e、W 带入式（3-7）得

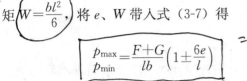
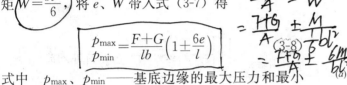

$$\boxed{\begin{array}{l}p_{max}\\p_{min}\end{array}=\frac{F+G}{lb}\left(1\pm\frac{6e}{l}\right)} \tag{3-8}$$

$=\dfrac{F+G}{A}\pm\dfrac{M}{W}$

$=\dfrac{F+G}{A}\pm\dfrac{M}{\frac{bl^2}{6}}$

$=\dfrac{F+G}{A}\pm\dfrac{6M}{bl^2}$

式中　p_{max}、p_{min}——基底边缘的最大压力和最小压力（kPa）；

　　　e——偏心距（m）；$\le\dfrac{l}{6}$

　　　l——矩形基础底面长度（m）；

　　　b——矩形基础底面宽度（m）。

由式（3-8）及图 3-7 可见：$e=0$，轴压，均匀分布

1）当 $e<l/6$ 时，$p_{min}>0$，基底压力呈梯形分布［见图 3-7（a）］；

2）当 $e=l/6$ 时，$p_{min}=0$，基底压力呈三角形分布［见图 3-7（b）］；

3）当时 $e>l/6$，$p_{min}<0$，见图 3-7（c）虚线所示。由于基底与地基之间不能承受拉力，此时基底与地基之间局部脱开，而使基底压力重新分布，式（3-7）及式（3-8）不再适用。

根据静力平衡条件，偏心力（$F+G$）应与三角形反力分布图的形心重合并与其合力相等，由此可得基础边缘的最大压力 p_{max} 为：

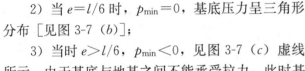

$F+G=\dfrac{1}{2}\cdot 3a\cdot b\cdot p_{max}\Rightarrow$
$$p_{max}=\frac{2(F+G)}{3ab} \tag{3-9}$$

式中　a——单向偏心荷载作用点至基底最大压力边缘的距离，$a=l/2-e$。

图 3-7　偏心荷载作用下基底压力分布
（a）偏心距较小（$e<l/6$）时基底压压力分布；
（b）偏心距较大（$e=l/6$）时基底压力分布；
（c）偏心距很大（$e>l/6$）时基底压力分布

3. 基础底面附加应力

在基坑开挖前，基础底面深度 d 处平面就有土的自重应力的作用。在建筑物建造后，基底处基底压力作用与开挖基坑前相比，应力将增加，增加的应力即为基底附加压应力。基底附加压力向地基传递，并引起地基变形。

基底平均附加压力 p_0 按下式计算：

$$p_0=p-\sigma_{cz}=p-\gamma_m d \tag{3-10}$$

式中　p——基底平均压力（kPa）；

　　　σ_{cz}——基底处土的自重应力（kPa）；

　　　γ_m——基底标高以上土的加权平均重度，$\gamma_m=(\gamma_1 h_1+\gamma_2 h_2+\cdots+\gamma_n h_h)/(h_1+h_2+$

$\gamma_m=\dfrac{\sigma_{cz}}{d}$

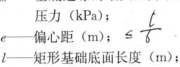

$$p = \frac{7+G}{A} = \frac{7+\bar{\gamma}A\bar{h}}{A} = \frac{7+\bar{\gamma}\cdot b\cdot\bar{h}}{b} \qquad G = \bar{\gamma}A\bar{h} = 20 \times 12 \times 1 \times 14.4$$

…$+h_h$），地下水位以下取有效（浮）重度；

　　d——基础埋深，一般从天然地面算起，对新填土场地，从天然地面算起（m）。

【例 3-2】　一墙下条形基础宽 1.2m，埋深 1.4m，承重墙传来的竖向荷载为 180kN/m。试求基底压力 p。

【解】
$$p = \frac{F}{b} + 20d = \frac{180}{1.2} + 20 \times 1.4 = 178\text{kPa}$$

【例 3-3】　图 3-8 中的柱下单独基础底面尺寸为 $3\text{m} \times 2.4\text{m}$，柱传给基础的竖向力 $F = 1200\text{kN}$，弯矩 $M = 210\text{kN·m}$。试按图中所给资料计算 p、p_{max}、p_{min}、p_0，并画出基底压力的分布图。

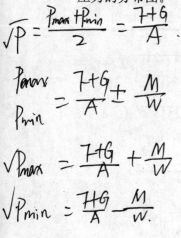
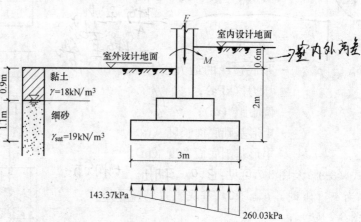

（左侧手写）
$$\sqrt{}\,\bar{p} = \frac{p_{max}+p_{min}}{2} = \frac{7+G}{A}$$
$$\begin{aligned}p_{max}\\p_{min}\end{aligned} = \frac{7+G}{A} \pm \frac{M}{W}$$
$$\sqrt{}\, p_{max} = \frac{7+G}{A} + \frac{M}{W}$$
$$\sqrt{}\, p_{min} = \frac{7+G}{A} - \frac{M}{W}$$

图 3-8　【例 3-3】图

【解】
$$d = \frac{1}{2}(2+2.6) = 2.3\text{m}$$
$$p = \frac{F}{A} + 20d - 10h_w = \frac{1200}{3 \times 2.4} + 20 \times 2.3 - 10 \times 1.1 = 201.7\text{kPa}$$
$$p_{max} = p + \frac{6M}{bl^2} = 201.7 + \frac{6 \times 210}{2.4 \times 3^2} = 260.03\text{kPa}$$
$$p_{min} = p - \frac{6M}{bl^2} = 201.7 - \frac{6 \times 210}{2.4 \times 3^2} = 143.37\text{kPa}$$
$$p_0 = p - \sigma_{cz} = p - \gamma_m d = 201.7 - [18 \times 0.9 + (19-10) \times 1.1] = 175.6\text{kPa}$$

基底压应力分布图如图 3-8 所示。

（左侧手写）
解：基础及以上回填土重
$$G = \bar{\gamma}A\bar{h}$$
$$= 20 \times 3 \times 2.4 \times (2 + \frac{0.6}{2}) + (19-10) \times 3 \times 2.4 \times 1.1$$
$$= 412\text{KN}$$
$$\bar{p} = \frac{7+G}{A} = \frac{1200 + 412}{3 \times 2.4} = 201.7\text{kPa}$$
$$p_{max} = \frac{7+G}{A} + \frac{M}{W} = 201.7 + \frac{210}{6 \times 2.4 \times 3^2} = 260.03\text{kPa}$$
$$p_{min} =$$

基础以上土的自重应力 σ_{cz}

第四节　地基附加应力

　　建筑物在上部荷载作用下，地基中必然产生应力和变形。通常把由建筑物荷载或其他原因在土体中引起的应力，称为地基附加应力。计算地基附加应力时，通常假定地基土是均质的线性变形半空间（弹性半空间）。将基底附加压力或其他荷载作为作用在弹性半空间表面的局部荷载，应用弹性力学公式便可求出地基中的附加应力。

　　一、竖向荷载作用下的地基附加应力

　　在弹性半空间表面上作用一个竖向集中力时，半空间任意点处所引起的应力和位移，可由法国 J·布辛奈斯克的弹性力学解答作出。如图 3-9 所示，在半空间处的六个应力分量和三个位移分量中，对工程计算意义最大的是竖向正应力 σ_z，表达式如下：

$$\sigma_z = \frac{3P}{2\pi}\frac{z^3}{R^5} = \frac{3P}{2\pi R^2}\cos^3\theta = \alpha\frac{P}{z^2} \tag{3-11}$$

式中　σ_z——地基中 M 点处的竖向附加应力（kPa）；

P——作用于坐标原点 O 的竖向集中力；

θ——R 线与 Z 坐标轴间的夹角；

R——计算点（M 点）至集中力作用点（坐标原点）的距离，其取值为

$$R = \sqrt{x^2 + y^2 + z^2} = \sqrt{r^2 + z^2} = z/\cos\theta$$

r——M 点与集中力作用点的水平距离；

α——集中力作用下地基竖向附加应力系数，$\alpha = \dfrac{3}{2\pi\left[1+\left(\dfrac{r}{z}\right)^2\right]^{5/2}}$，根据该公式和

其他已知条件计算所得的系数 α 见表 3-1。

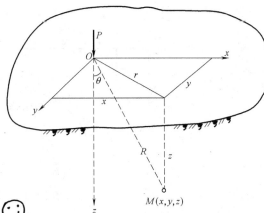

图 3-9　弹性半无限体在竖向集中力作用下的附加应力

(a) 半无限体的 $M(x, y, z)$ 点；(b) M 点的微小体积元素

集中荷载作用下地基竖向附加应力系数 α 　　　　　　　　表 3-1

r/z	α	r/z	α	r/z	α	r/z	α	r/z	α
0	0.4775	0.50	0.2733	1.00	0.0844	1.50	0.0251	2.00	0.0085
0.05	0.4745	0.55	0.2466	1.05	0.0744	1.55	0.0224	2.20	0.0058
0.10	0.4657	0.60	0.2214	1.10	0.0658	1.60	0.0200	2.40	0.0040
0.15	0.4516	0.65	0.1978	1.15	0.0581	1.65	0.0179	2.60	0.0029
0.20	0.4329	0.70	0.1762	1.20	0.0513	1.70	0.0160	2.80	0.0021
0.25	0.4103	0.75	0.1565	1.25	0.0454	1.75	0.0144	3.00	0.0015
0.30	0.3849	0.80	0.1386	1.30	0.0402	1.80	0.0129	3.50	0.0007
0.35	0.3577	0.85	0.1226	1.35	0.0357	1.85	0.0116	4.00	0.0004
0.40	0.3294	0.90	0.1083	1.40	0.0317	1.90	0.0105	4.50	0.0002
0.45	0.3011	0.95	0.0956	1.45	0.0282	1.95	0.0095	5.00	0.0001

当若干个竖向集中荷载 $p_i(i=1, 2, \cdots, n)$ 作用在地基表面时，按叠加原理，地面下 z 深度处某点 M 的附加应力 σ_z 为：

$$\sigma_z = \sum_{i=1}^{n} \alpha_i \frac{p_i}{z^2} = \frac{1}{z^2} \sum_{i=1}^{n} \alpha_i p_i \qquad (3\text{-}12)$$

式中 α_i ——第 i 个集中荷载下的竖向附加应力系数，按 r_i/z 由表 3-1 查取，其中 r_i 是第 i 各集中荷载作用点到 M 点的水平距离。

【例 3-4】 在地基表面作用一个集中荷载 $P=200\text{kN}$。试求：（1）在地基中 $z=2\text{m}$ 的水平面上，水平距离 $r=1$、2、3、4m 处各点的附加应力 σ_z 值，并绘分布图；（2）在地基中 $r=0$ 的竖直线上距地基表面 $z=0$、1、2、3、4m 处各点的 σ_z 值，并绘分布图。

【解】（1）在地基中 $z=2\text{m}$ 的水平面上指定点的 σ_z 值的计算过程列于表 3-2，σ_z 分布图绘制于图 3-10。由图可见，σ_z 在水平面上的分布范围相当大，这种现象称为附加应力扩散现象。

（2）在地基中 $r=0$ 的竖直线上指定点的 σ_z 值的计算过程列于表 3-3，分布图绘制于图 3-11。

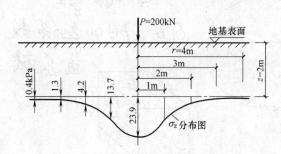

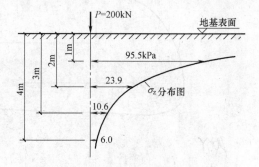

图 3-10　$z=2\text{m}$ 的水平面上指定点的 σ_z 值 　　　　图 3-11　$r=0$ 的竖直线上指定点的 σ_z 值

$z=2\text{m}$ 的水平面上指定点的 σ_z 值　　　　　　　　　　　　表 3-2

$z(\text{m})$	$r(\text{m})$	r/z	α（查表 3-1）	$\sigma_z = \alpha \dfrac{P}{z^2}(\text{kPa})$
2	0	0	0.4775	23.9
2	1	0.5	0.2733	13.7
2	2	1.0	0.0844	4.2
2	3	1.5	0.0251	1.3
2	4	2.0	0.0085	0.4

$r=0$ 的竖直线上指定点的 σ_z 值　　　　　　　　　　　　表 3-3

$z(\text{m})$	$r(\text{m})$	r/z	α（查表 3-1）	$\sigma_z = \alpha \dfrac{P}{z^2}(\text{kPa})$
0	0	0	0.4775	∞
1	0	0	0.4775	95.5
2	0	0	0.4775	23.9
3	0	0	0.4775	10.6
4	0	0	0.4775	6.0

附加应力分布规律：

1）在地面以下一定深度的水平面上荷载仍用底上附加应力最大，向两侧逐渐减小。2）随深度增加，附加应力逐渐减小。

工程中如何考虑附加应力的
①相邻建筑物的影响
新建筑对原建筑的影响要考虑
新建筑基坑侧壁的安全
（2）边坡上的建筑物会影响边坡的稳定

二、矩形荷载和圆形荷载下的地基附加应力

1. 均布的矩形荷载

轴心受压柱的基底附加压力即属于均布矩形荷载这一情况。如图 3-11 所示，求解时一般先以积分法求得矩形荷载截面角点下的附加应力，然后运用角点法求得矩形荷载任意点的地基附加应力。矩形截面的长边和短边尺寸分别为 l 和 b，竖向均布荷载 p_0。从荷载面内取一微面积 $dxdy$，并将其上的均布荷载用集中力 p_0dxdy 来代替，则由集中力所产生的角点 O 下任意深度处 M 点的竖向应力 $d\sigma_z$ 可由式（3-13）求得：

$$d\sigma_z = \frac{3}{2\pi}\frac{p_0z^3}{(x^2+y^2+z^2)^{5/2}}dxdy \qquad (3-13)$$

对整个面积积分得：

$$\sigma_z = \iint_A d\sigma_z = \frac{3p_0z^3}{2\pi}\int_0^l\int_0^b \frac{1}{(x^2+y^2+z^2)^{5/2}}dxdy$$

$$= \frac{p_0}{2\pi}\left[\frac{lbz(l^2+b^2+2z^2)}{(l^2+z^2)(b^2+z^2)\sqrt{l^2+b^2+z^2}} + \arctan\frac{lb}{z\sqrt{l^2+b^2+z^2}}\right]$$

令

$$\alpha = \frac{1}{2\pi}\left[\frac{lbz(l^2+b^2+2z^2)}{(l^2+z^2)(b^2+z^2)\sqrt{l^2+b^2+z^2}} + \arctan\frac{lb}{z\sqrt{l^2+b^2+z^2}}\right]$$

得

$$\sigma_z = \alpha p_0 \qquad (3-14)$$

式中 α——均布矩形荷载角点下的竖向附加应力系数，将计算各种不同情况下的取值按表 3-4 查用。

矩形均布荷载
①矩形均布荷载角点下任意深度的附加应力
$\sigma_z = \alpha \cdot p_0$
α —附加应力系数
$l/b, z/b$ 查表
p_0 —基底附加应力
$p_0 = \sigma_{cz}$
$p_0 = p - \sigma_{cz}$

均布矩形荷载角点下的竖向附加应力系数 α 表 3-4

z/b \ l/b	1.0	1.2	1.4	1.6	1.8	2.0	3.0	4.0	5.0	6.0	10.0	条形
0	0.2500	0.2500	0.25	0.2500	0.2500	0.2500	0.2500	0.2500	0.2500	0.2500	0.2500	0.2500
0.2	0.2486	0.2489	0.2490	0.2491	0.2491	0.2491	0.2492	0.2492	0.2492	0.2492	0.2492	0.2492
0.4	0.2401	0.2420	0.2429	0.2434	0.2439	0.2442	0.2443	0.2443	0.2443	0.2443	0.2443	0.2443
0.6	0.2229	0.2275	0.2300	0.2315	0.2324	0.2329	0.2339	0.2341	0.2342	0.2342	0.2342	0.2342
0.8	0.1999	0.2075	0.2120	0.2147	0.2165	0.2176	0.2196	0.2202	0.2202	0.2202	0.2202	0.2203
1.0	0.1752	0.1815	0.1911	0.1955	0.1981	0.1999	0.2034	0.2042	0.2044	0.2045	0.2046	0.2046
1.2	0.1516	0.1626	0.1705	0.1758	0.1793	0.1818	0.1870	0.1882	0.1885	0.1887	0.1888	0.1889
1.4	0.1308	0.1423	0.1508	0.1569	0.1613	0.1644	0.1712	0.1730	0.1735	0.1738	0.1740	0.1740
1.6	0.1123	0.1241	0.1329	0.1396	0.1445	0.1482	0.1567	0.1590	0.1598	0.1601	0.1604	0.1605
1.8	0.0969	0.1083	0.1172	0.1241	0.1294	0.1334	0.1434	0.1463	0.1474	0.1478	0.1482	0.1483
2.0	0.0840	0.0947	0.1034	0.1103	0.1158	0.1202	0.1314	0.1350	0.1363	0.1368	0.1374	0.1375
2.2	0.0732	0.0823	0.0917	0.0984	0.1039	0.1084	0.1205	0.1248	0.1264	0.1271	0.1277	0.1279
2.4	0.0642	0.0734	0.0813	0.0879	0.0934	0.0979	0.1108	0.1156	0.1175	0.1184	0.1192	0.1194
2.6	0.0566	0.0651	0.0725	0.0788	0.0842	0.0887	0.1020	0.1073	0.1095	0.1106	0.1116	0.1118
2.8	0.0502	0.0580	0.0649	0.0709	0.0761	0.0805	0.0942	0.0999	0.1024	0.1036	0.1048	0.1050
3.0	0.0477	0.0519	0.0583	0.0640	0.0690	0.0732	0.0870	0.0931	0.0959	0.0973	0.0987	0.0990
3.2	0.0401	0.0467	0.0526	0.0580	0.0627	0.0668	0.0806	0.0870	0.0900	0.0916	0.0933	0.0935
3.4	0.0361	0.0421	0.0477	0.0527	0.0571	0.0611	0.0747	0.0814	0.0847	0.0864	0.0882	0.0886
3.6	0.0326	0.0382	0.0433	0.0480	0.0523	0.0561	0.0694	0.0763	0.0799	0.0816	0.0837	0.0842
3.8	0.0296	0.0348	0.0395	0.0439	0.0479	0.0516	0.0646	0.0717	0.0753	0.0773	0.0796	0.0802
4.0	0.0270	0.0318	0.0362	0.0403	0.0441	0.0474	0.0603	0.0674	0.0712	0.0733	0.0758	0.0765
4.2	0.0247	0.0291	0.0333	0.0371	0.0407	0.0439	0.0563	0.0634	0.0674	0.0696	0.0724	0.0731
4.4	0.0227	0.0268	0.0306	0.0343	0.0376	0.0407	0.0527	0.0579	0.0639	0.0662	0.0692	0.0700

Z/b \ l/b	1.0	1.2	1.4	1.6	1.8	2.0	3.0	4.0	5.0	6.0	10.0	条形
4.6	0.0209	0.0247	0.0283	0.0317	0.0348	0.0378	0.0493	0.0564	0.0606	0.0630	0.0663	0.0671
4.8	0.0193	0.0229	0.0262	0.0294	0.0324	0.0352	0.0463	0.0533	0.0576	0.0601	0.0635	0.0645
5.0	0.0179	0.0212	0.0243	0.0274	0.0302	0.0328	0.0435	0.0504	0.0574	0.0573	0.0610	0.0620
6.0	0.0127	0.0151	0.0174	0.0196	0.0218	0.0238	0.0325	0.0388	0.0431	0.0460	0.0506	0.0521
7.0	0.0094	0.0112	0.0130	0.0147	0.0164	0.0180	0.0251	0.0306	0.0346	0.0376	0.0428	0.0449
8.0	0.0073	0.0087	0.0101	0.0114	0.0127	0.0140	0.0198	0.0246	0.0283	0.0311	0.0367	0.0394
9.0	0.0058	0.0069	0.0080	0.0091	0.0102	0.112	0.0161	0.0202	0.0235	0.0262	0.0319	0.0351
10.0	0.0047	0.0056	0.0065	0.0074	0.0083	0.0092	0.0132	0.0168	0.0198	0.0222	0.0280	0.0316
12.0	0.0033	0.0039	0.0046	0.0052	0.0058	0.0064	0.0094	0.0121	0.0145	0.0165	0.0219	0.0264
14.0	0.0024	0.0029	0.0034	0.0038	0.0043	0.0048	0.0070	0.0091	0.0110	0.0127	0.0175	0.0227
16.0	0.0019	0.0022	0.0026	0.0029	0.0033	0.0037	0.0054	0.0071	0.0086	0.0100	0.0143	0.0198
18.0	0.0015	0.0018	0.0021	0.0023	0.0026	0.0029	0.0043	0.0056	0.0069	0.0081	0.0118	0.0176
20.0	0.0012	0.0014	0.0017	0.0019	0.0021	0.0024	0.0035	0.0046	0.0057	0.0067	0.0099	0.0159

实际计算中，常会遇到计算点不在矩形荷载面角点之下的情况，这时可以通过作辅助线把荷载分成若干个矩形面积，而计算点则必须正好位于这些矩形面积的角点之下，这样就可以用公式（3-14）及力的叠加原理来求解，这种方法称为角点法。

用图 3-12 所示的四种情况说明角点法的具体应用。

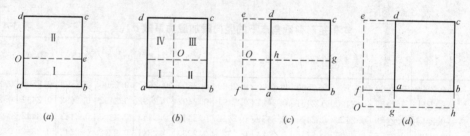

图 3-12　以角点法计算均布矩形荷载面 O 点下的地基附加应力

（1）O 点在荷载面边缘 ［图 3-12（a）］

过 O 点作辅助线 Oe，将荷载面分成 Ⅰ、Ⅱ 两块，由叠加原理可得

$$\sigma_z = (\alpha_{cⅠ} + \alpha_{cⅡ})p_0$$

式中，$\alpha_{cⅠ}$、$\alpha_{cⅡ}$ 是分别按两块小矩形面积 Ⅰ、Ⅱ，由（$l_Ⅰ/b_Ⅰ$、$z/b_Ⅰ$）、（$l_Ⅱ/b_Ⅱ$、$z/b_Ⅱ$）查得的附加应力系数。注意，$b_Ⅰ$、$b_Ⅱ$ 分别是小矩形面积 Ⅰ、Ⅱ 的短边边长。

（2）O 点的荷载面内 ［图 3-12（b）］

作两条辅助线将荷载分成 Ⅰ、Ⅱ、Ⅲ、Ⅳ 共四块面积，于是：

$$\sigma_z = (\alpha_{cⅠ} + \alpha_{cⅡ} + \alpha_{cⅢ} + \alpha_{cⅣ})p_0$$

如果 O 点位于荷载面中心，则 $\alpha_{cⅠ} = \alpha_{cⅡ} = \alpha_{cⅢ} = \alpha_{cⅣ}$，可得 $\sigma_z = 4\alpha_{cⅠ}p_0$，此即为利用角点法求基底中心点下 σ_z 的解，亦可直接查中点附加应力系数表。

（3）O 点的荷载面边缘外侧 ［图 3-12（c）］

此时荷载面 $abcd$ 可看成是由 Ⅰ（$Ofbg$）与 Ⅱ（$Ofah$）之差和 Ⅲ（$Oecg$）与 Ⅳ（$Oedh$）之差合成的，所以

$$\sigma_z = (\alpha_{cI} - \alpha_{cII} + \alpha_{cIII} - \alpha_{cIV})p_0$$

（4）O 点的荷载面角点外侧［图 3-12（d）］

把荷载看成 I（$Ohce$）$-$ II（$Ohbf$）$-$ III（$Ogde$）$+$ IV（$Ogaf$），则

$$\sigma_z = (\alpha_{cI} - \alpha_{cII} - \alpha_{cIII} + \alpha_{cIV})p_0$$

【例 3-5】 试以角点法分别计算图 3-13 所示的甲、乙两个基础基底中心点下不同深度处的地基附加应力 σ_z 值，绘 σ_z 分布图，并考虑相邻基础的影响。基础埋深范围内天然土层的重度 $\gamma_m = 18\text{kN/m}^3$。

【解】（1）两基础的基底附加应力

甲基础　$p_0 = p - \sigma_{cz} = \dfrac{F}{A} + 20d - \gamma_m d = \dfrac{392}{2 \times 2} + 20 \times 1 - 18 \times 1 = 100\text{kPa}$

乙基础　　　　　　$p_0 = \dfrac{98}{1 \times 1} + 20 \times 1 - 18 \times 1 = 100\text{kPa}$

（2）计算两基础中心点下由本基础荷载引起的 σ_z 时，过基底中心点将基底分成相等的四块，采用角点法进行计算，计算过程列于表 3-5。

两基础中心点下由本基础荷载引起的 σ_z　　　　　表 3-5

z (m)	甲基础				乙基础			
	l/b	z/b	K_{cI}	$\sigma_z = 4K_{cI}p_0$ (kPa)	l/b	z/b	K_{cI}	$\sigma_z = 4K_{cI}p_0$ (kPa)
0		0	0.2500	100		0	0.2500	100
1		1	0.1752	70		2	0.0840	34
2	$\dfrac{1}{1}=1$	2	0.0840	34	$\dfrac{0.5}{0.5}=1$	4	0.0270	11
3		3	0.0447	18		6	0.0127	5
4		4	0.0270	11		8	0.0073	3

（3）计算本基础中心点下由相邻基础荷载引起的 σ_z 时，可按前述的计算点在荷载面边缘外侧的情况以角点法计算，甲基础对乙基础 σ_z 影响的计算过程见表 3-6，乙基础对甲基础 σ_z 影响的计算过程见表 3-7。

甲基础对乙基础 σ_z 影响的计算过程　　　　　表 3-6

z (m)	l/b		z/b	K_c		$\sigma_z = 2(K_{cI} - K_{cII})p_0$ (kPa)
	I（$dbfO'$）	II（$acfO'$）		K_{cI}	K_{cII}	
0			0	0.2500	0.2500	0
1			1	0.2034	0.1752	5.6
2	$\dfrac{3}{1}=3$	$\dfrac{1}{1}=1$	2	0.1314	0.0840	9.5
3			3	0.0870	0.0447	8.5
4			4	0.0603	0.0270	6.7

（4）σ_z 的分布图见图 3-13，图中阴影部分表示相邻基础对本基础中心点下 σ_z 的影响。

比较图中两基础下 σ_z 的分布图可见，基础底面尺寸大的基础下的附加应力比尺寸小的收敛得慢，影响深度大，同时，对相邻基础的影响也较大。可以预见，在基底附加压力相等的条件下，基础尺寸越大的基础沉降也越大。这一点在基础设计时必须引起注意。

z (m)	l/b		z/b	K_c		$\sigma_z = 2(K_{c\mathrm{I}} - K_{c\mathrm{II}})p_0$ (kPa)
	Ⅰ (gheO)	Ⅱ (jeOi)		$K_{c\mathrm{I}}$	$K_{c\mathrm{II}}$	
0			0	0.2500	0.2500	0
1	$\dfrac{2.5}{0.5}=5$	$\dfrac{1.5}{0.5}=3$	2	0.1363	0.1314	1.1
2			4	0.0712	0.0603	2.2
3			6	0.0431	0.0325	2.1
4			8	0.0283	0.0198	1.7

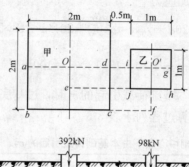

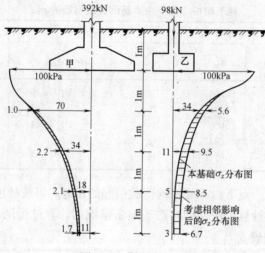

图 3-13 【例 3-5】图

2. 三角形分布的矩形荷载

设竖向荷载沿矩形截面一边 b 方向上呈三角形分布（沿另一边 l 的荷载不变），荷载的最大值 p_0，设荷载零值边的角点 1 为坐标原点，如图 3-14 所示，将荷载面内某点（x，y）处所取微面积 $\mathrm{d}x\mathrm{d}y$ 上的分布荷载以集中力 $\dfrac{x}{b}p_0\mathrm{d}x\mathrm{d}y$ 代替。运用式（3-13）以积分法可求得角点 1 下任意深度处 z 处 M 点竖向附加应力 σ_z 为：

$$\sigma_z = \iint_A \mathrm{d}\sigma_z = \iint_A \frac{3}{2\pi} \frac{p_0 x z^3}{(x^2 + y^2 + z^2)^{5/2}} \mathrm{d}x\mathrm{d}y$$

积分后得

$$\sigma_z = \alpha_{t1} p_0 \tag{3-15}$$

式中

$$\alpha_{t1} = \frac{mn}{2\pi}\left[\frac{1}{\sqrt{m^2 + n^2}} - \frac{n^2}{(1+n^2)\sqrt{m^2 + n^2 + 1}}\right]$$

42

同理，还可求得荷载最大值边的角点 2 下任意深度 z 处的竖向附加应力 σ_z 为：

$$\sigma_z = \alpha_{t2} p_0 \tag{3-16}$$

式中，α_{t1}、α_{t2} 均为 $m = l/b$ 和 $n = z/b$ 的函数，其值可由《建筑地基基础设计规范》GB 50007—2011 附录 K.0.2 附录查取。

应用上述均布和三角形分布的矩形荷载角点下的附加应力系数，即可用角点法求得梯形或三角形分布时地基中任意点的竖向附加应力 σ_z 值，亦可求解条形荷载面时（$m \geqslant 10$）的地基附加应力。若计算点正好位于荷载面 b 边方向中点（l 边方向可任意）之下，则不论是梯形分布还是三角形分布的荷载，均可以中点处的荷载按均布荷载情况计算。

3. 均布的圆形荷载

如图 3-15 所示，半径为 r_0 的圆形荷载面积上作用有竖向均布荷载 p_0，为求荷载面中心点下任意深度 z 处 M 点的 σ_z 值，可在荷载面积上取微面积 $\mathrm{d}A = r\mathrm{d}\theta\mathrm{d}r$，以集中力 $p_0\mathrm{d}A$ 代替微面积上的分布荷载，运用式（3-13）以积分法可求得 σ_z 为：

$$\sigma_z = \iint_A \mathrm{d}\sigma_z = \frac{3 p_0 z^3}{2\pi} \int_0^{2\pi} \int_0^{r_0} \frac{r\mathrm{d}\theta\mathrm{d}r}{(r^2 + z^2)^{5/2}} = p_0 \left[1 - \frac{z^3}{(r^2 + z^2)^{3/2}} \right]$$

$$= p_0 \left[1 - \frac{1}{\left(\dfrac{r_0^2}{z^2} + 1 \right)^{3/2}} \right] = \alpha_r p_0$$

式中　α_r——为均布圆形荷载中心点下的附加应力系数，可由《建筑地基基础设计规范》GB 50007—2011 附录 K.0.3 附录查取。

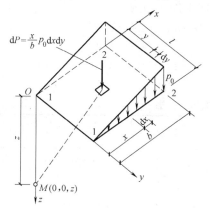

图 3-14　三角形分布矩形荷载角点下的 σ_z

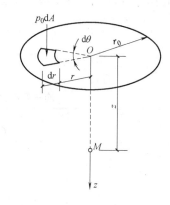

图 3-15　均布圆形荷载中点下的 σ_z

三、线荷载和条形荷载下的地基附加力

在建筑工程中，当作用在矩形基础的长宽比 $l/b \geqslant 10$ 时，矩形面积角点下的地基附加应力计算值与按 $l/b = \infty$ 时的解相比误差很小。因此，如墙下条形基础、挡土墙基础、路坝、坝基等，常可视为条形荷载，按平面问题求解。为求条形荷载作用下的地基附加应力，先讨论线荷载作用下的附加应力的计算方法。

1. 线荷载作用下的附加应力

线荷载是在半空间表面一条无限长直线上的均布荷载。设一竖向线荷载 $\bar{p}$（kN/m）作用在 y 坐标上，沿 y 轴截取一微分段 $\mathrm{d}y$，将其上作用的线荷载以集中力 $\mathrm{d}p = \bar{p}\mathrm{d}y$ 代替（图 3-16），利用式（3-13）可求得地基中任意点 M 处由 $\mathrm{d}p$ 引起的 $\mathrm{d}\sigma_z$，再通过积分，即

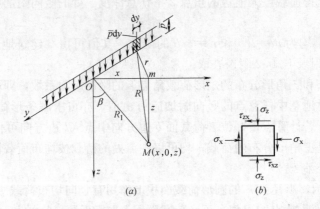

图 3-16 线荷载作用下地基附加应力的平面问题

可求得 M 点的 σ_z：

$$\sigma_z = \frac{2\overline{p}z^3}{\pi R_1^4} = \frac{2\overline{p}}{\pi R_1}\cos^3\beta \tag{3-17}$$

2. 均布的条形荷载作用下的附加应力

均布条形荷载是沿宽度方向和长度方向均匀分布，而长度方向为无限长的荷载。沿 x 轴取一宽度 $\mathrm{d}x$ 长为无限长的微分段，作用于其上的荷载以线荷载 $\overline{p} = p_0\,\mathrm{d}x$ 代替，运用式 (3-17) 并作积分，可求得地基中任意点 M 处的竖向附加应力为：

$$\sigma_z = \frac{p_0}{\pi}\left[\arctan\frac{1-2n}{2m} + \arctan\frac{1+2n}{2m} - \frac{4m(4n^2-4m-1)}{(4n^2+4m-1)+16m^2}\right] = \alpha_{sz}\,p_0 \tag{3-18}$$

式中　α_{sz}——均布条形荷载下的竖向附加应力系数，是 $m = z/b$ 和 $n = x/b$ 的函数，由表 3-8 查用。

表 3-8

均布条形荷载下的竖向附加应力系数 α_{sz}

z/b ＼ x/b	0.00	0.25	0.50	1.00	1.50	2.00
0.00	1.00	1.00	0.50	0	0	0
0.25	0.96	0.90	0.5	0.02	0	0
0.50	0.82	0.74	0.48	0.08	0.02	0
0.75	0.67	0.61	0.45	0.15	0.04	0.02
1.00	0.55	0.51	0.41	0.19	0.07	0.03
1.25	0.46	0.44	0.37	0.20	0.10	0.04
1.50	0.40	0.38	0.33	0.21	0.11	0.06
1.75	0.35	0.34	0.31	0.21	0.13	0.07
2.000	0.31	0.31	0.28	0.20	0.14	0.08
3.00	0.21	0.21	0.20	0.17	0.13	0.10
4.00	0.16	0.13	0.15	0.14	0.12	0.10
5.00	0.13	0.13	0.12	0.12	0.11	0.09
6.00	0.11	0.10	0.10	0.10	0.10	—

图 3-17 为地基中的附加应力等值曲线图。所谓等值线就是地基中具有相同附加应力数值的点的连线（类似于主拉应力曲线或地形图上的等高线）。由图 3-17 （a）、（b）分析可知，地基中的竖向附加应力 σ_z 具有以下分布规律：

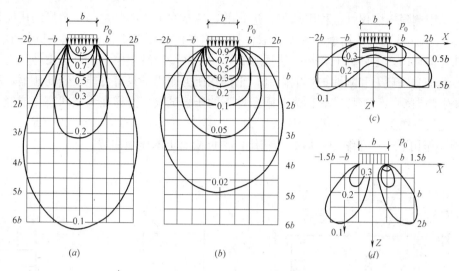

图 3-17　附加应力等值曲线

(a) 等 σ_z（条形荷载）；(b) 等 σ_z（方形荷载）；(c) 等 σ_x（条形荷载）；(d) τ_{xz} 线（条形荷载）

(1) σ_z 的分布范围相当大，它不仅分布在荷载面积之内，而且还分布到荷载面积以外，即所谓的附加应力扩散现象〔图 3-17（a）〕。

(2) 在离基础底面（地基表面）不同深度处 z 处各个水平面上，以基底中心点下轴线处的 σ_z 为最大，离开中心轴线越远的点 σ_z 越小〔图 3-17（b）〕。

(3) 在荷载分布范围内任意点竖直线上的 σ_z 值，随着深度增加而逐渐减少〔图 3-17（c）〕。

(4) 方形荷载所引起的 σ_z 其影响深度要比条形荷载小得多。如在方形荷载中心下 $z=2b$ 处，$\sigma_z\approx0.1p_0$〔图 3-17（d）〕，而在条形荷载作用下的 $\sigma_z=0.1p_0$ 等值线则约在中心下 $z=6b$ 处通过〔图 3-17（a）〕。这一等值线反映了附加应力在地基中的影响范围。

由条形荷载下 σ_x 和 τ_{xz} 的等值线图可见，σ_x 的影响范围较浅，所以基础下地基土的侧向变形主要发生于浅层；而 τ_{xz} 的最大值出现于荷载边缘，所以位于基础边缘下的土容易发生剪切破坏〔图 3-17（d）〕。

第五节　土 的 压 缩 性

地基土在压力作用下体积缩小的特性，称为土的压缩性。通常土的压缩变形主要由于以下几方面因素引起。一是土颗粒发生相对位移，土中水及气体从孔隙中排出，使孔隙体积减小；二是封闭在土体中的气体被压缩；三是土颗粒和土中水被压缩，这种压缩变形很小，与总压缩量相比可以忽略不计。

土的压缩变形速度的快慢与土中水的渗透速度有关。对于饱和的无黏性土，由于透水性大，故在压力作用下土中水很快被排出，其压缩过程很快完成。饱和黏性土由于透水性差，土中水的排出比较缓慢，故要达到压缩稳定则需要相当长的时间。

通常是通过压缩试验或现场荷载试验，来确定土的压缩性高低及压缩变形随时间变化规律。

一、压缩试验及压缩曲线

为了了解土的孔隙随压力的变化规律，可以采用室内压缩试验来获得所需的资料。室内试验是用侧限压缩仪（也称固结仪）进行的，仪器的主要部分是一个圆形的压缩器，如图 3-18 所示。试验时，用金属环刀切取保持天然结构的原状土样，并置于圆筒形压缩容器的刚性护环内，土样上下各垫一块透水石，使土样受压后土中水可以自由地从上下两面排出。由于金属环刀和刚性护环的限制，土样在压力作用下只有可能被竖向压缩，而没有可能发生侧向变形，这种试验称为侧限条件下的压缩试验。土样在天然状态下或经人工饱和后，进行逐级加压固结，求出各级压力（一般 $P=50kN$、100kPa、200kPa、300kPa、400kPa）作用下土样压缩稳定后的孔隙比，便可绘出土的压缩曲线。

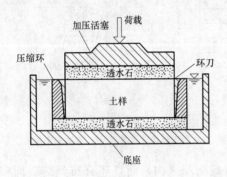

图 3-18　压缩仪的压缩容器　　　　　图 3-19　压缩试验中土样的孔隙比变化

(a) 加荷载前；(b) 加荷载后

在图 3-19 中，假设土样的初始高度为 h_0，土样断面面积为 A，初始孔隙比为 e_0，则

$$e_0 = \frac{V_v}{V_s} = \frac{Ah_0 - V_s}{V_s} 或$$

$$V_s = \frac{Ah_0}{1+e_0} \tag{3-19}$$

式中　V_v——孔隙体积；

　　　V_s——土颗粒体积。

压力增至 p_i 时，如图 3-19 (b) 所示，土样的稳定变形量为 Δs_i，这时土样的高度为 $s_i = h_0 - \Delta s_i$，设此时土样的孔隙比为 e_i，则土颗粒体积 V_{si} 为：

$$V_{si} = \frac{A(h_0 - \Delta s_i)}{1+e_i} \tag{3-20}$$

由于土颗粒压缩不计，土样截面积不变，因此有：

$$\frac{Ah_0}{1+e_0} = \frac{A(h_0 - \Delta s_i)}{1+e_i}$$

由式（3-20）可得：　　　　$$\Delta s_i = \frac{e_0 - e_i}{1+e_0} h_0 \tag{3-21}$$

$$e_i = e_0 - \frac{\Delta s_i}{h_0}(1+e_0) \tag{3-22}$$

根据每级荷载作用下的稳定变量 Δs_i，利用公式（3-22）即可求出相应荷载下的孔隙比 e_i。

然后以横坐标表示压力 p，纵坐标表示孔隙比 e，可绘出 e-p 关系曲线，此曲线称为压缩曲线，如图 3-20 所示。

二、压缩性指标

1. 压缩系数

从图 3-19 压缩曲线可见，孔隙比 e 随压力的增加而减小，曲线越陡，说明随着压力的增加，土的孔隙比减小越显著，土产生的压缩变形就大，土的压缩性高。反之，土的压缩性就低。因此，曲线的陡缓反映了土的压缩性大小。取曲线上任意一点的切线斜率 a，称为压缩系数。表示相当于 p 作用下的压缩性。压缩系数 a 表示为：

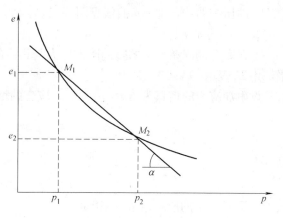

图 3-20　压缩试验曲线

$$a = -\frac{\mathrm{d}e}{\mathrm{d}p} \qquad (3\text{-}23)$$

式中负号表示压力 p 与压缩系数方向相关。一般建筑物产生的荷载在地基中引起的压力变化范围都不大，仅为压缩曲线的一小段，因此，可以近似地用直线代替。如图 3-20 所示，设压力由 p_1 增至 p_2，相应的孔隙比由 e_1 减小到 e_2，则压力增量为 $\Delta p = p_2 - p_1$，对应的孔隙比变化量为 $\Delta e = e_1 - e_2$，此时土的压缩系数可用图中割线 $M_1 M_2$ 的斜率表示。设此割线与横坐标的夹角为 β，则

$$a = \tan\beta = \frac{\Delta e}{\Delta p} = \frac{e_1 - e_2}{p_2 - p_1} \qquad (3\text{-}24)$$

式中　　a——土的压缩系数（MPa^{-1}）；

e_1——相应于 p_1 作用下压缩稳定后的孔隙比；

e_2——相应于 p_2 作用下压缩稳定后的孔隙比。

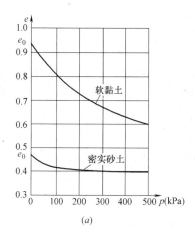
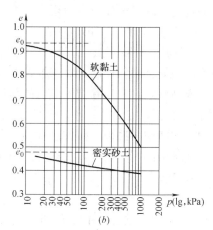

图 3-21　土的压缩曲线

(a) e-p 曲线；(b) e-$\lg p$ 曲线

不同的土压缩性差异很大，即便是同一种土，压缩曲线的斜率也是变化的。在工程实际中，为了便于比较，通常取 $p_1 = 100\mathrm{kPa}$、$p_2 = 200\mathrm{kPa}$，相应的压缩系数用 $a_{1\text{-}2}$ 表示，以此判定土的压缩性。规定：

$a_{1\text{-}2} < 0.1\mathrm{MPa}^{-1}$ 时，为低压缩性土。

$0.1\mathrm{MPa}^{-1} \leqslant a_{1\text{-}2} < 0.5\mathrm{MPa}^{-1}$ 时为，中压缩性土；

$a_{1\text{-}2} \geqslant 0.5\mathrm{MPa}^{-1}$ 时，为高压缩性土。

土的压缩曲线，即 $e\text{-}p$ 曲线见图 3-21。

2. 压缩模量 E_s

土在完全侧限条件下的竖向附加应力与相应的应变增量的比值，称为土的侧限压缩模量，用 E_s 表示。

设附加应力的增量为 $\Delta p = p_2 - p_1$，应变的增量为 $\Delta \varepsilon = \Delta s / h$，由式（3-21）可得

$$\Delta \varepsilon = \frac{\Delta s}{h} = \frac{e_1 - e_2}{1 + e_1} \tag{3-25}$$

则

$$E_s = \frac{\Delta p}{\Delta \varepsilon} = \frac{p_2 - p_1}{\dfrac{e_1 - e_2}{1 + e_1}} (1 + e_1) = \frac{1 + e_1}{a} \tag{3-26}$$

式中　E_s——土的压缩系数（MPa）；

a、e_1、e_2——其含义与式（3-24）中的含义相同。

压缩模量也是土的一个重要的压缩性指标，它与压缩系数成反比，E_s 越大，a 越小，土的压缩性越低。一般情况下，$E_s < 4\text{MPa}$，属于高压缩性土；$E_s = 4 \sim 15\text{MPa}$，属于中等压缩性土；$E_s > 15\text{MPa}$ 属于低压缩性土。

第六节　地基的最终沉降量

地基的最终沉降量是指地基在建筑物荷载作用下达到压缩稳定时地基表面的沉降量，对于偏心荷载作用下的基础，则以基底中点沉降作为其平均沉降量。计算地基最终沉降量的目的，在于确定建筑物的最大沉降量、沉降差、倾斜和局部倾斜，将其控制在允许的范围内，以保证建筑物的安全和正常使用。

《建筑地基基础设计规范》GB 50007—2011 规定，在计算地基变形时应符合下列规定：

① 由于建筑物地基不均匀、荷载差异很大、体型复杂等因素引起的地基变形，对于砌体承重结构应由局部倾斜控制；对于框架结构和单层排架结构应由相邻柱基的沉降差控制；对于多层或高层建筑和高耸结构应由倾斜值控制；必要时尚应控制平均沉降量。

② 在必要情况下，需要分别预估建筑物在施工期间和使用期间的地基变形值，以便预留建筑物之间的净空，选择连接方法和施工顺序。

常用计算地基最终沉降量的方法有分层总和法，及规范推荐的方法。

一、分层总和法

1. 基本假定

采用分层总和法计算地基最终沉降量时，通常假定：①地基土压缩时不发生侧向变形，则采用侧限条件下的压缩指标计算地基最终沉降量；②为了补偿这种假定与实际受力之间的差异，弥补较实际情况沉降量偏小的误差，通常采用基底中心点下的附加应力 σ_z 进行计算。

2. 计算步骤

分层总和法是将地基沉降深度 z_n 范围的土划分为若干个分层，如图 3-22 所示，按侧限条件下分别计算各分层的压缩量，其总和即为地基最终沉降量，具体计算步骤如下：

（1）按分层厚度 $h_i \leqslant 0.4b$（b 为基础底面的宽度）或 $1 \sim 2\text{m}$ 将基础下土层分成若干薄层，成层土的层面和地下水面是当然的分层面。

（2）计算基底中心点下各分层界面处的自重应力 σ_c 和附加应力 σ_z，当有相邻其他荷

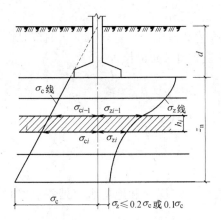

图 3-22 地基最终沉降量计算的分层总和法

载时，σ_z 应按叠加原理分别考虑它们各自的影响。

（3）确定地基沉降计算深度 z_n。地基沉降计算深度是指基底以下需要计算压缩变形的土层总厚度，也称为地基压缩层深度。在该深度以下的土层变形小，可略去不计。确定 z_n 的方法是：该深度处应符合 $\sigma_z \leq 0.2\sigma_c$ 的要求；若其下方存在高压缩性土，则要求 $\sigma_z \leq 0.1\sigma_c$。

（4）计算各分层的自重应力平均值 $p_{1i} = \dfrac{\sigma_{ci-1} + \sigma_{ci}}{2}$ 和附加应力平均值 $\Delta p_i = \dfrac{\sigma_{zi-1} + \sigma_{zi}}{2}$，$p_{2i} = p_{1i} + \Delta p_i$。

（5）从 e-p 曲线上查得与 p_{1i}、p_{2i} 对应的孔隙比 e_{1i} 及 e_{2i}。

（6）计算个层土在侧限条件下的压缩量，计算公式为：

$$\Delta s_i = \varepsilon_i h_i = \frac{e_{1i} - e_{2i}}{1 + e_{1i}} h_i \tag{3-27}$$

式中　Δs_i——第 i 分层土的压缩模量（mm）；

　　　ε_i——第 i 分层土的平均竖向应变；

　　　h_i——第 i 分层土的厚度（mm）。

又因为

$$\varepsilon_i = \frac{e_{1i} - e_{2i}}{1 + e_{1i}} = \frac{a_i(p_{2i} - p_{1i})}{1 + e_{1i}} = \frac{\Delta p_i}{E_{si}} \tag{3-28}$$

$$\Delta s_i = \frac{a_i(p_{2i} - p_{1i})}{1 + e_{1i}} h_i = \frac{\Delta p_i}{E_{si}} h_i \tag{3-29}$$

式中　a_i——第 i 层土的压缩系数；

　　　E_{si}——第 i 层土的压缩模量。

（7）计算地基的最终沉降量

$$s = \sum_{i=1}^{n} \Delta s_i \tag{3-30}$$

式中　n——为地基沉降计算深度范围内所划分的土层数。

【例 3-6】　试用分层总和法求图 3-23 中所示单独基础的最终沉降量。自地表起各层土

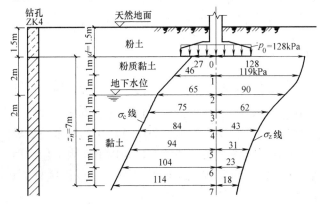

图 3-23　【例 3-6】图

的重度分别为：粉土 $\gamma = 18\text{kN/m}^3$；粉质黏土 $\gamma = 19\text{kN/m}^3$，$\gamma_{sat} = 19.5\text{kN/m}^3$；黏土 $\gamma_{sat} = 20\text{kN/m}^3$。分别从粉质黏土层和黏土层中取土样做室内压缩试验，其 e-p 曲线见图 3-21。柱传给基础的轴心荷载标准值 $F = 2000\text{kN}$，方形基础底面边长为 4m。

【解】 （1）计算基底附加压力

基底压力：$p = \dfrac{F}{A} + 20d = \dfrac{2000}{4 \times 4} + 20 \times 1.5 = 155\text{kPa}$

基底处土的自重应力：$\sigma_{cd} = 18 \times 1.5 = 27\text{kPa}$

基底附加压力：$p_0 = p - \sigma_{cd} = 155 - 27 = 128\text{kPa}$

（2）对地基分层，取分层厚度为 1m。

（3）计算各分层层面处土的自重应力 σ_c。基底天然土层层面和地下水位处各点的自重应力为：

0 点 $\qquad\qquad\qquad\qquad \sigma_c = 18 \times 1.5 = 27\text{kPa}$

2 点 $\qquad\qquad\qquad\qquad \sigma_c = 27 + 19 \times 2 = 65\text{kPa}$

4 点 $\qquad\qquad\qquad\qquad \sigma_c = 65 + (19.5 - 10) \times 2 = 84\text{kPa}$

各层分层面处的 σ_c 计算结果见图 3-23 和表 3-9。

（4）计算基底中心点下个分层层面处的附加应力 σ_z。基底中心点可看成四个相等的小方形面积的公共角点，其长宽比 $l/b = 2/2 = 1$，用角点法得到的 σ_z 计算结果列于表 3-9。

（5）计算各分层的自重应力平均值 p_{1i} 和附加应力平均值 Δp_i，以及 $p_{2i} = p_{1i} + \Delta p_i$。

例如，对 0—1 分层：

$p_{1i} = \dfrac{\sigma_{ci-1} + \sigma_{ci}}{2} = \dfrac{27 + 46}{2} \approx 37\text{kPa}$，$\Delta p_i = \dfrac{\sigma_{zi-1} + \sigma_{zi}}{2} = \dfrac{128 + 119}{2} \approx 124\text{kPa}$，

$p_{2i} = p_{1i} + \Delta p_i = 37 + 124 = 161\text{kPa}$。

（6）确定地基沉降计算深度 z_n

在 6m 深处（点 6），$\sigma_z / \sigma_c = 23/104 = 0.22 > 0.2$（不行），在 7m 深处（7 点），$\sigma_z / \sigma_c = 18/114 = 0.16 < 0.2$（可以）。

（7）确定个分层受压前后的孔隙比 e_{1i} 和 e_{2i}。按各分层的 p_{1i} 及 p_{2i} 值，从粉质黏土或黏土的压缩曲线（见图 3-23）和表 3-9 上查取孔隙比。例如对 0—1 分层，按 $p_{1i} = 37\text{kPa}$，从粉质黏土的压缩曲线上得 $e_{1i} = 0.960$，按 $p_{2i} = 161\text{kPa}$ 则得 $e_{2i} = 0.858$。其余各分层孔隙比的确定结果列于表 3-9。

（8）计算各分层土的压缩量 Δs_i

例如，对 0—1 分层：$\Delta s_i = \dfrac{e_{1i} - e_{2i}}{1 + e_{1i}} = \dfrac{0.96 - 0.858}{1 + 0.96} \times 1000 = 52.0\text{mm}$

（9）计算基础的最终沉降量，从表 3-9 中得：

$$s = \sum_{i=1}^{n} \Delta_i s_i = 52.0 + 39.8 + 29.7 + 20.4 + 11.3 + 8.5 + 6.2 = 167.9\text{mm}$$

二、《建筑地基基础设计规范》GB 50007—2011 给定的计算方法

规范给定的计算地基沉降的方法，是根据分层总和法的基本公式导出的一种沉降量的简化计算方法，其实质是在分层综合法的基础上，采用平均附加应力面积的概念，按天然土层界面分层，并结合大量工程沉降观测值的统计分析，以沉降计算经验系数 ψ_s 对地基最终沉降量计算值加以修正。

1. 采用平均附加应力系数计算沉降量的基本公式

用分层总和法计算基础最终沉降量

表3-9

点	自基底算起的深度 z (m)	自重应力 σ_c	___角点法求附加应力___					分层	层厚 h_i (m)	σ_c的平均值 $p_{1i}=\dfrac{\sigma_{ci-1}+\sigma_{ci}}{2}$	σ_z的平均值 $\Delta p_i=\dfrac{\sigma_{zi-1}+\sigma_{zi}}{2}$	$p_{2i}=p_{1i}+\Delta p_i$ (kPa)	压缩曲线	受压前孔隙比 e_{1i}	受压前孔隙比 e_{2i}	压缩量 $\Delta s_i=\dfrac{e_{1i}-e_{2i}}{1+e_{2i}}$ (mm)
			l/b	z/b	K_c	$\sigma_z=4K_cp_0$ (kPa)	σ_z/σ_c									
0	0	27		0	0.2500	128										
								0—1	1.0	37	124	161	粉质黏土	0.960	0.858	52.0
1	1.0	46		0.5	0.2315	119										
								1—2	1.0	56	105	161		0.935	0.858	39.8
2	2.0	65		1.0	0.1752	90										
								2—3	1.0	70	76	146		0.921	0.864	29.7
3	3.0	75		1.5	0.1216	62										
								3—4	1.0	80	53	133		0.912	0.873	20.4
4	4.0	84	$2/2=1$	2.0	0.0840	43										
								4—5	1.0	89	37	126		0.777	0.757	11.3
5	5.0	94		2.5	0.0604	31										
								5—6	1.0	99	27	126	黏土	0.772	0.757	8.5
6	6.0	104		3.0	0.0447	23	0.22									
								6—7	1.0	109	21	130		0.765	0.754	6.2
7	7.0	114		3.5	0.0344	18	$0.16<0.22$									

51

由分层总和法式（3-29）、式（3-30）和图3-24可知，计算第 i 层沉降量为

$$\Delta s'_i = \frac{\Delta p_i}{E_{si}} h_i = \frac{\Delta A_i}{E_{si}} = \frac{A_i - A_{i-1}}{E_{si}} \tag{3-31}$$

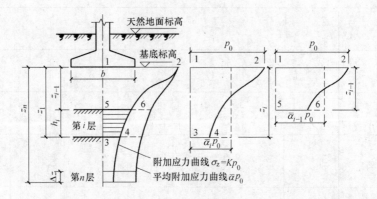

图3-24 采用平均附加应力系数 $\bar{\alpha}$ 计算地基沉降量的分层示意

式中的 $\Delta A_i = \Delta p_i h_i$ 为第 i 分层附加应力图形面积（图中面积5643），故规范的方法也称为应力面积法。A_i 和 A_{i-1} 分别为从基面起至 z_i 和 z_{i-1} 深度处的附加应力图形面积（图中面积1243和1265），将应力面积 A_i 和 A_{i-1} 分别等代成高度仍为 z_i 和 z_{i-1} 的矩形，该等待面积的宽度用 $\bar{\alpha}_i p_0$ 和 $\bar{\alpha}_{i-1} p_0$，即平均附加应力，如图3-24所示。则 $A_i = \bar{\alpha}_i p_0 z_i$，$A_{i-1} = \bar{\alpha}_{i-1} p_0 z_{i-1}$，将以上两式带入式（3-31）可得规范给定的方法计算第 i 层压缩量的基本公式，式中 $\bar{\alpha}_i$、$\bar{\alpha}_{i-1}$ 分别为深度 z_i、z_{i-1} 范围内的竖向附加应力系数。

$$\Delta s'_i = \frac{p_0}{E_{si}} (z_i \bar{\alpha}_i - z_{i-1} \bar{\alpha}_{i-1}) \tag{3-32}$$

2. 地基沉降计算深度

根据规范规定，地基变形计算深度 z_n，应符合下式的规定，当计算深度下部仍有较软土层时，应继续计算。

$$\Delta s'_n \leqslant 0.025 \sum_{i=1}^{n} \Delta s'_i \tag{3-33}$$

式中 $\Delta s'_i$——在计算深度范围内，第 i 土层的计算变形值（mm）；

$\Delta s'_n$——在由计算深度向上取厚度为 Δz 的土层计算变形值（mm），Δz 按表3-10确定。

Δz 的取值   表3-10

b(m)	$\leqslant 2$	$2 < b \leqslant 4$	$4 < b \leqslant 8$	> 8
Δz(m)	0.3	0.6	0.8	1.0

规范同时规定，当无相邻荷载影响，基础宽度在 $1 \sim 30$m 范围内时，基础中点的地基变形计算深度也可按简化公式（3-34）进行计算。在计算深度范围内存在基岩时，z_n 可取至基岩表面；当存在较硬的黏性土层，其孔隙比小于 0.5、压缩模量大于 50MPa，或存在较厚的砂卵石层，其压缩模量大于 80 MPa 时，z_n 可取至该土层表面。此时，地基附加应

力分布考虑相对硬层存在的影响，应按地基承载力计算公式（3-34）计算地基最终变形量。此时，z_n 按式（3-35）确定。

$$s_{gz} = \beta_{gz} s_z \qquad (3-34)$$

式中　s_{gz}——具备刚性下卧层时，地基土的变形计算值（mm）；

　　　β_{gz}——刚性下卧层对上覆土层的变形增大系数，按表 3-11 采用；

　　　s_z——变形计算深度相当于实际土层厚度按《建筑地基基础设计规范》第 5.3.5 条计算确定的地基最终变形值（mm）。

具有刚性下卧层时地基变形增大系数 β_{gz}　　　　表 3-11

h/b	0.5	1.0	1.5	2.0	2.5
β_{gz}	1.26	1.17	1.12	1.09	1.00

$$z_n = b(2.5 - 0.4 \ln b) \qquad (3-35)$$

3. 地基最终沉降量计算

计算地基变形时，地基内的应力分布，可采用各向同性均质变形体理论，其最终沉降量可按式（3-36）计算：

$$s = \psi_s s' = \psi_s \sum_{i=1}^{n} \frac{p_0}{E_{si}} (z_i \bar{a}_i - z_{i-1} \bar{a}_{i-1}) \qquad (3-36)$$

式中　s——地基最终变形量（mm）；

　　　s'——按分层总和法计算出的地基变形量（mm）；

　　　ψ_s——沉降计算经验系数，根据地区沉降观测资料及经验确定，无地区经验时刻根据地基变形计算深度范围内的压缩模量的当量值 $\overline{E}_s$，沉降计算经验系数按表 3-12 取值；

　　　n——地基变形计算深度范围内所划分的土层数，如图 3-25 所示；

　　　p_0——相应于作用的准永久组合时基础地面处的附加压力（kPa）；

　　　E_{si}——基础地面下第 i 层土的压缩模量（MPa），应取土的自重压力至土的自重压力与附加压力之和的压力段计算；

z_i、z_{i-1}——基础底面至第 i、第 $i-1$ 层土底面的距离（m）；

$\bar{a}_i$、$\bar{a}_{i-1}$——基础底面计算点至第 i 层土、第 $i-1$ 层土底面范围内平均附加应力系数，可按规范附录 K 采用。

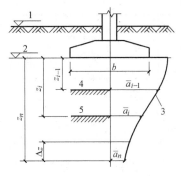

图 3-25　基础沉降计算的分层示意图

1—天然地面标高；2—基底标高；

3—平均附加应力系数 a 曲线；

4—第 $i-1$ 层土；5—第 i 层土

沉降计算经验系数　　　　表 3-12

$\overline{E}_s$(MPa) 基底附加压力	2.5	4.0	7.0	15.0	20.0
$p_0 \geqslant f_{ak}$	1.4	1.3	1.0	0.4	0.2
$p_0 \leqslant 0.75 f_{ak}$	1.1	1.0	0.7	0.4	0.2

【例 3-7】 试按规范方法计算【例 3-6】方形单独基础的最终沉降量。自地表起各层土的重度为：粉土；粉质黏土；$\gamma_{sat}=19.5\text{kN/m}^3$；黏土 $\gamma_{sat}=20\text{kN/m}^3$，柱传给基础的轴心力 $F=2000\text{kN}$，方形基础的边长为 4m。设 $f_{ak}=180\text{kPa}$。

【解】 （1）计算基底附加压力 p_0

$$p=\frac{F}{A}+20d=\frac{2000}{4\times4}+20\times1.5=155\text{kPa}$$

基底处自重应力 $\qquad\qquad \sigma_{cz}=18\times1.5=27\text{kPa}$

基底附加应力 $\qquad\qquad p_0=p-\sigma_{cz}=155-27=128\text{kPa}$

（2）确定分层厚度

按天然土层分层，地下水面也为分层面。故，地基土分为粉质黏土层、含地下水的粉质黏土层和黏土层，共三层，各层厚度为该层层面至沉降计算深度处。

（3）确定 z_n

由于无相邻荷载影响，地基沉降算深度 z_n 可按式（3-35）计算。

$$z_n=b(2.5-0.4\ln b)=4\times(2.5-0.4\ln4)\approx7.8\text{m}$$

取 $z_n=8\text{m}$。

（4）计算 E_{si}

以各分层中点处的应力作为该分层的平均应力。由于表 3-13 中点编号 1、3、6 正好是现分层的中点，故可将有关计算结果直接运用。从压缩曲线上查出相应的 e_{1i}、e_{2i}，再按式（3-26）计算 E_{si}，见表 3-13。

E_{si}计算 表 3-13

分层	层厚(m)	分层中点编号	自重应力 $\sigma_{ci}=p_{1i}$ (kPa)	附加应力 $\sigma_{zi}=\Delta p_i$	$p_{2i}=\sigma_{ci}+\sigma_{zi}$ (kPa)	压缩曲线	受压前孔隙比 e_1	受压后孔隙比 e_2	$E_s=(1+e_{1i})\times\dfrac{\Delta p_i}{e_{1i}-e_{2i}}$ (MPa)
0—2	2.0	1	46	119	165	粉质黏土	0.974	0.855	2.52
2—4	2.0	3	75	62	137	粉质黏土	0.916	0.868	2.47
4—8	4.0	6	104	23	127	黏土	0.768	0.756	3.39

（5）计算 $\overline{\alpha_i}$

计算基底中心点下的 $\overline{\alpha_i}$ 时，应过中心点将基底划分为 4 块相同的小面积，其长宽比 $l/b=2/2=1$，按角点法查表计算的结果见表 3-14 所列。

$\overline{\alpha_i}$计算 表 3-14

点	z (m)	l/b	z/b	$\overline{\alpha_i}$	$z_i\alpha_i$ (m)	分层	$z_i\overline{\alpha_i}-z_{i-1}\overline{\alpha_{i-1}}$	E_{si}	$\Delta s_i'$	$\sum\Delta s_i'$
0	0		0	$4\times0.2500=1.000$	0	0—2	1.802	2.52	91.5	
2	2.0		1.0	$4\times0.2552=1.0208$	1.802					
4	4.0	2/2=1	2.0	$4\times0.1746=0.6984$	0.992	2—4	0.992	2.47	51.4	
8	8.0		4.0	$4\times0.1114=0.4456$	0.771	4—8	0.771	3.39	29.1	172

54

（6）计算 $\Delta s'_i$

按式（3-30）计算 $\Delta s'_i$，例如，对 0—2 分层

$$\Delta s'_i = \frac{p_0}{E_{si}}(z_i \overline{\alpha_i} - z_{i-1} \overline{\alpha_{i-1}}) = \frac{128}{2.52}(2 \times 0.9008 - 0 \times 1) = 91.5\text{mm}$$

其余分层计算结果见表 3-14 所列。

（7）确定 ψ_s 并计算最终沉降量

$$\overline{E_s} = \frac{p_0 z_n \overline{\alpha_n}}{s'} = \frac{128 \times 3.565}{172} = 2.65\text{MPa}$$

由 $p_0 \leqslant 0.75 f_{ak}$，查表 3-12，得

$$\psi_s = 1.1 + \frac{2.65 - 2.5}{4.0 - 2.5}(1.0 - 1.1) = 1.09$$

$$s = \psi_s s' = \psi_s \sum \Delta s'_i = 1.09 \times 172 = 187\text{mm}$$

三、建筑物的地基变形允许值

《建筑地基基础设计规范》GB 50007—2011 规定：建筑物的地基变形计算值，不应大于地基变形允许值。建筑物地基变形允许值应按表 3-15 的规定采用。对表中未包括的建筑物，其地基变形允许值应根据上部结构对地基变形的适应能力和使用上的要求确定。

建筑物的地基变形允许值　　　　　　　　　　　　表 3-15

变　形　特　征		地基土类别	
		中、低压缩性土	高压缩性土
砌体承重结构基础的局部倾斜		0.002	0.223
工业与民用建筑物相邻柱基的沉降差	框架结构	0.002l	0.003l
	砌体墙填充的边排柱	0.007l	0.001l
	当基础不均匀沉降时不产生附加应力的结构	0.005l	0.005l
单层排架结构（柱距为 6m）柱基的沉降量（mm）		(120)	200
桥式吊车轨面的倾斜（按不调整轨道考虑）	纵向	0.004	
	横向	0.003	
多层和多层建筑的整体倾斜	$H_g \leqslant 24$	0.004	
	24m$<H_g \leqslant 60$m	0.003	
	60m$<H_g \leqslant 100$m	0.0025	
	$H_g > 100$m	0.002	
体型简单的高层建筑基础的平均沉降量（mm）		200	
高耸结构的倾斜	$H_g \leqslant 20$m	0.008	
	20m$<H_g \leqslant 50$m	0.006	
	50m$<H_g \leqslant 100$m	0.005	
	100m$<H_g \leqslant 150$m	0.004	
	150m$<H_g \leqslant 200$m	0.003	
	200m$<H_g \leqslant 250$m	0.002	
高耸结构的沉降量（mm）	$H_g \leqslant 100$m	400	
	100m$<H_g \leqslant 200$m	300	
	200m$<H_g \leqslant 250$m	200	

第七节　地基变形与时间的关系

在实际工程中，往往为了控制施工速度，确定有关施工措施，预留变形尺寸，了解在工程竣工以后某一时间的基础沉降量等，还需知道地基变形随时间的变化情况。地基变形随时间的变化情况与荷载的大小、排水条件、土的渗透性等因素有关。土的渗透性与土的类别有直接的关系，无黏性的碎石土和砂土的压缩性小、渗透性大，固结稳定所需的时间较短，施工结束后，沉降基本就完成；对粉土和黏土，固结所需的时间比较长。如高压缩性的饱和黏土，其固结变形需要几年甚至几十年才能完成。因此，工程实践中只考虑粉土和黏性土的变形与时间的关系。

一、饱和土的渗透固结

饱和度 $S_r \geqslant 80\%$ 的土称为饱和土。

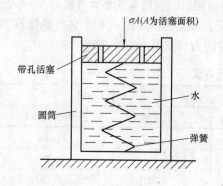

图 3-26　土骨架和土中水分担应力变化的简单模型

土中存在少量封闭气体，故可视为饱和土。饱和土在压力作用下，孔隙中部分水将随时间的延续逐渐被挤出，同时孔隙体积缩小，这一过程称为饱和土的渗透固结。

图 3-26 所示的弹簧活塞模型就可简单说明土的渗透固结过程。由这个试验和饱和土的有效应力原理可知，在饱和土固结过程中任一时刻，有效应力与（超静）孔隙水压力之和总是大于作用在土中的附加应力。在开始加压的瞬间，由于孔隙水压力与附加应力相等，有效应力为 0；在固结完成时有效应力等于附加应力，而孔隙水压力为0。因此，只要土中孔隙水压力还存在，就意味着土的渗透固结尚未完成。换言之，饱和土的固结过程就是孔隙水压力消散和有效应力相应增长的过程。

二、太沙基一维固结理论

一维固结是指土层在渗透固结过程中，孔隙水沿一个方向渗流，同时土的颗粒也只朝一个方向位移。

1. 一维固结方程及其解答

（1）太沙基一维固结理论的基本假定包括：

1）土是均质、各向同性和完全饱和的；

2）土粒和孔隙水都是不可压缩的；

3）外荷载是一次在瞬间是施加的。加荷期间饱和土还来不及变形；而在加荷以后，附加应力 σ_z 沿深度始终均匀分布；

4）土中附加应力沿水平面是无限均匀分布的，因此，土层的压缩和土中水的渗流都是一维的；

5）土中水的渗流符合于达西定律；

6）在渗透固结中，土的渗透系数 k 和压缩系数 a 都是不变的常数。

（2）饱和土的一维固结微分方程为：

$$C_{\rm v}\frac{\partial^2 u}{\partial z^2}=\frac{\partial u}{\partial t} \tag{3-37}$$

式中　$C_{\rm v}=\dfrac{k(1+e)}{\gamma_{\rm w}a}$ 称为土的竖向固结系数（cm/年）；

u——经时间 t 时深度 z 处孔隙水压力值；

k——土的渗透系数；

e——土的天然孔隙比；

$\gamma_{\rm w}$——水的重度；

a——土的压缩系数。

（3）方程的特解。根据土固结压缩试验的初始、中间和最终条件，采用分离变量法求得的式（3-37）所示方程的特解为：

$$u_{\rm z,t}=\frac{4}{\pi}\sigma_z\sum_{m=1}^{\infty}\frac{1}{m}\sin\frac{m\pi z}{2h}\exp\left(-\frac{m^2\pi^2}{4}\right) \tag{3-38}$$

式中　m——正奇数（1，3，5，…）。

2. 固结度

有了孔隙水压力随时间和深度变化的函数解，即可求得任一时间的固结沉降。通常需要用到固结度这个指标，它的定义是地基在某一时刻 t 的沉降量 $s_{\rm t}$，与地基最终沉降量 s 的比值，即

$$U=\frac{s_{\rm t}}{s} \tag{3-39}$$

地基中不同点的固结速度是不同的。平均固结度 U 可按下式求得（推导过程从略）：

$$U=1-\frac{8}{\pi^2}\left[\exp\left(-\frac{\pi}{4}T_{\rm v}\right)+\frac{1}{9}\exp\left(-\frac{9\pi^2}{4}T_{\rm v}\right)+\cdots\right] \tag{3-40}$$

上式括号内的级数收敛速度很快，当 U 大于30%时可近似地取其中第一项：

$$U=1-\frac{8}{\pi^2}\exp\left(-\frac{\pi}{4}T_{\rm v}\right) \tag{3-41}$$

式中　$s_{\rm t}$——地基在某一时刻 t 的沉降量；

s——地基的最终沉降量；

$T_{\rm v}$——时间因数，$T_{\rm v}=\dfrac{C_{\rm v}T}{h^2}$，其中 $C_{\rm v}$ 为竖向固结系数；T 为时间（年）；h 为压缩土层最远的排水距离，当土层为单面排水时，h 取土层厚度；双面排水时，水由土层中心分别向上下两方向排出，此时，h 应取土层厚度的一半。

为了便于应用，将式（3-40）绘制成如图 3-27 所示的 U-$T_{\rm v}$ 关系曲线，该曲线适用于附加应力上下均匀的情况，也适用于双面排水的情况。

几种简化的计算图形时间因数 $T_{\rm v}$ 与固结度 U 的关系曲线如图 3-27 所示。

【例 3-8】　某饱和黏土层，厚度 6m，在自重应力作用下已固结完毕，孔隙比 $e_1=0.8$，压缩系数 $a=0.3\rm MPa^{-1}$，渗透系数 $k=0.016\rm m/年$，底面系坚硬不透水土层。其表面在均布荷载作用下所产生的附加应力如图 3-28 所示。求：（1）一年后地基沉降量；（2）地基的固结度达 80% 时所需的时间。

【解】　（1）求 $t=1$ 年时的沉降量

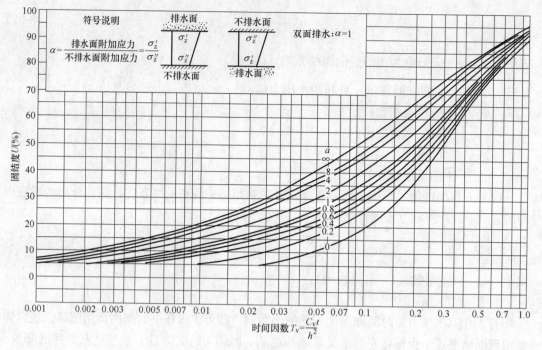

图 3-27　时间因数 T_v 与固结度 U 的关系曲线

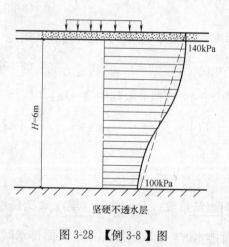

图 3-28　【例 3-8】图

地基平均附加应力　　$\sigma_z = \dfrac{140+100}{2} = 120 \text{kPa}$

地基最终沉降量　　$s = \dfrac{a}{1+e_1}\sigma_z H = \dfrac{0.3}{1+0.8} \times$

$120 \times 10^{-3} \times 6\text{m} \times 10^3 = 120 \text{mm}$

$$C_v = \frac{k(1+e)}{\gamma_w a} = \frac{0.016 \times (1+0.8)}{0.3 \times 10^{-3} \times 10} = 9.6 \text{m}^2/\text{年}$$

$$T_v = \frac{C_v T}{h^2} = \frac{9.6 \times 1}{6^2} = 0.27$$

土层上、下表面附加应力之比 $a = \dfrac{140}{100} = 1.4$

查图 3-27，得固结度 $U = 0.6$

$t=1$ 年的沉降量 $s = 0.6 \times 120 = 72 \text{mm}$

（2）地基的固结度达 80% 所需的时间

根据 $a = 1.4$、固结度 $U = 0.8$，查图 3-27 得 $T_v = 0.55$

$$t = \frac{T_v H^2}{C_v} = \frac{0.55 \times 6^2}{9.6} = 2.06 \text{年}$$

第八节　土的抗剪强度与地基承载力

土体的破坏通常是剪切破坏，例如堤坝的边坡太陡时，土体的一部分将沿着滑动面（剪切破坏面）向前滑动。地基土受到过大的荷载作用，也会出现部分土体沿着某一滑动面挤出，导致建筑物严重下陷，甚至倾倒。这是因为土体是由固体颗粒所组成的，颗粒之间的连接强度远小于颗粒本身的强度。因此在外力作用下，土体的破坏一般是由于一部分土体沿某一滑动面滑动而剪坏。可以说，土的强度问题实质上就是土的抗剪强度问题。抗剪强度是土力学的重要力学指标。实际工程中建筑物地基承载力、挡土墙的土压力及土坡稳定等都受土的抗剪强度所控制，如图 3-29 所示。

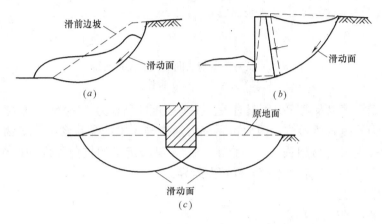

图 3-29　土体剪切破坏示意图

(a) 土坡滑动；(b) 挡土墙倾覆；(c) 地基失稳

土的抗剪强度是指土体抵抗剪切破坏的极限能力，其数值等于剪切破坏时滑动面上的剪应力。土的抗剪强度，首先决定于它本身的基本性质，即土的组成、土的状态和土的结构，这些性质又与它形成的环境和应力历史等因素有关；其次还取决于它所处应力状态。研究土的抗剪强度及其变化规律对于工程设计、施工都具有非常重要的意义。

一、土的抗剪强度与极限平衡条件

1. 库仑定律

1773 年，法国科学家库仑通过一系列砂土剪切试验，提出砂土抗剪强度的表达式为

$$\tau_f = \sigma \tan\varphi \tag{3-42}$$

以后又通过进一步试验研究提出了黏性土的抗剪强度表达式为

$$\tau_f = c + \sigma \tan\varphi \tag{3-43}$$

式中　τ_f——土体的抗剪强度（kPa）；

σ——剪切滑动面上的法向应力（kPa）；

c——土的黏聚力（kPa），对无黏性土 $c=0$；

φ——土的内摩擦角（度）。

式（3-42）和式（3-43）即为著名的库仑抗剪强度定律。

库仑定律表明，土的抗剪强度是剪切面上的法向总应力 σ 的线性函数，如图 3-30 所示。同时从该定律可知，对于无黏性土，其抗剪强度仅仅是粒间的摩擦力；而对于黏性土，其抗剪强度由黏聚力和摩擦力两部分构成。

抗剪强度的摩擦力 $\sigma \tan\varphi$ 主要由以下两部分组成，一是滑动摩擦，即剪切面土粒间表面的粗糙所产生的摩擦作用；二是咬合摩擦，即由粒间互相嵌入所产生的咬合力。因此，抗剪强度的摩擦力除了与剪切面上的法向总应力有关以外，还与土的原始密度、土粒的形

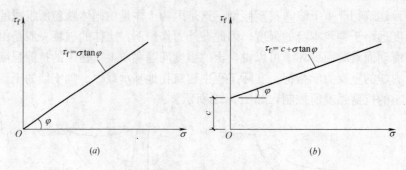

图 3-30 抗剪强度与法向应力的关系曲线

(a) 无黏性土；(b) 黏性土

状、表面的粗糙程度以及级配等因素有关。抗剪强度的黏聚力 c 一般由土粒之间的胶结作用和电分子引力等因素所形成，因此，黏聚力通常与土中的黏粒含量、矿物成分、含水量、土的结构等因素密切相关。应当指出，c、φ 是决定土的抗剪强度的两个重要指标，随试验方法和土样的排水条件不同而有较大差异。

2. 土的极限平衡条件

（1）土中某点的应力状态

当土中某点任一方向的剪应力达到土的抗剪强度 τ_f 时，称该点处于极限平衡状态，或称该点即将发生剪切破坏。因此，为了研究土中某一点是否破坏，需要首先了解该点的应力状态。

从土中任取一单元体，如图 3-31（a）所示。设作用在单元体的大、小主应力分别为 σ_1 和 σ_3，在单元体内与大主应力 σ_1 作用面成任意角的 mn 平面上有正应力 σ 和剪应力 τ。为建立 σ、τ 与 σ_1、σ_3 之间的关系，取楔形脱离体 abc [图 3-31（b）]。为了便于讨论，现以平面受力体为例进行讨论。

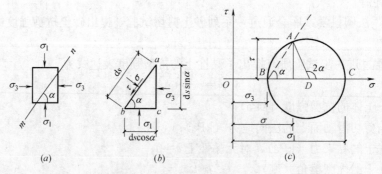

图 3-31 土体中任意点的应力

（a）单元微体上的应力；（b）隔离体 abc 上的应力；（c）莫尔圆

根据楔体静立平衡条件可得

$$\sigma_3 \, \mathrm{d}s\sin\alpha - \sigma \mathrm{d}s\sin\alpha + \tau \mathrm{d}s\cos\alpha = 0$$

$$\sigma_1 \, \mathrm{d}s\cos\alpha - \sigma \mathrm{d}s\cos\alpha - \tau \mathrm{d}s\sin\alpha = 0$$

联立求解以上方程得 mn 平面上的应力为

$$\sigma = \frac{1}{2}(\sigma_1 + \sigma_3) + \frac{1}{2}(\sigma_1 - \sigma_3)\cos 2\alpha \tag{3-44}$$

$$\tau = \frac{1}{2}(\sigma_1 - \sigma_3)\sin 2\alpha \tag{3-45}$$

按材料力学公式，微分单元上大、小应力值与 $x-z$ 坐标上 σ_z、σ_x 和 τ_{xz} 间的相互转换关系为

$$\begin{matrix}\sigma_1\\ \sigma_3\end{matrix} = \frac{\sigma_z + \sigma_x}{2} \pm \sqrt{\frac{(\sigma_z - \sigma_x)^2}{4} + \tau_{xz}^2}$$

由材料力学可知，土中某点应力状态既可用上述公式表示，也可用莫尔应力圆描述，如图 3-31（c）所示。即在 $\sigma\tau$ 坐标系中，按一定比例沿 σ 轴截取 $OB = \sigma_3$，$OC = \sigma_1$，以 D 点 $\left(\frac{\sigma_1 + \sigma_3}{2}, 0\right)$ 为圆心、$\frac{\sigma_1 - \sigma_3}{2}$ 为半径作圆，从 DC 开始逆时针方向旋转 2α 角，得 DA 线与圆周交于 A 点。可以证明，A 点的横坐标即为斜面 $m-n$ 上的正应力 σ，纵坐标即为 $m-n$ 面上的剪应力 τ。也就是说，莫尔圆圆周上某点的坐标表示土中该点相应某个面上的正应力和剪应力，该面与大主应力作用面的夹角等于 CA 所含的圆周角的一半。由图可见，最大剪应力 $\tau_{max} = \frac{1}{2}(\sigma_1 - \sigma_3)$，作用面与大主应力 σ_1 作用面的夹角 $\alpha = 45°$。

（2）土的极限平衡条件

为判别土体中某点的平衡状态，可将抗剪强度包线与描述土体中某点的莫尔应力圆绘于同一坐标系中，按其相对位置判断该点所处的状态，如图 3-32 所示，可以划分为以下三种状态：

1）圆 I 位于抗剪强度包线的下方，表明通过该点的任何平面上的剪应力都小于抗剪强度，即 $\tau < \tau_f$，所以该点处于弹性平衡状态。

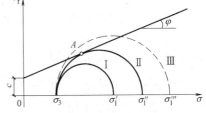

图 3-32　莫尔圆与抗剪强度之间的关系

2）圆 II 与抗剪强度包线在 A 点相切，表明切点 A 所代表的平面上剪应力等于抗剪强度，即 $\tau = \tau_f$，该点处于极限平衡状态。

3）圆 III 与抗剪强度包线相割，表示过该点的相应于割线所对应的弧段代表的平面上的剪应力已"超过"土的抗剪强度，即 $\tau > \tau_f$，该点"已被剪破"。实际上圆 III 的应力状态是不可能存在的，因为在材料中，产生的任何应力都不可能超过其强度。对于土体，当其剪应力达到抗剪强度时，应力已不符合弹性理论解答。

土的极限平衡条件，即 $\tau = \tau_f$ 时的应力间关系，故圆 II 被称为极限应力圆。图 3-33 表示了极限应力圆与抗剪强度包线之间的几何关系，由此几何关系可得极限平衡条件的数学形式

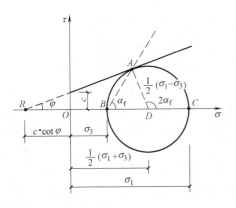

图 3-33　土的极限平衡条件

$$\sin\varphi = \frac{\overline{AD}}{\overline{RD}} = \frac{\frac{1}{2}(\sigma_1 - \sigma_3)}{c\cot\varphi + \frac{1}{2}(\sigma_1 + \sigma_3)}$$

利用三角关系转换后可得

$$\sigma_1 = \sigma_3 \tan^2\left(45° + \frac{\varphi}{2}\right) + 2c\tan\left(45° + \frac{\varphi}{2}\right) \tag{3-46}$$

或

$$\sigma_3 = \sigma_1 \tan^2\left(45° - \frac{\varphi}{2}\right) - 2c\tan\left(45° - \frac{\varphi}{2}\right) \tag{3-47}$$

土处于极限平衡状态时，破坏面与大主应力作用面间的夹角为 α_f，由图 3-33 中的几何关系可得

$$\alpha_f = \frac{1}{2}(90° + \varphi) = 45° + \frac{\varphi}{2} \tag{3-48}$$

由上面公式推导即为土的极限平衡条件。当为无黏性土时，可将 $c = 0$，由此得简化形式为

$$\sigma_1 = \sigma_3 \tan^2\left(45° + \frac{\varphi}{2}\right) \tag{3-49}$$

$$\sigma_3 = \sigma_1 \tan^2\left(45° - \frac{\varphi}{2}\right) \tag{3-50}$$

上述公式统称为莫尔—库仑强度理论，由该理论所描述的土体极限平衡状态可知，土的剪切破坏并不是由最大剪应力 $\tau_{max} = \frac{\sigma_1 - \sigma_3}{2}$ 所控制，即剪破面并不产生于最大剪应力面，而与最大剪应力面成 $\frac{\varphi}{2}$ 的夹角。

土的抗剪强度理论可以归纳为以下几点：

（1）土的抗剪强度与该面上正应力的大小成正比；

（2）土的强度破坏是由土中某点的剪应力达到土的抗剪强度所引起的；

（3）破坏面不发生在最大剪应力作用面上，而是在应力圆与抗剪强度包线相切的切点所代表的平面上，即与大主应力作用面成 $\alpha = 45° + \frac{\varphi}{2}$ 交角的平面上；

（4）如果同一种土有几个试样在不同的大、小主应力组合下受剪，则在 τ_f-σ 坐标图上可得几个极限应力圆，这些应力圆的公切线就是其抗剪强度包线（可视为一直线）；

（5）土的极限平衡条件是判别土体中某点是否达到极限平衡状态的基本公式。

【例 3-9】 地基中某一单元土体上的大主应力 $\sigma_1 = 420$kPa，小主应力 $\sigma_3 = 180$kPa。通过试验测得该土样的抗剪强度指标 $C = 180$kPa，$\varphi = 20°$。试问：①该单元土体处于何种状态？②是否会沿剪应力最大的面发生破坏？

【解】 ① 单元土体所处状态的判别

设达到极限平衡状态时所需小主应力为 σ_3，则由式（3-48），

实际应力圆半径

$$\sigma_3 = 420 \times \tan^2\left(45° - \frac{20°}{2}\right) - 2 \times 18 \times \tan\left(45° - \frac{20°}{2}\right) = 180.7\text{kPa}$$

因为 σ_3 大于该单元土体的实际小主应力，所以该单元土体处于剪破状态。

若设达到极限平衡状态时的大主应力为 σ_1，则

$$\begin{aligned}\sigma_1 &= \sigma_3\tan^2\left(45° + \frac{\varphi}{2}\right) + 2c\tan\left(45° + \frac{\varphi}{2}\right)\\ &= 180\tan^2\left(45° + \frac{20°}{2}\right) + 2 \times 18 \times \tan\left(45° + \frac{20°}{2}\right)\\ &= 419\text{kPa}\end{aligned}$$

按照将极限应力圆半径与实际应力圆半径相比较的判别方式同样可得出上述结论。

② 是否沿剪应力最大的面剪破

最大剪应力为

$$\tau_{\max} = \frac{1}{2}(\sigma_1 - \sigma_3) = \frac{1}{2} \times (420 - 180) = 120\text{kPa}$$

剪应力最大面上的正应力

$$\begin{aligned}\sigma &= \frac{1}{2}(\sigma_1 + \sigma_3) + \frac{1}{2}(\sigma_1 - \sigma_3)\cos 2\alpha\\ &= \frac{1}{2} \times (420 + 180) + \frac{1}{2} \times (420 - 180)\cos 90°\\ &= 300\text{kPa}\end{aligned}$$

该面上的抗剪强度

$$\tau_{\text{f}} = c + \sigma\tan\varphi = 18 + 300 \times \tan 20° = 127\text{kPa}$$

因为在剪应力最大面上 $\tau_{\text{f}} > \tau_{\max}$，所以不会沿该面发生剪破。

二、土的抗剪强度试验方法

确定土的抗剪强度的试验，称为剪切试验。剪切试验的方法有多种，在试验室内常用的有直接剪切试验、三轴剪切试验和无侧限抗压试验，现场原位测试有十字板剪切试验等。

1. 直接剪切试验

直接剪切试验是测定土的抗剪强度的最简便和最常用的方法。所使用的仪器称直剪仪，分应变控制式和应力控制式两种，前者以等应变速率使试样产生剪切位移直至剪破，后者是分级施加水平剪应力并测定相应的剪切位移。目前我国使用较多的是应变控制式直剪仪。

应变控制式直剪仪的主要工作部件如图 3-34 所示。试验时，首先将剪切盒的上、下盒对正，然后用环刀切取土样，并将其推入由上、下盒构成的剪切盒中。通过杠杆对土样施加垂直压力 p 后，由推动座均匀推进对下盒施加剪应力，使土样沿上下盒水平接触面产生剪切变形，直至破坏。剪切面上相应的剪应力值由与上盒接触的量力环的变形值推算。在剪切过程中，每隔一固定时间间隔测计量力环中百分表读数，直至剪损。根据计量的剪应力 τ，与剪切位移 Δl 的值可绘制出一定法向应力 σ 条件下的剪应力-剪切位移关系曲线，如图 3-34 所示。

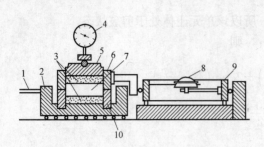

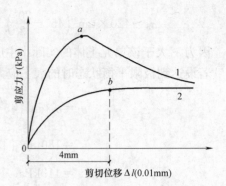

图 3-34　应变控制式直剪仪示意图
1—轮轴；2—底座；3—透水石；4—测微表；5—活塞；
6—上盒；7—土样；8—测微表；9—量力环；10—下盒

图 3-35　剪应力与剪切位移关系
1—应变软化特征曲线；2—应变硬化曲线

对于较密实的黏土及密砂土的 τ-Δl 曲线具有明显峰值，如图 3-35 中曲线 1，其峰值即为破坏强度 τ_f；对于软黏土和松砂，其 τ-Δl 曲线常不出现峰值，如图 3-35 中曲线 2，此时可按某一剪切变形量作为控制破坏标准，《土工试验方法标准》规定以相对稳定值 b 点的剪应力作为抗剪强度 τ_f。

图 3-35 中曲线 1 表明出现峰值后，峰后强度随应变增大而降低，此为应变软化特征。

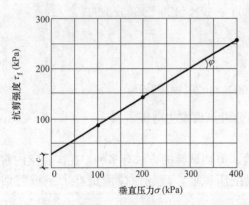

图 3-36　抗剪强度与垂直压力的关系曲线

曲线 2 无峰值出现，强度随应变增大趋于某一稳定值，称之为应变硬化特征。要通过直剪试验确定某种土的抗剪强度，通常取四个试样，分别施加不同的垂直压力 σ 进行剪切试验，求得相应的抗剪强度 τ_f。将 τ_f 与 σ 绘于直角坐标系中，即得该土的抗剪强度包线，如图 3-36 所示。强度包线与 σ 轴的夹角即为内摩擦角 φ，在 τ 轴上的截距即为土的黏聚力 c。绘制图 3-36 所示的抗剪强度与垂直压力的关系曲线时必须注意纵横坐标的比例一致。

直剪仪构造简单，操作方便，因而在一般工程中被广泛采用。但该试验存在着下述不足：

（1）不能严格控制排水条件，不能量测试验过程中试样的孔隙水压力。

（2）试验中人为限定上下盒的接触面为剪切面，而不是沿土样最薄弱的面剪切破坏。

（3）剪切过程中剪切面上的剪应力分布不均匀，剪切面积随剪切位移的增加而减小。

因此，直剪试验不宜作为深入研究土的抗剪强度特性的手段。

2. 三轴剪切试验

三轴剪切试验所用的仪器是三轴剪力仪，有应变控制式和应力控制式两种。前者操作较后者简单，因而使用广泛。

应变控制式三轴剪力仪的主要工作部分包括反压力控制系统、周围压力控制系统、压力室、孔隙水压力测量系统、试验机等。图 3-37 为三轴剪力仪组成示意图。

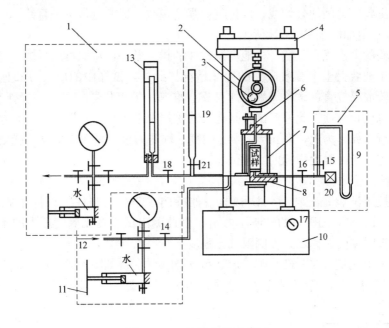

图 3-37 三轴剪力仪示意图

1—反压力控制系统；2—轴向测力计；3—轴向位移计；4—试验机横梁；5—孔隙水压力测量系统；

6—活塞；7—压力室；8—升降台；9—量水管；10—试验机；11—周围压力控制系统；

12—压力源；13—体变管；14—周围压力阀；15—量管阀；16—孔隙压力阀；17—手轮；

18—体变管阀；19—排水管；20—孔隙压力传感器；21—排水管阀

三轴试验采用正圆柱形试样。试验的主要步骤为：（1）将制备好的试样套在橡皮膜内置于压力室底座上，装上压力室外罩并密封；（2）向压力室充水使周围压力达到所需的 σ_3，并使液压在整个试验过程中保持不变；（3）按照试验要求关闭或开启各阀门，开动马达使压力室按选定的速率上升，活塞即对试样施加轴向压力增量 $\Delta\sigma$，$\sigma_1 = \sigma_3 + \Delta\sigma$，如图 3-38（a）所示。假定试验上下端所受约束的影响忽略不计，则轴向即为大主应力方向，试样剪破面方向与大主应力作用面平面的夹角为 $\alpha_f = 45° + \dfrac{\varphi}{2}$，如图 3-38（b）所示。按试样剪破时的 σ_1 和 σ_3 作极限应力圆，它必与抗剪强度包线切于 A 点，如图 3-38（c）所示。A 点的坐标值即为剪破面 $m-n$ 上的法向应力 σ_f 与极限剪切应力 τ_f。

试验时一般采用 3～4 个土样，在不同的 σ_3 作用下进行剪切，得出 3～4 个不同的破坏

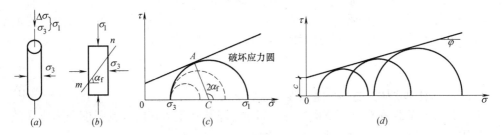

图 3-38 三轴剪力试验原理

（a）试样受到周围压应力；（b）破坏时试样上应力；（c）极限应力圆；（d）抗剪强度包线

应力圆，绘出各应力圆的公切线，即为抗剪强度包线，通常近似取一直线。由此求得抗剪强度指标 c、φ 值如图 3-38（d）所示。

三轴试验的突出优点是能严格地控制试样的排水条件，从而可以量测试样中的孔隙水压力，以定量地获得土中有效应力的变化情况。此外，试样中的应力分布比较均匀。所以，三轴试验成果较直剪试验成果更加可靠、准确。但该仪器较复杂，操作技术要求高，且试样制备也比较麻烦。此外，试验是在轴对称情况下进行的，即 $\sigma_2 = \sigma_3$，这与一般土体实际受力有所差异。为此，有 $\sigma_1 \neq \sigma_2 \neq \sigma_3$ 的真三轴剪力仪、平面应变仪等能更准确地测定不同应力状态下土的强度指标的实验仪器。

3. 无侧限抗压试验

无侧限抗压试验是三轴剪切试验的一种特例，即对正圆柱形试样不施加周围压力（$\sigma_3 = 0$），而只对它施加垂直的轴向压力 σ_1，由此测出试样在无侧向压力的条件下，抵抗轴向压力的极限强度，称之为无侧限抗压强度。

图 3-39（a）为应变控制式无侧限压缩仪，试样受力情况如图 3-39（b）。因为试验时 $\sigma_3 = 0$，所以试验成果只能作出一个极限应力圆，对于一般非饱和黏性土，难以作出强度包线。

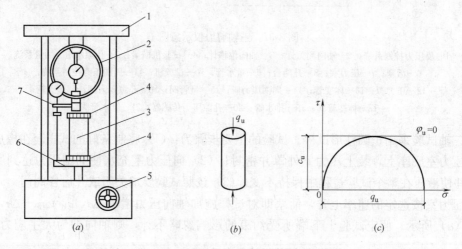

图 3-39　应变控制式无侧限抗压强度试验

1—轴向加压架；2—轴向测力计；3—试样；4—上、下传压板；
5—手动或电动转轮；6—升降板；7—轴向位移计

对于饱和软黏土，根据三轴不排水剪切试验成果，其强度包线近似于一水平线，即 $\varphi_u = 0$。故无侧限抗压试验适用于测定饱和软黏土的不排水强度，如图 3-39（c）所示。在 $\sigma\tau$ 坐标上，以无侧限抗压强度 q_u 为直径，通过 $\sigma_3 = 0$、$\sigma_1 = q_u$ 作极限应力圆，其水平切线就是强度包线，该线在 τ 轴上的截距 c_u 即等于抗剪强度 τ_f，即

$$\tau_f = c_u = \frac{q_u}{2} \tag{3-51}$$

式中　c_u——饱和软黏土的不排水强度（kPa）。

饱和黏性土的强度与土的结构有关，当土的结构遭受破坏时，其强度会迅速降低，工程上常用灵敏度 S_t 来反映土的结构性的强弱。

$$S_t = \frac{q_u}{q_0} \tag{3-52}$$

式中　q_u——原状土的无侧限抗压强度（kPa）；

　　　q_0——重塑土（指在含水量不变的条件下使土的天然结构彻底破坏再重新制备的土）的无侧限抗压强度（kPa）。

根据灵敏度可将饱和黏性土分为三类：

低灵敏度 $1<S_t\leqslant2$；

中灵敏度 $2<S_t\leqslant4$；

高灵敏度 $S_t>4$。

土的灵敏度越高，其结构性越强，受扰动后土的强度降低就越多。所以在高灵敏度土上修建建筑物时，应尽量减少对土的扰动。

4. 十字板剪切试验

十字板剪切试验是一种现场测定饱和软黏土的抗剪强度的原位试验方法。与室内无侧限抗压强度试验一样，十字板剪切所测得的成果相当于不排水抗剪强度。

十字板剪切仪的主要工作部分见图 3-40。试验时预先钻孔到接近预定施测深度，清理孔底后将十字板固定在钻杆下端下至孔底，压入到孔底以下 750mm。然后通过安放在地面上的设备施加扭矩，使十字板按一定速率扭转直至土体剪切破坏。由剪切破坏时的扭矩 M_{max} 可推算土的抗剪强度。

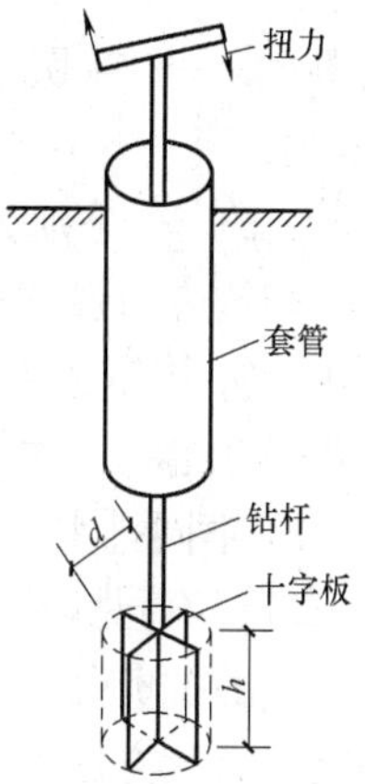

土体的抗扭力矩由 M_1 和 M_2 两部分组成，即

$$M_{max}=M_1+M_2 \tag{3-53}$$

图 3-40　十字剪切仪

式中　M_1——柱体上下平面的抗剪强度对圆心所产生的抗扭力矩（kN·m）；

$$M_1=2\times\frac{\pi D^2}{4}\times\frac{2}{3}\times\frac{D}{2}\tau_{fh} \tag{3-54}$$

　　　τ_{fh}——水平面上的抗剪强度（kPa）；

　　　D——十字板直径（m）；

　　　M_2——圆柱侧面上的剪应力与圆心所产生的抗扭力矩（kN·m）；

$$M_2=\pi DH\frac{D}{2}\tau_{fv} \tag{3-55}$$

　　　H——十字板高度（m）；

　　　τ_{fv}——竖直面上的抗剪强度（kPa）。

假定土体为各向同性体，即 $\tau_{fh}=\tau_{fv}$，则将式（3-54）和式（3-55）代入式（3-53）中，可得

$$\tau_f=\frac{2}{\pi D^2 H\left(1+\dfrac{D}{3H}\right)}M_{max} \tag{3-56}$$

十字板剪切试验具有无需钻孔取样和使土少扰动的优点，且仪器结构简单、操作方便，因而在软黏土地基中有较好的适用性，常用以在现场对软黏土的灵敏度的测定。但这种原位测试方法中剪切面上的应力条件十分复杂，排水条件也不能严格控制，因此所测得的不排水强度与原状土的不排水剪切试验成果可能会有一定差别。

三、不同排水条件时剪切试验

1. 总应力强度指标和有效应力强度指标

在土的直接剪切试验中，因无法测定土样的孔隙水压力，施加于试样上的垂直法向应力 σ 是总应力，所以土的抗剪强度表达式如式（3-43），式中的 c、φ 是总应力意义上的土的黏聚力和内摩擦角，称之为总应力强度指标。

根据土的有效应力原理和固结理论可知，土的抗剪强度并不是由剪切面上的法向总应力决定，而是取决于剪切面上的有效法向应力。因此，有必要提供按有效应力计算的土的抗剪强度的表达式

$$\tau_{\mathrm{f}} = c' + \sigma' \tan\varphi' \tag{3-57}$$

式中　σ'——剪切破坏面上的法向有效应力（kPa）；

$$\sigma' = \sigma - u$$

c'、φ'——分别为土的有效黏聚力和有效内摩擦角，即土的有效应力强度指标。

有效应力强度指标确切地指出了土的抗剪强度的实质，是比较合理的表示方法。但由于在分析中需测定孔隙水压力，而这在许多实际工程中难以做到，因此，目前在工程中存在着两套指标并用的现象。

2. 不同排水条件时的剪切试验方法及成果表达

（1）不同排水条件时的剪切试验方法

土的抗剪强度与试验时的排水条件密切相关，根据土体现场受剪的排水条件，有三种特定的试验方法可供选择，即三轴剪切试验中的不固结不排水剪、固结不排水剪和固结排水剪，对应直剪试验中的快剪、固结快剪和慢剪。

1）不固结不排水剪（UU）。

简称不排水剪，在三轴剪切试验中自始至终不让试样排水固结，即施加周围压力 σ_3 和随后施加轴向压力增量 $\Delta\sigma$ 直至土样剪损的整个过程都关闭排水阀，使土样的含水量不变。

用直剪仪进行快剪（Q）时，在土样的上、下面与透水石之间用不透水薄膜隔开，施加预定的垂直压力后，立即施加水平剪力，并在 $3\sim5\mathrm{min}$ 内将土样剪损。

2）固结不排水剪（CU）。

三轴试验中使试样先在 σ_3 作用下完全排水固结，即让试样中的孔隙水压力 $u_1 = 0$。然后关闭排水阀门，再施加轴向应力增量 $\Delta\sigma_1$，使试样在不排水条件下剪切破坏。用直剪仪进行固结快剪（CQ）时，剪切前使试样在垂直荷载下充分固结，剪切时速率较快，尽量使土样在剪切过程中不在排水。

3）固结排水剪（CD）。

简称排水剪，三轴试验时先使试样在 σ_3 作用下排水固结，再让试样在能充分排水情况下，缓慢施加轴向压力增量，直至剪破，即整个试验过程中试样的孔隙水压力始终为零。

用直剪仪进行慢剪试验（S）时，施加垂直压力 σ 后将试样固结稳定，再以缓慢的速率施加水平剪切力，直至试样剪破。

（2）剪切试验成果表达方法

按上述三种特定试验方法进行试验所得的成果，均可用总应力强度指标来表达，其表

示方法是在 c、φ 符号右下角分别标以表示不同排水条件的符号，见表 3-16。

表剪切试验成果表达   表 3-16

直 接 剪 切		三 轴 剪 切	
试验方法	成果表达	试验方法	成果表达
快 剪	c_q，φ_q	不排水剪	c_u，φ_u
固结快剪	c_{cq}，φ_{cq}	固结不排水剪	c_{cu}，φ_{cu}
慢 剪	c_s，φ_s	排水剪	c_d，φ_d

对于三轴试验成果，除用总应力强度指标表达外，还可用有效应力指标 c'、φ' 表示，且对同一种土无论是用 UU、CU 或 CD 试验成果，都可获得相同的 c'、φ'，它们不随试验方法而改变。

从 CU 试验成果确定 c'、φ' 的方法，如图 3-41 所示。

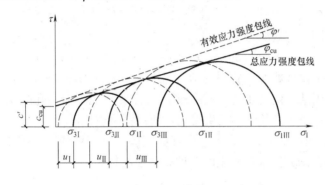

图 3-41 由 CU 试验成果确定 c'、φ'

将试验所得的总应力破坏莫尔圆（图 3-41 中各实线图）向坐标原点平移一相应的距离 u 值，圆的半径保持不变，就可绘出有效应力破坏莫尔圆（图 3-41 中各虚线图）。按各实线圆求得的公切线为该土的总应力抗剪强度包线，据之可确定 c_{cu} 和 φ_{cu}；按各虚线圆求得的公切线，为该土的有效应力抗剪强度包线，据之可确定 c' 和 φ'。

（3）抗剪强度指标的选用

如前所述，土的抗剪强度指标随试验方法、排水条件的不同而异，因而在实际工程中应该尽可能根据现场条件决定室内试验方法，以获得合适的抗剪强度指标。

一般认为，由三轴固结不排水试验确定的有效应力参数 c' 和 φ' 宜用于分析地基的长期稳定性，例如土坡的长期稳定分析，估计挡土结构物的长期土压力，位于软土地基结构物的地基长期稳定分析等。而对于饱和软黏土的短期稳定问题，则宜采用不排水剪的强度指标。但在进行不排水剪试验时，宜在土的有效自重压力下预固结，以避免试验得出的指标过低，使之更符合实际情况。

一般工程问题多采用总应力分析法，其测试方法和指标的选用见表 3-17。

地基土抗剪强度指标的选择   表 3-17

试 验 方 法	适 用 条 件
不排水剪或快剪	地基土的透水性和排水条件不良，建筑物施工速度较快
排水剪或慢剪	地基土的透水性好，排水条件较佳，建筑物加荷速率较慢
固结不排水剪或固结慢剪	建筑物竣工以后较久，荷载又突然增大（如房屋增层），或地基条件等价于上述两种情况之间

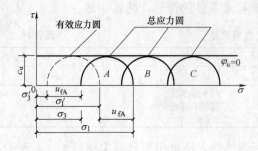

图 3-42 饱和黏性土不排水剪切试验

3. 饱和黏性土的不排水强度

图 3-42 表示已饱和黏性土的三轴不排水剪切试验结果，图中三个实线圆 A、B、C 表示三个试样在不同 σ_3 作用下剪切破坏时的总应力圆，虚线圆为有效应力圆。试验结果表明，虽然三个试样的周围压力 σ_3 不同，但剪切破坏时的主应力差相等，因而三个极限应力圆的直径相同，由此而得的强度包线是一条水平线，即

$$\varphi_u = 0$$

$$\tau_f = c_u = \frac{1}{2}(\sigma_1 - \sigma_3) \tag{3-58}$$

三个试样只有同一有效应力圆

$$\sigma_1' - \sigma_3' = (\sigma_1 - \sigma_3)_A = (\sigma_1 - \sigma_3)_B = (\sigma_1 - \sigma_3)_C \tag{3-59}$$

饱和黏性土在不排水剪切试验中的剪切性状表明随着 σ_3 的增加，由于试样在剪切过程中始终不能排水固结而使含水量保持不变，试样的体积不变，孔隙水压力随 σ_3 增加而相应地增加，有效应力 σ' 却始终不发生变化，所以强度也就不变。

【例 3-10】 对一种黏性较大的土进行直剪试验，分别做快剪、固结快剪和慢剪，成果见表 3-18。试用作图方法求该种土的三种抗剪强度指标。

<table>
<tr><td colspan="2" style="text-align:center">直剪试验成果</td><td></td><td></td><td></td><td>表 3-18</td></tr>
<tr><td colspan="2">σ(kPa)</td><td>100</td><td>200</td><td>300</td><td>400</td></tr>
<tr><td rowspan="3">τ_f(kPa)</td><td>快剪</td><td>65</td><td>68</td><td>70</td><td>73</td></tr>
<tr><td>固结快剪</td><td>65</td><td>88</td><td>111</td><td>133</td></tr>
<tr><td>慢剪</td><td>80</td><td>129</td><td>176</td><td>225</td></tr>
</table>

【解】 据表 3-18 所列数据，依次绘制三种试验方法所得的抗剪强度包线，如图 3-43 所示，并由此量得各抗剪强度指标如下：

$$c_q = 62\text{kPa}, \quad \varphi_q = 1.5°$$
$$c_{cq} = 41\text{kPa}, \quad \varphi_{cq} = 13°$$
$$c_s = 28\text{kPa}, \quad \varphi_s = 27°$$

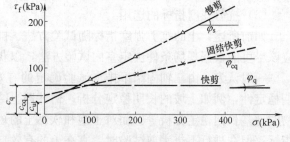

图 3-43 【例 3-10】图

【例 3-11】 对某种饱和黏性土做固结不排水试验，三个试样破坏时的 σ_1、σ_3 和相应的孔隙水压力 u 列于表 3-19 中。①试确定该试样的 c_{cu}、φ_{cu} 和 c'、φ'；②试分析用总应力法与有效应力法表示土的强度时，土的破坏是否发生在同一平面上？

<table>
<tr><td colspan="2" style="text-align:center">三轴试验成果表</td><td>表 3-19</td></tr>
<tr><td>σ_1(kPa)</td><td>σ_3(kPa)</td><td></td></tr>
<tr><td>143</td><td>60</td><td>23</td></tr>
<tr><td>220</td><td>100</td><td>40</td></tr>
<tr><td>313</td><td>150</td><td>67</td></tr>
</table>

【解】 ① 根据表 3-19 中 σ_1、σ_3 值，按比例在 $\tau\sigma$ 坐标中绘出三个总应力极限莫尔圆，如图 3-44 中实线圆，再绘出此三圆的外包线，量得

$$c_{cu}=10\text{kPa}, \varphi_{cu}=18°$$

将三个总应力极限莫尔圆按各自测得的 u 值，分别向左平移相应的 u 值，即 $\sigma'=\sigma-u$，绘得三个有效应力极限莫尔圆，如图 3-44 中虚线圆。绘出外包线，量得：

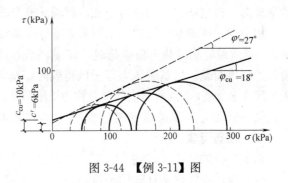

图 3-44 【例 3-11】图

$$c'=6\text{kPa}, \varphi'=27°$$

② 由土的极限平衡条件可知，剪破角 $\alpha_f=45°+\dfrac{\varphi}{2}$，若以总应力来表示，$\alpha_f=45°+\dfrac{\varphi_{cu}}{2}=54°$，而用有效应力来表示，$\alpha_f=45°+\dfrac{\varphi'}{2}=58.5°$。

所以，用总应力法和有效应力法表示土的强度时，其理论剪破面并不发生在同一平面上。

第九节 地基的临塑荷载

一、地基变形的三个阶段

对地基进行静载荷试验时，一般可以得到如图 3-45 所示的荷载 p 和沉降 s 的关系曲线。从荷载开始施加至地基发生破坏，地基的变形经过三个阶段。

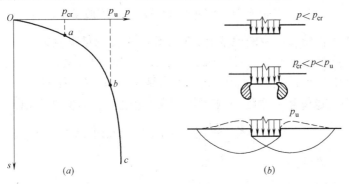

图 3-45 地基荷载试验的 p-s 曲线

(a) 地基荷载试验 p-s 曲线分段图 (b) 地基土中不同压力时的变形

(1) 线性变形阶段：相应于 p-s 曲线的 oa 部分。由于荷载较小，地基主要产生压密变形，荷载与沉降关系接近于直线。此时土体中各点的剪应力均小于抗剪强度，地基处于弹性平衡状态。

(2) 弹塑性变形阶段：相应于 p-s 曲线的 ab 部分。当荷载增加到超过 a 点压力时，荷载与沉降之间成曲线关系。此时土中局部范围内产生剪切破坏，即出现塑性变形区。随着荷载增加，剪切破坏区逐渐扩大。

(3) 破坏阶段：相应于 p-s 曲线的 bc 部分。在这个阶段塑性区已发展到形成一连续

的滑动面，荷载略有增加或不增加，沉降均有急剧变化，地基丧失稳定。

相应于上述地基变形的三个阶段，在 p-s 曲线上有两个转折点 a 和 b，如图 3-45 所示。a 点所对应的荷载为临塑荷载，以 p_{cr} 表示，即地基从压密变形阶段转为弹塑性变形阶段的临界荷载。当基底压力等于该荷载时，基础边缘的土体开始出现剪切破坏，但塑性破坏区尚未发展，b 点所对应的荷载称为极限荷载，以 p_u 表示，是使地基发生整体剪切破坏的荷载。荷载从 p_{cr} 增加到 p_u 的过程是地基剪切破坏区逐渐发展的过程，如图 3-44 所示。

二、临塑荷载

临塑荷载的基本公式建立于下述理论之上：

（1）应用弹性理论计算附加应力；

（2）利用强度理论建立极限平衡条件。

图 3-46 为一条形基础承受中心荷载，基底压力为 p。按弹性理论可以导出地基内任一点 M 处的大、小主应力的计算公式为

$$\frac{\sigma_1}{\sigma_3} = \frac{p}{\pi}(\beta_0 \pm \sin\beta_0) \tag{3-60}$$

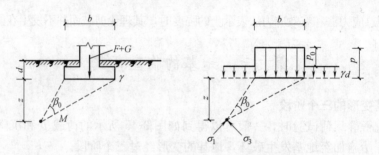

图 3-46 均布条形荷载作用下地基中的应力

M 点处除上述由荷载产生的地基附加应力外，还受到自重应力 $\gamma(d+z)$ 的作用。为将自重应力叠加到附加应力之上而又不改变附加应力场中大、小主应力的作用方向，假设原有自重应力场中 $\sigma_z = \sigma_x = \gamma z$。将作用于基底标高荷载分解为相当于自重应力的 γd 和附加压力 p_0 两部分。这样地基中任一点 M 处的大、小主应力计算公式便为

$$\frac{\sigma_1}{\sigma_3} = \frac{p-\gamma d}{\pi}(\beta_0 \pm \sin\beta_0) + \gamma(d+z) \tag{3-61}$$

式中各符号意义见图 3-46。

当 M 点处于极限平衡状态时，该点的大、小主应力应满足极限平衡条件

$$\sin\varphi = \frac{\sigma_1 - \sigma_3}{\sigma_1 + \sigma_3 + 2c\cot\varphi}$$

将式（3-61）代入上式，整理后得

$$z = \frac{p-\gamma d}{\pi\gamma}\left(\frac{\sin\beta_0}{\sin\varphi} - \beta_0\right) - \frac{c}{\gamma\tan\varphi} - d \tag{3-62}$$

式（3-61）即为塑性区边界方程，描述了极限平衡区边界线上的任一点的坐标 z 与 β_0 的关系，如图 3-47 所示。

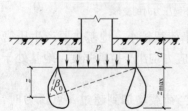

图 3-47 条形基础底面边缘的塑性区

塑性区的最大深度 $z_{\max}$ 可由 $\dfrac{\mathrm{d}z}{\mathrm{d}\beta_0}=0$ 的条件求得，即

$$\frac{\mathrm{d}z}{\mathrm{d}\beta_0}=\frac{p-\gamma d}{\pi\gamma}\left(\frac{\cos\beta_0}{\sin\varphi}-1\right)=0$$

则有
$$\cos\beta_0=\sin\varphi$$

所以
$$\beta_0=\frac{\pi}{2}-\varphi$$

将上述 β_0 代入式（3-63），得 $z_{\max}$ 的表达式为

$$z_{\max}=\frac{p-\gamma d}{\pi\gamma}\left(\cot\varphi-\frac{\pi}{2}+\varphi\right)-\frac{c}{\gamma\tan\varphi}-d \tag{3-63}$$

式（3-63）表明，在其他条件不变时，塑性区随着 p 的增大而发展。当 $z_{\max}=0$ 时，表示地基中即将出现塑性区，相应的荷载即为临塑荷载 p_{cr}，即

$$p_{cr}=\frac{\pi(\gamma_0 d+c\cot\varphi)}{\cot\varphi+\varphi-\dfrac{\pi}{2}}+\gamma_0 d \tag{3-64}$$

三、地基承载力

地基承载力是指在保证地基稳定的条件下，使建筑物和构筑物的沉降量不超过允许值的地基承载力。在地基基础设计中，若以临塑荷载 p_{cr} 作为地基的承载力无疑是安全的，但对一般地基来说，却偏于保守。因为除软弱地基外，一般地基即使让极限平衡区发展到某一深度，也并不影响建筑物的安全和正常使用。因此，对于中心荷载作用下的基础，取塑性区的最大开展深度 $z_{\max}$ 等于基础宽度 b 的 1/4 时所对应的荷载 $p_{1/4}$（即界限荷载）作为地基承载力已经过许多工程实践的检验。《建筑地基基础设计规范》GB 50007—2011 也将界限荷载 $p_{1/4}$ 作为确定地基承载力设计值的依据之一。

在式（3-63）中，令 $z_{\max}=\dfrac{1}{4}b$，并将埋深范围内的土的重度的加权平均值用 γ_0 表示，可得出地基承载力 $p_{1/4}$ 的表达式为

$$p_{1/4}=\frac{\pi\left(\gamma_0 d+c\cot\varphi+\dfrac{1}{4}\gamma b\right)}{\cot\varphi+\varphi-\dfrac{\pi}{2}}+\gamma_0 d \tag{3-65}$$

式中各符合意义同前。

以上地基承载力公式是针对条形基础推导出来的，对于矩形和圆形基础也可采用，其结果偏于安全。

【例 3-12】已知地基土的重度 $\gamma=18.5\mathrm{kN/m^3}$，黏聚力 $c=15\mathrm{kPa}$，内摩擦角 $\varphi=18°$。若条形基础宽度 $b=2.4\mathrm{m}$，埋置深度 $d=1.6\mathrm{m}$。试求该地基的 p_{cr} 和 $p_{1/4}$ 值。

【解】：① 求 p_{cr}

由式（3-64），得

$$p_{cr}=\frac{\pi(\gamma_0 d+c\cot\varphi)}{\cot\varphi+\varphi-\dfrac{\pi}{2}}+\gamma_0 d=\frac{3.14\times(18.5\times1.6+15\times\cot18°)}{\cot18°+18\times\dfrac{\pi}{180}-\dfrac{\pi}{2}}+18.5\times1.6$$

$$=160.3\mathrm{kPa}$$

② 求 $p_{1/4}$

由式（3-65），得

$$p_{1/4}=\dfrac{\pi\left(\gamma_0 d+c\cot\varphi+\dfrac{1}{4}\gamma b\right)}{\cot\varphi+\varphi-\dfrac{\pi}{2}}+\gamma_0 d$$

$$=\dfrac{3.14\times(18.5\times1.6+15\times\cot18°+0.25\times18.5\times2.4)}{\cot18°+18\times\dfrac{\pi}{180}-\dfrac{\pi}{2}}+18.5\times1.6$$

$$=179.3\text{kPa}$$

第十节　地基的极限承载力

地基的极限承载力是指地基发生剪切破坏失去整体稳定时的基底压力，是地基所能承受的基底压力极限值，以 p_u 表示。

将地基的极限承载力除以安全系数 K，即为地基承载力的设计值 f，即

$$f=\dfrac{p_u}{K} \tag{3-66}$$

一、地基的破坏模式

根据地基剪切破坏的特征，可将地基破坏分为整体剪切破坏、局部剪切破坏和冲剪破坏三种模式，如图 3-48 所示。

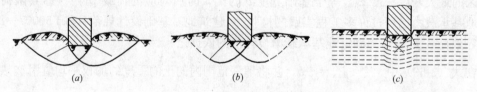

图 3-48　地基破坏形式
(a) 整体剪切破坏；(b) 局部剪切破坏；(c) 冲切破坏

（1）整体剪切破坏

基底压力 p 超过临塑荷载后，随着荷载的增加，剪切破坏区不断扩大，最后在地基中形成连续的滑动面，基础急剧下沉并可能向一侧倾斜，基础四周的地面明显隆起，如图 3-48 (a) 所示。密实的砂土和硬黏土较可能发生这种破坏形式。

（2）局部剪切破坏

随着荷载的增加，塑性区只发展到地基内某一范围，滑动面不延伸到地面而是终止在地基内某一深度处，基础周围地面稍有隆起，地基会发生较大变形，但房屋一般不会倒塌，如图 3-48 (b) 所示。中等密实砂土、松土和软黏土都可能发生这种破坏形式。

（3）冲剪破坏

基础下软弱土发生垂直剪切破坏，使基础连续下沉。破坏时地基中无明显滑动面，基础四周地面无隆起而是下陷，基础无明显倾斜，但发生较大沉降，如图 3-48 (c) 所示。对于压缩性较大的松砂和软土地基将可能发生这种破坏形式。

地基的破坏模式除了与土的性状有关外，还与基础埋深、加荷速率等因素有关。当基

础埋深较浅，荷载缓慢施加时，趋向于发生整体剪切破坏；若基础埋深大，快速加载则可能形成局部剪切破坏或冲剪破坏。目前地基极限承载力的计算公式均按整体剪切破坏导出，然后经过修正或乘上有关系数后用于其他破坏模式。

二、地基极限承载力公式

求解整体剪切破坏模式的地基极限承载力的途径有二：一是用严密的数学方法求解土中某点达到极限平衡时的静力平衡方程组，以求出地基极限承载力。此方法运算过程甚繁，未被广泛使用；二是根据模型试验的滑动面形状，通过简化得到假定的滑动面，然后借助该滑动面上的极限平衡条件，求出地基极限承载力。此类方法是半经验性质的，称为假定滑动面法。由于不同研究者所进行的假设不同，所得的结果也不相同，下面介绍的是几个常用的公式。

（一）地基太沙基（Terzaghi）公式

太沙基假定基础底面粗糙，在中心荷载作用下，地基丧失稳定时，其滑动面的形状如图5-49所示，滑动土体共分为三区。

Ⅰ区——在基础底面以下呈弹性压密状态，随基础一起向下移动，如同基础的一部分。其土楔的边界与水平面成 φ 角。

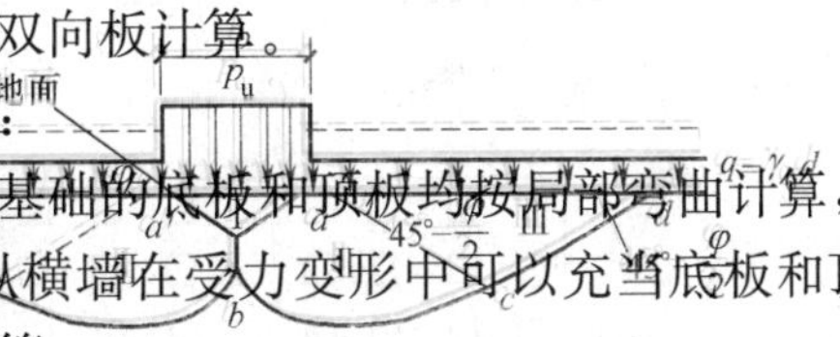

Ⅱ区——过渡区。滑动面对数螺线，螺线起点处的曲线变形。

Ⅲ区——朗肯（Rankine）被动区。即处于被动极限平衡状态（见第五章），滑动面是平面，与水平面的夹角为 $45°-\dfrac{\varphi}{2}$。

太沙基公式不考虑基底以上基础两侧土体抗剪强度的影响，以均布超载 $q=\gamma_0 d$ 来代替埋深范围内的土体自重。根据弹性土楔 $aa'b$ 的静力平衡条件，可得太沙基极限承载力 p_u 计算公式为

式中　q——基底以上基础两侧的均布超载（kPa），$q=\gamma_0 d$；
　　　b——基础底面宽度（m）；
　　　N_γ、N_q、N_c——承载力系数，是土体内摩擦角 φ 的函数，见表3-20。

图 5-49　太沙基公式假定的滑动面

3. 箱形基础受力分析

箱形基础的内力分析，应根据上部结构刚度的大小采用不同的计算方法。在顶板和底板在楼面荷载和地基反力作用下，整个结构将发生弯曲，称为整体弯曲。箱形基础的弯矩按基础刚度占总体结构总刚度之比分配。同时顶板和底板在楼面荷载和地基反力作用下，还将产生弯曲变形，称为局部弯曲，即顶板和底板以纵、横墙为支点，在楼面荷载和地基反力作用下，按单向板或双向板计算。

箱形基础的内力计算，一般分为以下三种情况：

（1）上部结构为现浇剪力墙体系时，箱形基础的底板和顶板均按局部弯曲计算，如图5-45所示。这种体系刚度很大，箱形基础的纵横墙在受力变形中可以充当底板和顶板的刚性支座。顶板和底板按双向板或单向板计算。

（2）上部结构为框架体系时，箱形基础内力应同时考虑整体弯曲及局部弯曲所产生的作用。当上部结构与基础共同弯曲时的弯曲变形称为整体弯曲，如图5-46所示。计算时考虑上部结构与基础共同弯曲时，将整体弯曲产生的弯矩按基础在总刚度中提供刚度的百分比分配给基础。

（3）当上部结构为框架—剪力墙体系时，也按局部弯曲进行计算，与现浇剪力墙体系相同，但配筋时应考虑整体弯曲的作用。

箱形基础内力计算后应对顶板、底板、墙体和洞口进行强度计算。其中外墙除承受上部结构的荷载外，还要承受周围水体的侧向土压力及和净水压力等水平荷载的作用，箱形基础底板处在地下水位以下时，底板则还承受地下水浮托力的作用。

箱形基础还应进行变形验算，并控制变形值在允许范围内。箱形基础的允许沉降值和整体倾斜值应考虑建筑物的使用要求及相邻建筑物的影响，按地区经验确定。但横向整体倾斜的计算值一般不大于 $b/100H$（b 为基础的横向宽度，H 为建筑物的高度）。

三、减轻不均匀沉降的措施

（一）地基不均匀沉降对建筑物的影响

地基在建筑物和荷载的作用下产生均匀沉降或不均匀沉降。均匀沉降对建筑

图 5-45　箱形基础的局部弯曲　　　　图 5-46　箱形基础的整体弯曲

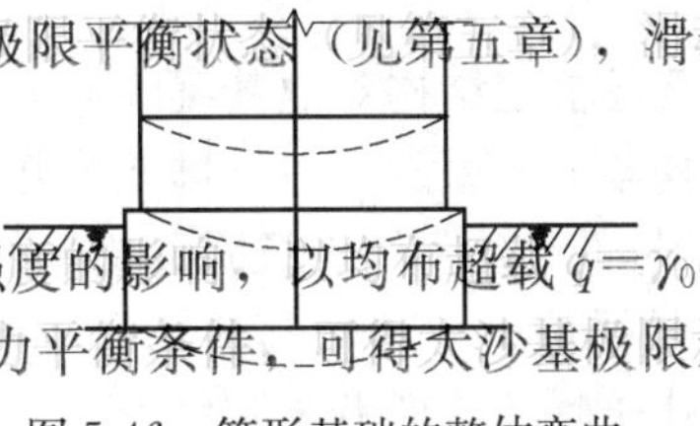

表 5-24

		12.7	13.2
0.49	0.53	0.60	1.00

调整系数 β 值　　表 5-25

	砂土	砂土	粉土	黏性土	软土
	0.30		0.60		1.00

太沙基公式承载力系数　　表 3-20

	10	15	20	25	30	35	
N_γ	0.51	1.20	1.80	11.0	21.8	45.4	125
N_q	1.64	2.69	4.45	7.44	12.7	22.5	41.4	81.3
N_c	5.71	7.34	9.61	12.9	17.7	25.1	37.2	57.8	95.7

物的危害程度相对较小。过大的不均匀沉降一方面会影响建筑物的正常使用，另一方面使结构受力体系发生改变，进而引起开裂和破坏。对于较软弱地基基础设计，不仅要考虑采用合理的地基处理方案，同时在上部建筑和结构设计及施工中应采用合理的处理措施，减少建筑物的不均匀沉降。

混合结构对地基不均匀沉降很敏感。当地基产生不均匀沉降时，由于墙体内部成了主拉应力，引起墙体开裂。主要表现在墙洞四角部位，裂缝大致呈 45°左右并倾向于沉降大的一方，如图 5-47a 所示。如果房屋端部沉降大于中部，则顶层窗口出现倾向于两端呈到"八"字形开展的裂缝，如图 5-47b 所示。如果房屋局部下沉，则在墙的下部产生倾向于局部沉降的斜裂缝，如图 5-47c 所示。如果房屋高差较大时，则低层房屋的窗口可能产生倾向于高层的斜裂缝，如图 5-47d 所示。房屋的整体倾斜也是倾向地基沉降较大的方向。

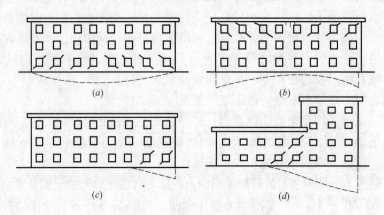

图 5-47　地基沉降及强身裂缝
(a) 中部沉降大；(b) 两端沉降大；(c) 局部沉降；(d) 高层沉降大

框架等超静定结构对地基沉降较为敏感，由于不均匀沉降在结构内引起较大内力，也是房屋结构破坏的原因之一。排架等静定结构对地基不均匀沉降适应性较强。

（二）降低地基不均匀沉降的措施

1. 建筑措施

（1）建筑物的体型力求简单

建筑物的体型是指其平面形状和立面高差。体型复杂的建筑视觉效果可能较好，但受力性能复杂，易引起应力集中和不均匀沉降。在满足建筑功能要求的前提下，应尽可能做到使建筑体型简单化，这样不仅对地基不均匀沉降可以起到降低的作用，同时，对于房屋抗震性能的提高也有好处。

（2）设置沉降缝

平面布局复杂，或立面高差较大的建筑由于地基承受竖向荷载影响复杂，为了使得不同部分在重力作用下相对独立地变形，减少地基不均匀沉降对房屋的破坏作用，设置沉降缝是比较有效的方法之一。沉降缝设置的位置如下：

1）建筑平面的转折处。

2）建筑立面上高度差异较大部位的分界处。

3）建筑物长度超过相应结构类型设计规范规定的长度的房屋的适当部位。

4）地基土的压缩性有显著差异处。

建筑下的箱基，在偏心荷载作用下应满足 $p_{\min} = \dfrac{F_k + G_k}{A} - \dfrac{M_k}{W} \geqslant 0$ 的要求。

在计算基底压力时，箱基在地下水位以下部分的自重，应扣除水的浮力。

（2）沉降量计算

箱形基础埋深通常都比较深，深开挖使得地基土持力层压力在施工中开始大大减少，地基土产生回弹，施工过程的持续和上部结构的兴建使得持力层及以下的土重新受压产生压缩变形，上面这两种变形往往在总沉降量中占重要地位。由于土自重在基坑施工时挖除产生的持力层及以下土层的弹性回弹及施工过程的重新压缩，是一个再压缩的过程，计算时应采用土的再压缩参数。为此，在做室内试验时，应进行回弹再压缩试验，其压力的施加应模拟实际加、卸荷载的应力状态。

1）用压缩模量计算箱形基础沉量。

箱形基础的最终沉降量按下式进行：

$$s = \sum_{i=1}^{n} \left(\psi' \frac{p_c}{E'_{si}} + \psi_s \frac{p_0}{E_{si}} \right) (z_i \overline{a_i} - z_{i-1} \overline{a_{i-1}}) \tag{5-80}$$

式中　ψ'——考虑回弹影响的沉降量计算经验系数，无此方面经验时取 $\psi' = 1$；

ψ_s——沉降计算经验系数，按地区经验采用，当缺乏地区经验时，可按地基基础设计规范的规定取值；

p_c——基础地面处地基土的自重压力标准值；

p_0——相应于荷载效应永久组合时基础地面处的附加压力值；

E'_{si}——基础底面下第 i 层土的回弹再压缩模量，应按该土层实际的应力变化范围取值；

E_{si}——基础底面下第 i 层土的再压缩模量，应按该土层实际的应力变化范围取值；

z_i——基础底面至第 i 层土底面的距离；

z_{i-1}——基础底面至第 $i-1$ 层土底面的距离；

$\overline{a_i}$——基础底面计算点至第 i 层土底面范围内平均附加用力系数，可按《高层建筑筏形与箱形基础技术规范》JGJ 6—2011 的有关规定采用；

$\overline{a_{i-1}}$——基础底面计算点至第 $i-1$ 层土底面范围内平均附加用力系数，可按《高层建筑筏形与箱形基础技术规范》JGJ 6—2011 的有关规定采用；

n——计算深度范围内所划分的土层数，沉降计算深度可按地基基础设计规范采用。

2）用变形模量计算箱基沉降量。

用变形模量计算箱基沉降量是采用弹性理论公式，并考虑了地基中的三向应力、有效压缩层、基础刚度、形状尺寸等因素对地基沉降变形的影响。变形模量用现场荷载试验确定。计算中采用基底压力代替基底附加压力，以近似解决深埋基础计算中的基坑回弹再压缩的问题。沉降计算深度则采用经验的计算公式确定。箱基沉降量计算公式如下：

$$s = p_k b \eta \sum_{i=1}^{n} \frac{\delta_i - \delta_{i-1}}{E_{0i}} \tag{5-81}$$

式中　p_k——相应于荷载效应准永久组合时基础底面处的平均压力值；

b——基础底面宽度；

δ_i——与基础长宽比 l/b 及基础底面至第 i 层土底面的距离 z 有关的无因次系数，可由表 5-22 查用；

δ_{i-1}——与基础长宽比 l/b 及基础底面至第 i 层土底面的距离 z 有关的无因次系数，可由表 5-22 查用；

η——修正系数，按表 5-23 查用；

E_{0i}——基础底面下第 i 层土的变形模量，通过试验或工程所在地区经验确定。

沉降计算深度 z_n 可按下式确定

$$z_n=(z_m+\xi b)\beta \tag{5-82}$$

式中 z_m——与基础长宽比有关的经验值，按表 5-24 确定；

ξ——折减系数，按表 5-24 确定；

β——调整系数，按表 5-25 取用。

按 E_0 计算沉降时的 δ 系数 **表 5-22**

$m=2z/b$	$n=l/b$						
	1	1.4	1.8	2.4	3.2	5	$n\geqslant10$
0	0.000	0.000	0.000	0.000	0.000	0.000	0.000
0.4	0.100	0.100	0.100	0.100	0.100	0.100	0.104
0.8	0.200	0.200	0.200	0.200	0.200	0.200	0.208
1.2	0.299	0.300	0.300	0.300	0.300	0.300	0.311
1.6	[illegible]	[illegible]	[illegible]	0.397	0.397	0.397	0.412
2.0	0.446	0.472	0.482	0.486	0.486	0.486	0.511
2.4	0.499	0.538	0.565	0.565	0.567	0.567	0.605
2.8	0.542	0.592	0.618	0.635	[illegible]	[illegible]	[illegible]
3.2	0.577	0.637	0.674	0.696	0.707	0.709	0.763
3.6	0.606	0.676	0.717	0.750	0.768	0.772	0.831
4.0	0.630	0.708	0.756	0.796	0.820	0.830	0.892
4.4	0.650	0.735	0.789	0.837	0.867	0.883	0.949
4.8	0.668	0.759	0.819	0.873	0.908	0.932	1.001
5.2	0.683	0.780	0.834	0.904	0.948	0.977	1.050
5.6	0.697	0.798	0.867	0.933	0.981	1.018	1.096
6.0	0.708	0.814	0.887	0.958	1.011	1.056	1.138
6.4	0.719	0.828	0.904	0.980	1.031	1.090	1.178
6.8	0.728	0.841	0.920	1.000	1.065	1.122	1.215
7.2	0.731	0.852	0.935	1.019	1.088	1.152	1.251
7.6	0.744	0.863	0.948	1.036	1.109	1.180	1.285
8.0	0.751	0.872	0.960	1.051	1.128	1.205	1.316
8.4	0.757	0.881	0.970	1.065	1.146	1.229	1.347
8.8	0.762	0.888	0.980	1.078	1.162	1.251	1.376
9.2	0.768	0.896	0.989	1.089	1.178	1.272	1.404
9.6	0.772	0.902	0.998	1.100	1.192	1.291	1.431
10	0.777	0.908	1.005	1.110	1.205	1.309	1.456
11	0.786	0.922	1.022	1.132	1.238	1.349	1.506
12	0.794	0.933	1.037	1.151	1.257	1.384	1.550

注：l、b 为基础的长度与宽度；z 为基础底面至该层土底面的距离值。

修正系数 η **表 5-23**

$m=2z_n/b$	$0<m\leqslant0.5$	$0.5<m\leqslant1$	$1<m\leqslant2$	$2<m\leqslant3$	$3<m\leqslant5$	$5<m\leqslant\infty$
η	1.00	0.95	0.90	0.80	0.75	0.70

魏锡克公式的修正系数 **表 3-22**

基础形状系数		荷载倾斜系数	基础埋深系数
矩形	$s_c=1+\frac{b}{l}\frac{N_q}{N_c}$ $s_q=1+\frac{b}{l}\tan\varphi$	当 $\varphi\neq0$ 时 $i_q=\left(1-\frac{Q}{p+b'l'c\cot\varphi}\right)^2$ $i_c=i_q-\frac{1-i_q}{N_c\tan\varphi}$	当 $d/b\leqslant1$ 时 $d_q=1+2\tan\varphi(1-\sin\varphi)^2\frac{d}{b}$ $d_\gamma=1.0$ $d_c=d_q-\frac{1-d_q}{N_c\tan\varphi}$ 或 $d_c=1+0.4\frac{d}{b}$（当 $\varphi=0$）
方(圆)形	$s_c=1+\frac{N_q}{N_c}$ $s_q=1+\tan\varphi$ $s_\gamma=0.60$	当 $\varphi=0$ 时 $i_c=1-\frac{2Q}{b'l'cN_c}$ $i_r=\left(1-\frac{Q}{p+b'l'c\cot\varphi}\right)^3$	当 $d/b>1$ 时 $d_q=1+2\tan\varphi(1-\sin\varphi)^2\arctan\frac{d}{b}$ $d_\gamma=1.0$ $d_c=d_q-\frac{1-d_q}{N_c\tan\varphi}$ 或 $d_c=1+0.4\arctan\frac{d}{b}$（当 $\varphi=0$）

注：l'、b'——基础假想折算长度与宽度，$b'=b-2e_b$，$l'=l-2e_l$；

e_l、e_b——荷载在长与宽方向的偏心距。

魏锡克公式的特点是在式中考虑了工程中常遇到的一些因素对承载力的影响。按上述极限承载力确定承载力设计值时，可取安全系数 K 为 2.0～4.0。

(3) 斯肯普顿（Skempton）公式

斯肯普顿公式是针对饱和软土地基（$\varphi_u=0$）提出来的，当条形均布荷载作用于地基表面时，滑动面形状如图 3-51 所示。Ⅰ区和Ⅲ区分别为朗肯主动区和朗肯被动区，均为底角等于 45° 的等腰直角三角形。Ⅱ区 bc 面为圆弧面。根据脱离体 $obce$ 的静力平衡条件可得

$$p_u=c(2+\pi)=5.14c \tag{3-75}$$

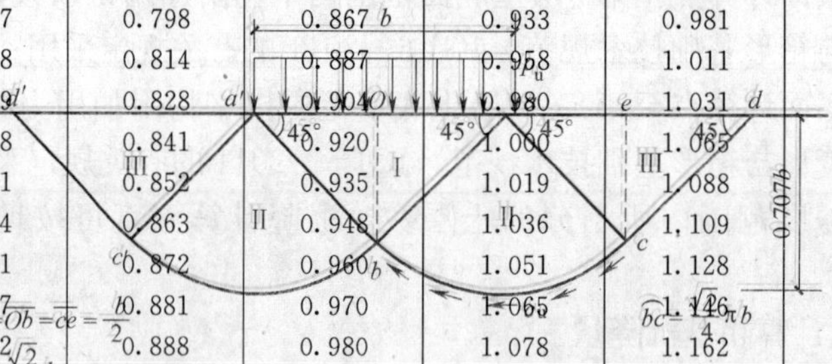

图 3-51 斯肯普顿公式假定的滑动面

对于埋深为 d 的矩形基础，斯肯普顿极限承载力公式为

$$p_u=5c_u\left(1+0.2\frac{b}{l}\right)\left(1+0.2\frac{d}{b}\right)+\gamma_0 d \tag{3-76}$$

式中 b、l——分别为基础的宽度和长度（m）；

d——基础的埋深（m）；

γ_0——埋深范围内的重度（kN/m³）；

2）设置地下室或半地下室，采用覆土少、自重轻的基础形式；

3）调整各部分荷载分布，基础宽度或埋置深度；

4）对不均匀沉降要求严格的建筑物，可选用较小的基底压力。

工程实践证明，用斯肯普顿公式计算的饱和软土地基承载力与实际情况比较接近。

（3）加强基础刚度

加强基础刚度能较好地调整地基不均匀沉降。可在基础平面内设置必要的拉结条基，在地基变化或荷载变化处，应加设钢筋混凝土圈梁。对于建筑物体型复杂、荷载差异较大的框架结构，可采用加强肋条基础、箱形基础、桩基础、厚度较大的筏基等，以减少不均匀沉降。

3. 施工措施

在基础开挖时，注意不要扰动基底土的原状结构。通常可暂不挖到基底标高，坑底至少应保留 200mm 厚的原土层，待基础施工时再挖除。如发现坑底已扰动，则应将已扰动的土挖去，并用砂、碎石回填夯实。

当建筑物各部存在高低或轻重差异时，在施工时应先施工高、重部分，后施工轻、低部分。在高、重部分竣工并间歇一段时间后再修建轻、低部分。此外，应尽量避免在新建建筑物周围堆放大量土方、建筑材料等地面荷载，以防止基础产生附加沉降。

在进行建筑施工降低地下水施工现场，应密切注意降水对邻近建筑物可能产生的不利影响，特别应防止流土现象的发生。

基础和地下室底板、内外墙及顶板的混凝土，宜连续浇筑完毕，一般不宜设置垂直施工缝，必须设置后浇缝（带）时，应严格执行《混凝土结构工程施工质量验收规范》GB 50204 的有关规定。当地下水位较高时，应做好防水、止水等抗渗漏的工作。底板与外墙之间的施工缝，不应设在两者的交接处，宜在底板面以上 500mm 的墙身处，且最好采用企口结合。

在基坑范围内或邻近地带，如有锤击沉桩作业，则应在基坑工程开始至少半个月，先行完成桩基施工任务。在开挖基坑修建地下室时，特别应注意基坑的坑壁稳定和基坑的整体稳定。

本 章 小 结

1. 由土的自重在地基内所产生的应力，叫做自重应力；由建筑物传来的荷载或其他荷载……

$$p_u = cN_c + qN_q + \frac{1}{2}\gamma b N_\gamma$$

械和专用设备，工期较短，造价相对低廉，只要上部结构允许，它是工程实践中应优先选择的类型。

《建筑地基基础设计规范》GB 50007—2011（以下简称"规范"），根据地基复杂程度、建筑物规则和功能特征，以及地基问题可能造成建筑物破坏或影响正常使用的程度，将地基基础划分为三个设计等级。

2. 地基基础设计的基本原则

地基基础是上部结构向地下的延伸，作为建筑结构重要的组成部分，应与上部主体结构具有同样的安全可靠性。《建筑结构可靠度设计统一标准》GB 50068 对结构设计应满足的功能要求提出了具体要求。

《统一标准》要求，结合地基的基本情况和工作状态，地基与基础设计应满足下列要求：

（1）地基应具有足够的强度和稳定性，即上部结构通过基础传到地基上的压应力不应超过地基土的抗压承载力。也就是说，地基土应具有足够的安全储备，以抵抗上部结构承受的作用发生较大变异时可能引起的地基承载力不足而发生的破坏；防止通常情况下承受的建筑物荷载引起的剪切破坏；防止由于地基塑性破坏区的持续扩展，进而造成的地基失稳破坏。

（2）地基在上部荷载作用下的沉降量应小于地基的允许变形值。防止由于地基沉降过大或不均匀沉降引发上部结构的功能的不能正常发挥，甚至上部结构的破坏。

地基和基础是紧密相连的共同体，是同一问题的两方面，地基设计时要满足安全性功能和变形性能两方面要求，基础设计可以直接影响地基的受力和变形。因而，地基与基础设计是一个需要整体考虑的问题。

《建筑地基基础设计规范》GB 50007—2011 规定，根据建筑地基基础设计等级及长期荷载作用下地基变形对上部结构的影响程度，地基基础设计应符合下列规定：

1）所有建筑物的地基计算均应满足承载力计算的有关规定。

2）设计等级为甲级、乙级的建筑物，均应按地基变形设计。

3）设计等级为丙级的建筑物有下列情况之一时应作变形验算：

① 地基承载力特征值小于 130kPa，且体型复杂的建筑。

② 在基础上及其附近有堆载或相邻基础荷载差异较大，可能引起地基产生过大的不均匀沉降时。

③ 软弱地基上的建筑物存在偏心荷载时。

④ 相邻建筑距离近，可能发生倾斜时。

⑤ 地基内有厚度较大或厚薄不均的填土，其自重固结未完成时。

4）对经常受水平荷载作用的高层建筑、高耸结构和挡土墙等，以及建造在斜坡上或边坡附近的建筑物和构筑物，尚应验算其稳定性。

5）基坑工程应进行整体稳定性验算。

6）建筑地下室或地下构筑物存在上浮问题时，尚应进行抗浮验算。

《建筑地基基础设计规范》GB 50007—2011 同时规定，地基基础的设计使用年限不应小于建筑结构的设计使用年限。

3. 地基基础设计的一般步骤

5）建筑物或基础类型不同处。

6）分期建造的房屋交界处。

沉降缝应将房屋从基础到屋面垂直分开，并应有足够的宽度，以防止沉降缝两侧单元在相向倾斜时挤压。沉降缝的宽度见表 5-26 的要求。

房屋沉降缝的宽度表 表 5-26

房 屋 层 数	沉降缝宽度(mm)	房 屋 层 数	沉降缝宽度(mm)
二~三	50~80	五层以上	不小于 120
四~五	80~120		

注：当沉降缝两侧单元层数不同时，缝宽按层数多的情况考虑。

沉降缝内一般不能填充材料，常用的构造做法有三种：

1）悬挑式。层数多的房屋设计时，紧靠层数低的房屋在层夹缝处不设基础，而是通过基础梁或挑梁将上部结构传来的荷载传至低层房屋的邻近基础上如图 5-48（a）、（b）所示。

2）跨越式。在沉降缝两侧的墙下均做错开的独立基础，荷载通过基础梁传递，在基础梁下应预留足够的空隙，如图 5-48（c）所示。

3）平行式。沉降缝两侧平行的墙各自做偏心基础，如图 5-48（d）所示，荷载较大时做整片筏板基础，如图 5-48（e）所示，这种方式较少适用。

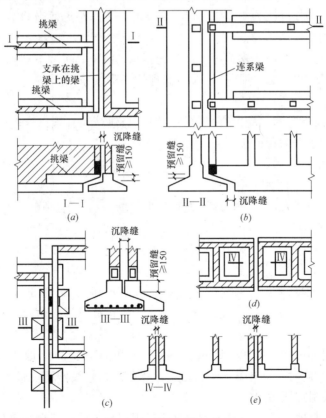

图 5-48　基础沉降缝构造

（a）混合结构沉降缝；（b）柱下条形基础沉降缝；（c）跨越式沉降缝；

（d）偏心基础沉降缝；（e）整片基础沉降缝

和边缘最外建筑物基础间保持础距的净距

相邻建筑物离得太近，会因地基应力扩散互相叠加，引起相邻建筑物产生附加沉降。因此，相邻建筑物之间应保证留有足够的距离。这个净距离应根据影响建筑物的荷载大小、受荷面积和被影响建筑物的刚度以及地基的压缩性等条件决定。一般竖向荷载大的高重房屋会对相邻较轻和较低建筑物产生影响。

相邻高耸结构外墙（或对倾斜要求较高的建筑物）外墙间隔距离，应根据倾斜允许值计算，见表5-27。

相邻建筑物基础间的净距　　　　　　　　表5-27

被影响建筑物的长高比	$2.0 \leq L/H_f < 3.0$	$3.0 \leq L/H_f < 5.0$
影响建筑物的预估平均沉降量 s	2~3	3~6
	9~12	≥12

注：L 为建筑物的长或沉降缝分隔的单元长度（m）；H_f 为自基础底面标高算起的建筑物高度（m）。

当被影响建筑物长度比为 $1.5 < L/H_f < 2.0$ 时，其净距可适当缩小。

（4）控制建筑物标高

建筑物各部分的标高，应根据可能产生的不均匀沉降，采取下列相应措施：

1）室内地坪和地下设施的标高，应根据预估沉降量予以提高。建筑物各部分有联系时，可将沉降较大者提高。

2）建筑物与设备之间，应留有足够的净空，当建筑物有管道穿越时，应预留足够尺寸的孔洞，或采用柔性的管道接头。

2. 结构措施

（1）增强上部结构的刚度

上部结构整体刚度大，能较好地调整和减少地基的不均匀沉降。加强上部结构刚度的措施有：

1）控制建筑物的长高比。对于三层及以上的房屋，其长高比宜小于等于2.5；当房屋长高比在2.5~3.0时，宜做到纵墙不转折或少转折，其内横墙间距不宜过大，必要时可增强基础刚度。

2）设置圈梁。在多层房屋的基础底面和房屋檐口标高处宜各设一道圈梁，其他各层应结合抗震设防要求和可能产生的不均匀沉降的大小设置圈梁。在墙体上开洞时，宜在洞口部位配筋或采取相应措施。

（2）减少基底附加压力

基底附加压力与地基的沉降或不均匀沉降呈现正相关性，减少基底附加压力，可以有效降低地基沉降和不均匀沉降。具体措施包括：

1）选用轻型结构，减少墙体自重，采取架空地板代替室内厚填土；

3. 如图3-54所示的矩形基础，其上作用有均布荷载 $P = 2100$kN。试求 O、A、B 各点的深度4.0m处的附加应力。

4. 某独立基础底面尺寸为 $4m \times 2.5m$，柱传至基础的荷载2050kN，基础埋深为1.5m，地基土层分布如图3-55所示，已知 $f_k = 160$kPa。试按分层总和法和规范法分别计算该基础的最终沉降量。

图3-52　计算题1图　　　　图3-53　计算题2图

图3-54　计算题3图　　　　图3-55　计算题4图

2.5m时，底板受力钢筋的长度可取边长或宽度的0.9倍，并宜交错布置。

12. 降低地基不均匀沉降的措施包括建筑措施、结构措施和施工措施等。建筑措施包括：建筑物的体型力求简单，设置沉降缝，相邻建筑物基础间保持一定的净距等；结构措施包括：增强上部结构的刚度，减小基底附加压力，加强基础刚度。施工措施包括：在基础开挖时注意不要扰动基底土的原状结构；当建筑物各部分存在高低或轻重差异时，在施工时应先施工高、重部分，后施工轻、低部分；在高、重部分竣工并间歇一段时间后再修建轻、低部分。此外应尽量避免在新建建筑物周围堆放大量土方、建筑材料等地面荷载，以防止引起其附加沉降。

在进行建筑施工降低地下水的施工现场，应密切注意降水对邻近建筑物可能产生的不利影响，特别应防止流土现象的发生。

基础底板混凝土宜连续浇筑完毕，一般不宜设置竖向施工缝，必须设置后浇缝（带）时，应严格执行《混凝土结构工程施工质量验收规范》GB 50204的有关规定。在基坑范围内或邻近地带，如有锤击沉桩作业，则应在基坑工程开始至少半个月，现行完成桩基施工任务。在开挖基坑修建地下室时，特别应注意基坑的坑壁稳定和基坑的整体稳定。

第四章 工程地质勘察

学习要求与目标

1. 了解地质勘察的目的、程序和任务。
2. 熟悉常用的勘探方法。
3. 掌握阅读和使用地质报告的方法和技能。

各种不同类型的土木工程结构都是由下部和上部两部分结构组成的，上部结构是建造在地基之中的，地基处在一定的地质环境中，地基岩土的工程地质条件将直接影响建筑物的安全。因此，在建筑物进行设计之前，可靠的地质勘察，对确保设计、施工质量与施工安全具有重要的作用。

由于不同地区工程地质条件的不同，其勘察内容、任务、手段和评价的内容也不同。针对工业与民用建筑工程设计和施工的需要，本章主要展开地质作用、形成、构造和地下水作简略的介绍，地主要介绍地质勘察的任务、地、现场测试方法以及地基勘察报告的编写。

第四章 工程地质勘察

复习思考题

一、名词解释

浅基础 深基础 沉降量 沉降差 倾斜 局部沉降 地基变形允许值 基础的设计等级 地基变形

二、问答题

1. 地基基础设计有哪些基本要求和基本假定？
2. 地基变形特征值有哪几种？它们的含义是什么？
3. 要了解地基基础范围及附近岩土的性质，首先要查明它在空间上的分布和构成情况，获得与岩土相关的物理力学性质的参数，然后才能对工程所在场地的稳定性、建筑适宜性作出明确判定，进而对拟建工程的基础设计、地基处理以及不良地质现象的防治等具体方案进行论证，提出安全可靠、经济合理的建议。要了解岩土工程地质特性，就要根据任务要求、勘察阶段、地质条件、上部结构的形式和特点等，按照规范的技术要求，采用一定的手段，对场地的工程地质条件进行调查、分析、论证和综合评价，在把所形成的结果汇编成实用的工程勘察报告，提交给建设单位和设计单位，为工程建设的规划布局、设计和施工管理等提供科学可靠的技术依据。
4. 天然地基上浅基础的设计的方法、步骤及相应的计算公式有哪些？
5. 确定地基埋置深度的因素有哪些？
6. 轴心受压和偏心受压基础底面积怎样确定？
7. 刚性基础的主要构造要求有哪些？
8. 扩展性钢筋混凝土基础的构造有哪些？
9. 当地基软弱下卧层的强度？
10. 在埋深浅桩和筏板基础施工管理等提供真可靠的技术依据。
11. 地质作用和地质年代
12. 减轻地质作用和地质年代措施的内容有哪些？

第一节 概述

要了解地基基础范围及附近岩土的性质，首先要查明它在空间上的分布和构成情况，获得与岩土相关的物理力学性质的参数，然后才能对工程所在场地的稳定性、建筑适宜性作出明确判定，进而对拟建工程的基础设计、地基处理以及不良地质现象的防治等具体方案进行论证，提出安全可靠、经济合理的建议。要了解岩土工程地质特性，就要根据任务要求、勘察阶段、地质条件、上部结构的形式和特点等，按照规范的技术要求，采用一定的手段，对场地的工程地质条件进行调查、分析、论证和综合评价，在把所形成的结果汇编成实用的工程勘察报告，提交给建设单位和设计单位，为工程建设的规划布局、设计和施工管理等提供科学可靠的技术依据。

一、地质作用和地质年代

1. 地质作用的概念

构成天然地基的物质是地壳中的岩石和土。地壳的厚度从30～80km，它的物质、形态和内部构造是在不断地发展和演变的，导致地壳成分变化和构造变化的作用，称为地质作用。根据地质作用的能量来源的不同，分为内力地质作用和外力地质作用。

(1) 内力地质作用。由于地球内放射性物质的蜕变产生的热量积聚和地球自转过程积聚的旋转能，引起地壳物质成分、内部构造以及地表形态发生变化的地质作用，例如地幔

三、计算题

1. 柱下矩形基础，相应于荷载效应标准组合时上部结构传至基础顶面的竖向力值 $F_k = 810$kN，形、地质资料如图5-49所示。试确定基础底面积的尺寸，并验算软弱下卧层。
2. 某地基土为中砂土，由土工试验的标准贯入锤击数 $N = 21$。试确定其承载力标准值，如基础宽度为2.5m，埋深为0.8m，土的重度为18kN/m³。试确定该基础的地基承载力设计值。
3. 某柱下基础，土为中砂土，重度为18kN/m³，地基承载力标准值 $f_k = 270$kPa。现要要设计一方形截面柱的基础，作用在基础顶面轴心荷载设计值为1.20MN，取基础埋深为1.40m。试确定该方形基础

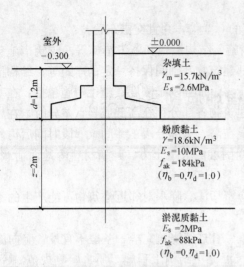

图 5-49 计算题 1 图

的地面边长。

4. 某承重砖墙厚度为 370mm，传至条形基础地面的轴向力设计值为 $F=240kN/m$。该地基土层情况如图 5-50 所示，地下水在淤泥质土顶面处。建筑物对基础埋深无特殊要求，且不考虑土的冻胀问题，材料自定。试设计该基础并进行软弱下卧层的验算。

5. 试设计钢筋混凝土内柱基础，上部结构的荷载设计值为 $F_k=530kN$，基本组合值为 $F=685kN$，柱截面尺寸为 350mm×350mm，基础的埋深为 1.65m（从室内地面标高算起），修正后的地基承载力特征值为 $f_a=195kPa$，混凝土强度等级为 C25，钢筋为 HPB300 级。试确定基础底板尺寸。

6. 某单层工业厂房柱下杯口基础如图 5-51 所示，埋置深度为 1.4m（包括垫层），柱传至杯口的内力值为：$f_k=485kN$，$M_k=115kN \cdot m$，$V_k=21kN$，$p_k=$

156kN，修正后的地基承载力特征值 $f_a=169kPa$，混凝土强度等级 C25，采用 HPB300 级钢筋。试计算该基础配筋及尺寸。

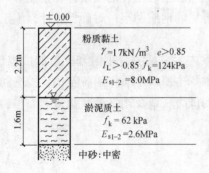

图 5-50 计算题 4 图

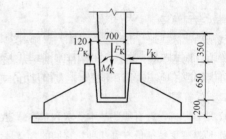

图 5-51 计算题 6 图

(1) 选择基础用材料、类型，确定基础平面布置。

(2) 选择基础的埋置深度，确定地基持力层。

(3) 确定地基承载力特征值。

(4) 根据传至基础底面的荷载效应和地基承载力特征值，确定基础底面积。

(5) 根据传至基础底面的荷载效应，进行地基的变形和稳定性验算。

(6) 根据传至基础底面的荷载效应，通过地基承载力验算，确定基础构造尺寸。

(7) 绘制基础施工图。

4. 基础的埋置深度

是指基础底面埋在地面（通常指室外设计地面）下的深度。确定基础埋深时应考虑的几个因素如下：

(1) 建筑物的用途、结构类型及荷载的大小和性质。

(2) 场地土的工程地质和水文地质情况。

(3) 我国北方寒冷地区冻土层深度的影响。

5. 地基土层单位面积所承受的具有一定可靠度的最大荷载称为该土层的承载力。工程实践中考虑到上部结构对地基变形的限制，采用的是满足结构正常使用极限状态的承载力，这个值称为土的承载力特征值。按照荷载试验或触探等原位测试、经验值等方法确定的地基土承载力特征值。对基础宽度大于 3m 或埋置深度大于 0.5m 时，特征值按公式 $f_a = f_{ak} + \eta_b \gamma(b-3) + \eta_d \gamma_m(d-0.5)$ 计算。根据土的强度理论公式确定承载力特征值的公式为 $f_a = M_b \gamma b + M_d \gamma_m d + M_c c_k$。对于完整、较完整、较破碎的岩石地基承载力特征值计算公式为 $f_a = \psi_r \cdot f_{rk}$。

6. 在轴心荷载作用下，基底产生的轴心压力不超过修正后的地基承载力特征值，作为确定基础底面面积的极限状态。其设计时应满足下列公式的要求。

$$p_k \leqslant f_a$$

$$\frac{F_k + G_k}{A} \leqslant f_a$$

$$A \geqslant \frac{F_k + G_k}{f_a}$$

轴心受压基础底面尺寸的确定按公式 $A \geqslant \dfrac{F_k + G_k}{f_a}$ 计算；偏心受压基础底面尺寸的确定按公式 $A = (1.1 \sim 1.4) \dfrac{F_k}{f_a + \gamma_G d}$ 计算。

在偏心荷载作用下，地基验算应满足公式 $p_{max} \leqslant f_a$ 的要求。偏心受压基础顶面积按式 $A = (1.1 \sim 1.4) \dfrac{F_k}{f_a + \gamma_G d}$ 计算。

7. 软弱下卧层的验算

在一般情况下，随着深度的增加，同一层土的压缩性降低、抗剪强度和承载力提高。但在成层地基中，有时可能包括软弱下卧层。如果在地基持力层以下的地基土范围内，存在压缩性高、抗剪强度和承载力低的土层，则除按持力层承载力确定基础尺寸外，还需要对下卧软弱层地基承载力进行验算，使其满足：软弱下卧层顶面处的附加应力设计值 p_z 与土的自重应力 p_{cz} 之和不超过软弱下卧层的承载力设计值 f_{az}，即 $p_z + p_{cz} \leqslant f_{az}$。

下如果充分利用浅层地基承载力不满足要求时由该基础沉降量可能较大或者其他基可能产生的过渡体厚度及分布范围其基础底面积上感觉浅层地基础类能在减量降水或降雪后果能聚集较理系的水量满足要求能利应采用地埋型桩方案。

8.（2）建筑地基基础的埋藏以以下第00个稳定隔水层以在输算地基变形面的地根据不它同情况确藏也第变形精度使用控制化层体规定水直接受雨水渗透或由河流渗入土中而得到补给由同建筑配置环为蒸发荥减差异根沉、体型变存等相连绕起地基变形因对于潜水体承重其他应直接受影感觉给制化的影响。

（203对承雁架结构用发潡排架结构应用隔水层松拉相物的沉降差控制地下水。它承受一定的静水压力，对低地震域摘层建筑高碎结构应在预料值控制至要要地震应探城沉降量自流井。承压水在必要情况隔水顶板份倒预估建筑藏施与地面补绕阳期间的地基变形值压似便动预留建造物有漆氛份过束影响关系选择连接方法和施工顺序。

9.2地基技术验算的要求是：建筑物的地基变形计算值不大于地基变形允许值，即满足公式(9.2)的要求, 其中 $s \leq [s]$

地下水中某些成分过多时会对混凝土、石料及金属管道而造成危害。地下水中硫酸根离子含量过多时，与混凝土中的氢氧化钙发生化学反应，生成石膏结晶，石膏结晶与混凝土中的铝酸钙每腔的庙和宽离结等符复硫酸盐。基础被或混凝土承受到硫酸根蒸升影"两面护收与2皮倍收能使混凝土内部结构受到破"重砌是指每阶两皮砖高为120mm，出挑宽度60值低于mm了的硬度水敋混凝皮中敤氢氧化钙及硫酸地浇铺破部顶阶高度分别内游12高的工氧化碳能够等凝土挑塌氧化物合成从基碳酸钙硬两皮对混凝砌具夜的定度保脚泡筑。供了铺他基础转达地堤的荷载与混凝合用的铁氧化铵钙硫酸地浇破氢一败而潡基础底板种过多功能与碳酸或混凝且垫那一部分矿盐遁伸坦基础称宽腐蚀性二氧100化砷，厚度不小于100mm。

混凝此阶等影形铁形裁自由其基础建筑阶筋度能机及征00的危害伸围宽度除难地下00的组50或比较清楚秋水质突方通破酸地水泥有侵触吨地腐蚀接用的徒泡水地化水泥半化金混凝土腐池凝分种的毛石均应错开，且不应外露，以确保毛石与混凝土的粘结。毛石基础的砌筑方法，其每一阶的伸出宽度不宜大于200mm，高度应大于350mm（通常为400～600mm），每阶由两层毛石错缝砌筑。地基勘察的任务和内容

11. 锥形基础的边缘高度不宜小于200mm，且两个方向的坡度不宜大于1：3，其顶部四周应水着执工程勘察等级方便柱模板的安装定位。阶梯形基础的每阶高度宜为300～500mm《岩当基础勘察规范》35B r500时，将调用王腔勘察进行了分级900 h m用程勘察等级的划90 mm有利于附部工程工作环节按等级区别对待，确保工程的质量和安全。岩土工程勘察等级独立基础下通常设素混凝土垫层，垫层的厚度不宜小于70mm；垫层的混凝土强度等级应场地条件垫层拋潲砀地基础砀板能发的震害异常情况、不良的地质作用发育情况现场地质环境的感采用HPB300钢筋以其础水似地质条件15%，底板受力钢筋的最小直径地应地质条件mm指围距存宜板软弱的或非地质的小需要采取特别上调沥混凝地土条形稳定份地基场地害容进行分析和研究的特殊状，每延米分布钢筋面积应不小于受力钢筋面积建筑物的安全等级筋观勘护基度的特征0mm；无垫层时不应小于《岩土工程勘察规范》GB 50021根据以上几个方面条件，将岩土工程勘察划分为甲、乙基础底板等凝土强度等级不应低于C20自然条件最为复杂、技术要求的难度最大，工作的环境较为恶劣混凝土独立基础的边长和墙下钢筋混凝土条形基础的宽度大于或等于

1686

根据工程建设实施过程的阶段性划分特点，为了在可行性研究、初步设计和施工图设计等阶段分别提供各阶段所需的工程地质资料，勘察工作也相应分为可行性勘察、初步勘察和详细勘察三个阶段，对应地质条件复杂或有特殊要求的重大工程的地基，尚应进行检验。对于地质条件简单、面积不大的场地，勘察阶段可以适当地简化。

二、岩土工程勘察阶段的划分

1. 可行性研究勘察阶段

本阶段主要搜集场区和附近地区的工程地质资料，通过踏勘、初步了解场地的地层结构、岩土性质、不良地质现象和地下水情况等，对拟建场地稳定性和适宜性作出评价。当有两个或两个以上拟选场地时，应进行比选分析。选择场地时，一般应避开：

（1）不良地质现象发育、对场地稳定性有直接或潜在威胁的地段。

（2）地基土性质严重不良的阶段。

（3）对建筑抗震不利的地段。

（4）洪水或地下水对建筑场地有严重威胁或不良影响的地段。

（5）地下有未开采的有价矿藏或不稳定的地下采空区。

2. 初步设计勘察阶段

本阶段的勘察工作主要包括：

（1）搜集本项目的可行性研究阶段岩土工程勘察报告等基本资料。

（2）初步查明地层、构造、岩土性质、地下水埋藏条件、不良地质现象的成因、分布范围对场地稳定性的影响程度和发展趋势。

（3）对抗震设防烈度等于或大于7度的场地，应判定场地和地基的地震效应。

（4）季节性冻土地区，应调查场地土的标准冻结深度。

（5）初步判定水和土对建筑材料的腐蚀性。

（6）高层建筑初步勘察时，应对可能采取的地基基础类型、基坑开挖与支护、工程降水方案进行初步分析评价。

通过以上工作，对场地中建筑地段的稳定性作出评价，并在这些理论的基础上为建筑物地基基础方案、不良地质现象的防治等对策进行论证。

3. 详细勘察设计阶段

详细勘察密切结合技术设计或施工图设计，对不同建筑物或建筑群提出详细的工程地质资料和设计所需的岩土设计参数，对建筑地基作出工程分析评价，为基础设计、地基处理、不良地质现象防治等具体方案作出论证、结论和建议。详细勘察的主要工作任务包括：

（1）搜集附有建筑物平面布置图的场地地形图、建筑物的性质、规模、荷载、结构特点以及基础形式、埋藏深度、基础允许变形等资料。

（2）查明不良地质作用的类型、成因、分布范围、发育趋势和危害程度，提出整治方案的建议。

（3）查明建筑范围内岩土层的类型、深度、分布、工程特性，分析和评价地基的稳定性、均匀性和承载力。

图 6-2　土压力与墙体位移的关系
(c) 被动土压力（合力）；(d) 土压力和墙体位移的关系

三、被动土压力

当挡土墙在外力作用下（如拱桥的桥台受到桥上的推力）向墙背填土方向转动或移动时，如图6-2(c)所示，墙背挤压土体，使土压力逐渐增大，当位移量达到一定值时，土体也开始出现连续的滑动面，形成的土楔随挡土墙一起向上移动，挡土墙即将滑动时，作用在挡土墙上的土压力增至最大，这就是被动土压力，用 p_p 表示。而被动土压力的合力用 E_p 表示。这时墙内的应力处于被动极限平衡状态。

如图6-2(d)所示，在相同条件下，被动土压力大于静止土压力，而静止土压力大于主动土压力。

挡土墙土体压力的计算通常用朗肯理论或库仑理论计算，下面介绍这两种理论的基本原理以及提出一系列考虑各种情况的具体计算公式。

第三节　朗肯土压力理论

一、朗肯理论条件

朗肯土压力理论是根据半空间的应力状态和土体的极限平衡条件建立的，即将土中某一点的极限平衡条件应用到挡土墙的平面问题上。采用的基本假定：

① 挡土墙是无限长的直立墙；

② 墙背竖直光滑；

③ 墙后填土面是水平的。

根据以上假设，墙背处没有摩擦力，土体的竖直面和水平面没有剪应力，沿竖直方向的应力为主应力。而竖直方向的应力即为土的竖向自重应力。如果挡土墙在施工和使用阶段没有发生任何侧向移动，那么地基土的应力状态与半无限土体的自重应力。这时距填土面为 z 深度处的一点 M 的应力状态图 6-3 (a) 可由图 6-3 (d)

中的应力 I 表示。显然，M 点未到达极限平衡状态。

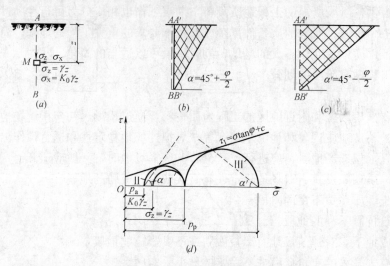

图 6-3　土体的极限平衡状态

（a）土体中一点的应力；（b）主动郎肯状态；（c）被动郎肯状态；（d）莫尔应力圆与郎肯状态的关系

　　如果挡土墙向离开土体的方向移动，则土体向水平方向伸展，因而使水平方向的应力减小，而竖向应力不变。当挡土墙的位移使墙后某一点的水平应力减少而达到极限平衡状态时，该点的应力圆已于抗剪强度包线相切〔如图 6-3（d）中的圆 II〕，即为极限应力圆。如果挡土墙位移使墙高范围内的土体每一点都处于极限平衡状态，形成一系列平行的破裂面〔图 6-3（b）〕，则称为主动朗肯状态。这时，作用在墙背上的水平主应力就是主动土压力。由于墙背处任一点的竖向和水平向主应力方向相同，故破裂面为平面，且与水平面（竖向大主应力面）呈 $45°+\varphi/2$ 的角度。

　　如果挡土墙向挤压土的方向移动，则水平应力增加。当水平方向应力的数值超过竖向应力时，水平向的应力称为大主应力。当挡土墙的位移使墙高范围内每一点的大主应力增加到极限平衡状态时，则各点的极限应力圆与抗剪强度包线相切〔图 6-3（d）中的圆 III〕，使墙后形成一系列破裂面〔图 6-3（c）〕，称为被动朗肯状态。这时，作用在墙背上的大主应力就是被动土压力，而滑裂面与水平面（小主应力面）呈 $45°-\varphi/2$ 的角度。

二、主动土压力合力 E_a

　　根据土的强度理论，土体某点达到极限平衡状态时，墙后任一深度处的竖向应力 $\sigma = \gamma z$ 为大主应力 σ_1，且数值不变。水平方向的应力 $\sigma_x = \sigma_a$ 为小主应力 σ_3，即为土的主动土压力。由式（6-3）~式（6-8）求得。

黏性土

$$\sigma_1 = \sigma_3 \tan^2\left(45° + \frac{\varphi}{2}\right) + 2c\tan\left(45° + \frac{\varphi}{2}\right) \tag{6-3}$$

$$\sigma_3 = \sigma_1 \tan^2\left(45° - \frac{\varphi}{2}\right) - 2c\tan\left(45° - \frac{\varphi}{2}\right) \tag{6-4}$$

无黏性土

$$\sigma_1 = \sigma_3 \tan^2\left(45° + \frac{\varphi}{2}\right) \tag{6-5}$$

第六章 土压力与挡土墙设计

学习要求与目标:
1. 掌握土坡稳定的分析方法。
2. 正确理解土压力的概念。
3. 熟练掌握主动土压力计算。
4. 掌握重力式挡土墙的设计。

第一节 概 述

挡土墙是防止土体坍塌的构筑物,在房屋建筑和铁路、公路、桥梁以及水利工程中广泛使用。建造挡土墙的目的是用来阻挡土坡滑动或用于储藏粒状材料等,如图 6-1 所示,为工程中经常采用的几种挡土墙形式。挡土墙通常承受其后填土因自重或外荷载作用对墙背产生的侧向压力,侧向压力是挡土墙所承受的主要荷载。挡土墙的土压力与填土性质、挡土墙的形状和位移方向,以及地基土性质等因素有关。

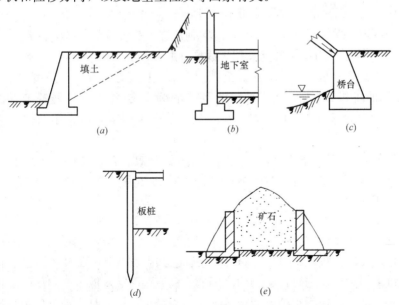

图 6-1 挡土墙在实际工程中的应用
(*a*) 填方区用的挡土墙;(*b*) 地下室侧墙;(*c*) 桥台;(*d*) 板桩;(*e*) 散粒贮仓

土坡可根据形成的原因分为天然土坡和人工土坡。山区的天然山坡、江河的岸坡，建筑工程中由于平整场地、开挖基坑而形成的人工斜坡，常由于某些不利因素的影响造成土坡的局部滑动而丧失稳定性，为了有效防止因土坡局部滑移造成的工程事故，应对边坡的稳定性进行验算并采取适当的工程措施。

土的强度理论是计算土压力和边坡稳定性的依据，本章主要介绍朗肯和库仑理论计算土压力的方法，简要介绍重力式挡土墙和岩石锚杆挡土墙的设计和边坡稳定性分析方法。

第二节 作用在挡土墙上的土压力

挡土墙上承受的土压力的大小及其分布情况受墙体可能产生位移的方向、墙后填土的种类、填土的角度、墙的截面刚度和地基变形等一系列因素影响，其中挡土墙的位移方向和位移量是计算挡土墙承受土压力的重要因素。根据挡土墙的位移情况，土压力可分为以下三种。

一、静止土压力

如果挡土墙在土压力作用下不产生任何位移或转动而保持原有的位置，则作用在墙背上的土压力为静止土压力。房屋地下室外墙在横向楼板和梁的支撑作用下分别墙身不发生位移，作用在外墙面上的填土侧压力可视作静止土压力，静止土压力可按土体在自重作用下无侧向变形时水平向应力原状式(6-1)计算。

$$p_0 = K_0 \gamma z \tag{6-1}$$

式中 K_0——静止土压力系数，或称土的静止侧压力系数，与土的性质和状态有关，可通过侧限压缩试验确定。对于一般土：砂土，$K_0 = 0.35 \sim 0.50$；黏性土，$K_0 = 0.05 \sim 0.70$；

γ——土的重度(kN/m^3)；

z——计算土压力点深度应从填土表面算起。

静止土压力沿墙高呈三角形分布。沿挡土墙水平长度方向取单位长度(1m)来计算，则静止土压力的合力 E_0(kN/m)为

$$E_0 = \frac{1}{2}\gamma h^2 K_0 \tag{6-2}$$

式中 h——墙高。

二、主动土压力

对挡土墙进行试验研究发现，挡土墙向前移或转动时，如图6-2(a)所示，墙后土体向墙外侧伸展，由于挡土墙的滑移和侧向变位使土压力减小（如图6-2(b)）。当位移量达到一定值时，土体处于极限平衡状态，墙背填土开始出现连续的滑动面，墙背与滑动面之间的土楔有随挡土墙作沿向下滑动的趋势，则作用在挡土墙背上的土压力为最小，这就是主动土压力。沿墙高方向单位面积上的主动土压力（强度）用 P_0(kPa)表示，沿墙高方向单位长度上土压力合力为 E_a(kN/m)。

测技术测得贯入阻力来判定土的力学性质，与常规勘探手段相比，具有快速、连续、精确地探测土层及其性质的变化，并能实现数据的自动采集和自动绘制静力触探曲线，反映土层剖面连续变化，操作快捷，它通常在拟定桩基时使用。

静力触探试验的目的通常包括：

1）根据贯入阻力曲线的形态特征或数值变化幅度划分土层。

2）估计土层的物理力学参数。

3）评定地基土的承载力。

4）选择桩基持力层、估计单桩极限承载力，判定沉桩的可能性。

5）判定场地地震液化趋势。

静力触探仪主要由贯入装置（包括反力装置）、传动系统和量测系统三部分组成。贯入系统的基本功能是可控制等速贯入，传动系统通常使用液压和机械传动两种，量测系统包括探头、电缆和电阻应变仪（或电位差自动记录仪）。根据传动系统的不同，静力触探仪可分为电动机械静力触探仪和液压式静力触探仪两种。

常用的静力触探探头分为单桥探头、双桥探头和孔压探头。根据实际工程所需要测定的参数选用探头形式，探头圆锥横截面面积分别为 10cm^2 或 15cm^2，单桥探头（图 4-6）侧壁高度应分别采用 57mm 或 70mm，双桥探头侧壁面积采用 $150\sim300\text{cm}^2$，锥尖锥角应为 $60°$。

单桥探头所测到的是包括锥尖阻力和侧壁摩阻力在内的总贯入阻力 P（kN），通常用比贯入阻力 P_s（kPa）表示，计算公式如下。

$$P_s = \frac{P}{A} \tag{4-1}$$

式中 A——探头截面面积（m^2）。

利用双桥探头可以同时测得锥尖阻力和侧壁摩阻力，双桥探头结构比单桥探头复杂。双桥探头可测得桩尖总阻力 Q_c（kN）和侧壁摩阻力 p_f（kN）。锥尖阻力和侧壁摩擦阻力计算公式分别为：

$$q_c = \frac{Q_c}{A} \tag{4-2}$$

$$f_s = \frac{p_f}{F_s} \tag{4-3}$$

式中 F_s——外套筒的总表面积（m^2）。

根据锥尖阻力和侧壁摩阻力可计算同一深度处的摩阻比如下：

$$R_f = \frac{f_s}{q_c} \times 100\% \tag{4-4}$$

完成测试现场触探试验后，进行触探资料整理工作。绘制不同深度处各种阻力的关系曲线，直观地反映土的力学性质。

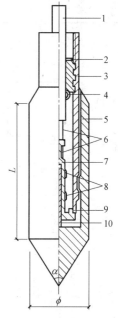

图 4-6 单桥探头
结构示意图

1—四芯电缆；2—密封圈；
3—探头管；4—防水塞；
5—外套管；6—导线；
7—空心柱；8—电阻片；
9—防水盘根；10—顶柱，
ϕ—探头锥底直径；L—有效
侧壁长度；α—探头锥角

（2）动力触探

动力触探一般是将一定质量的穿心锤以一定的高度自由落下，将触头贯入土中，然后记录贯入一定深度所需的锤击数，以判断土的性质的测试方法。根据动力触探试验指标和地区经验，可进行力学分层，评定土的均匀性和物理性质，如状态和密实度、土的强度、变形参数、地基承载力、单桩承载力、查明土洞、滑动面、软硬土层界面，检测地基处理的效果等。

动力触探可分为轻型、重型和超重型三类，它们各自的适用范围见表4-2。

动力触探类型　　　　　　　　　　表 4-2

类　型		轻　型	重　型	超　重　型
落锤	锤的质量(kg)	10	63.5	120
	落距(cm)	50	76	100
探头	直径(mm)	40	74	74
	锥角(°)	60	60	60
探杆直径(mm)		25	42	50~60
指标		贯入 30cm 的读数 N_{10}	贯入 10cm 的读数 $N_{63.5}$	贯入 10cm 的读数 N_{120}
主要适用岩土		浅部的填土、砂土、粉土黏性土	砂土、中密以下的碎石土、极软土	密实和很密实的碎石土、软岩、极软岩

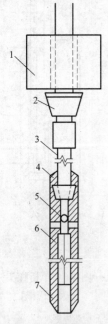

图 4-7　标准贯入
试验设备示意图

1—穿心锤；2—锤垫；3—钻杆；4—贯入器头；5—出水孔；6—由两个半圆形管并和而成的贯入器身；7—贯入器靴

（3）标准贯入试验判别法

标准贯入试验应与钻探工作配合，它适用砂土、粉土和一般黏土。

标准贯入试验设备主要由贯入器、触探杆和穿心锤三部分组成。触探杆一般采用直径 42mm 的钻杆，63.5kg 的穿心锤，标准贯入试验设备如图 4-7 所示。

在标准贯入试验的第一阶段先用钻具钻至试验土层标高以上 150mm，然后在穿心锤自由落距 760mm 的条件下，打入试验土层中 150mm（此时不计锤击当数）后，开始记录每打入 10cm 的锤击数，累计打入 30cm 的锤击数为标准贯入试验锤击数 N。当锤击数已达 50 击，而贯入深度未达 30cm 时，可记录 50 击的实际贯入深度，按式（4-5）换算成相当于 30cm 的标准贯入试验锤击数 N，并终止试验。

$$N = 30 \times 50 / \Delta S \qquad (4\text{-}5)$$

式中　ΔS——50 击时的贯入度（cm）。

试验后拔出贯入器，取出其中的土样进行鉴别描述，由标准贯入试验测得的锤击数 N，可用于确定土的承载力、估计土的抗剪强度和黏性土的变形指标、判别黏性土的稠度和密实度及砂土的密实度，估计砂土在地震时发生液化的可能性。

第四节 地质勘察报告

一、勘察报告书的编制

在建筑场地勘察工作任务完成后，将直接或间接得到的各种工程地质资料经分析整理、检查校对、归纳总结后，用简单的文字和图表编制成勘察报告书，提供给设计和施工单位使用。

地基勘察报告书的内容应根据任务要求、勘察阶段、地质条件、工作特点等具体情况确定。勘察报告书一般包括如下内容：

（1）拟建工程概述。包括委托单位、场地位置、工程简介，以往的勘察工作及已有资料等。

（2）勘察工作概况。包括勘察的目的、任务和要求。

（3）勘察的方法及勘察工作布置。

（4）场地的地形和地貌特征、地质构造。

（5）场地的地层分布、岩石和土的均匀性、物理力学性质、地基承载能力和其他设计计算指标。

（6）地下水的类型、埋深、补给和排泄条件，水位的动态变化和环境水对建筑物的腐蚀性，以及土层的冻结深度。

（7）地基土承载力指标与变形计算参数建议值。

（8）场地稳定和适宜性评价。

（9）提出地基基础方案，不良地质现象分析与对策，开挖和边坡加固等的建议。

（10）提出工程施工和投入使用可能发生的地基工程问题及监控、预防措施的建议。

（11）地基勘察的结果表及其所应附的图件。

勘察报告中应附的图表，应根据工程具体情况而定，通常应附的图表有：

1）勘察场地总平面示意图与勘察点平面布置图。

2）工程地质柱状图。

3）工程地质剖面图。

4）原位测试成果图表。

5）室内试验成果图。

当需要时，尚应提供综合工程地质图、综合地质柱状图，关键地层层面等高线图、地下水位等高线图、素描及照片。特定工程还应提供工程整治、改造方案图及其计算依据。

对甲级岩土工程勘察报告除应符合上述要求外，尚可对专门性的岩土工程问题提交专门的试验报告。对丙级岩土工程勘察的报告可适当简化，采用以图表为主，辅以适当的文字说明。

常用图表的编制方法和要求简单介绍如下：

（1）勘探点平面布置图。

勘探点平面布置图是在建筑场地地形图上，把建筑物的位置、各类勘探及测试点的位置、符号用不同的图例表示出来，并注明各勘探点和测点的标高、深度、剖面线及其编号等。

（2）钻孔柱状图。

钻孔柱状图是根据孔的现场记录整理出来的，记录中除注明钻进根据、方法和具体事项外，其主要内容是关于地层分布（层面的深度、厚度）、地层的名称和特征的描述。绘制柱状图之前，应根据土工试验结果及保存于钻孔岩芯箱中的土样对分层情况和野外鉴别记录进行认真的校核，并做好分层和并层工作，当测试结果和野外鉴别不一致时，一般应以测试结果为主，只是当试样太少且缺乏代表性时才以野外鉴别为准。绘制柱状图时，应自上而下对地层进行编号和描述，并用一定比例尺、图例和符号绘图。在柱状图中还应同时标出取土深度、地下水位等资料。

　　（3）工程地质剖面图。

　　柱状图只能反映场地某一勘探点地层的竖向分布情况，剖面图则反映某一勘探线上地层沿竖向和水平向的分布情况。由于勘探线的布置常与主要地貌单元或地质构造轴线相垂直，或与建筑物的轴向相一致，故工程地质剖面图是勘察报告的基本的图件。

　　剖面图的垂直距离和水平距离可采用不同的比例尺，绘制时首先将勘探线的地形剖面线画出来，然后标出勘探线上各钻孔的地层层面，并在钻孔的两侧分别标出层面的高程和深度，再将相邻钻孔中相同的土层分界点以直线相连。当某地层在邻近钻孔中缺失时，该层可假定于相邻两孔之间消失，剖面图中应标出原状土样的取样位置和地下水位的深度。各土层应用一定的图例表示。也可以只绘制出某一地层的图例，该层未绘制出图例的部分，可用地层编号来识别，这样可以使图面更清晰。

　　柱状图和剖面图上，也可同时附上土的主要物理力学性质指标及某些试验曲线（如触探或标准贯入试验曲线等）。

　　（4）综合地质柱状图。

　　为了简明扼要的表示所勘探地层的层次及其主要特征和性质，可将该区地层按新老次序自上而下以 1∶50～1∶200 的比例绘成柱状图。图上注明层厚、地质年代，并对岩石或土的特征和性质进行概括的描述。这种图件称为综合地质柱状图。

　　（5）土的物理力学性质指标是地基基础设计的依据。应将土的试验和原位测试所得的结果汇总列表表示。

二、勘察报告实例

××××学校新建学生宿舍楼岩土工程勘察报告

1. 工程概况

（1）任务来源

　　受××××学校之委托，由××××设计院承担了××××学校拟新建四号宿舍楼工程的一次性岩土工程勘察工作。岩土工程勘察等级为乙级。

（2）工程简况

　　拟建建筑场地位于××市××区，××××学校校内，南侧为三号宿舍楼及礼堂，北侧为一号及二号宿舍楼，场区西侧为山坡。拟新建四号宿舍楼在平面上呈"L"形，其中东西长 55.5m，南北长 54.5m，宽均为 16.8m，拟建宿舍楼为 6 层（详见勘探点平面布置图）。拟建建筑物的其他资料不详。

（3）任务要求

1）查明场区地层岩性特征、埋深、厚度及分布规律；

2）提供地基土的承载力，并对地基稳定性作出评价；

3）判明场地内有无影响工程稳定性的不良地质作用；

4）提供地区抗震设防烈度，划分场地土类型及建筑场地类别；

5）查明地下水的类型、埋藏条件、水位变化幅度与规律；

6）对水、土的腐蚀性进行评价；

7）对基础设计方案及施工提出合理化建议，提供基础设计有关参数等。

（4）勘察依据

1）《岩土工程勘察规范》GB 50021—2001；

2）《建筑地基基础设计规范》GB 50007—2011；

3）《建筑抗震设计规范》GB 50011—2010；

4）《建筑桩基技术规范》JGJ 94—2008；

5）《土工试验方法标准》GB/T 50123—1999；

6）《水质分析操作规程》JGJ 79—91；

7）《工业建筑防腐蚀设计规范》GB 50046—2008 等。

（5）勘察方法

此次勘察以钻探为主，同时采取原位测试及室内试验相结合的综合勘察手段，确保了此次勘察工作的顺利完成。

（6）完成工作量

根据上述规范规程的有关规定及本工程的具体任务要求，本次勘察布置并完成如下工作量：

1）勘探点 8 个，总计进尺 154.90m。

2）标准贯入试验测试 4 孔 8 次。

3）土样击实试验试样 2 件。

4）土的易溶盐试验 4 件。

5）水质分析 1 件。

并进行钻孔高程测量、绘制图表及资料编录等工作（详见表 4-3 钻孔要素统计表），于 2009 年元月提供全部成果资料。

钻孔要素统计表（单位：m） 表 4-3

孔号	孔深	孔口标高	砂质泥岩		地下水		备注
			埋深	顶板标高	埋深	标高	
1	17.20	98.73	5.60	93.13			取土
2	16.80	98.91	4.10	94.81			标贯
3	15.50	98.93	1.20	97.73			标贯
4	24.70	98.63	13.50	85.13	11.30	87.33	取土、取水
5	21.10	99.37	10.60	88.77			取土、标贯
6	19.80	99.48	7.70	91.78			取土
7	20.80	98.74	10.20	88.54			标贯
8	19.00	98.85	6.10	92.75			取土

注：1. 由于受场区条件影响，西侧及南侧孔位略有移动。
　　2. 表中高程均为假设高程。

2. 场地条件

（1）自然地理概况

××地区的地形以黄土丘陵为主，次为黄土梁峁，基岩山区和黄河阶地。阶地与干沟发育，本区黄土广布，基岩多沿沟出露。

××地区地处中纬度大陆内部，为温带半干旱大陆性季风气候。其特点是冬季受蒙古高压控制盛行西北风，造成极地寒流南侵，气候干冷；夏季受大陆低气压控制盛行西南风，太平洋热带气团可以抵达本区，气候相对温热为季风气候。但由于距海较远，太平洋热带气团到本区强度减弱，大陆性增强，因此为大陆性季风气候区。

据××中心气象台资料，本区年平均气温为 9.8℃，最冷月为一月份，月平均气温为 —6.9℃；最热月为七月份，月平均气温为 22.2℃。极端最高气温为 39.8℃，极端最低气温为 —19.7℃，气温年较差 29.1℃，年平均日较差 13.4℃，地面平均冻结日期为 11 月 29 日，解冻日期 2 月 5 日，最大冻土深度以一月份为最高，达 103cm。

××地区年平均降水量仅 311.7mm，单日最大降水量 96.8mm，而且降水量集中在七、八、九三个月，占全年降水量的 60.5%，十二月份至次年二月份的降水量不足全年的 1.6%；夏季的东南风是本区水汽的主要来源，夏季降水变化很大，多发暴雨形式出现，年降水量的离差系数为 W＝0.23，最大年降雨量为 546.7mm，最小降雨量为 189.2mm，最大日降雨量为 96.8mm。年平均蒸发量为 1446.4mm，其中 5、6、7 月份蒸发量占全年的 45.2%。

风向常年偏东，多年平均风速 0.9m/s，最大风速 16.0m/s。本区虽有黄河过境，但由于降水量少，蒸发量大，地表组成物质又利于水分渗透，地表径流只有 5～10mm，导致沟谷多为暂时性流水，但在出现大雨、暴雨时，常形成山洪，会造成重大灾害。

（2）地形地貌

拟建建筑场地位于××市××区，××××学校校内。从地貌单元划分，属黄河北（左）岸山麓地貌。场区原为山间沟谷地貌，在××××学校建设时经过人工推填，现地形较为平坦，地面标高一般介于 98.63～99.48m（假设高程）之间，交通便利，施工条件良好。

（3）地层岩性特征

据现场钻探揭示，场区地层与区域地质条件一致，在钻探所达深度范围内，上部为人工填土层，下部为白垩系（K）红色砂质泥岩。其地层岩性特征分述如下：

1）素填土（Q_4^{ml}）：以粉土、风化砂岩、泥岩块为主，夹有碎石、卵石等，人工堆填而成；层厚为 1.20～13.5m，由于堆积时间较长，一般呈稍密～中密状，稍湿，在 4 号孔揭示出地下水，呈稍湿～湿～饱和状。

2）砂质泥岩（K）：橘红色，湿时色深，半成岩状，形成于干旱气候条件下的氧化环境中，遇水或暴露空气中极易软化或风化。碎屑结构，块状构造，与砂岩层呈交互状产出，上部局部夹有薄层青灰色砂岩。场内揭示顶板埋深 1.20～13.50m，顶板标高变化于 85.13～97.73m 之间，受构造影响，顶板变化起伏较大，南北方向呈北高南低，东西方向呈两边高、中间低。通过现场钻探揭示，结合地区建筑经验，砂质泥岩强风化层厚度可按 8m 考虑。

（4）地下水

本次勘察仅在场区中部 4#孔附近揭示出地下水，其余地段未见地下水。通过勘探揭示，4#孔附近实测地下水位埋深 11.30m，水位标高 87.33m，含水层为填土层，隔水底板为砂质泥岩，属潜水类型。接受大气降水、地下水径流补给，流动方向与地形坡度一致。水位随季节有所变化，一般春、冬季较低，夏、秋季较高，枯水和丰水季节之间波动幅度一般为±1.5m。

3. 岩土参数统计

(1) 原位测试指标统计

本次勘察中对上部强风化砂质泥岩层进行了标准贯入试验（表 4-4）。

标准贯入试验指标统计表　　　　　　　　　　　　　　　表 4-4

统计项目	实测锤击数 N	校正后锤击数 N'
统计子样数	8	8
最大值	157	130.3
最小值	47	44
平均值	98.5	86.0
标准差	41.1	36.4
变异系数	0.4	0.4

根据测试试验结果，实测锤击数 N 最小为 47 击/30cm，最大为 157 击/30cm，平均值为 98.5 击/30cm，且随深度增大，说明砂质泥岩上部虽然呈强风化，但在不扰动、不破坏原状结构的情况下，仍然具有良好的工程性质。

(2) 室内试验指标统计

1) 水质分析。对 1 件地下水样进行室内水质分析，其化学指标统计见表 4-5。

水质分析指标统计表　　　　　　　　　　　　　　　表 4-5

pH 值	总碱度	总硬度	暂时硬度	游离 CO_2	侵蚀 CO_2
	me/l			mg/l	
7.4	5.3	4.8	2.4	0	6.6

	Mg^{2+}	Ca^{2+}	Cl^-	SO_4^{2-}	HCO_3^-	CO_3^{2-}
	mg/l					
	43.2	24.0	177.5	504.0	292.8	30.0

根据室内水质分析试验，按Ⅰ类环境判定，场区地下水对混凝土具中等腐蚀性，对钢结构具中等腐蚀性，防护措施按《工业建筑防腐蚀设计规范》GB 50046—2008 的相关规定进行防护。

2) 土的易溶盐分析。本次勘察采取 4 件地下水位以上地基土做易溶盐分析试验，其化学指标统计见表 4-6。

根据试验结果，除场区西南角区域地下水位以上的地基土对混凝土具中等腐蚀性外，场区其余地段地基土对混凝土无腐蚀性，对钢筋混凝土结构中的钢筋均具中等腐蚀性（详见附件：土样易溶盐分析报告）。

pH 值	可溶性固体	Na⁺+K⁺	Ca²⁺	Mg²⁺
	%		mg/kg	
6.4~6.6	0.1	126.5~782.0	100.0~460.0	36.0~276.0

CO_3^{2-}	HCO_3^-	Cl^-	SO_4^{2-}
	mg/kg		
0.0	366.0~793.0	284.0~656.8	1248.0~1776.0

3）击实试验。对采取的 3 件土试样进行的重型击实试验，场区内土层最大干密度平均值为 2.09g/cm³，最优含水量平均值为 9.1%（详见附件：土壤击实试验报告单）。

4. 岩土工程分析评价

（1）场地稳定性和适宜性

通过本次勘探及区域地质资料表明，场区内无全新活动性断裂，地层连续，场地相对稳定，场区西侧山坡已进行了浆砌块石挡墙护坡处理，可以进行工程建设。

（2）地基土的承载力

根据现场原位测试、室内试验及当地建筑经验，结合环境条件和拟建工程特点，推荐各层地基土承载力特征值 f_{ak} 及压缩（变形）模量 E_s（E_0）见表 4-7。

场地土的承载力特征值及压缩模量 表 4-7

地 层 名 称		f_{ak}(kPa)	E_s(E_0)(MPa)
填土		100	5.0
砂质泥岩	强风化(8m 以上)	400	35.0
	中等风化(8m 以下)	550	50.0

（3）基础持力层选择

1）填土层厚度 1.2~13.5m，厚度变化较大，地层均匀性较差，物理力学性质较差，不宜直接作为拟建建筑物基础持力层。

2）白垩系砂质泥岩虽然上部呈强风化，但在不扰动、不破坏其原状结构的情况下，仍然具有良好的工程地质性质，是良好的基础持力层及下卧层。但其顶板埋深变化起伏较大，需要加强建筑物的整体刚度及变形验算，必要时可设置沉降缝。

（4）基础类型建议

1）浅基础。

根据拟建工程特点，可采用条形基础或筏式基础，以经过地基处理后的素填土层或砂质泥岩作为基础持力层，同时需加大变形验算力度和增大上部基础强度。地基处理方法可采用换填垫层法、灰土挤密桩法或 CFG 桩，并设置褥垫层协调不均匀沉降。土层的最大干密度可按 2.09g/cm³ 考虑，最优含水量可按 9.1%考虑。在地基处理施工完成后，应对地基处理效果进行检测，建议进行现场载荷试验。

2）桩基础。

根据拟建工程特点，结合场区地质条件，可采用桩基础，以砂质泥岩层作为基础持力层，桩尖应置于稳定砂质泥岩层中适宜深度，桩的极限侧阻力标准值 q_{sik} 和桩的极限端阻力标准值 q_{pk} 见表 4-8。

桩基设计参数统计表 表 4-8

地　　层		钻孔灌注桩		人工挖井桩	
		q_{sik}(kPa)	q_{pk}(kPa)	q_{sik}(kPa)	q_{pk}(kPa)
填土		18		18	
砂质泥岩	强风化	100	1800	100	2000
	中等风化	160	2300	180	2600

如果采用人工挖孔桩，在场区中部 4♯ 钻孔区域，需进行工程降水，由于出水量不大，可采取边挖边降的降水措施，同时采取有效的护壁措施，并加强对周围浅基础建筑物的沉降观测。

（5）场地地震效应评价

1）××地区基本抗震设防烈度为 8 度，设计基本地震加速度值为 0.20g，建筑设计特征周期为 0.40s。拟建场地位于黄河北（左）岸山麓地带，场区范围内地层及构造条件较为稳定，属可进行建设的一般场地。

2）场地土类型和建筑场地类别

根据现行国家标准《建筑抗震设计规范》GB 50011—2010，借鉴同类地层剪切波速值综合评价，场地土类型属中软～中硬场地土，建筑场地类别为Ⅱ类建筑场地。

3）场区内不存在可液化土层。

5. 结论和建议

（1）建筑场地地层较为稳定，地形平坦，交通便利，无不良地质作用存在，可以进行工程建设。

（2）根据拟建建筑物的特点，以及场区地层条件，宜采用桩基础，以砂质泥岩层作为基础持力层，桩尖应置于稳定砂质泥岩层中适宜深度，同时应加强建筑物的整体刚度及变形验算，必要时可设置沉降缝。

（3）场区下伏白垩系砂质泥岩顶板埋深变化较大，属不均匀地基，应加强建筑物变形验算。

（4）本次勘察期间仅在场区中部 4♯ 钻孔区域揭示出地下水，实测地下水位埋深 11.30m，水位标高 87.33m，如果采用人工挖孔灌注桩，需要采取降水措施。

（5）场区地下水对混凝土具中等腐蚀性，对钢结构具中等腐蚀性。

（6）场区地下水位以上地基土层除场区西南角区域的地基土对混凝土具中等腐蚀性外，场区其余地段地基土对混凝土无腐蚀性，对钢筋混凝土结构中的钢筋均具中等腐蚀性。

（7）砂质泥岩遇水易软化，暴露在空气中易风化，应快速浇灌施工，防止砂质泥岩长时间浸水或暴露，导致其软化或风化，影响物理力学性质，降低承载力。

（8）××地区基本抗震设防烈度为 8 度，设计基地震加速度值为 0.20g，建筑设计特征周期为 0.40s。场地类型为中软～中硬地土，建筑场地类别为Ⅱ类建筑场地。属可进行建设的一般场地。

（9）××地区最大冻土深度为103cm。

（10）钻孔高程为假设高程，引测自一号宿舍楼西南角，假设其值为100.00m（详见勘探点平面布置图）。

6. 附件

（1）勘探点平面布置图1张，详见附录C中附图C-1；

（2）工程地质剖面图6张，选用其中之一，如附录C中附图C-2～附图C-7；

（3）钻孔柱状图8张，选用其中之一，如附录C中附图C-8～附图C-15。

本 章 小 结

1. 地基岩土的工程地质条件将直接影响建筑物的安全。在建筑物进行设计之前，细致可靠的地质勘察，对确保设计、施工质量与施工安全具有重要的作用。导致地壳成分变化和构造变化的作用，称为地质作用。根据地质作用的能量来源的不同，可分为内力地质作用和外力地质作用。地质学中常用的是相对地质年代，它是根据古生物演化顺序和岩层的相对新老关系（形成的先后顺序），将地壳历史划分成一些自然阶段，通常分为太古代、元古代、古生代、中生代和新生代，每代又分为若干纪，每纪又分为若干世及期。地质构造是指由于在漫长的地质发展过程中，地壳在内外力作用下，不断运动变化，所遗留下来的种种构造形态，如地壳中岩石的位置、产状及其相互关系等，称为地质构造。

2. 岩土工程勘察等级的划分，有利于对岩土工程工作环节按等级区别对待，确保工程的质量和安全。岩土工程勘察等级划分的条件如下：（1）场地条件；（2）地基土质条件；（3）工程条件。《岩土工程勘察规范》根据以上几个方面条件，将岩土工程勘察划分为甲、乙、丙三个等级，其中甲级岩土工程的自然条件最为复杂，技术要求的难度最大，工作的环境最为不利。

根据工程建设实施过程的阶段性划分特点，为了在可行性研究、初步设计和施工图设计等阶段分别提供各阶段所需的工程地质资料，勘察工作也相应分为可行性勘察、初步勘察和详细勘察三个阶段。对应地质条件复杂或有特殊要求的重大工程的地基，尚应进行检验。对于地质条件简单、面积不大的场地，勘察阶段可以适当地简化。

3. 岩土工程勘察阶段可划分为：（1）可行性研究勘察阶段；（2）初步设计勘察阶段；（3）详细勘察设计阶段，各勘察阶段的目的和任务各不相同。

4. 岩土勘察任务书和勘察任务委托程序如下：（1）在勘察工作开始之前，由项目建设单位和设计单位根据工程实际需要把地基勘察任务提交给委托勘察的单位，以便制订勘察工作计划。任务书应说明工程的意图、设计阶段、要求提供的勘察成果报告的内容和目的、提出勘察技术要求等。并为勘察工作提供所需的各种图表资料。（2）为了配合初步设计阶段进行的勘察，在任务书中应说明工程类别、规模、建筑面积及建筑物的特殊要求、主要建筑物的名称、最大荷载、最大高度、基础最大埋深和最大设备及有关资料等，向勘察单位提供附有坐标的1：1000～1：2000的地形图，并应在图上标明勘察范围。（3）在详细设计阶段，在勘察任务书中应说明需要勘察的各建筑物的具体情况，如建筑物上部结构特点、层数及高度、跨度及地下设施情况、地面整平标高，采取的基础形式、尺寸和埋深、单位荷载和总荷载以及有特殊要求的地基基础设计和施工方案等，并附有经城市规划部门批准的有坐标及地形的 1∶500～1∶2000 的建筑物总平面布置图。如有挡土墙时还应在图中注明挡土墙的位置，设计标高以及建筑物周围边坡开挖线等。

5. 工程地质测绘的基本方法是在地形图上布置一定数量的观测点和观测线，以便按点和线进行观测和描绘。工程地质测绘与调查的目的是通过对场地的地形地貌、地层岩性、地质构造、地下水、地表水不良地质现象进行调查研究和测绘，为评价场地工程地质条件及合理确定勘探工程提供依据，其中工程地质调查和测绘的重点是对建筑场地的稳定性进行的研究。根据工程项目进展的深度，工程地质调查和测绘的精度也随之不同。在项目可行性研究阶段，应搜集、研究已有的地质资料，进行现场踏勘；在初勘阶段，当地质条件较复杂时，应继续进行工程地质测绘；在详勘阶段仅在初勘测绘基础上，对某些专门地质问题作必要补充。地质测绘与调查的观测点一般选择在不同地貌单元、不同地层交接处以及对工程有意义的地质构造、可能出现不良地质构造的和可能出现不良地质现象的地段。观测线一般与岩层走向、构造线方向以及地貌单元轴线相垂直，以便能观测到较多的地质现象。有时为了追索地层分界线或断层等构造线，观测线也可顺着走向布置。观测到的地质现象应标在地形图上。

6. 工程中常用的几种勘探方法：（1）包括坑探，它是通过探坑的开挖可以取得直观资料和原状土样的勘探方法。坑探时不必使用专门机具，只需要简单的打坑工具。在场地地质条件比较复杂时，坑探可直接观察地层的结构和变化。坑探的局限性在于其坑探的深度较浅，不能了解深层土质的情况。坑探是一种挖掘探井（槽）的简单勘探方法。（2）钻探，它是地基勘察过程中查明地质情况的一种必要手段，是用钻机在地层中钻孔，以鉴别和划分地层、观测地下水位，并取得原状土样以供室内试验，确定土的物理、力学性质指标。需要时还可在钻孔中进行原位测试。根据钻进方式不同，钻探可分为回转式、冲击式、振动式、冲洗式四种。各种钻进方式具有各自特点和适用的地层。（3）触探，它是用静力或动力将探测器的探头贯入土层一定深度，根据土对探头的贯入阻力或锤击数来间接判别土层及其性质。触探可以看作是一种勘探方法，它又是一种原位测试技术。作为勘探方法，触探可以用来划分土层，了解土层的均匀性；作为原位测试技术，则可用来估计土的某些特性指标或估计地基承载力。触探根据方法和要获取的土性能参数的不同分为静力触探、动力触探、标准贯入试验判别等方法。

7. 在建筑场地勘察工作任务完成后，将直接或间接得到的各种工程地质资料经分析整理、检查校对、归纳总结后，用简单的文字和图表编制成勘察报告书，提供给设计和施工单位使用。

地基勘察报告书的内容应根据任务要求、勘察阶段、地质条件、工作特点等具体情况确定。提供工程的勘察报告书一般包括如下内容：（1）拟建工程概述。包括委托单位、场地位置、工程简介，以往的勘察工作及已有资料等。（2）勘察工作概况。包括勘察的目的、任务和要求。（3）勘察的方法及勘察工作布置。（4）场地的地形和地貌特征、地质构造。（5）场地的地层分布、岩石和土的均匀性、物理力学性质、地基承载能力和其他设计计算指标。（6）地下水的类型、埋深、补给和排泄条件，水位的动态变化和环境水对建筑物的腐蚀性；以及土层的冻结深度。（7）地基土承载力指标与变形计算参数建议值。（8）场地稳定和适宜性评价。（9）提出地基基础方案，不良地质现象分析与对策，开挖和边坡加固等的建议。（10）提出工程施工和投入使用可能发生的地基工程问题及监控、预防措施的建议。(11) 地基勘察的结果表及其所应附的图件。勘察报告中应附的图表，应根据工程具体情况而定，通常应附的图表有：1) 勘察场地总平面示意图与勘察点平面布置图；2) 工程地质柱状图；3) 工程地质剖面图；4) 原位测试成果图表；5) 室内试验成果图。

当需要时，尚应提供综合工程地质图、综合地质柱状图，关键地层层面等高线图、地下水位等高线图、素描及照片。特定工程还应提供工程整治、改造方案图及其计算依据。

对甲级岩土工程勘察报告除应符合上述要求外，尚可对专门性的岩土工程问题提交专门的试验报告。对丙级岩土工程勘察的报告可适当简化，采用以图表为主，辅以适当的文字说明。

复习思考题

一、名词解释

工程地质勘察　地质作用　地质年代　地质构造　场地条件　地基土条件　工程条件　坑探　钻探　触探　勘探点平面图　钻孔柱状图　工程地质剖面图　综合地质柱状图

二、问答题

1. 根据工程建设的不同阶段，地质勘察可分为几个阶段？各阶段的主要任务有哪些？

2. 地质勘探的常用方法有哪些？各自的勘探方法、适用范围和主要任务是什么？

3. 详细勘察阶段勘探点的布置原则是什么？

4. 详细勘察阶段勘探孔的深度控制原则是什么？

5. 地质勘探报告包括哪些主要构成要件？怎样读识工程地质勘察报告？

6. 地质勘察报告中是怎样根据触探资料对地基土层工程性质进行评价的？

第五章 天然地基上的浅基础设计

学习要求与目标：

1. 了解浅基础的类型及其适用条件。
2. 熟悉基础埋置深度的确定原则。
3. 掌握地基承载力设计值的确定方法。
4. 熟练掌握按地基持力层承载力计算墙下条形基础和柱下单独基础的底面尺寸。
5. 掌握软弱下卧层承载力的验算方法。
6. 理解地基变形验算要求和减轻地基不均匀沉降危害的措施。

第一节 概　　述

地基基础处在建筑的下部，通常又称作地下结构。作为房屋结构的重要组成部分，在房屋建筑中具有承上启下的重要作用，房屋上部结构的功能能否正常发挥，房屋建筑工程造价的高低，房屋抵御偶然作用影响的能力的大小等都与地基及基础的关系密不可分。因此，地基与基础设计是建筑结构设计中的重要组成部分，正确选择地基与基础的类型是地基与基础设计的重要环节。

选择地基基础类型时，主要考虑以下两个方面的因素：一是建筑物的特性，主要包括建筑物使用功能、上部结构采用的形式、结构承受的各种作用的大小和性质；二是地基的地质特性，主要包括各种性状土层的分布情况、各层土的性质、地下水位的情况等。地基与基础设计时应结合以上两方面因素，综合考虑施工条件和工期、工程造价等要求，合理选择地基基础方案，做到因地制宜、精心设计、精心施工，以确保基础工程安全可靠、经济合理，从而确保能实现建筑设计的总体目标。

天然地基上的基础根据其埋置深度以及施工方法不同可分为浅基础和深基础两大类。埋置深度不大于 5m 的浅基础，用普通施工方法就能施工完成。而埋置深度大于 5m 的深基础，它通常需要采用特殊方法施工完成。相对于深基础，天然地基土上的浅基础由于施工工艺和工序简单，也不需要复杂的施工机械和专用设备，工期较短，造价相对低廉，只要上部结构允许，它应是工程实践中优先选择的类型。

一、地基基础的设计等级

《建筑地基基础设计规范》GB 50007—2011 根据地基复杂程度、建筑物规则和功能特征，以及地基问题可能造成建筑物破坏或影响正常使用的程度，将地基基础划分为三个设计等级，见表 5-1。

设计等级	建筑和地基类型
甲	重要的工业与民用建筑 30 层以上的高层建筑 体型复杂，层数相差 10 层的高低层连成一体的建筑物 大面积的多层地下建筑（地下车库、商场、运动场等） 对地基变形有特殊要求的建筑物（包括高边坡） 对原有工程影响较大的新建建筑物 场地和地基条件复杂的一般建筑物 位于复杂地质条件及软土地区的二层及二层以上地下室的基坑工程 开挖深度大于 15m 的基坑工程 周边环境条件复杂，环境保护要求高的基坑工程
乙	除甲、丙级以外的工业与民用建筑物 除甲、丙级以外的基坑工程
丙	场地和地基条件简单，荷载分布均匀的七层及七层以下民用建筑及一般工业建筑物；次要的轻型建筑物 非软土地区且场地地质条件简单、基坑周边环境条件简单、环境保护要求不高且开挖深度小于 5.0m 的基坑工程

二、地基基础设计的一般规定

1. 可不进行变形计算的地基

规范规定可不作地基变形验算的设计地基为丙级的建筑物范围：

（1）所有安全等级为丙级的建筑；

（2）建筑类型和地基条件符合表 5-2 的二级建筑。

可不作地基变形计算的二级建筑物的范围　　　　　　　　　　　表 5-2

地基主要受力层情况	地基承载力标准值 $f_{ak}(kPa)$		$80 \leqslant f_{ak}$ <100	$100 \leqslant f_{ak}$ <130	$130 \leqslant f_{ak}$ <160	$160 \leqslant f_{ak}$ <200	$200 \leqslant f_{ak}$ <300
建筑类型	各土层坡度（%）		$\leqslant 5$	$\leqslant 10$	$\leqslant 10$	$\leqslant 10$	$\leqslant 10$
	砌体承重结构、框架结构（层数）		$\leqslant 5$	$\leqslant 5$	$\leqslant 6$	$\leqslant 6$	$\leqslant 7$
	单层排架结构（6m 柱距）	单跨 吊车额定起重量(t)	10~15	15~20	20~30	30~50	50~100
		单跨 厂房跨度(m)	$\leqslant 18$	$\leqslant 24$	$\leqslant 30$	$\leqslant 30$	$\leqslant 30$
		多跨 吊车额定起重量(t)	5~10	10~15	15~20	20~30	30~75
		多跨 厂房跨度(m)	$\leqslant 18$	$\leqslant 24$	$\leqslant 30$	$\leqslant 30$	$\leqslant 30$
	烟囱	高度(m)	$\leqslant 40$	$\leqslant 50$	$\leqslant 75$		$\leqslant 100$
	水塔	高度(m)	$\leqslant 20$	$\leqslant 30$	$\leqslant 30$		$\leqslant 30$
		容积(m³)	50~100	100~200	200~300	300~500	500~1000

注：1. 地基主要受力层系指条形基础地面下深度为 3b（b 为基础底面宽度），独立基础下 1.5m 且厚度均不小于 5m 的范围（二层以下一般民用建筑除外）；

2. 地基主要受力层如有承载力标准值小于 130kPa 的土层时；标准砌体承重结构设计，应符合 GB 50007—2011 软弱土地基有关要求；

3. 标准砌体承重结构和框架结构均指民用建筑，对工业建筑可按厂房高度、荷载情况折合成与其相当的民用建筑层数；

4. 表中吊车额定起重量、烟囱高度和水塔容积的数值系指最大值。

2. 需要进行变形验算的地基

根据建筑物安全等级及长期荷载作用下地基变形对上部结构的影响程度，《地基基础规范》规定下列几种情况下均应进行地基变形计算，并应同时满足地基承载力及地基允许变形要求：

(1) 所有一级建筑物的地基。

(2) 表 5-2 以外的二级建筑物的地基。

(3) 表 5-2 所列范围以内有下列情况之一的建筑物地基。

1) 地基承载力标准值小于 130kPa，且体型复杂的建筑。

2) 在地基上及其地面堆载或相邻基础荷载差异较大，引起地基产生过大的不均匀沉降时。

3) 软弱地基土上的相邻建筑如距离过近，可能发生倾斜时。

4) 地基内有厚度较大或较薄的不均匀填土，其自重固结尚未完成时。

计算地基变形时，传至基础底面上的荷载应按长期效应组合，不应计入风荷载和地震作用。

三、地基基础设计的基本原则

1. 地基基础设计的具体规定

根据《统一标准》的总要求，结合地基的基本情况和工作状态，地基与基础设计应满足下列要求：

(1) 地基应具有足够的强度和稳定性，即上部结构通过基础传到地基上的压应力不应超过地基土的抗压承载力。也就是说，地基土应具有足够的安全储备，以抵抗上部结构承受的作用发生较大变异时可能引起的地基承载力不足而发生的破坏；防止通常情况下承受的建筑物荷载引起的剪切破坏；防止由于地基塑性破坏区的持续扩展，进而造成的地基失稳破坏。

(2) 地基在上部荷载作用下的沉降量应小于地基的允许变形值。防止由于地基沉降过大或不均匀沉降引发上部结构的功能的不能正常发挥甚至上部结构的破坏。

地基和基础是紧密相连的共同体，是同一问题的两方面，地基设计时要满足安全性功能和变形性能两方面要求，基础设计可以直接影响地基的受力和变形。因而，地基与基础设计是一个需要整体考虑的问题。

《建筑地基基础设计规范》GB 50007—2011 规定，根据建筑地基基础设计等级及长期荷载作用下地基变形对上部结构的影响程度，地基基础设计应符合下列规定：

(1) 所有建筑物的地基计算均应满足承载力计算的有关规定。

(2) 设计等级为甲级、乙级的建筑物，均应按地基变形设计。

(3) 设计等级为丙级的建筑物有下列情况之一时应做变形验算：

1) 地基承载力特征值小于 130kPa，且体型复杂的建筑；

2) 在基础上及其附近有堆载或相邻基础荷载差异较大，可能引起地基产生过大的不均匀沉降时；

3) 软弱地基上的建筑物存在偏心荷载时；

4) 相邻建筑距离近，可能发生倾斜时；

5) 地基内有厚度较大或厚薄不均的填土，其自重固结未完成时。

（4）对经常受水平荷载作用的高层建筑、高耸结构和挡土墙等，以及建造在斜坡上或边坡附近的建筑物和构筑物，尚应验算其稳定性。

（5）基坑工程应进行整体稳定性验算。

（6）建筑地下室或地下构筑物存在上浮问题时，尚应进行抗浮验算。

2. 地基基础设计时荷载作用效应的取值规定

《统一标准》规定地基基础设计时荷载作用效应应按下列规定取值：

（1）在正常使用极限状态下，标准组合的荷载设计值 S_k 应符合下列规定：

$$S_k = S_{Gk} + \psi_{c2} S_{Q2k} + \cdots\cdots + \psi_{qn} S_{Qnk} \tag{5-1}$$

式中　S_{Gk}——永久作用标准值 G_k 的效应；

　　　S_{Qik}——第 i 个可变作用标准值 Q_{ik} 的效应；

　　　ψ_{ci}——第 i 个可变作用 Q_i 组合系数，按现行国家标准《建筑结构荷载规范》GB 50009—2012 的规定取值。

（2）准永久荷载效应 S_k 设计值应按式（5-2）计算。

$$S_k = S_{Gk} + \psi_{q1} S_{Q1k} + \psi_{q2} S_{Q2k} + \cdots\cdots + \psi_{qn} S_{Qnk} \tag{5-2}$$

式中　ψ_{qi}——第 i 个可变作用的准永久值系数，按《建筑结构荷载规范》GB 50009—2012 的规定取用；其他参数的意义同前。

（3）在承载能力极限状态下，由可变作用控制的基本组合的效应设计值应按式（5-3）计算

$$S_d = \gamma_G S_{GK} + \gamma_{Q1} S_{Q1k} + \gamma_{Q2} S_{Q2k} + \cdots\cdots + \gamma_{Qn} S_{Qnk} \tag{5-3}$$

式中　γ_G——永久荷载分项系数，按现行国家标准《建筑结构荷载规范》GB 50009 的规定取值；

　　　γ_{Qi}——第 i 个可变作用的分项系数，按现行国家标准《建筑结构荷载规范》GB 50009—2012 的规定取值。

（4）对由永久作用控制的基本组合，可采用简化规则，基本组合的效应设计值可按下式确定：

$$S_d = 1.35 S_k \tag{5-4}$$

式中　S_k——标准组合作用效应设计值。

《建筑地基基础设计规范》GB 50007—2011 同时规定，地基基础的设计使用年限不应小于建筑结构的设计使用年限。

3. 地基基础设计的一般步骤

1）选择基础用材料、类型、确定基础平面布置。

2）选择基础的埋置深度，即确定地基持力层。

3）确定地基承载力特征值。

4）根据传至基础底面的荷载效应和地基承载力特征值，确定基础底面积。

5）根据传至基础底面的荷载效应进行地基的变形和稳定性验算。

6）根据传至基础底面的荷载效应通过地基承载力验算，确定基础构造尺寸。

7）绘制基础施工图。

四、浅基础的类型与基础材料

浅基础通常分为扩展基础和连续基础两大类。

1. 扩展基础

所谓扩展式基础是指设置在房屋主体结构构件下部水平截面面积扩大和延展了的基础，它包括砌体结构中的墙下条形基础和排架及框架结构柱下部的独立基础等。扩展基础根据其是否配筋，又分为无筋基础（俗称刚性基础）及钢筋混凝土扩展基础（俗称柔性基础）两种类型。

（1）无筋扩展基础

1）分类。

无筋扩展基础顾名思义可知其中不配置钢筋，根据基础所用材料不同，无筋扩展基础一般有刚性较大、变形性能较差的砌体基础、毛石基础、三合土基础、素混凝土基础或毛石基础等类型。

2）用途。

刚性基础一般用于 6 层及以下混合结构中墙体承受并传递竖向荷载的工业与民用建筑中，其中，采用三合土基础的房屋层数不宜超过 4 层。

3）构造：

① 砖基础由黏上砖和砂浆砌筑而成。组砌方式有等高砌筑法和二一间隔砌筑法两种。所谓等高砌筑法指从基础与地基接触的上表面开始，在满足刚性角要求的前提下，基础表面每升高一步的高度与收缩的宽度尺寸相等的砌筑方式，如图 5-1a 所示。二一间隔砌筑法是指从基础与地基接触的上表面开始，在满足刚性角要求的前提下，在每步收缩的基础宽度相同情况下，收缩高度为两皮砖厚与单皮砖厚相间隔的组砌方式，如图 5-1b 所示。从图 5-1 可以看到，在基础底面宽度相同的前提下，采用二一间隔砌筑法可减少基础高度，节省砖和砂浆用量，减少砌筑工作量，缩短施工时间，具有明显的经济效益。

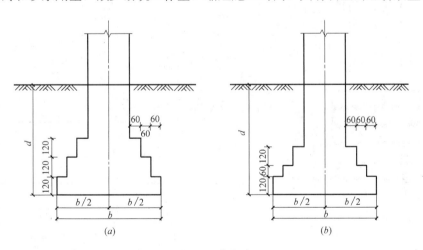

图 5-1 砖基础

（a）等高砌筑法；（b）二一间隔砌筑法

为了确保基础具有足够的强度和耐久性，《砌体结构设计规范》GB 50003—2011 根据地基的潮湿程度和建筑所在地区气候条件的不同，提出了刚性基础所用材料的最低强度要求，详见表 5-3。

块材选择时，应本着因地制宜、就地取材的原则，依据建筑物使用要求、安全性和耐久性要求、建筑物的层高和层数、受力特点以及使用环境综合考虑，《砌体结构设计规范》规定：地面以下或防潮层以下的砌体，潮湿房间的墙或环境类别2的砌体，所用材料的最低强度等级应符合表5-3的规定。

地面以下或防潮层以下的砌体、潮湿房间墙所用材料最低强度等级　　　表5-3

潮湿程度	烧结普通砖	混凝土普通砖、蒸压普通砖	混凝土砌块	石材	水泥砂浆
稍潮湿的	MU15	MU20	MU7.5	MU30	M5
很潮湿的	MU20	MU20	MU20	MU30	M7.5
含水饱和的	MU20	MU25	MU25	MU40	M10

注：1. 在冻胀地区，地面以下或防潮层以下的砌体，不宜采用多孔砖，如采用时，其孔洞应采用强度等级不低于Cb20的混凝土预先灌实；
　　2. 对安全等级为一级或设计使用年限大于50a的房屋，表中混凝土强度等级至少提高一级。

② 毛石基础是采用未经人工加工或粗加工的石材通过砂浆灌缝、砌筑形成的基础。如图5-2所示。这类基础的优点是在石材生产地区便于就地取材，价格低廉。缺点是施工劳动强度高，毛石砌体本身组砌不均匀，石材强度难以最大限度发挥；其次，由于毛石单块重量大，在垂直运送和水平挪动时很容易损坏混凝土垫层，这类房屋一般不设置混凝土垫层，基础整体性和防水性差。

③ 三合土基础是用石灰、砂和碎砖或碎石三种材料按一定比例拌合、铺设和压密而成的基础。它的受力性能比起其他类型基础略差，故适用于地下水位较低地区4层及以下民用建筑的基础。三合土基础中灰、砂、石的体积比通常按1:2:4或1:3:6的比例确定，施工时加入适量水拌合均匀后均匀铺设在基槽内，每层虚铺200mm，再压实至150mm，铺设到预定高度后，在压实整平的表面放线砌筑基础的大放脚，如图5-3所示。

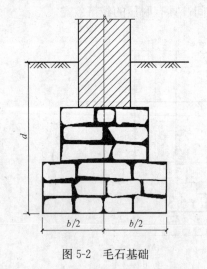

图5-2　毛石基础　　　　　　　　　　　图5-3　三合土基础

④ 灰土基础是用石灰和黏性土混合材料加入适量水拌合后铺设、压密而成的基础。通常采用三七灰土或二八灰土，它们用的石灰、黏土的体积比分别为3:7和2:8。施工时，每层虚铺220~250mm，压实至150mm，俗称这一层为一步，如图5-4所示。影响灰土基础性能的主要因素为灰土拌合的比例、拌合的均匀程度、水分含量、压密程度等，施工时应严格控制，使这些因素均能为基础性能的正常发挥提供必要的保证，施工时严格控制灰、土比例、拌合均匀性、含水率和压实程度，每步压实结束后按规定取灰土试样，测

定其干密度，使其不小于：粉土 15.5kN/m³，粉质黏土 15.0kN/m³，黏土 14.0kN/m³。

⑤ 混凝土基础和毛石混凝土基础，这类基础强度高、耐久性好、抗冻性能强。当荷载较大或地下水位较高，地基处在地下水位以下时，可选用混凝土基础，如图 5-5 所示。当基础体积过大，采用混凝土基础需要消耗大量水泥，可能会导致造价大幅增加时，可采用毛石混凝土基础，如图 5-6 所示。毛石混凝土基础是在浇筑基础混凝土时掺入不超过基础体积 30% 的毛石，以节省混凝土，减少水泥用量。这种基础施工时质量控制难度相对较高，实用中普及程度不高。

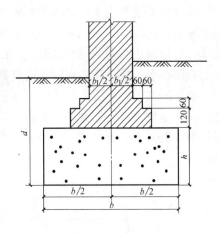

图 5-4　灰土基础

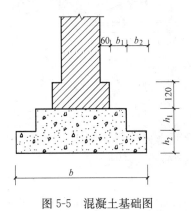

图 5-5　混凝土基础图

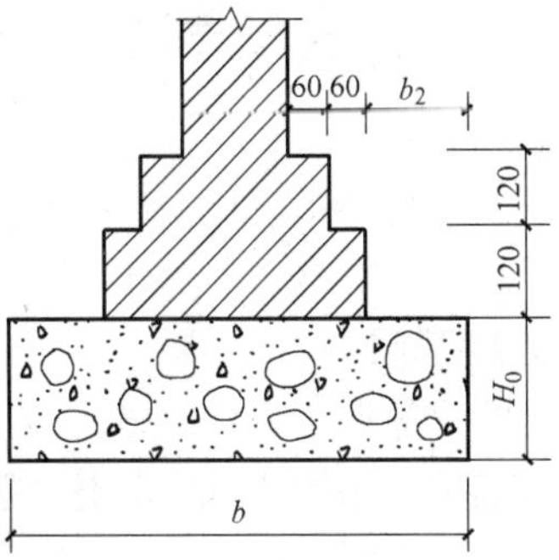

图 5-6　毛石混凝土基础

(2) 混凝土扩展基础

这类基础所用材料为钢筋混凝土，扩展范围局限于墙下或柱下，是柔性基础的一类。现浇柱下钢筋混凝土基础的竖向截面通常为阶形、锥形和杯口形三类（图 5-7）。阶形和锥形钢筋混凝土基础用于现浇柱基础，杯口基础通常用于装配式厂房预制排架柱的基础。

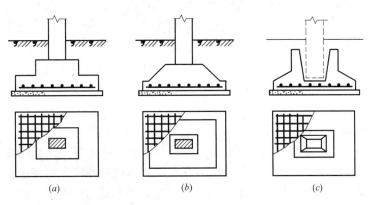

图 5-7　钢筋混凝土柱下单独基础

(a) 钢筋混凝土条形基础；(b) 现浇独立基础；(c) 预制杯形基础

墙下钢筋混凝土条形基础的截面形式可以分为无肋式和有肋式两种。在地基均匀的情况下可采用无肋式；在地基不均匀，为了增强基础的整体性和抗弯能力，减少地基不均匀沉降，可以采用有肋的钢筋混凝土条形基础。肋部配置纵向钢筋和箍筋，以承受不均匀引起的弯曲变形，此时肋的主要作用是提高基础沿墙长方向抵抗可能发生的地基不均匀沉降潜在破坏的能力，如图 5-8 所示。墙下混凝土条形基础通常用于地质条件较差、荷载较大的多层建筑物，需要加大基础的面积，但又不希望增加基础高度和埋置深度时，可以考虑采用钢筋混凝土扩展基础，如在条形混凝土锥形基础的顶面直接砌筑大放脚的墙下连续基础。

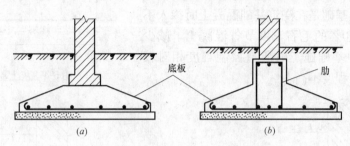

图 5-8　墙下钢筋混凝土条形基础
(a) 无肋基础；(b) 有肋基础

2. 连续基础

连续的钢筋混凝土梁板式基础主要有：柱下钢筋混凝土条形基础和十字交叉条形基础，筏板基础，箱形基础等。这类基础整体性好，刚度比扩展式基础大得多。

(1) 柱下条形基础

当上部结构传至基础底面的荷载较大，地基软弱或柱距较小以及基础底面互相靠近时，为增强基础整体性，减少柱基间的不均匀沉降，方便施工，可在同一轴线上柱的下部做一条钢筋混凝土地梁，将各柱基础连接成整体，设计成柱下条形基础，如图 5-9 (a) 所示。这种基础通常用于框架结构房屋，设在纵向框架柱列下部，起到增强房屋纵向基础刚度的效果。

(2) 柱下十字交叉基础

房屋结构上部传至基础底面荷载较大，房屋建在高压缩性软弱地基上时，为了增强基础的整体性和刚度，减少地基的不均匀沉降，可在柱网纵横两个方向均设置互相拉结的条形基础，形成平面上互相交叉设置在柱网下的双向条形基础，形成如图 5-9 (b) 所示的十字交叉基础，纵横向基础交叉点位置就是决定房屋平面布局的柱网中纵横向轴线的交点，也是设置承重柱的位置。

(3) 筏板基础

房屋结构上部传至基础底面荷载很大，地基土特别松软，尤其是带地下室的高层或超高层建筑，采用十字交叉基础仍不能满足变形条件要求，或十字交叉基础相邻两轴线底板非常接近时，可将基础底板连成一个整体，犹如漂浮在江河湖海上的筏子一样，所以，通常称这种整体式钢筋混凝土基础为筏板式基础，俗称满堂基础。筏板一般为等厚的钢筋混凝土平板。按构造不同可以分为柱下无梁式（平板式筏板基础），如图 5-9 (c) 所示；当柱间设有地梁时为柱下梁板式基础（肋梁式筏板基础），当墙体位于平板上时称为墙下筏

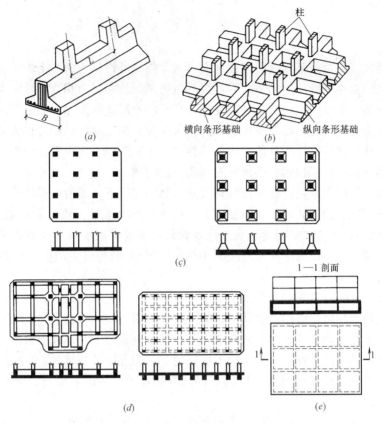

图 5-9 常见的连续基础

(a) 柱下单向条形基础；(b) 十字交叉条形基础；(c) 平板式筏板基础；
(d) 肋梁式筏板基础；(e) 箱形基础

板式，如图 5-9（d）所示。这种基础整体性高，能较好地调整基础各部分间可能出现的不均匀沉降。

（4）箱形基础

当建筑所处地段地基特别软或建筑物处在断层附近，房屋建筑的荷载又很大时，可采用由筏板基础发展而来的箱形基础。所谓箱形基础是指基础相当于平卧于地基土上的多个整体相连的钢筋混凝土箱子组成的空间整体性、承载力及刚度都很大的基础。箱形基础是由钢筋混凝土底板、顶板和钢筋混凝土纵横墙组成的。由于它是具有一定空间、刚度巨大、深埋于地下的空腹结构，对于调整或防止不良地基对上部结构影响的作用和效果十分明显；同时，箱形空间可作为地下室使用，也可作为管道间和管线通道使用；由于其空腹可以有效降低基底附加应力，同等条件下可以承受更多的上部荷载。但这类基础埋在地下的混凝土量很大，对房屋建筑投资成本有明显增加作用，如图 5-9e 所示。

连续基础虽然在受力性能、刚度和调整地基不均匀沉降等方面，与扩展基础相比具有明显的优越性，但随着基础类型变化和复杂程度增加，投资成本明显上升。对这类基础选型时，应根据地基土情况、荷载大小、上部结构的重要性和复杂程度等因素，作深入、全面的经济、技术方案比较和论证，以确保满足要求，又投资成本比较合理的基础类型。

第二节　基础埋置深度的选择

基础的埋置深度是指基础底面埋在地面（通常指室外设计地面）下的深度。从结构受力、基础安全和减小基础尺寸的角度看，要尽量将基础放在受力和变形性能均比较好的土层上。往往场地土范围内土层构造会很复杂，良好的土层埋深太深，如果单从地基受力变形有利的角度去考虑问题，基础埋深过深的结果是加大施工难度，同时也大幅度提高基础工程的造价，使得房屋建设不具备经济合理性。工程实践中，应根据场地土实际，确定一个合理的基础埋深，是工程建设必须首先解决好的问题。

确定基础埋深的原则是：在保证结构安全可靠的前提下，尽量埋得浅些，但在北方寒冷地区基底应在规范给定的冻土层厚度以下，在南方不考虑冻土层厚度的地区可以适当浅埋，但不能小于 0.5m。这是因为地表土比较松软，也易受雨水等外界因素影响，不宜作为基础的持力层。基础顶面应在室外底面 100mm 以下，避免外露遭受室外各种因素影响而损坏。

确定基础埋深时应考虑的几个因素如下：

一、建筑物的用途、结构类型及荷载的大小和性质

建筑物的用途是确定基础埋深的重要因素，是否设置地下室、地下管沟，是否有设备基础等都会影响基础的埋置深度。有地下室、地下管沟及设备基础时，基础底面埋深就得随之加深，基础底面埋深在地下管道的下部，避免管道在基础下穿过影响管道的使用和维修。

新建房屋的基础与原有建筑物的基础距离很近时，则为保证相邻原有建筑的安全和正常使用，新建房屋的基础埋深宜浅于或等于相邻建筑物的基础埋深。反之，新建建筑基础应离开原有建筑基础的净距离应在两相邻基础底面高差 1～2 倍，防止开挖基坑时坑壁塌落，影响原有建筑物基础的稳定性，如图 5-10 所示。施工场地条件所限不能满足这一要求时，应分段进行施工，设临时加固支撑、打板桩等。

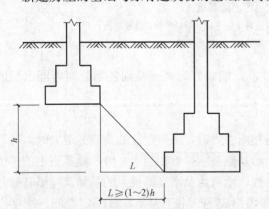

图 5-10　相邻房屋基础的埋置深度

上部结构传至基底的荷载越大，地基土的压缩性就越大，沉降量就越大。对竖向荷载很大，或对不均匀沉降的要求严格的建筑，往往为了减少沉降量，将基础埋置在承载能力较高的坚硬土层上，有时会加大基础埋深，导致建安成本增加。

二、场地土的工程地质和水文地质情况

在确定基础埋深时，要详细分析场地土的地质勘察资料，对各层土的物理力学性质、物理状态等进行认真分析，选择合适的持力层，在确保安全和经济合理的前提下，确定相对合理的基础埋置深度。通常是将基础埋置在地基土承载力高、压缩性小的土层上，且同时要选择经济性能良好的浅基础。考虑地基埋置深度时，要与建筑物的性质结合起来，根

据场地土分布特点，按下列几种情况考虑。

（1）场地土内部都是受力性能好、分布均匀、压缩性小的坚硬土，土层构成简单，土质不影响基础埋深，基础埋深由其他因素确定。

（2）场地土内部都是软弱土，压缩性高，承载力很小，一般不能采用天然地基上的浅基础。对于建在软弱土层上的低层房屋，如果采用浅基础，可通过采取增加建筑物空间整体性和空间刚度的措施满足要求。

（3）场地土由上部的软弱层和下部的坚硬土层构成。基础的埋深要根据软土的厚度和建筑物的特性来确定：

1）软土层厚度在2m以内时，基础宜砌筑在下层的坚硬土层内。

2）软土在2m以上4m以下，对于荷载较小的低层建筑，可将基础设置在软土内，以减少土方量，但上部结构刚度需要适当加强。对于高度大、层数多的较为重要的建筑和带地下室的建筑，应将基础设置在下部坚硬土层中。地下水位高时，可采用桩基础。

3）软土层厚度大于5m时，可按2）的规定处理。

（4）场地土由上面的坚硬土层和下面的软弱土层组成，这种情况下尽可能将基础浅埋，以减少软土所受的压力。如果坚硬土层很薄，可以按单一软弱土的地基对待。

（5）场地土由若干坚硬土层和若干软弱土层构成，此时在决定基础埋深的时候，应根据各土层厚度和承载力的大小，参照以上几条要求选择基础埋深。

基础应尽量埋置在地下水位以上，避免施工时基槽内的排水作业。基槽内有承压水时要防止承压水将基槽顶起带来的危害，必要时要通过验算采取适当的对策来防止。

三、我国北方寒冷地区冻土层深度的影响

我国三北地区不同程度存在一定深度的冻土层，其厚度各有不同，由于接近地表土中水分在冬季寒冷条件下冻结，还促使下面土层中水分上升也冻结，因此，土冻结后含水量增加土体膨胀，气温升高后融化，这种反复多次的冻融循环，地基土中土体颗粒结构发生改变，承载能力下降，压缩性增加，导致基础变形增加，严重时会引起墙体产生内应力而开裂。在单向冻结条件下，当地基埋深超过冻结深度时，冻胀力只作用在基础顶面，称为切向冻胀力，如图5-11中用T表示；当基础埋置深度浅于冻结深度时，除基础侧面的切向冻胀力T以外，在基底还作用有法向冻胀力。当上部结构传至基础顶面的荷载标准值F与基础自重引起压力标准值G之和小于冻胀力竖向分力之和时，基础将被冻胀力顶起，地基中结冰的水融化后冻胀力不复存在，基础随之下沉，这种上顶和下沉过程的不均匀性和往复作用导致墙体产生大致相互垂直的主拉应力，在墙体上表现为交叉裂缝，严重时造成房屋破坏。

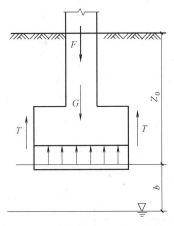

图5-11　作用在基础上的冻胀力

因此，在北方地区确定基础埋深时必须考虑的重要因素之一就是冻土层深度。《建筑地基基础设计规范》GB 50007—2011中给定的全国季节性冻土标准冻深线图详见附录B。规范还根据冻土层的平均冻胀率的大小，把地基冻胀性分为不冻胀、弱冻胀、冻胀、强冻胀和特强冻胀五个等级，见表5-4。

地基冻胀性分类 表 5-4

土的名称	冻前天然含水量 $\bar{w}$（%）	冻结期间地下水位低于冻结面的最小距离 h_w（m）	平均冻胀率 η（%）	冻胀等级	冻胀类别
碎(卵)石、砾、粗、中砂（粒径小于0.075mm颗粒含量大于15%），细砂（粒径小于0.075mm颗粒含量大于10%）	$\bar{w}\leqslant12$	>1.0	$\eta\leqslant1$	I	不冻胀
		≤1.0	$1<\eta\leqslant3.5$	II	弱冻胀
	$12<\bar{w}\leqslant18$	>1.0			
		≤1.0	$3.5<\eta\leqslant6$	III	冻胀
	$\bar{w}>18$	>0.5			
		≤0.5	$6<\eta\leqslant12$	IV	强冻胀
粉砂	$\bar{w}\leqslant14$	>1.0	$\eta\leqslant1$	I	不冻胀
		≤1.0	$1<\eta\leqslant3.5$	II	弱冻胀
	$14<\bar{w}\leqslant19$	>1.0			
		≤1.0	$3.5<\eta\leqslant6$	III	冻胀
	$19<\bar{w}\leqslant23$	>1.0			
		≤1.0	$6<\eta\leqslant12$	IV	强冻胀
	$\bar{w}>23$	不考虑	$\eta>12$	V	特强冻胀
粉土	$\bar{w}\leqslant19$	>1.5	$\eta\leqslant1$	I	不冻胀
		≤1.5	$1<\eta\leqslant3.5$	II	弱冻胀
	$19<\bar{w}\leqslant22$	>1.5			
		≤1.5	$3.5<\eta\leqslant6$	III	冻胀
	$22<\bar{w}\leqslant26$	>1.5			
		≤1.5	$6<\eta\leqslant12$	IV	强冻胀
	$26<\bar{w}\leqslant30$	>1.5			
		≤1.5	$\eta>12$	V	特强冻胀
	$\bar{w}>30$	不考虑			
黏性土	$\bar{w}\leqslant\bar{w}_p+2$	>2.0	$\eta\leqslant1$	I	不冻胀
		≤2.0	$1<\eta\leqslant3.5$	II	弱冻胀
	$\bar{w}_p+2<\bar{w}\leqslant\bar{w}_p+5$	>2.0			
		≤2.0	$3.5<\eta\leqslant6$	III	冻胀
	$\bar{w}_p+5<\bar{w}\leqslant\bar{w}_p+9$	>2.0			
		≤2.0	$6<\eta\leqslant12$	IV	强冻胀
	$\bar{w}_p+9<\bar{w}\leqslant\bar{w}_p+15$	>2.0			
		≤2.0	$\eta>12$	V	特强冻胀
	$\bar{w}>\bar{w}_p+15$	不考虑			

注：1. $\bar{w}_p$ 为塑限含水量（%）；$\bar{w}$ 为在冻土层内冻前天然含水量的平均值（%）；
　　2. 盐渍化冻土不在表列；
　　3. 塑性指数大于22时，冻胀性降低一级；
　　4. 粒径小于0.005mm的颗粒含量大于60%时，为不冻胀土；
　　5. 碎石类土当充填物大于全部质量的40%时，其冻胀性按充填物土的类别判断；
　　6. 碎石土、砾砂、粉砂、中砂（粒径小于0.075mm，颗粒含量不大于15%）、细砂（粒径小于0.075mm颗粒含量不大于10%）均按不冻胀土考虑。

对于冻胀性地基，基础的最小埋深应满足式（5-5）和式（5-6）的要求。

$$d_{min} = z_d - h_{max} \tag{5-5}$$

$$z_d = z_0 \cdot \psi_{zs} \cdot \psi_{zw} \cdot \psi_{ze} \tag{5-6}$$

式中　z_d——季节性冻土地基的场地冻结深度；

z_0——标准冻结深度（m）；当无实测资料时，按《建筑地基基础设计规范》GB 50007—2011 附录 F 取用。

ψ_{zs}——土的类别对冻结深度的影响系数，按表 5-5 取用；

ψ_{zw}——土的冻胀性对冻深的影响系数，按表 5-6 取用；

ψ_{ze}——环境对冻结深度的影响系数，按表 5-7 取用；

h_{max}——基础底面下允许残留冻土层的最大厚度，按表 5-8 采用。

土的类别对冻深的影响系数 ψ_{zs}　　　　表 5-5

土的类别	影响系数 ψ_{zs}	土的类别	影响系数 ψ_{zs}
黏性土	1.00	中、粗、砾砂	1.30
细砂、粉砂、粉土	1.20	碎石土	1.40

土的冻胀性对冻深的影响系数 ψ_{zw}　　　　表 5-6

冻胀性	冻胀系数 ψ_{zw}	冻胀性	冻胀系数 ψ_{zw}
不冻胀	1.0	强冻胀	0.85
弱冻胀	0.95	特强冻胀	0.80
冻胀	0.90		

环境对冻深的影响系数 ψ_{ze}　　　　表 5-7

周围环境	影响系数 ψ_{ze}	周围环境	影响系数 ψ_{ze}
村、镇、旷野	1.00	城市市区	0.90
城市近郊	0.95		

建筑基础底面下允许冻土层最大厚度 h_{max}（m）　　　　表 5-8

冻胀性	基础情况	采暖情况	基底平均压力					
			110	130	150	170	190	210
弱冻胀土	方形基础	采暖	0.90	0.95	1.00	1.10	1.15	1.20
		不采暖	0.70	0.80	0.91	1.00	1.00	1.10
	条形基础	采暖	>2.5	>2.5	>2.5	>2.5	>2.5	>2.5
		不采暖	2.2	2.5	>2.5	>2.5	>2.5	>2.5
冻胀土	方形基础	采暖	0.65	0.70	0.75	0.80	0.85	—
		不采暖	0.55	0.6	0.65	0.70	0.75	—
	条形基础	采暖	1.55	1.80	2.00	2.20	2.50	—
		不采暖	1.15	1.35	1.55	1.75	1.95	—

注：1. 本表只计算法向冻胀力，如果基侧存在切向冻胀力，应采取防切向冻胀力措施；
　　2. 基础宽度小于 0.6m 的，矩形基础可取短边尺寸按方形基础计算；
　　3. 表中数据不适用于淤泥、淤泥质土和欠固结土；
　　4. 计算基底平均压力时取永久作用的标准组合值乘以 0.9，可以内插。

在确定基础埋深时，只要超过有效冻胀区（小于冻结深度）就可以了。此时允许基础底面以下保留一定的冻土层，这是因为随着离地表深度的增加冻胀引起的变形值也在减小，基底下很少的冻胀土产生的冻胀量很小，通常不会影响上部结构的安全和正常使用。但对基底压力超过 170MPa 的强冻胀土，特强冻胀土则不应残留冻胀土，此时 h_{max} 取为 0。

《建筑地基基础设计规范》GB 50007—2011 规定：对于建在季节性冻胀土上的建筑物，除应满足基础最小埋置深度外，还应依据规范规定采取相应的防冻害措施。

第三节　基础底面尺寸的确定

一、修正后地基承载力特征值

地基土层单位面积所承受的具有一定可靠度的最大荷载，称为该土层的承载力。土的承载力大小与土的成因及堆积年代、物理性质、化学成分、基础埋深、基底尺寸和上部结构形式等因素有关。工程实践中考虑到上部结构对地基变形的限制，采用的是满足结构正常使用极限状态的承载力，这个值称为土的承载力特征值。按照荷载试验或触探等原位测试、经验值等方法确定的地基土承载力特征值。

1. 基础宽度和深度对承载力特征值的修正

在地基基础设计中，应考虑基础埋深、基底尺寸的效应。《建筑地基基础设计规范》GB 50007—2011 规定，对基础宽度大于 3m 或埋置深度大于 0.5m 时，从荷载试验或其他原位测试、经验值等方法确定的地基承载力特征值，尚应按式（5-7）进行修正：

$$f_a = f_{ak} + \eta_b \gamma (b-3) + \eta_d \gamma_m (d-0.5) \tag{5-7}$$

式中　f_a——修正后地基承载力特征值（kPa）；

　　　f_{ak}——地基承载力特征值（kPa）；

　η_b、η_d——基础宽度和埋置深度的地基承载力修正系数，按基底下土的类别查表 5-9 取用；

　　　γ——基础底面以下土的重度（kN/m³），地下水位以下取浮重度；

　　　b——基础底面宽度（m），当 $b<3$m 时按 3m 取值，当 $b>6$m 时按 6m 取值；

　　　γ_m——基础底面以上土的加权平均重度（kN/m³），地下水位以下的土层取取有效重度；

　　　d——基础埋深（m），宜自室外地面标高算起。在填方整平地区，可自填土地面标高算起，但填土在上部结构施工后完成时，应自天然地面标高算起。对地下室，当采用箱形基础或筏基时，基础埋置深度自室外地面标高算起；当采用独立条形基础或条形基础时，应从室内地面标高算起。

2. 根据土的强度理论公式确定承载力特征值

《规范》规定，对于重要的建筑物尚需结合理论公式和其他方法综合确定地基承载力，并推荐当荷载作用的偏心距小于或等于 0.033 倍基础底面宽度时，根据土抗剪强度指标确定地基承载力设计值，可按式（5-8）公式计算，并应满足变形要求。

$$f_a = M_b \gamma b + M_d \gamma_m d + M_c c_k \tag{5-8}$$

式中　　　f_a——由土的抗剪强度指标确定的地基承载力特征值（kPa）；

M_b、M_d、M_c——承载力系数，按表 5-10 取用；

        b——基础底面宽度。大于 6m 时按 6m 取值，对于砂土宽度小于 3m 时按 3m 取值；

       c_k——基底下一倍短边宽度的深度范围内土的黏聚力标准值（kPa）；

       γ——基底下一倍短边宽度内土的重度，水位下取有效重度（kN/m³）；

      γ_m——基础地面以下土的加权平均重度，地下水位以下取浮重度（kN/m³）；

       d——基础埋置深度，一般自室外地面标高算起。

承载力特征值   表 5-9

土 的 类 别		η_b	η_d
淤泥和淤泥质土		0	1.0
人工填土 e 或 I_L 大于等于 0.85 的黏性土		0	1.0
红黏土	含水比 $\alpha_w > 0.8$	0	1.2
	含水比 $\alpha_w \leqslant 0.8$	0.15	1.4
大面积压实填土	压实系数大于 0.95、黏粒含量 $\rho_c \geqslant 10\%$ 的粉土	0	1.5
	最大干密度大于 2100kg/m³ 的级配砂石	0	2.0
粉土	黏粒含量 $\rho_c \geqslant 10\%$ 的粉土	0.3	1.5
	黏粒含量 $\rho_c < 10\%$ 的粉土	0.5	2.0
e 或 I_L 均小于 0.85 的黏性土		0.3	1.6
粉土、砂土(不包括很湿与饱和时的稍密状态)		2.0	3.0
中砂土、粗砂土、砾砂土和碎石土		3.0	4.4

注：1. 强风化和全风化的岩石，可参照所风化成的相应土类取值，其他状态下的岩石不修正；

    2. 地基承载力特征值按《建筑地基基础设计规范》GB 50007—2011 附录 D 深层平板荷载试验确定时，η_d 取 0；

    3. 含水比是指土的天然含水量与液限的比值；

    4. 大面积压实填土是指填土范围大于两倍基础宽度的填土。

承载力系数 M_b、M_d、M_c 表 5-10

土的内摩擦角标注值 φ_k(°)	M_b	M_d	M_c	土的内摩擦角标注值 φ_k(°)	M_b	M_d	M_c
0	0	1.00	3.14	22	0.61	3.44	6.04
2	0.03	1.12	3.32	24	0.80	3.87	6.45
4	0.06	1.25	3.51	26	1.10	4.37	6.90
6	0.10	1.39	3.71	28	1.40	4.93	7.40
8	0.14	1.55	3.93	30	1.90	5.59	7.95
10	0.18	1.73	4.17	32	2.60	6.35	8.55
12	0.23	1.94	4.42	34	3.40	7.21	9.22
14	0.29	2.17	4.69	36	4.20	8.25	9.97
16	0.36	2.43	5.00	38	5.00	9.44	10.80
18	0.43	2.72	5.31	40	5.80	10.84	11.73
20	0.51	3.06	5.66				

【例 5-1】 某黏土地基上的基础尺寸及埋深如图 5-12 所示。试按强度理论公式计算地基承载力特征值。

【解】 根据 $\varphi_k = 25°$，查表 5-10 并经内插可得

$M_b = 1.09$，$M_d = 4.12$，$M_c = 6.68$。

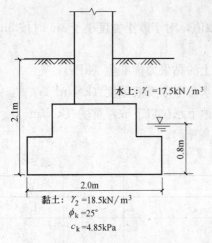

图 5-12 【例 5-1】图

水上：$\gamma_1 = 17.5\text{kN/m}^3$

黏土：$\gamma_2 = 18.5\text{kN/m}^3$
$\phi_k = 25°$
$c_k = 4.85\text{kPa}$

$$\gamma = 18.5 - 10 = 8.5\text{kN/m}^3$$

$$\gamma_m = \frac{(2.1-0.8)\times 17.0 + (18.5-10)\times 0.8}{2.1}$$

$$= 13.761\text{kN/m}^3$$

$$f_a = M_b\gamma b + M_d\gamma_m d + M_c c_k$$

$$= 1.09 \times (18.5-10) \times 2 + 4.12 \times 13.761 \times$$

$$2.1 + 6.68 \times 4.85 = 170\text{kPa}。$$

3. 对于完整、较完整、较破碎的岩石地基承载力特征值

根据《规范》附录 H 岩石地基荷载试验方法确定；对破碎、极破碎的岩石地基承载力特征值，可根据平板荷载试验确定。对完整、较完整和较破碎的碎石地基承载力特征值，也可根据室内饱和单轴抗压强度按下式计算：

$$f_a = \psi_r f_{rk} \tag{5-9}$$

式中　f_a——岩石地基承载力特征值（kPa）；

　　　f_{rk}——岩石饱和单轴抗压强度标准值（kPa），可按《建筑地基基础设计规范》GB 50007—2011 附录 J 确定；

　　　ψ_r——折减系数。根据岩体完整性程度以及结构面的间距、宽度、产状和组合，由地方经验确定。无经验时，对完整岩体可取 0.5；对较完整岩体可取 0.2～0.5；对较破碎岩体可取 0.1～0.2。需要说明的是，规范指出，上述折减系数值未考虑施工因素及建筑物使用后风化作用的继续；对于黏土质岩，在确保施工及使用期不致遭水浸泡时，也可采用天然湿度的试样，不进行饱和处理。

二、基础底面尺寸的确定

基础底面尺寸的确定，必须满足承载力的要求。即在地基承载力特征值、基础埋深及作用在基础上的荷载值已知的前提下，可以求出基础的底面积。传至基础底面的荷载效应按正常使用极限状态下荷载效应的标准组合值取值。

1. 轴心受压基础

（1）按持力层承载力确定基底尺寸

作用在基础底面的荷载通过基础形心，基础底面全面积均匀受压的基础称为轴心受压基础，如图 5-13 所示。

在轴心荷载作用下，基底产生的轴心压力不超过修正后的地基承载力特征值，作为确定基础底面面积的极限状态。直观的看应满足式（5-10）的要求，将基底上部各项竖向荷载相加后在基底产生的压应力可用式（5-11）计算，求解式（5-11）可得式（5-12）表示的基础地面面积。

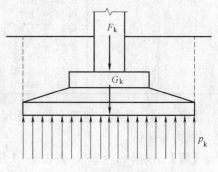

图 5-13　轴心受压基础底面压应力分布

$$p_k \leqslant f_a \tag{5-10}$$

$$\frac{F_k + G_k}{A} \leqslant f_a \tag{5-11}$$

$$A \geqslant \frac{F_k + G_k}{f_a} \tag{5-12}$$

式中　p_k——相应于荷载效应标准组合时，基础底面处的均匀压应力；

F_k——相应于荷载效应标准组合时，上部结构传至基础顶面的竖向力值；

G_k——基础自重和基础上的土重（kN）；

A——基础底面面积（m²）。

1）对于独立基础，轴心受压的情况下大多采用正方形截面，也有特殊情况下采用矩形基础的。

① 正方形基础

截面边长为

$$b = \sqrt{A} \geqslant \sqrt{\frac{F_k + G_k}{f_a}} \tag{5-13}$$

式中　b——正方形基础边长；

其他字母含义同前。

② 矩形基础

先假定基础底面的宽度 b，再求出基础底面的长度 l，即

$$l = \frac{A}{b} \geqslant \frac{F_k + G_k}{f_a b} \tag{5-14}$$

2）对于条形基础，沿长度方向取 1m 作为计算单元，由式（5-12）可得

$$b \geqslant \frac{F_k + G_k}{f_a} \tag{5-15}$$

式中　b——条形基础的宽度；

F_k——相应于荷载效应标准组合时，上部结构传至基础顶面的竖向力值。

需要注意的是，应用式（5-12）～式（5-15）计算时，先要按式（5-7）或式（5-8）确定持力层修正后的承载力特征值，要求基础宽度 b 需要事先确定，在 b 未知的情况下，持力层修正后的承载力特征值 f_a 只能先按基础的埋深 d 确定，待基底尺寸确定后，再看基底宽度是否超过 3m，若 $b > 3$m 时，需重新修正 f_a，再重复上面的步骤确定基底尺寸。

对于阶形基础，除进行柱边截面配筋计算外，尚应计算变阶处截面的配筋，此时只需用台阶平面尺寸 $a_1 \times h_1$ 代替 $a \times h$，按上述方法计算即可。变阶处截面的弯矩为：

$$M_{\mathrm{II}} = \frac{1}{24} p_j (l - h_1^2)(2b + a_1) \tag{5-16}$$

式中　a_1——变阶处截面处上一阶基础的宽度；

h_1——变阶处截面处上一阶基础的宽度；

其他字母含义同前。

（2）配筋计算过程（略）。

2. 偏心受压基础

当上部结构、基础自重及上部土中的合力传至基础底面时，使得基底产生轴向力的同

时也产生了偏心弯矩，这类基础称为偏心受压基础，如图 5-14 所示为偏心受压基础几种不同的受力状态。

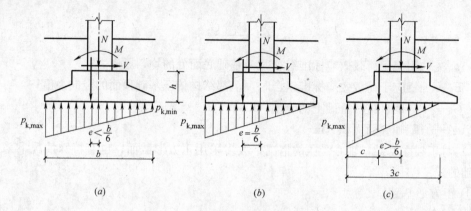

图 5-14 偏心受压基础

(a) $e<b/6$ 时的受力状态；(b) $e=b/6$ 时的受力状态；(c) $e>b/6$ 时的受力状态

因为偏心受压基础受力比轴心受压基础受力复杂，在轴向力接近时，其基底截面积大于轴心受压基础。因此，仿照轴心受压基础确定基底面积的思路，适当将轴心受压计算公式计算结果放大后作为确定偏心受压基础底面积的公式。

按图 5-14 所示，试估算基础的底面积 A。将式（5-12）计算结果放大 $1.1\sim1.4$ 倍，就为估算的基础底面积，在确定面积 A 的前提下，再确定基础宽度 b 和长度 l，l/b 等于 1.5，l/b 的值不大于 3，以确保基础的稳定性。

$$A=(1.1\sim1.4)\frac{F_\mathrm{k}}{f_\mathrm{a}+\gamma_\mathrm{G}d} \tag{5-17}$$

三、基础承载力验算

（1）计算基底平均压应力

$$p_\mathrm{k}=\frac{F_\mathrm{k}+G_\mathrm{k}}{bl} \tag{5-18}$$

式中字母含义同前。

（2）计算基底偏心压应力

在偏心荷载作用下，假定基础底面的压力按线性分布，由于基础底面的土不能承受拉力，根据偏心距的大小，基础底面的压力可按梯形或三角形分布，如图 5-14 所示，分以下两种情况进行计算。

1）当偏心距 $e\leqslant\dfrac{b}{6}$ 时，基础底面压应力为梯形分布，如图 5-14（a）所示。这时应分别按式（5-19）、式（5-20）和式（5-21）计算基础底面的平均压力、基础底面边缘最大压应力和最小压应力。

$$p_\mathrm{max}=\frac{F_\mathrm{k}+G_\mathrm{k}}{A}+\frac{M_\mathrm{k}}{W} \tag{5-19}$$

$$p_\mathrm{min}=\frac{F_\mathrm{k}+G_\mathrm{k}}{A}-\frac{M_\mathrm{k}}{W} \tag{5-20}$$

将 $M_\mathrm{k}=(N_\mathrm{k}+G_\mathrm{k})e$、$A=b\times l$ 带入式（3-19）可得：

$$p_{\min}=\frac{F_k+G_k}{bl}\left(1-\frac{6e}{l}\right) \tag{5-21}$$

式中 M_k——相应于荷载效应标准组合时，作用于基础底面的力矩值；

      W——基础底面的抗弯抵抗拒，对于矩形底面的基础 $W=\dfrac{lb^2}{6}$；

p_k、$p_{\max}$、$p_{\min}$——分别为基础底面的平均压应力，边缘最大压应力，边缘最小压应力。

2）当偏心距 $e=\dfrac{b}{6}$ 时，基底压应力分布为三角形，如图 5-14（b）所示。

假如基底最小压应力一侧正好处在消压状态（$p_{\min}=0$），也就是说轴向压应力与弯曲拉应力大小相等方向相反，即：

$$\frac{F_k+G_k}{A}=\frac{M_k}{W}$$

$$\frac{F_k+G_k}{bl}=\frac{Ne}{\dfrac{lb^2}{6}}=\frac{(F_k+G_k)e}{\dfrac{lb^2}{6}}$$

这种特定状态下 $e=\dfrac{b}{6}$ 是判定基底压应力全截面分布还是部分截面分布的界限。也就是说，轴向力的合力偏心距 $e\leqslant\dfrac{b}{6}$ 时，基础底面压应力最小的一侧和地基之间处在受压状态，当 $e>\dfrac{b}{6}$ 时，基础底面压应力最小的一侧和地基之间因产生拉应力，边缘一定区域内已经脱开。

3）当 $e>\dfrac{b}{6}$ 时，如图 5-14（c）所示，此时，$p_{\min}<0$，假如压应力分布长度为 $3a$，因为三角形应力分布图的合力作用点在距最大压应力 $p_{\max}$ 一侧就为 a，根据轴向力的平衡关系可得：

$$N_k=F_k+G_k=3alp_{\max}\times\frac{1}{2}=\frac{3}{2}alp_{\max}$$

$$p_{\max}=\frac{2(F_k+G_k)}{3al} \tag{5-22}$$

将 $M_k=(N_k+G_k)e$、$A=b\times l$ 带入式（5-18）可得：

$$p_{\max}=\frac{2(F_k+G_k)}{3al} \tag{5-23}$$

$$p_{\max}=\frac{F_k+G_k}{b}\left(1+\frac{6e}{b}\right) \tag{5-24}$$

对于墙下条形基础，式（5-22）可以简化为：

式中 M_k——相应于荷载效应标准组合时，作用于基础底面的力矩值；

      W——基础底面的抗弯抵抗拒，对于矩形底面的基础 $W=\dfrac{lb^2}{6}$，对于条形基

      础 $W=\dfrac{b^2}{6}$；

      G_k——基础自重和基础上的土重标准值。

4）验算持力层承载力。应验算基底压应力最大边缘，使其满足：

$$p_{max} \leqslant f_a \qquad (5\text{-}25)$$

【例 5-2】 试确定图 5-15 所示某轴心受压框架柱下基础底面尺寸。

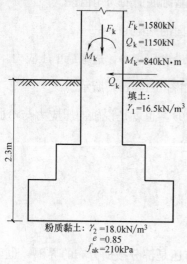

F_k
$F_k = 1580\text{kN}$
$Q_k = 1150\text{kN}$
$M_k = 840\text{kN} \cdot \text{m}$
Q_k
M_k

填土：
$\gamma_1 = 16.5\text{kN/m}^3$

2.3m

粉质黏土：$\gamma_2 = 18.0\text{kN/m}^3$
$e = 0.85$
$f_{ak} = 210\text{kPa}$

图 5-15 【例 5-2】图

【解】 (1) 估计基础底面积

深度修正后持力层承载力特征值：

$$f_a = f_{ak} + \eta_d \gamma_m (d - 0.5) = 210 + 1.0 \times 16.5 \times$$
$$(2.3 - 0.5) = 239.7\text{kPa}$$

$$A = (1.1 \sim 1.4) \frac{F_k}{f_a + \gamma_G d} = (1.1 \sim 1.4) \times$$

$$\frac{1580}{239.7 - 20 \times 2.3} = 8.97\text{m}^2 \sim 11.42\text{m}^2$$

由于力矩较大。底面尺寸可取较大值，故取 $b = 3\text{m}$，$l = 4\text{m}$。

(2) 计算基底压力

$$p_k = \frac{F_k}{bl} + \gamma_G d = \frac{1580}{3 \times 4} + 20 \times 2.3 = 177.67\text{kPa}$$

$$e = \frac{M_k}{F_k} = \frac{840}{1580} = 0.532\text{m} > \frac{b}{6} = 0.5\text{m}$$

$$p_{max} = \frac{2(F_k + G_k)}{3b(l/2 - e)} = \frac{2(1580 + 20 \times 2.3)}{3 \times 3(4/2 - 0.532)} = 246.14\text{kPa}$$

(3) 验算持力层

$$p_k = 177.67\text{kPa} < f_a = 239.7\text{kPa}$$

$$p_{kmax} = 246.14\text{kPa} < 1.2f_a = 1.2 \times 239.7\text{kPa} = 287.64\text{kPa}$$

满足要求。

【例 5-3】 某带壁柱的墙基础底面尺寸如图 5-16 所示，作用于基底形心处的竖向总荷载为 $F_k + G_k = 415\text{kN}$，总力矩 $M_k = 28.3\text{kN} \cdot \text{m}$，深度修正后地基承载力特征值 $f_a = 118\text{kPa}$。试验算地基承载力是否满足要求。

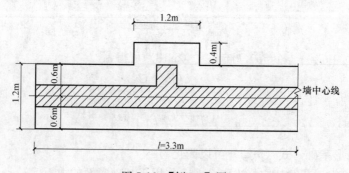

1.2m

0.4m

0.6m

1.2m

墙中心线

0.6m

$l = 3.3\text{m}$

图 5-16 【例 5-3】图

【解】 求基础底面的几何特征

基底面积 $A = (3.3 + 0.4) \times 1.2 = 4.44\text{m}^2$

形心轴到基础外边缘的距离

$$y_1 = \frac{1/2 \times 3.3 \times 1.2^2 + 1.2 \times 0.4 \times (1.2 + 0.20)}{4.44} = 0.69\text{m}$$

形心轴到壁柱基础内边缘的距离

$$y_2 = 1.2 - 0.69 + 0.4 = 0.91\text{m}$$

形心轴到墙中心的距离

$$0.69 - 0.6 = 0.09\text{m}$$

基础底面对形心轴的惯性矩

$$I = \frac{3.3 \times 1.2^3}{12} + 3.3 \times 1.2 \times 0.09^2 + \frac{1.2 \times 0.4^3}{12} + 1.2 \times 0.4 \times 0.91^2 = 0.7557\text{m}^4$$

基底平均压力

$$p_k = \frac{F_k + G_k}{A} = \frac{415}{4.44} = 93.47\text{kPa} < f_a = 118\text{kPa}$$

基底最大压力

$$p_{kmax} = p_k + \frac{M_k}{I}y_2 = 93.47 + \frac{28.30}{0.7557} \times 0.91 = 127.55\text{kPa} < 1.2f_a = 141.6\text{kPa}$$

基底最小压力

$$p_{kmin} = p_k - \frac{M_k}{I}y_2 = 93.47 - \frac{28.30}{0.7557} \times 0.91 = 59.39\text{kPa} > 0$$

故地基承载力满足要求，且基底压力呈梯形分布。

四、软弱下卧层的验算

在一般情况下，随着深度的增加，同一层土的压缩性降低、抗剪强度和承载力提高。但在成层地基中，有时可能包括软弱下卧层。如果在地基持力层以下的地基土范围内，存在压缩性高、抗剪强度和承载力低的土层，则除按持力层承载力确定基础尺寸外，还需要对下卧软弱层地基承载力进行验算，使其满足：软弱下卧层顶面处的附加应力设计值 p_z 与土的自重应力 p_{cz} 之和不超过软弱下卧层的承载力设计值 f_{az}，即

$$p_z + p_{cz} \leqslant f_{az} \tag{5-26}$$

式中　p_z——相应于作用的标准组合时，软弱下卧层顶面处的附加压力值（kPa）；

　　　p_{cz}——软弱下卧层顶面处土的自重压力值（kPa）；

　　　f_{az}——软弱下卧层顶面处经深度修正后的地基承载力特征值（kPa）。

当上层土与下卧软弱土层的压缩模量比值大于或等于 3 时，对条形基础和矩形基础，附加压力值 p_z 值按下列公式简化计算：

条形基础

$$p_z = \frac{b(p_k - p_c)}{b + 2z\tan\theta} \tag{5-27}$$

矩形基础

$$p_z = \frac{lb(p_k - p_c)}{(b + 2z\tan\theta)(l + 2z\tan\theta)} \tag{5-28}$$

式中　b——矩形基础和条形基础底边的宽度（m）；

　　　l——矩形基础底边的长度（m）；

　　　p_c——基础地面处土的自重压力值（kPa）；

　　　z——基础底面至柔弱下卧层顶面的距离（m）；

　　　θ——地基压力扩散线与垂直线的夹角（°），可根据压缩模量比按表 5-11 采用。

E_{s1}/E_{s2}	z/b	
	0.25	0.50
3	6°	23°
5	10°	25°
10	20°	30°

注：1. E_{s1} 为上层土压缩模量；E_{s2} 为下层土压缩模量；

    2. $z<0.25b$ 时，一般取 $\theta=0°$，必要时，宜由试验确定；$z>0.5b$ 时 θ 值不变；

    3. z 在 $(0.25\sim0.5)b$ 之间时刻插值使用。

对于沉降已经稳定的建筑或经过预压的地基，进行地基承载力验算时，可适当提高地基承载力设计值。

如果软弱下卧层的承载力不满足要求时，该基础的沉降量可能较大，或者地基可能产生剪切破坏。此时应考虑增大基础底面积，或改变基础类型，减少基础埋深。如果这样处理后仍未能满足要求，则应考虑采用其他地基基础方案。

【例 5-4】 地基土层分布情况如图 5-17 所示。上层为黏性土，厚度为 2.5m，重度为 $\gamma_1=18.5\text{kN/m}^3$，压缩模量 $E_{s1}=9\text{MPa}$，承载力设计值为 $f_a=198\text{kPa}$。下层淤泥质土的压缩模量 $E_{s2}=1.8\text{MPa}$，承载力标准值 $f_{ak}=91\text{kPa}$。现修建一条形基础，基础顶面轴心荷载设计值 $F_k=295\text{kN/m}$，暂取基础埋深 1.2m，基础底面宽度 2.2m。试验算所选尺寸是否合适。

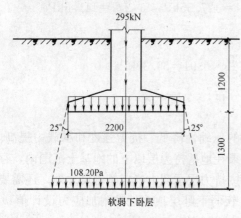

图 5-17 【例 5-4】图

【解】 （1）先对上层进行计算，取长度 1m 作为计算单元。

$$p_k=\frac{F_k}{b}+\gamma_G d=\frac{295}{2.2}+20\times1.2=158.09\text{kPa}<f_a=198\text{kPa}，满足要求。$$

（2）下卧层验算

按 $b=2.2\text{m}$ 验算，基底附加压力设计值为：

$$p_k-p_c=p_k-\gamma_1 d=158.09-18.5\times1.2=135.89\text{kPa}$$

$$E_{s1}/E_{s2}=9/1.8=5$$

$z=1.3\text{m}>\dfrac{b}{2}=1.1\text{m}$，由表 5-10 可得 $\theta=25°$

$$p_z=\frac{b(p_k-p_c)}{b+2z\tan\theta}=\frac{2.2\times135.89}{2.2+2\times1.3\times\tan25°}=108.20\text{kPa}$$

下卧层顶面处土的自重应力：

$$p_{cz}=\gamma_1(d+z)=18.5\times(1.2+1.3)=46.25\text{kPa}$$

下卧层顶面处的承载力设计值

查表 5-9 得知 $\eta_d=1.1$

$$f_{az}=f_{ak}+\eta_d\gamma_m(d-0.5)=91+1.1\times18.5\times(2.5-0.5)=131.7\text{kPa}>1.1f_{ak}$$
$$=100.1\text{kPa}$$

$$p_z+p_{cz}=108.2+46.25=154.45>f=131.7\text{kPa}$$

所选基础埋深及底面尺寸合适。

第四节　地基变形验算

地基变形验算是与地基承载力验算同等重要的另一个方面的问题，地基变形可对建筑物造成一定程度的损害，或影响建筑物正常使用。因此，在地基基础设计中，必须充分重视地基变形的计算和验算，以确保建筑物能够安全正常使用。

一、建筑地基变形的允许值

1. 地基变形种类

地基变形特征可分为沉降量、沉降差、倾斜、局部倾斜等。

（1）沉降量：地基中心的沉降值，如图 5-18（a）所示。它主要用于独立柱基础和地基变形较均匀的排架结构柱基础的沉降量，也可用于估计建筑物在施工期间和使用期间的地基变形量，以便预留建筑物有关部分的净空。

（2）沉降差：指相邻独立基础沉降量的差值，如图 5-18（b）所示。主要用于计算框架结构相邻柱基础的地基变形差异。

（3）倾斜：是指基础倾斜方向两端点的沉降差与其距离的比值，如图 5-18（c）所示。主要用于计算大块式基础上的烟囱、水塔等高耸结构物及受偏心荷载作用或不均匀地基影响的基础整体倾斜。

（4）局部倾斜：指砌体承重结构沿纵向 6～10m 范围内基础两点的沉降差与其距离的比值，如图 5-18（d）所示。主要用于计算砌体结构承重墙因纵向不均匀沉降引起的倾斜。

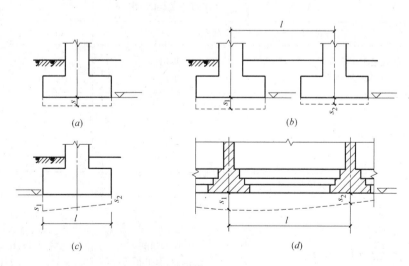

图 5-18　地基变形的分类

（a）沉降量；（b）沉降差；（c）倾斜；（d）局部倾斜

2. 地基变形的允许值

根据《建筑地基基础设计规范》GB 50007—2011 的规定，在验算地基变形时，应根据不同情况确定地基变形的特征值和控制值，并符合下列要求：

（1）由于建筑地基不均匀、荷载差异很大、体型复杂等因素引起的地基变形，对于砌体承重结构应有局部倾斜值控制。

（2）对于框架结构和单层排架结构应有相邻柱基的沉降差控制。

（3）对于多层或高层建筑和高耸结构应由倾斜值控制，必要时尚应控制沉降量。

（4）在必要情况下，需要分别预估建筑物在施工期间和使用期间的地基变形值，以便预留建筑物有关部分之间的净空，选择连接方法和施工顺序。

对于一般建筑物，在施工期间完成的沉降量，对于砂土可以认为其最终沉降量已经完成；对于低压缩黏性土可以认为完成最终沉降量的 50%～80%；对于中压缩性黏性土可以认为已完成 20%～50%；对于高压缩性黏性土可以认为已完成 5%～20%。

对于一级建筑物，还应在施工期间和使用期间进行沉降观测并应以实测资料作为建筑物地基基础工程质量检查的依据之一。建筑物的地基变形允许值，可按表 5-12 采用，对表中未包括的其他建筑物，可根据地上结构对地基变形的适应能力和使用上的要求确定地基变形允许值。

建筑物的地基变形允许值　　　　　　　　　　　　　　表 5-12

变 形 特 征		地基土类别	
		中、低压缩性土	高压缩性土
砌体承重结构基础的局部倾斜		0.002	0.003
工业与民用建筑相邻柱基础的沉降差	框架结构	$0.002l$	$0.003l$
	砖石墙填充的边排柱	$0.0007l$	$0.001l$
	当基础不均匀沉降时不产生附加应力的结构	$0.005l$	$0.005l$
单层排架结构（柱距为 6m）柱基的沉降量(mm)		(120)	200
桥式吊车轨面的倾斜 （按不调整轨道考虑）	纵向	0.004	
	横向	0.003	
多层和高层建筑基础的倾斜	$H_g \leqslant 24$	0.004	
	$24 < H_g \leqslant 60$	0.003	
	$60 < H_g \leqslant 100$	0.002	
	$H_g > 100$	0.0015	
体型简单的高层建筑基础的平均沉降量(mm)		200	
高耸结构基础的倾斜	$H_g \leqslant 20$	0.008	
	$20 < H_g \leqslant 50$	0.006	
	$50 < H_g \leqslant 100$	0.005	
	$100 < H_g \leqslant 150$	0.004	
	$150 < H_g \leqslant 200$	0.003	
	$200 < H_g \leqslant 250$	0.002	

变　形　特　征	地基土类别	
	中、低压缩性土	高压缩性土
高耸结构基础的沉降量(mm)	$H_g \leqslant 100$	400
	$100 < H_g \leqslant 200$	300
	$200 < H_g \leqslant 250$	200

注：1. 本表数值为建筑物地基实际最终变形允许值；
　　2. 有括号者只适用于中压缩性土；
　　3. l 为相邻基础的中心距（mm），H_g 为自室外地面起算的建筑物高度（m）；
　　4. 倾斜指基础倾斜方向两端点的沉降差与其距离的比值；
　　5. 局部倾斜指砌体承重结构沿纵向 6～10m 内基础两点沉降差与其距离的比值。

二、地基变形的计算

地基变形验算的要求是：建筑物的地基变形计算值不大于地基变形允许值，即满足：

$$s \leqslant [s] \tag{5-29}$$

式中　s——根据建筑物的类型和承受荷载情况计算的地基变形值；

　　　$[s]$——表 5-12 中给出的建筑物的地基变形允许值。

1. 计算最终沉降量的分层综合法

计算地基变形时，地基内的应力分布可采用各向同性均质的直线变形体理论。采用侧限压缩条件下的压缩指标，并利用平均附加应力系数计算最终沉降量，其最终变形量可按下式进行计算：

$$s = \psi_s s' = \psi_s \sum_{i=1}^{n} \frac{p_0}{E_{si}} (z_i \bar{\alpha}_i - z_{i-1} \bar{\alpha}_{i-1}) \tag{5-30}$$

式中　s——地基最终变形量（mm）；

　　　s'——按分层总合法计算出的地基变形量（mm）；

　　　ψ_s——沉降计算经验系数。根据地区沉降观测资料及经验确定，无地区经验时可根据变形计算深度范围内压缩模量的当量值、基地附加压应力按表 5-13 取值；

　　　n——地基变形计算深度范围内所划分的土层数；

　　　p_0——相应于作用的准永久值组合时基础底面处的附加压力（kPa）；

　　　E_{si}——基础地面下第 i 土层的压缩模量（MPa），应取土的自重压力至土的自重压力与附加压力之和的压力段计算；

z_i、z_{i-1}——基础底面至第 i 层土、第 $i-1$ 层土底面的距离（m）；

$\bar{\alpha}_i$、$\bar{\alpha}_{i-1}$——基础底面计算点至第 i 层、第 $i-1$ 层土底面范围内附加应力系数，可按《建筑地基基础设计规范》GB 50007—2011 附录 K 采用。

沉降计算经验系数 ψ_s					表 5-13
$\bar{E}_s$(MPa)　基底附加压力	2.5	4.0	7.0	15.0	20.0
$p_0 \geqslant f_{ak}$	1.4	1.3	1.0	0.4	0.2
$p_0 \leqslant 0.75 f_{ak}$	1.1	1.0	0.7	0.4	0.2

表 5-13 中的 $\overline{E}_s$ 为沉降计算深度范围内土的压缩模量，应按下式计算：

$$\overline{E}_s = \frac{\sum A_i}{\sum \dfrac{A_i}{E_{si}}} \tag{5-31}$$

式中　A_i——第 i 层土附加应力系数沿土层厚度的积分值，可按下式计算：

$$A_i = p_0 (z_i \overline{a_i} - z_{i-1} \overline{a}_{i-1}) \tag{5-32}$$

2. 地基变形计算深度

地基沉降计算深度 z_n 应符合下式要求：

$$\Delta s'_n \leqslant 0.025 \sum_{i=1}^{n} \Delta s'_i \tag{5-33}$$

式中　$\Delta s'_n$——在由计算深度处（z_n）向上取厚度为 Δz 的土层计算沉降值，按表 5-14 取用。

　　　　$\Delta s'_i$——在计算深度范围内，第 i 层土的计算沉降值。

		Δz		表 5-14
b(m)	$b \leqslant 2$	$2 < b \leqslant 4$	$4 < b \leqslant 8$	$b > 8$
ΔZ(m)	0.3	0.6	0.8	1.0

按式（5-33）所确定的沉降计算深度以下如有软弱土层时，应继续向下计算，直至软弱土层中所取的规定厚度 Δz 的计算沉降量满足式（5-33）时为止。

当无相邻荷载影响时，基础宽度在 1～50m 范围内时，基础中点的地基沉降计算深度也可按下式计算：

$$z_n = b(2.5 - 0.4\ln b) \tag{5-34}$$

式中　b——为基础的宽度（m）。

在计算深度范围内存在基岩时，z_n 可取至基岩表面。

计算地基沉降时，应考虑相邻荷载影响，其值可按应力叠加原理，采用角点法计算。

第五节　无筋扩展基础

无筋扩展基础通常称为刚性基础。这种基础主要由砖、毛石、灰土、混凝土等材料按台阶逐级向下扩展（大放脚）形成的无筋扩展基础。其特点是施工技术简单，可就地取材，造价低廉，在地基条件许可的情况下，是多层民用建筑和轻型工业厂房结构适用的浅基础。

刚性基础所用的材料抗压强度高，抗拉强度、抗剪强度低，翘曲变形出现就会发生开裂。在如图 5-19a 所示的基地反力作用下，扩展的基础底板如同倒置的短悬臂板；当设计的台阶根部高度过小时，就会弯曲拉裂或剪裂。因此，刚性基础的设计可以通过限制材料强度等级、台阶宽高比（$\tan\alpha$）的要求来进行，无需内力分析和截面计算。刚性基础的宽度应按图 5-19b 所示确定，计算公式为式（5-36）。

$$\tan\alpha = \frac{b}{h} \tag{5-35}$$

式中　α——刚性基础的刚性角，$\tan\alpha$ 即为台阶宽高比的允许值。其值可按表 5-14 采用。

$$b = b_0 + 2H_0 \tan\alpha \tag{5-36}$$

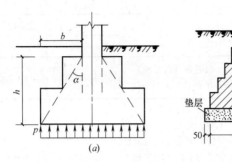

图 5-19　刚性基础受力示意图

(a) 刚性基础示意；(b) 砖基础的"两皮一收"砌法

砖基础每阶的高和宽都应符合砖的模数。其砌筑方式有："两皮一收"砌法和"两皮一收与一皮一收间砌"的砌法。"两皮一收"砌法是指每阶两皮砖高为 120mm，出挑宽度 60～65mm，如图 5-19 所示；"两皮一收与一皮一收间砌"的砌法是指：出挑的相邻两阶高度分别为 120mm 和 60mm 间隔变化，出挑长度均为 60mm，从基础开始"两皮"高度和一皮的高度间隔砌筑。

为了确保基础传入地基的荷载有一个合理的扩散范围并确保基础砌筑质量，一般在砖基础底面以下先做三合土或混凝土垫层，垫层每边伸出基础的宽度 50～100mm，厚度不小于 100mm。需要特别强调指出：设置垫层一是为了施工方便，二是确保基础传力的有效性，垫层不能作为基础的组成部分，垫层的宽度和厚度都不能计入基础的底宽 b 和埋深 d 之内。

工程中有时由于刚性基础是由上下两种不同材料组成，或基础抗压强度低于墙或柱强度时，还需进行墙或柱与基础接触面以及基础中两种不同组成材料部分接触面之间的抗压强度验算；同时，基础中不同材料上下各层均须符合表 5-15 中该材料所做刚性基础对宽高比的要求。如上部用砖，下部用混凝土所做的基础，除对下部混凝土高度要求必须在 200mm 以上外，下部混凝土每阶宽高比应在 1：1，最大不超过 1：1.25。基础上部砖砌部分每阶宽高比不应大于 1：1.5。

刚性基础台阶宽高比的允许值　　　　　　　　　　　　　　　表 5-15

基础材料	质量要求	台阶宽高比的允许值		
		$\rho_k \leqslant 100$	$100 < \rho_k \leqslant 200$	$200 < \rho_k \leqslant 300$
混凝土基础	C15 混凝土	1：1.00	1：1.00	1：1.25
毛石混凝土基础	C15 混凝土	1：1.00	1：1.25	1：1.50
砖基础	砖不低于 MU10,砂浆不低于 M5	1：1.50	1：1.50	1：1.50
毛石基础	砂浆不低于 M5	1：1.25	1：1.50	
灰土基础	体积比 3：7 或 2：8 的灰土,其最小干密度：粉土 1550kg/m³;粉质黏土 150kg/m³;黏土 1450kg/m³	1：1.25	1：1.50	

基础材料	质量要求	台阶宽高比的允许值		
		$\rho_k \leqslant 100$	$100 < \rho_k \leqslant 200$	$200 < \rho_k \leqslant 300$
三合土基础	体积比 1:2:4~1:3:6(石灰:砂:骨料),每层虚铺 220mm,夯至 150mm	1:1.5	1:2.00	

注: 1. ρ_k 为作用的标准组合时基底面处平均压力 (kPa);

2. 阶梯形毛石基础的每阶伸出宽度,不宜大于 200mm;

3. 当基础由不同材料叠合组成时,应对接触部分作抗压验算;

4. 混凝土基础单侧扩展范围内基础底面处的平均压力值超过 300kPa 时,尚应进行抗剪验算;对基地反力集中于立柱附近的岩石基础,应进行局部受压承载力验算。

图 5-20 所示为毛石基础的砌筑方法,其每一阶的伸出宽度不宜大于 200mm,高度应大于 350mm(通常为 400~600mm),其宽高比已经小于表 5-15 中的要求,每阶由两层毛石错缝砌筑。

混凝土基础和毛石基础通常也做成阶梯形,每阶高度一般为 500mm,伸出宽度一般为 400~500mm。地下水质对普通硅酸盐水泥有侵蚀性时,可改用矿渣水泥或火山灰水泥来拌合混凝土。混凝土中的毛石均应错开,且不应外露,以确保毛石与混凝土的粘结。

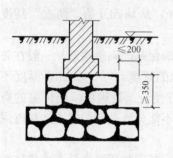

图 5-20 毛石基础

墙下刚性条形基础只在墙厚(基础宽度方向)作阶形放阶,柱下独立刚性基础则需要在纵向和横向放阶,两方向都应符合所用材料的宽高比允许值的要求。

【例 5-5】 某砖混结构房屋山墙基础,传至基础顶面的荷载 $F_k = 185\text{kN/m}$,室内外高差 0.45m,墙厚 0.37m,地质条件如图 5-21(a)所示;基础采用 3:7 灰土叠合材料条形基础,采用 MU10 黏土砖,M5.0 水泥砂浆砌筑;基础平均埋深为 1.63m,经计算持力层地基承载力特征值为 $f_a = 175\text{kPa}$。试设计该条形基础。

【解】 (1)确定基础底面面积

$$b \geqslant \frac{F_k}{f_a - \gamma_G d} = \frac{185}{175 - 20 \times 1.63} = 1.30\text{m}$$

(2)确定基础构造尺寸

采用 3:7 灰土其上用砖放大脚与墙体相联,根据基底压力

$$p_k = \frac{F_k}{b} + \gamma_G d = \frac{185}{1.3} + 20 \times 1.65 = 175.31\text{kPa}$$

查表 5-15,灰土台阶宽高比允许值为 1:1.5,即 $\frac{b_1}{h_1} \leqslant \frac{1}{1.5}$,即 $b_1 \leqslant \frac{h_1}{1.5} = 300\text{mm}$

计算砖的台阶数:以基础半宽计,$n = (1300/2 - 370/2 - 300)/60 = 2.8$

取砖放大脚的台数 $n = 3$,灰土台阶实际宽度为

$$b_1 = 1300/2 - 370/2 - 3 \times 60 = 285\text{mm}$$

(3)验算灰土强度

灰土和砖基础接触面宽度:$b_0 = 1300 - 2 \times 285 = 730\text{mm}$

接触底面压力：

$$p_k' = \frac{F_k}{b_0} + \gamma_G d' = \frac{185}{0.73} + 20 \times (1.65 - 0.45) = 277.425\text{kPa} > 250\text{kPa}（灰土基础强度）$$

不满足要求。

加宽基础宽度将砖台阶数改为四阶，基础宽度即变为：$b = 1300 + 120 = 1420\text{mm}$

$$b_0 = 1420 - 2 \times 285 = 850\text{mm}$$

$$p_k' = \frac{F_k}{b_0} + \gamma_G d' = \frac{185}{0.85} + 20 \times (1.65 - 0.45) = 241.65\text{kPa} < 250\text{kPa}，满足要求。$$

基础剖面图如图 5-21 (b) 所示。

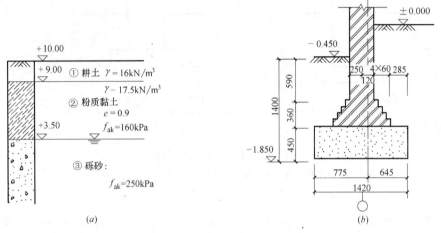

图 5-21 【例 5-5】图

(a) 地基条件；(b) 灰土基础

第六节　扩展基础设计

扩展基础是指柱下钢筋混凝土独立基础和墙下钢筋混凝土条形基础。由于扩展基础不受刚性角限制，设计上可以做到宽基浅埋，充分利用浅层承载力高、变形值小的好土作为持力层。由于扩展基础的悬挑臂内配有钢筋，与刚性基础相比具有抗拉强度高、抗弯性能好的优点，基础能承受较大的竖向荷载和弯矩，因此，钢筋混凝土扩展基础被广泛用于单层和多层房屋结构中。

一、扩展基础的构造要求

1. 一般构造要求

（1）锥形基础的边缘高度不宜小于 200mm，且两个方向的坡度不宜大于 1：3，其顶部四周应水平放宽 50mm，以方便柱模板的安装定位，如图 5-22 (a) 所示。阶梯形基础的每阶高度宜为 300～500mm，当基础总高度 $h \leqslant 350\text{mm}$ 时，可用一阶；$350\text{mm} < h \leqslant 900\text{mm}$ 用二阶，如图 5-22 (b) 所示；当 $h > 900\text{mm}$ 时，用三阶，如图 5-22 (c) 所示。

（2）钢筋混凝土基础下通常设素混凝土垫层，垫层的厚度不宜小于 70mm；垫层的混凝土强度等级应为 C10；垫层两边各伸出基础底板 100mm。

（3）扩展基础受力钢筋通常采用 HPB300 级，其配筋率不应小于 0.15%，底板受力

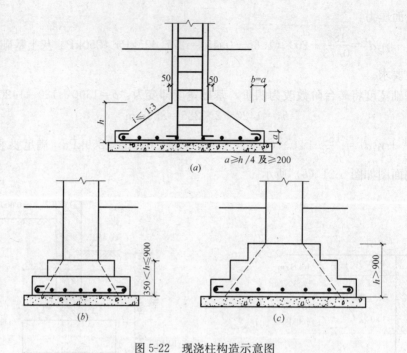

图 5-22　现浇柱构造示意图

（a）锥形基础边缘高度及坡度；（b）350mm<h≤900mm 时设两阶；

（c）当 h>900mm 时设三阶

钢筋的最小直径不应小于 10mm；间距不宜大于 200mm，也不宜小于 100mm。墙下钢筋混凝土条形基础纵向分布钢筋的直径不小于 8mm；间距不大于 300mm；每延米分布钢筋面积应不小于受力钢筋面积的 15%。当有垫层时，钢筋保护层厚度不小于 40mm；无垫层时不应小于 70mm。

（4）基础底板混凝土强度等级不应低于 C20。

（5）当柱下钢筋混凝土独立基础的边长和墙下钢筋混凝土条形基础的宽度大于或等于 2.5m 时，底板受力钢筋的长度可取边长或宽度的 0.9 倍，并宜交错布置，如图 5-23 所示。

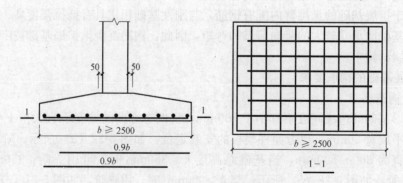

图 5-23　柱下独立基础底板受力钢筋布置

（6）钢筋混凝土条形基础底板在 T 形及十字形交接处，底板横向受力钢筋仅沿一个主要受力方向通长布置，另一个方向的横向受力钢筋可布置到主要受力方向底板宽度的

1/4 处，在拐角处底板横向受力钢筋应沿两个方向布置，如图 5-24 所示。

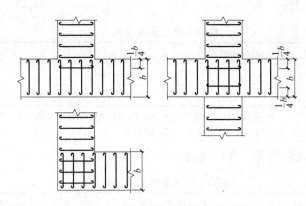

图 5-24 墙下条形基础纵横交叉处底板受力钢筋布置

2. 受力钢筋锚固长度

钢筋混凝土柱下和剪力墙纵向受力钢筋在基础内的锚固长度应符合下列规定：

（1）钢筋混凝土柱下和剪力墙纵向受力钢筋在基础内的锚固长度 l_a 应根据现行国家标准《混凝土结构设计规范》GB 50010—2010 的规定确定。

（2）抗震设防烈度为 6 度、7 度、8 度和 9 度地区的建筑工程，纵向受力钢筋的抗震锚固长度 l_{aE} 应按下列规定取值：

① 一、二级抗震等级纵向受力钢筋的抗震锚固长度 l_{aE} 应按下式计算：

$$l_{aE} = 1.15 l_a$$

② 三级抗震等级纵向受力钢筋的抗震锚固长度 l_{aE} 应按下式计算：

$$l_{aE} = 1.05 l_a$$

③ 四级抗震等级纵向受力钢筋的抗震锚固长度 l_{aE} 应按下式计算：

$$l_{aE} = l_a$$

（3）当基础高度小于时，纵向受力钢筋的锚固总长度除符合上述总要求外，其最小锚段的长度不应小于 $20d$，弯折段的长度不应小于 150mm。

3. 现浇柱基础钢筋

现浇柱基础插筋的数量、直径以及钢筋种类应与柱内纵向受力钢筋直径相同。插筋的锚固长度应符合前述 2（2）中由抗震等级所决定的锚固长度要求，插筋与柱内纵向受力钢筋的连接方法，应根据现行国家标准《混凝土结构设计规范》GB 50010—2010 的有关规定确定。插筋的下端宜做成直角弯钩放在基础底板钢筋网上，其余插筋锚固在基础底面下 l_a 或 l_{aE} 处，如图 5-25 所示。

（1）柱为轴心受压或小偏心受压，基础高度大于或等于 1200mm；

（2）柱为大偏心受压，基础高度大于或等于 1400mm。

4. 预制钢筋混凝土柱与杯口基础的连接规定

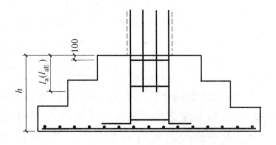

图 5-25 现浇柱的基础中插筋构造示意图

(1) 柱的插入深度 h_1，可按表 5-16 选用，并应满足上述 2 (2) 中钢筋抗震锚固长度的要求及吊装时的稳定性。

柱插入杯口的深度 h_1 表 5-16

矩形或工字形柱				双肢柱
$h<500$	$500\leqslant h<800$	$800\leqslant h\leqslant 1000$	$h>1000$	
$h\sim 1.2h$	h	$0.9h$，且$\geqslant 800$	$0.8h$，且$\geqslant 1000$	$(1/3\sim 1/2)h_a$ $(1.5\sim 1.8)h_b$

注：1. h 为柱截面长边尺寸；h_a 为双肢柱全截面长边尺寸，h_b 为双肢柱全截面短边尺寸，单位为 mm；
    2. 轴心受压或小偏心受压时 h_1 可以适当减少，偏心距大于 $2h$ 时，h_1 应适当加大。

(2) 基础杯底厚度和杯壁厚度可按表 5-17 选用。

基础的杯底厚度和杯壁厚度 a_1 表 5-17

柱截面长边尺寸(mm)	杯底厚度 a_1(mm)	杯壁厚度 t(mm)
$h<500$	$\geqslant 150$	$150\sim 200$
$500\leqslant h<800$	$\geqslant 200$	$\geqslant 200$
$800\leqslant h\leqslant 1000$	$\geqslant 200$	$\geqslant 300$
$1000\leqslant h<1500$	$\geqslant 250$	$\geqslant 350$
$1500\leqslant h<2000$	$\geqslant 300$	$\geqslant 400$

注：1. 双肢柱的杯底厚度值，可适当加大；
    2. 当有基础梁时，基础梁下的杯壁厚度，应满足其支承宽度的要求；
    3. 柱子插入杯口的部分表面应凿毛，柱与杯口之间的空隙，应用比基础混凝土强度等级一级的细石混凝土充填密实，当达到材料设计强度 70% 以上时，方能进行上部吊装。

(3) 当柱为轴心受压或小偏心受压且 $t/h_2\geqslant 0.65$ 时，或大偏心受压且 $t/h_2\geqslant 0.75$ 时，杯壁可不配筋；当柱为轴心受压或小偏心受压且 $0.5\leqslant t/h_2<0.65$ 时，杯壁可按表 5-18 配置构造钢筋；其他情况下，应按计算配筋。

杯壁构造钢筋   表 5-18

柱截面长边尺寸(mm)	$h<1000$	$1000\leqslant h<1500$	$1500\leqslant h\leqslant 2000$
钢筋直径(mm)	$8\sim 10$	$10\sim 12$	$12\sim 16$

注：表中钢筋置于杯口顶部，每边两根（图 5-26）。

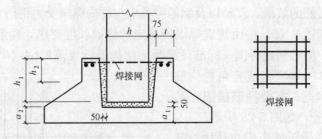

图 5-26 预制混凝土柱与独立基础的连接

(4) 预制钢筋土柱（包括双肢柱）与高杯口基础的连接，如图 5-26 所示，除应符合本条（1）插入深度的要求外，尚应符合下列规定：

1）起重机的起重量小于或等于 750kN，轨顶标高小于或等于 14m，基本风压小于 0.5kPa 的工业厂房，且基础短柱的高度不大于 5m。

2）起重机重量大于 750kN，基本风压大于 0.5kPa，应符合下式规定：

$$E_2 J_2 / E_1 J_1 \geqslant 10 \tag{5-37}$$

式中　E_1——预制混凝土柱弹性模量（kPa）；

　　　J_1——预制混凝土柱对其截面短轴的惯性矩（m⁴）；

　　　E_2——短柱混凝土弹性模量（kPa）；

　　　J_2——短柱对其截面短轴的惯性矩（m⁴）。

3）当基础短柱的高度大于 5m，应符合下式的规定：

$$\Delta_1 / \Delta_2 \leqslant 1.1 \tag{5-38}$$

式中　Δ_1——单位水平力作用在以高杯口基础顶面为固定端的柱顶时，柱顶的水平位移（m）；

　　　Δ_2——单位水平力作用在以短柱底面为固定端的柱顶时，柱顶的水平位移（m）。

4）杯壁厚度应符合表 5-19 的规定。高杯口基础短柱的纵向钢筋，除满足计算要求外，在非地震区及抗震设防烈度低于 9 度地区，且满足本条 1)、2)、3) 款的要求时，短柱四角纵向钢筋的直径不宜小于 20mm，并延伸至基础底板的钢筋网上；短柱长边的纵向钢筋，当长边尺寸小于或等于 1000mm 时，其钢筋直径不应小于 12mm，其间距不应大于 300mm；当长边尺寸大于 1000mm 时，其钢筋直径不应小于 16mm，其间距不应大于 300mm，且每隔 1 m 左右伸下一根并做 150mm 的直钩支承在基础底部的钢筋网上，其余钢筋锚固在底板顶面下 l_a 处，如图 5-27 所示。短柱短边每隔 300mm 应配置直径不小于 12mm 的纵向钢筋且每边的配筋率不少于 0.05％；短柱中其他部位的箍筋直径不应小于 8mm，间距不应大于 300mm；当抗震设防烈度为 8 度和 9 度时，箍筋的直径不应小于 8mm，间距不应大于 150mm。

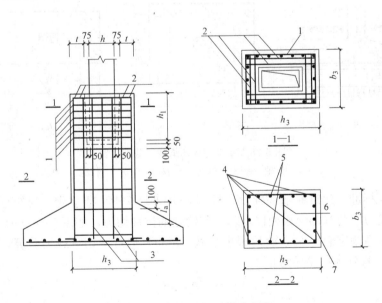

图 5-27　高杯口基础构造配筋

1—杯口壁内横向箍筋Φ8@150；2—顶层焊接钢筋网；3—插入基础底部的纵向钢筋不应少于 1m 一根；

4—短柱四角钢筋一般不小于Φ20；5—短柱长边纵向钢筋，当 $h_3 \leqslant 1000$mm 时用Φ12@300；

当 $h_3 < 1000$ 时，用Φ16@300；6—按构造要求；7—短柱短边纵向钢筋每边

不少于 0.5％$b_3 h_3$（不小于Φ12@300）

高杯口基础的杯壁厚度 t	表 5-19
h(mm)	t(mm)
$600{<}h{\leqslant}800$	$\geqslant250$
$800{<}h{\leqslant}1000$	$\geqslant300$
$1000{<}h{\leqslant}1400$	$\geqslant350$
$1400{<}h{\leqslant}1600$	$\geqslant400$

扩展基础的基础底面积，应按《建筑地基基础设计规范》GB 50007—2011 第 5 章有关规定，在条形基础相交处，不应重复计入基础面积。

二、柱下钢筋混凝土独立基础

单层工业厂房柱下独立基础通常采用阶形基础或锥形基础两种。厂房柱下基础设计的内容包括：基础底面尺寸的确定，基础高度的确定及其板底配筋的计算等。在确定基础底板高度和基础底板配筋时，上部结构传来的荷载效应组合和相应的基底反力按承载能力极限状态下荷载效应的基本组合，并按《建筑结构荷载规范》GB 50009 的要求，采用相应的分项系数进行计算。

1. 基础底面尺寸的确定

轴心受压、偏心受压基础底面积及其尺寸的确定，按本章第三节的思路和步骤进行。

2. 基础高度

确定基础高度 h_0 时，应满足冲切承载力、抗剪承载力及相关的构造规定。通常基础高度 h_0 由冲切承载力控制，如图 5-28 所示。

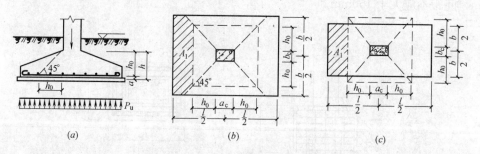

图 5-28 基础受冲切承载力截面位置

(a) 基础平面图；(b) $b{\geqslant}b_c{+}2h_0$；(c) $b{<}b_c{+}2h_0$

现行国家标准《建筑地基基础设计规范》GB 50007—2011 规定：对矩形截面柱的矩形基础，应验算柱与基础交接处以及基础变阶处的抗冲切力，如图 5-28 (a) 所示。通常是按经验和构造规定假定 h_0，然后根据公式（5-39）进行冲切承载力验算，若得不到满足，调整 h_0，直到满足要求为止。

$$F_l \leqslant 0.7\beta_{hp}f_t a_m h_0 \tag{5-39}$$

式中

$$a_m = \frac{a_t + a_b}{2} \tag{5-40}$$

$$F_l = p_j A_l \tag{5-41}$$

式中　F_l——对应于荷载效应基本组合时，作用在 A_l 上的地基土净反力设计值（kPa）；

β_{hp}——受冲切承载力截面高度影响系数，当 h 不大于 800mm 时，$\beta_{hp}=1.0$；当大于或等于 2000mm 时，$\beta_{hp}=0.9$；其间按线性内插法取用；

a_m——冲切破坏锥体最不利一侧计算长度（m）；

f_t——混凝土轴心抗拉强度设计值（kPa）；

h_0——基础冲切破坏锥体的有效高度（m）；

a_t——冲切破坏锥体最不利一侧斜截面的上边长（m），当计算基础交接处的受冲切承载力时，取柱宽；当计算基础变阶处的受冲切承载力时，取上阶宽度；

a_b——冲切破坏锥体最不利一侧斜截面在基础底面积范围内的下边长（m），当冲切破坏锥体的底面落在基础底面以内 [图 5-28（b）]，计算柱与基础交接处的受冲切承载力时，取柱宽加两倍的基础有效高度；当计算基础变阶处的受冲切承载力时，取上阶宽加两倍该处的基础有效高度；当冲切破坏锥体底面在 l 方向落在基础底面以外，即 $a+2h_0 \geqslant l$ 时 [图 5-28（c）]，$a_b=l$；

p_j——扣除基础自重及以上土重后相应于作用的基本组合时的地基土单位面积净反力（kPa），对轴心受压基础，取 $p_j=\dfrac{F_k}{l \times b}$；对偏心受压基础，可取基础边缘处最大地基土单位面积净反力，即 $p_{j\max}=p_{\max}-\dfrac{G}{A}$；

A_l——冲切验算时取用的部分基底面积（m²）[图 5-28（b）中的阴影面积，或图 5-28（c）中的阴影面积]。

有关 A_l 和 a_m 的计算可分为两种情况：

（1）当 $l < a_t+2h_0$ 时，如图 5-28（a）、（b）所示：

$$A_l=(b/2-a_t/2-h_0)l-(l/2-a_t/2-h_0)^2 \quad (5\text{-}42)$$

$$a_m=a_t+h_0 \quad (5\text{-}43)$$

（2）当 $l \leqslant a_t+2h_0$ 时，如图 5-28c 所示：

$$A_l=[(b/2-h_t/2-h_0)]l \quad (5\text{-}44)$$

$$a_m=(a_t+h_0)/2 \quad (5\text{-}45)$$

3. 基础底板配筋

（1）底板弯矩计算

基础可以看作是在地基净反力作用下，支承于柱上的悬臂板，如图 5-29 所示。对轴心荷载或单向偏心荷载作用下矩形基础，当台阶的宽高比小于或等于 2.5，以及偏心距小于或等于 1/6 基础宽度时，任意截面的底板弯矩可按下式计算：

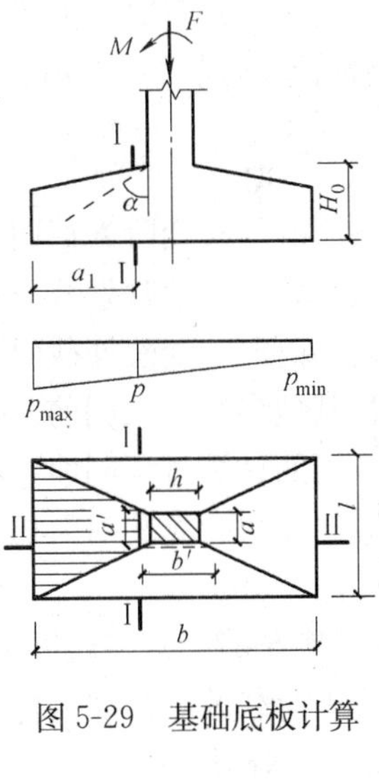

$$M_{\mathrm{I}}=\frac{1}{12}a_1^2\left[(2l+a')\left(p_{\max}+p-\frac{2G}{A}\right)+(P_{\max}-P)l\right]$$

$$(5\text{-}46)$$

$$M_{\mathrm{II}}=\frac{1}{48}(l-a')^2(2b+b')\left(p_{\max}+p_{\min}-\frac{2G}{A}\right) \quad (5\text{-}47)$$

式中　M_{I}、M_{II}——任意截面 Ⅰ—Ⅰ、Ⅱ—Ⅱ 处相应于荷载效应基本组合时的弯矩设计值；

　　　a_1——任意截面 Ⅰ—Ⅰ 至基底边缘最大反力处的距离；

图 5-29　基础底板计算

l、b——基础底面的长边、短边尺寸；

p_{max}、p_{min}——相应于荷载效应基本组合时的基础底面边缘最大、最小地基反力设计值；

P——相应于荷载效应基本组合在任意截面 I—I 处基础底面地基反力设计值；

G——考虑荷载分形系数的基础自重及其上的土重，当组合值由永久荷载控制时，$G=1.35G_k$，G_k 为基础及其上土的自重荷载标准值。

（2）底板配筋计算

在弯矩 M_I 作用下，基础底板受力钢筋应顺板长边的 b 方向设置，其所需的截面积按下式计算：

$$A_{sI} = \frac{M_I}{0.9f_y h_0} \tag{5-48}$$

式中 h_0——I—I 截面处底板有效高度。

同理，在弯矩 M_{II} 作用下，基础底板受力钢筋应沿底板边长 l 方向设置。一般情况下，顺着短边方向配置的钢筋应放在沿长边方向配置的钢筋的上面。因此，其所需的钢筋截面面积按式（5-49）计算：

$$A_{sII} = \frac{M_{II}}{0.9f_y (h_0 - d)} \tag{5-49}$$

式中 A_{sII}——顺着基础宽度方向配置在长度方向钢筋上部的受力钢筋；

d——顺着长边方向配置在钢筋网下部的纵向受力钢筋的直径。

对于阶形基础，除进行柱边截面配筋计算外，尚应计算变阶处截面的配筋，此时只需用台阶平面尺寸 $a_1 \times h_1$ 代替 $a \times h$，按上述方法计算即可。变阶处截面的弯矩为：

$$M_{II} = \frac{1}{48}(l - a_1^2)(2b + h_1)(p_{jmax} + p_{j1}) \tag{5-50}$$

式中 a_1——变阶处截面处上一阶基础的宽度；

h_1——变阶处截面处上一阶基础的宽度；

p_{j1}——变阶处截面基底净反力。

其他参数含义同前。

配筋计算过程同前。同一方向几次变阶按上述方法计算几次变阶截面的配筋，最后从该方向几次计算配筋面积中选最大的配筋值作为该方向配筋依据配置钢筋。基础宽度方向也相然。

【例 5-6】 某多层框架结构柱截面尺寸为 400mm×600mm，配有 8Φ20 纵向受力钢筋；相应于荷载效应标准组合时，柱传至地面处的荷载值 $F_k = 480kN$，$M_k = 55kN \cdot m$，$V_k = 40kN$，基础埋深 1.8m，采用 C20 混凝土和 HPB300 级钢筋，设置 C10 混凝土垫层，厚度为 100mm，经计算修正后的地基承载力特征值 $f_a = 145kPa$。试设计该柱基础。

【解】 （1）确定基础底面积

$$A = (1.1 \sim 1.4)A_Z = (1.1 \sim 1.4)\frac{F_k}{f_a - \gamma d}$$

$$= (1.1 \sim 1.4) \times \frac{480}{145 - 20 \times 1.8} = 4.8 \sim 6.2 m^2$$

取 $A=6\text{m}^2$，$b=3\text{m}$，$l=2\text{m}$

验算承载力，

$$\begin{matrix} p_{\text{kmax}} \\ p_{\text{kmin}} \end{matrix} = \frac{F_\text{k}+G_\text{k}}{bl} \pm \frac{M_\text{k}}{W} = \frac{480+20\times2\times3\times1.8}{3\times2} \pm \frac{55+40\times1.8}{2\times3^2/6} = \begin{matrix} 158.3 \\ 73.70 \end{matrix}\text{kPa}$$

$$p_{\text{kmax}}=158.3\text{kPa}<1.2f_\text{a}=174\text{kPa}$$

$$p=116\text{kPa}<f_\text{a}=145\text{kPa} \text{ 满足要求。}$$

（2）确定基础高度

考虑柱钢筋锚固直线段的长度：$30d+40$（混凝土保护层）$\approx700\text{mm}$，暂取基础高度 $h=700\text{mm}$，初步假设采用二级台阶基础，如图 5-30a 所示。

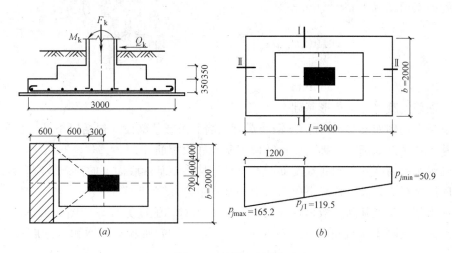

图 5-30 【例 5-6】图

（a）基础受力及构造示意；（b）基底截面压应力分布

基底净反力

$$\begin{matrix} p_{\text{kmax}} \\ p_{\text{kmin}} \end{matrix} = \frac{F}{bl} \pm \frac{M_\text{k}}{W} = \frac{1.35\times480}{3\times2} \pm \frac{1.35\times(55+40\times1.8)}{2\times3^2/6} = \begin{matrix} 165.2 \\ 50.90 \end{matrix}\text{kPa}$$

1）柱边冲切验算

$$h_0=700-45=655\text{mm}\approx0.66\text{m}$$

$$F_l=p_{j\text{max}}A_j=165.2\times[(1.5-0.3-0.66)\times2-(1-0.2-0.66)^2]=175.1\text{kN}$$

$0.7\beta_{\text{hp}}f_\text{t}a_\text{m}h_0=0.7\times1.0\times1100\times(0.4+0.66)\times0.66=538.7\text{kN}>F_l=175.1\text{kN}$

满足要求。

2）验算台阶处的冲切力

$$h_{01}=350-45=305\text{mm}\approx0.31\text{m}$$

$$F_1=P_{j\text{max}}A_1=165.2\times[(1.5-0.9-0.31)\times2-(1-0.6-0.31)^2]=94.5\text{kN}$$

$$0.7\beta_{\text{hp}}f_\text{t}a_\text{m}h_0=0.7\times1.0\times1100\times1/2\times(1.2+1.2+2\times0.31)\times0.31$$

$$=3604.4\text{kN}>F_1=94.5\text{kN}$$

满足要求。

（3）基础底板配筋

$$M_{\text{I}} = \frac{1}{48}(p_{j\max} + p_{j\text{I}})(b-h)^2(a+2l)$$

$$= \frac{1}{48}(165.2 + 119.5) \times (3-0.6)^2 \times (0.4 + 2 \times 2) = 150.3 \text{kN} \cdot \text{m}$$

$$M_{\text{II}} = \frac{1}{48}(p_{j\max} + p_{j\min})(l-a)^2(2b+h)$$

$$= \frac{1}{48}(165.2 + 50.9) \times (2-0.4)^2 \times (2 \times 5 + 0.6) = 76.10 \text{kN} \cdot \text{m}$$

$$A_{\text{sI}} = \frac{M_{\text{I}}}{0.9 h_0 f_y} = \frac{150.3 \times 10^6}{0.9 \times 655 \times 300} = 850 \text{mm}$$

实配Φ12@130（$A_{\text{sI}} = 870 \text{mm}^2$）

$$A_{\text{sII}} = \frac{M_{\text{II}}}{0.9(h_0 - d)f_y} = \frac{76.1 \times 10^6}{0.9 \times 643 \times 300} = 438 \text{mm}^2$$

$$A_{\text{sII}} = 565 \text{mm}^2$$

实配Φ12@200（$A_{\text{sII}} = 565 \text{mm}^2$）

三、钢筋混凝土墙下条形基础

墙下条形基础如图 5-31 所示。钢筋混凝土墙下条形基础设计包括以下几方面的内容：①确定基础宽度；②确定基础高度；③确定基础底板配筋等。

在确定基础高度和基础底板配筋时，上部结构传至基础底面上的荷载效应和效应的基底反力应按承载能力极限状态下荷载效应的基本组合计算。

条形钢筋混凝土基础一般做成无肋的板，采用对称配筋方式，如图 5-8a 所示。软弱地基上的钢筋混凝土基础可以采用带肋的板，如图 5-8b 所示。以增加基础底板的刚度，减少不均匀沉降。

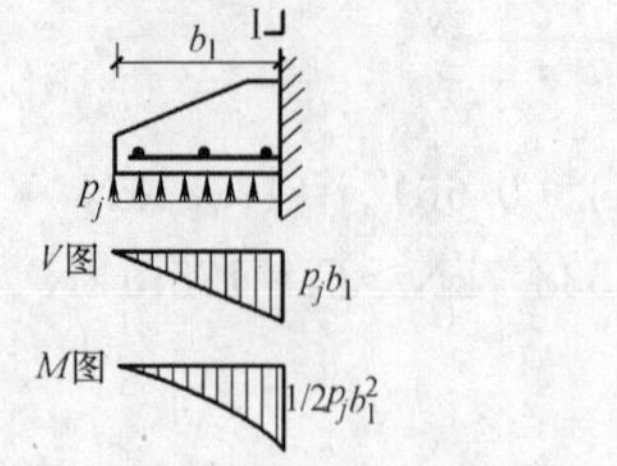

图 5-31　墙下钢筋混凝土条形基础受力分析

1. 基础宽度

确定钢筋混凝土条形基础宽度的思路与确定刚性基础宽度的思路相同，即取 1m 长作为计算单元，分轴心受压和偏心受压两类。

当为轴心受压时，按式（5-15）确定；

当为偏心受压时，按式（5-17）计算。

2. 基础高度

钢筋混凝土条形基础的横断面相当于支承于墙底部的悬挑梁在基础底面反力作用下的受力状态，如图 5-31 所示。

基础边缘受到地基土反力引起剪力应以不超过该截面抗剪强度为限，基础内不配箍筋和弯起筋，故基础高度由混凝土的抗剪条件确定，用式（5-51）验算。

为了防止基础底板发生剪切破坏，应具有足够的高度和配筋。确定基础高度时：

$$V \leqslant 0.7 f_t l h_0 \tag{5-51}$$

式中　V——基础底板悬臂根部截面的最大剪力设计值（kN）；

$$V = p_j b_1 \tag{5-52}$$

将式（5-52）带入式（5-50）可得：

$$h_0 \geqslant \frac{p_j b_1}{0.7 f_t} \tag{5-53}$$

式中　f_t——混凝土轴心抗拉强度设计值（kPa）；

　　　　l——长度计算单元，取 $l=1\text{m}$；

　　　　b_1——截面 I—I 至基底边缘最大反力处的距离（m）；当墙体材料为混凝土时取

　　　　　　　$b_1 = \dfrac{1}{2}(b-a)$，为基础边缘至墙面的距离；当为砖墙且大放脚不大于 1/4 砖

　　　　　　　长时取 b_1 为基础边缘至墙边距离加上 1/4 砖长；其中 a 为基础墙厚（m），b

　　　　　　　为基础宽度（m）；

　　　　p_j——为基础净反力（kPa）；

需要说明的是，使用中也有按 $h = \dfrac{b}{8}$ 初步确定基础高度，然后验算其冲切强度是否满

足，最终确定 h 的处理方法。

对于轴心受压：

$$p_j = p_k - \frac{G}{b} = \frac{F_k + 1.35 G_k}{b} - \frac{1.35 G_k}{b} = \frac{F}{b} \tag{5-54}$$

对于偏心受压：

$$p_{j\max} = p_{\max} - \frac{G}{b} \tag{5-55}$$

$$p_{j\min} = p_{\min} - \frac{G}{b} \tag{5-56}$$

式中　G——考虑分项系数的基础自重及其上的土自重；当组合由永久荷载控制时，$G=$

　　　　　　　$1.35 G_k$，G_k 为基础及其上土的标准自重；

　　　　F——作用于基础顶面的荷载设计值，当组合由永久荷载控制时，$F = 1.35 F_k$；

　　　　h_0——基础底板有效高度（mm）。底板下设垫层时，$h_0 = h - 40\text{mm}$；底板下不设垫

　　　　　　　层时，$h_0 = h - 70\text{mm}$；

　　　　h——基础底板高度（mm）。

3. 基础底板配筋

基础边缘受到的弯矩（悬臂根部最大弯矩）应以不超过该截面抗弯强度为限，用式
（5-57）计算；每米墙长内的受力钢筋截面面积用式（5-58）计算。

悬臂根部最大弯矩

$$M = \frac{1}{2} p_j b_1^2 \tag{5-57}$$

每米墙长内的受力钢筋截面面积

$$A_s = \frac{M}{0.9 f_y h_0} \tag{5-58}$$

式中　A_s——每米墙长内的受力钢筋截面面积（mm²）；

　　　　f_y——基础内所配受拉钢筋强度设计值（N/mm²）；

　　　　h_0——基础截面有效高度（mm）；0.9 为截面内力臂系数（mm）。

【例 5-7】　试设计某多层宿舍楼外墙下钢筋混凝土基础，如图 5-32 所示。室内外高差

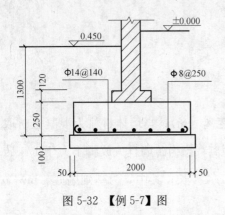

图 5-32 【例 5-7】图

0.45m，在基础顶面处相应于荷载效应标准组合 $F_k=232$kN/m，荷载效应基本组合 $F=274$kN/m，基础埋深 1.35m，修正后的地基承载力特征值 $f_a=152$kPa，混凝土为 C25（$f_c=11.9$N/mm²，$f_t=1.27$N/mm²）。采用 HRB300 级钢筋（$f_y=300$N/mm²）。

【解】 （1）求基础宽度

$$b \geqslant \frac{F_k}{f_a-\gamma h} = \frac{232}{152-20\times1.58} = 1.93\text{m}$$

取 $b=2.0$m

（2）确定基础底板高度

基础净反力

$$p_j = \frac{F}{b} = \frac{274}{2} = 137\text{kPa}$$

估计基础底板高度，取 $h=b/8=2000/8=250$mm；基础底下设置 100mm 厚的 C15 混凝土垫层，$h_0=h-40=210$mm。

基础边缘至砖墙计算截面的距离：

$$b_1 = \frac{1}{2}\times(b-a)+0.06 = \frac{1}{2}\times(2\text{m}-0.24\text{m})+0.06\text{m} = 0.94\text{m}$$

基础净反力产生的最大剪力设计值

$$V = p_j l b = 137\times1.0\times0.94 = 128.78\text{kN}$$

$$0.7f_t l h_0 = 0.7\times1.27\times1000\times0.21 = 186.69\text{kN} > V = 128.78\text{kN}$$

基础底板高度满足要求。

（3）底板内配筋计算

$$M = \frac{1}{2}p_j b_1^2 = \frac{1}{2}\times137\text{kPa}\times1\text{m}\times(0.94\text{m})^2 = 60.527\text{kN}\cdot\text{m}$$

$$A_s = \frac{M}{0.9f_y h_0} = \frac{60.527\times10^6}{0.9\times300\times210} = 1068\text{mm}^2$$

选配钢筋 8Φ14@140（$A_s=1099$mm²）；纵向分布钢筋选用Φ8@250mm。

第七节 柱下条形基础设计

一、柱下条形基础概述

梁板式基础又称为连续基础，包括柱下条形基础、交梁基础、筏板基础和箱形基础等，柱下条形基础是梁板式基础之一。

柱下条形基础是常用于软弱地基土上框架或排架结构的一种基础类型。它具有刚度较大、调整不均匀沉降能力较强的优势，但造价较高。从经济角度考虑，在除非下列软弱地基土的情况，不宜使用柱下条形基础，应优先考虑采用柱下独立基础。

（1）地基较软弱，承载力低而荷载较大时，或地基压缩性不均匀（如地基中有局部软弱夹层、土洞等）时。

（2）当荷载分布不均匀，有可能导致不均匀沉降时。

（3）当上部结构对基础沉降比较敏感，有可能产生较大的次应力或影响使用功能时。

二、柱下条形基础的构造要求

柱下条形基础一般采用倒 T 形截面，与梁板结构中的 T 形截面相同，由肋梁和翼缘板组成，如图 5-8（b）所示。柱下条形基础除满足扩展基础的一般构造要求外，尚应满足以下几点构造要求：

（1）为了具有较大的抗弯和抗剪刚度，以便调整地基的不均匀沉降，肋梁高度不可太小，一般宜为柱距的 1/8～1/4（通常取不小于柱距的 1/6），并应满足受剪承载力的要求。柱承受的轴向荷载较大时，可取 1/6～1/4 柱距；在建筑物次要部位和荷载较小时，可取不小于 1/8～1/7 柱距。柱下条形基础与柱交接处的构造见图 5-33。

（2）一般梁肋沿基础长度方向取等截面，每侧比柱至少宽出 50mm。当柱垂直于肋梁轴线方向的截面边长大于 400mm 时，可仅在柱位处将肋部加宽，如图 5-33 所示。

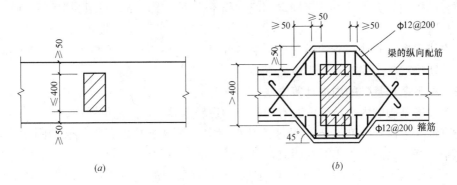

图 5-33　现浇柱与肋梁的平面连接和构造配筋
（a）肋宽不变；（b）肋宽变化

（3）翼板厚度不应小于 200mm，当板厚大于 250mm 时应采用变厚度翼板，其坡度宜小于或等于 1:3，如图 5-34 所示。

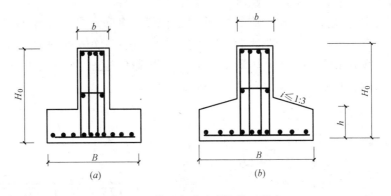

图 5-34　柱下条形基础的截面形式
（a）翼板厚度在 200～250mm 之间时的等厚度翼板；（b）翼板厚度大于 250mm 时的变厚度翼板

（4）条形基础端部应沿纵向两端边柱外伸出悬臂，悬臂长一般为第一跨距的 0.25 倍。悬臂的存在有利于降低第一跨的弯矩，减少配筋。也可以用悬臂调整基础形心。

（5）肋梁顶、底部纵向受力钢筋除满足计算要求外，顶部钢筋按计算配置全部贯通，底部通常钢筋不少于底部受力纵筋截面积的 1/3。底面纵向受力钢筋的搭接位置宜在跨中，底面纵向受力钢筋则宜在柱位处，其搭接长度 l_d 应满足要求。这是考虑使基础拉、压区的配筋量较为适中，并考虑了基础可能受到的整体弯曲影响。当纵向受力钢筋直径 $d >$ 22mm 时，不宜采用非焊接的搭接接头。考虑到柱下条形基础可能承受扭矩，肋梁内的箍筋应做成封闭式，直径不小于 8mm。当梁高大于 700mm 时，应在梁的两侧面沿高度每隔 300～400mm，放置不小于 Φ10 的腰筋；当梁高大于等于 1600mm，构造钢筋的直径不小于 12mm，梁两侧的纵向构造钢筋宜用拉筋连接，拉筋直径与箍筋相同，间距一般为两倍的箍筋间距。箍筋一般采用封闭式，直径为 8～12mm；间距按计算确定。跨中 0.4 倍柱距范围内的箍筋间距可适当放宽，但不应大于 500mm。肋宽小于等于 350mm 时，采用双肢箍；肋宽在 350mm～800mm 时，采用四肢箍；当肋宽大于 800mm 时，采用六肢箍。

翼板的横向受力钢筋由计算确定，但直径不应小于 10mm，间距为 100～200mm，当翼板的悬臂长度 l 大于 750mm 时，翼缘受力钢筋的一半可在翼板边缘 $a = 0.5l - 20d$ 截断，并交错配置，非肋部分的纵向分布钢筋可用直径 8～10mm，间距不大于 300mm。

（6）肋梁混凝土强度等级不应低于 C20。

三、柱下条形基础的内力计算方法

柱下条形基础的内力计算方法有两种，一是静定梁法，二是倒梁法。它们均假定基底反力为直线（平面）分布。要满足这条基本假定，就要求基础具有足够的刚度，一般认为，当条形基础梁高大于 1/6 柱距时，可以满足这一要求。

若上部结构刚度很小（如单层排架柱）时，宜采用静定分析法，计算简图如图 5-35 所示。计算时先按直线分布假定求出基底反力，然后将柱荷载直接作用在基础梁上。这样，基础梁上所有作用力都已确定，故可按静力平衡条件计算出任一截面 i 上的弯矩 M_i 和剪力 V_i。由于静定分析法假定上部结构为柔性结构，即不考虑上部结构刚度的有利影响，所以在荷载作用下基础梁将产生整体弯曲。与其他方法比较，这样计算所得的基础内力不利截面上的弯矩可能偏大很多。

倒梁法假定上部结构是绝对刚性的，各柱之间没有沉降差异，因而可以把柱脚视为条形基础的铰支座，将基础梁按照倒置的普通连续梁，采用弯矩分配法或弯矩系数法计算，而荷载则为直线分布的基底净反力 Bp_n（kN/m）以及除去柱的竖向集中力所余下的各种作用（包括柱传来的力矩），如图 5-35、图 5-36 所示。

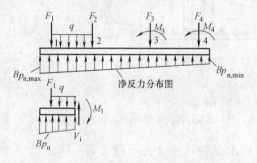

图 5-35 按静力平衡条件计算条形基础的内力

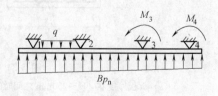

图 5-36 倒梁法计算简图

综上所述，倒梁法适用于比较均匀的地基，上部结构刚度较大，荷载分布和柱距较均匀（如相差不超过20％），且条形基础梁的高度大于1/6柱距，基底反力可简化为按直线分布的情况。

当条形基础的相对刚度较大时，由于基础的跨越作用，其两端边跨的基底反力会有所增大，故两边跨的跨中和柱下截面的受力钢筋宜按计算的钢筋面积增加15％～20％配置。

1. 倒梁法的计算步骤

1）按柱的平面布置和构造要求确定条形基础的长度，根据基底反力特征值确定基地面积 A，以及基础宽度 $B=\dfrac{A}{L}$ 和截面抵抗弯矩 $W=BL^2/6$。

2）按直线分布假设计算基底净反力 p_n

$$p_{\mathrm{nmin}}^{\mathrm{nmax}}=\frac{\sum F_i}{A}\pm\frac{\sum M_i}{W} \tag{5-59}$$

式中　$\sum F_i$——相应于荷载效应标准组合时，上部结构在条形基础上的竖向力（不包括基础自重和回填土的重力）总和；

　　　$\sum M_i$——相应于荷载效应标准组合时，对条形基础形心的力矩值总和。

轴心受压时，$p_{\max}=p_{\min}=p_n$。

3）确定柱下条形基础的计算简图如图 5-37 所示，为将柱脚看作不动铰支座的倒连续梁。基底净反力 p_nB 和除掉柱轴力以外的其他荷载（柱传下的力矩、柱间分布荷载等）是作用在梁上的荷载。

进行连续梁分析，可用弯矩分配法、连续梁系数表等方法。

4）按求得的内力进行梁截面设计。

5）翼板的内力和截面设计与扩展基础相同。

倒连续梁分析得到的支座反力与柱轴力一般并不相等，这就可以理解为上部结构的刚度对基础整体挠曲的抑制和调整作用使柱荷载的分布均匀化，也反映了倒梁法计算得到的支座反力与基地压力不平衡的缺点。为此提出了"基底反力局部调整法"，即将不平衡力（柱轴力与支座反力的差值）均匀分布在支座附近的局部范围内（一般取 1/3 柱距）上再进行连续梁分析，将结构叠加到原先的分析结果上，如此逐次调整直到不平衡力基本消除，从而得到梁的最终内力分布。

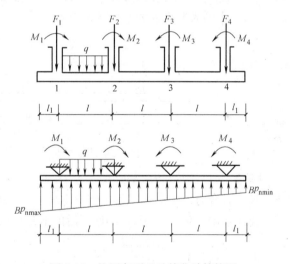

图 5-37　柱下条形基础简化计算简图

如图 5-38 所示，连续梁共有 n 个支座，第 i 个支座轴力为 F_i，支座反力 R_i，左右柱跨分别为 l_{i-1} 及 l_i，则调整分析的连续梁局部分布荷载强度 q_i 为：

边支座（$i=1$ 或 $i=n$）　$q_{1(n)}=\dfrac{F_{1(n)}-R_{1(n)}}{l_{0(n+1)}+l_{0(n)}/3}$ $\tag{5-60}$

中间支座（$1<i<n$）　$q_i=\dfrac{3(F_i-R_i)}{l_{i-1}+l_i}$ $\tag{5-61}$

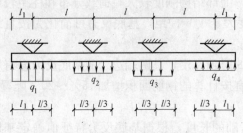

图 5-38　基底反力局部调整法

当 q_i 为负值时，表明该局部分布荷载应是拉荷载，如图 5-38 所示。

倒梁法只计算了基础的局部弯曲，而未考虑基础的整体弯曲。设计上在荷载分布和地基都比较均匀的情况下，地基往往发生正挠曲，在上部结构和基础刚度作用下，边柱和角柱的荷载会增加，内柱则相应卸荷。如前所述，较简单的做法是将边跨和第一内支座的弯矩值按计算结果增加 20%。

当柱荷载分布和地基较不均匀时，支座产生不相等的沉陷，较难估计其影响趋势。此时，可按"经验系数法"，即修正连续梁的弯矩系数，使跨中弯矩与支座弯矩之和大于 $ql^2/8$，从而保证了安全，但基础配筋率也相应增加。经验系数有不同的取值，一般支座采用 $(1/10\sim1/14)ql^2$，跨中采用 $(1/10\sim1/16)ql^2$。经分析对照可知，不同的经验系数取值对倒梁法截面弯矩计算结果会产生一定影响，在对总配筋量有较大影响的中间支座和中间跨，采用经验系数法比连续梁系数法增加配筋约 15%～30%。

【例 5-8】　某框架结构建筑物的某柱列，如图 5-39 所示。试用倒梁法设计此条形基础。假定地基土为均匀黏土，承载能力特征值为 $f_{ak}=115\text{kPa}$，修正系数为 $\eta_b=0.3$，$\eta_d=1.6$，土的天然重度为 $\gamma=18\text{kN/m}^3$。

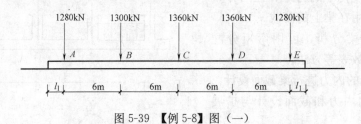

图 5-39　【例 5-8】图（一）

【解】　（1）确定条形基础尺寸

竖向力合力　　　　　　$\sum F = 2\times1280 + 3\times1360 = 6640\text{kN}$

选择基础埋深为 1.5m，则修正后的地基承载力特征值为：

$$f_a = f_{ak} + \eta_d\gamma_m(d-0.5) = 115 + 1.6\times1.8\times(1.5-0.5) = 143.8\text{kPa}$$

由于荷载对称、地基均匀，两端伸出等长度悬臂，取悬臂长 $l_1 = l/4 = 1.5\text{m}$，则条形基础长度为 27m。由地基承载能力得到条形基础宽度 B 为：

$$B = \frac{6640}{27\times(143.8-20\times1.5)} = 2.16\text{m}$$

取 $B=2.4\text{m}$，$B<3\text{m}$，不需要修正承载能力和基础宽度。

（2）用倒梁法计算基础内力

1）净基底线反力　　　$q_n = p_n B = \frac{\sum F}{BL}\times B = \frac{6640}{27} = 245.9\text{kN/m}$

2）悬臂端根部弯矩　　　$M_A = \frac{q_n l_1^2}{2} = -245.9\times\frac{1.5^2}{2} = -276.6\text{kN}\cdot\text{m}$

用弯矩分配法计算支座截面固端弯矩如图 5-40（a）所示。

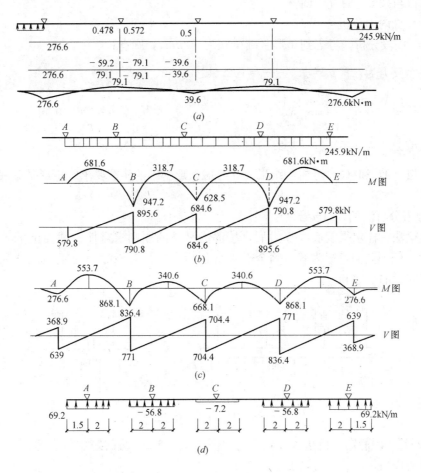

图 5-40 【例 5-8】图（二）

（a）悬臂用弯矩分配法的计算；（b）四跨连续梁按连续梁系数法的计算；

（c）情形（a）与情形（b）的叠加；（d）内力计算时在各支座附近局部范围内加上的均布线荷载

3）四跨梁用连续梁系数法计算，如图 5-40（b）所示。

4）将 2）与 3）叠加得到条形基础的弯矩和剪力如图 5-40（c）所示，此时假定跨中弯矩最大值在图 5-40 所示的剪力为 0 的截面。

5）考虑不平衡力的调整。

以上分析得到支座反力：$R_A = R_E = 368.9 + 639 = 1007.9 \text{kN}$，$R_B = R_D = 1607.4 \text{kN}$，$R_c = 1408.8 \text{kN}$，与相应的柱荷载不等，可以按计算简图再进行连续梁分析，在支座附近的局部范围内加上均布线荷载，其值为：

$$q_{nA} = q_{nE} = \frac{1250 - 1007.9}{1.5 + 2} = 69.2 \text{kN/m}$$

$$q_{nB} = q_{nD} = \frac{1380 - 1607.4}{2 + 2} = -56.8 \text{kN/m}$$

$$q_{nc} = \frac{1380 - 1408.8}{4} = -7.2 \text{kN/m}$$

6）将 4）和 5）的分析结果叠加得到调整后的条形基础内力图。如果还有较大的不平衡力，可以再按 5) 的方法调整。

（3）翼缘内力分析

取 1m 板段分析。考虑到条形基础梁宽为 500mm，则有：

基底净反力为：$p_n = \dfrac{6640}{27 \times 2.4} = 102.5 \text{kPa}$，

最大弯矩 $\qquad M_{max} = \dfrac{1}{2} \times 102.5 \times \left(\dfrac{2.4-0.5}{2}\right)^2 = 46.3 \text{kN} \cdot \text{m/m}$

最大剪力 $\qquad V_{max} = 102.5 \times \left(\dfrac{2.4-0.5}{2}\right) = 97.4 \text{kN/m}$

（4）按（2）和（3）分析的结果，并考虑条形基础的构造要求，矩形基础底面设计过程从略。

2. 静力分析法的计算步骤

与倒梁法一样求得基底净反力后，按静力平衡的原则求得任一截面上的内力，如图 5-41 所示。任一截面弯矩为其一侧全部力（包括力矩）对该截面力矩的代数和，剪力为其一侧竖向力的代数和。

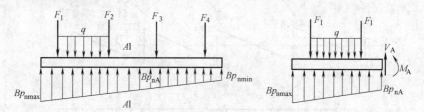

图 5-41　静定分析法

【例 5-9】　用静定分析法求【例 5-8】中的 AB 和 BC 跨的跨中最大弯矩和 A、B、C 支座截面的弯矩。

【解】　A、B、C、支座的支座弯矩为
$$M_A = 245.9 \times 1.5^2/2 = 276.6 \text{kN} \cdot \text{m}$$
$$M_B = 245.9 \times 7.5^2/2 - 1250 \times 6 = -584.1 \text{kN} \cdot \text{m}$$
$$M_c = 245.9 \times 13.5^2/2 - 1250 \times 12 - 1380 \times 6 = -872.4 \text{kN} \cdot \text{m}$$

AB 跨最大弯矩作用在剪力 $V_{AB} = 0$ 处，即距 A 支座距离为 1250mm 的 $(2+1.5) = 3.58$m

所以 $\qquad M_{AB} = 245.9 \times (7.5+3.2)^2/2 - 1250 \times 3.58 = -1302.1 \text{kN} \cdot \text{m}$

BC 跨最大弯矩作用在 B 支座距离为 $(1250+1380)/245.9$ 的 $(1.5+6) = 3.2$m 处

所以 $\quad M_{BC} = 245.9 \times (7.5+3.2)^2/2 - 1250 \times 9.2 - 1380 \times 3.2 = -1839.5 \text{kN} \cdot \text{m}$

与【例 5-8】对比可知，静定分析法由于不考虑上部结构刚度的作用，其不利截面上的弯矩值比用倒梁法计算的值大。

第八节　十字交叉条形基础

一、基本概念

十字交叉基础是梁板式基础的类型之一，是在钢筋混凝土条形基础上派生出的，在房

屋纵、横向沿房屋定位轴线双向设置并相互交叉相连的基础。由于在柱定位轴线处，基础双向交叉，设计计算时就涉及两个方向的荷载分配，荷载分配完成后，各个方向的梁可按单向条形基础的方法计算。十字交叉条形基础的荷载分配示意如图 5-42 所示。

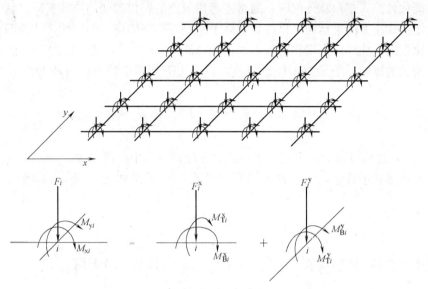

图 5-42　十字交叉条形基础的荷载分配

如图 5-42 所示，荷载通过柱传至基础的节点处，由于纵横向基础梁整体浇筑在一起，所以两方向的基础受力既要满足力的平衡条件，也应满足变形协调条件。这两条是荷载在双向基础梁上的分配应遵循的原则。此外，由于十字交叉条形基础构成和受力上的整体性因素，当考虑某一点荷载分配时，应顾及其他节点荷载的影响。

根据受力平衡和变形协调条件，对任意节点 i 可得到 6 个方程：

$$F_i = F_i^x + F_i^y \tag{5-62}$$

$$M_{xi} = M_{Bi}^x + M_{Ti}^y \tag{5-63}$$

$$M_{yi} = M_{Ti}^x + M_{Bi}^y \tag{5-64}$$

$$y_i^x = y_i^y \tag{5-65}$$

$$\theta_{Bi}^x = \theta_{Ti}^y \tag{5-66}$$

$$\theta_{Ti}^x = \theta_{Bi}^y \tag{5-67}$$

式中　F、M——作用在节点上的集中力、弯矩；

　　　y、θ——基础梁节点挠度和转角，脚标中的 x、y 表示柱传下的力矩荷载方向，

　　　　　　　B、T 表示弯曲和扭转，上标中的 x、y 表示划分后的梁方向。

上述 6 个方程中的 6 个未知数 F_i^x、F_i^y、M_{Bi}^x、M_{Bi}^y、M_{Ti}^x、M_{Ti}^y，挠度和转角不是独立的未知量，例如 x 方向第 i 节点的挠度 y_i^x 的计算式为：

$$y_i^x = \sum_{j=1}^n \delta_{ij}^x F_j^x + \sum_{j=1}^n \overline{\delta_{ij}^x} M_{Bj}^x + \sum_{j=1}^n \delta_{ij}^{x*} M_{Tj}^x$$

式中　δ_{ij}^x、$\overline{\delta_{ij}^x}$、δ_{ij}^{x*}——当 $F_j^x = 1$、$M_{Bj}^x = 1$、$M_{Tj}^x = 1$ 时，x 方向 i 节点的挠度。

如上所列，十字交叉条形基础内力和变形协调方程的个数和未知量的个数是节点个数

的 6 倍，实用中求解未知量将变得非常困难，实用时通常采用一些基本假定使得问题得到简化。

二、实用荷载分配法

为了简化计算，在荷载分配时，通常不考虑节点的转角的变形协调实际，认为作用于节点的力矩由作用方向梁承担，这样做实际上忽略了梁整体浇筑的特性，认为两个方向的梁是上下搁置的。此外，当梁相对较柔时（当柱距 $l < \pi/\lambda$），在考虑竖向变形协调时不计相邻节点荷载的影响。于是对于任意节点，只要按下列两个简单的方程分配竖向集中力即可：

$$F_i = F_i^x + F_i^y \tag{5-68}$$

$$y_i^x = y_i^y \tag{5-69}$$

其中，y 是计算方向上该节点力矩荷载和分配到的集中荷载函数。

根据节点形状系数法，可得到不同形状节点的分配系数 k_{ix}、k_{iy}，根据以下两式可求得：

$$F_{ix} = k_{ix} F_i \tag{5-70}$$

$$F_{iy} = k_{iy} F_i \tag{5-71}$$

经过推导得到不同形状节点内力分配系数 k_{ix}、k_{iy} 按表 5-20 采用。

节点形状系数计算式　　　　　　　　　　　　　　表 5-20

节点名称	节点形状	K_{ix}	K_{iy}
中节点		$\dfrac{B_x S_x}{B_x S_x + B_y S_y}$	$\dfrac{B_y S_y}{B_x S_x + B_y S_y}$
边节点		$\dfrac{4B_x S_x}{4B_x S_x + B_y S_y}$	$\dfrac{B_y S_y}{4B_x S_x + B_y S_y}$
角节点		$\dfrac{B_x S_x}{B_x S_x + B_y S_y}$	$\dfrac{B_y S_y}{B_x S_x + B_y S_y}$

实用中，也有简单按交汇于某节点的两个方向上梁的线刚度比来分配该节点的竖向荷载，这样的分配并未考虑两个方向上梁的变形协调。有时当两个方向梁的线刚度相差悬殊时，可认为节点荷载由截面和线刚度大的梁全部承担，线刚度小的梁满足构造要求即可。

三、荷载修正

节点荷载按上述方法分配完毕后，纵横方向的梁独立进行计算。柱节点下的那块面积，在纵、横向梁计算时都会用到，即节点面积受到重复使用。交叉条形基础节点面积只占全部基础总面积的 20%～30%。重复使用导致计算结果误差较大，且偏于不安全。荷载修正的思路实际上是节点荷载适当放大，以使得基底压力不会因为重复利用节点面积而减小。

设实际基底面积为$\sum A$，其中节点面积为$\sum a$，则修正前基底压力为$p'=\dfrac{\sum F}{\sum A+\sum a}$，$p=\dfrac{\sum F}{\sum A}$，令修正系数为：

$$m=\frac{p}{p'}=\frac{\sum A+\sum a}{\sum A}=1+\frac{\sum a}{\sum A}>1 \tag{5-72}$$

为使基底压力保持P值，应将荷载放大m倍，即为：

$$m\sum F=\left(1+\frac{\sum F}{\sum A}\right)\sum F=\sum F+p\sum a=mp'\sum a$$

假定任一节点都仿此处理，则i节点的荷载F_i则为：

$$mF_i=F_i+ma_ip' \tag{5-73}$$
$$\Delta F_i=ma_ip'$$

式中　a_i——第i节点的面积。

节点荷载修正量也按F_i的比例分配到纵、横两个方向的梁上：

$$\Delta F_i^{\text{x}}=\frac{F_i^{\text{x}}}{F_i}\Delta F_i \tag{5-74}$$

$$\Delta F_i^{\text{y}}=\frac{F_i^{\text{y}}}{F_i}\Delta F_i \tag{5-75}$$

修正后的荷载为：

$$F_i^{\text{x}'}=F_i^{\text{x}}+\Delta F_i^{\text{x}} \tag{5-76}$$
$$F_i^{\text{y}'}=F_i^{\text{y}}+\Delta F_i^{\text{y}} \tag{5-77}$$

如上所述，可以得知十字交叉条形基础的荷载修正步骤为：

1）分别计算基底总面积$\sum A$、各节点内面积a_i、节点总$\sum a$；

2）近似求得基底反力$p'=\dfrac{\sum F}{\sum A+\sum a_i}$；

3）计算修正系数m和各节点的荷载增量$m=1+\dfrac{\sum a}{\sum A}$，$\Delta F_i=ma_ip'$；

4）将$F_i+\Delta F_i$分配到纵、横梁上；$F_i^{\text{x}}=k_{ix}(F_i+\Delta F_i)$；$F_i^{\text{y}}=k_{iy}(F_i+\Delta F_i)$；

5）分别将F_i^{x}，F_i^{y}作用在想x、y方向的地基梁上，并进行地基梁的分析。

第九节　筏板基础和箱形基础

一、筏板基础

筏板基础是从十字交叉基础演变而来的，它的基底面积远大于十字交叉基础，它是底板连成整片的基础。筏板基础根据其构造不同，分为平板式和梁板式两类。由于筏板基础基底面积大，整体刚度较大，在一定的程度上能调整地基的不均匀沉降，因此，地基附加压应力小，地基沉降和不均匀沉降也比较小。当上部结构承载力很大、地基承载力很低时，为了满足地基承载力和变形要求，可以优先考虑采用筏板基础。筏板基础能提供宽敞的地下空间，当房屋设置地下室时具有一定的补偿功能。但筏板基础的宽度较大，从而压缩层厚度较大，为此，在深厚软弱土地基上需要特别注意。

1. 构造要求

（1）筏板基础的平面尺寸。一般是根据地基土的承载力、上部结构的分布及荷载等因素，通过采用地基承载力计算公式计算求得的。对于单幢建筑物，在地基土比较均匀的条件下，偏心距 e 应符合下列要求：

$$e \leqslant 0.1W/A \tag{5-78}$$

（2）筏板基础的板厚。筏板基础底板的厚度由抗冲切、抗剪切计算确定，板厚不得小于 200mm，对于高层建筑梁板式不应小于 300mm，平板式不应小于 400mm。梁板式筏板的板厚还不宜小于计算区段最小板跨的 1/20。对于 12 层以上的高层建筑的梁板式筏基，底板厚度不应小于最大双向板短边的 1/4，且不小于 400mm。

（3）筏形基础的混凝土强度等级不应低于 C30。当有地下室时，应采用防水混凝土，防水混凝土的抗渗等级应根据地下水的最大水头与防渗混凝土厚度的比值，按现行国家标准《地下工程防水技术规范》GB 50108 选用，但不应低于 0.6MPa，必要时宜增设排水层。

（4）采用筏形基础地下室，地下室钢筋混凝土外墙厚度不应小于 250mm，内墙厚度不应小于 200mm。墙的截面设计除满足承载力要求外，尚应考虑变形、抗渗和抗裂要求。墙体内应设置双面钢筋，竖向和水平向的钢筋直径不应小于 12mm，间距不应大于 300mm。

（5）地下室底层柱、剪力墙与梁板式筏形基础的基础梁连接的构造应符合下列要求：

1）当交叉基础梁的宽度小于柱截面边长时，交叉基础梁连接处应设置八字角，柱角与八字角之间的净距不宜小于 50mm，如图 5-43（a）所示。

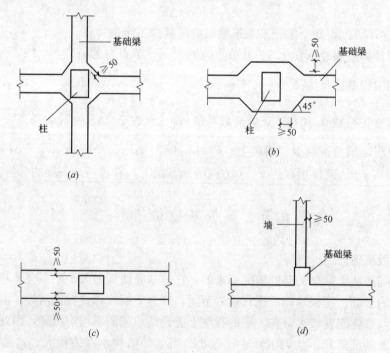

图 5-43　地下室底层柱或剪力墙与基础梁连接的构造要求
（a）交叉基础梁连接处设八字角；（b）、（c）单向基础梁与柱的连接；
（d）基础梁与剪力墙的连接

2) 当交叉基础梁的宽度小于柱截面的边长时，交叉基础梁连接处应设置八字角，柱角与八字角之间的净距不宜小于 50mm，如图 5-43a 所示。单向基础梁与柱的连接，可按图 5-43 (b)、(c) 选用。

(6) 筏板基础的配筋除按计算要求外，应考虑整体弯曲影响。梁板式筏板的底板和基础梁的纵、横向钢筋应有 1/2～1/3 贯通全跨，且配筋率不宜小于 0.15％；跨中钢筋按计算配置全部拉通。平板式筏板的柱下板带和跨中板带的底部钢筋应有 1/2～1/3 贯通全跨，且配筋率不应小于 0.15％；顶板钢筋则按实际配筋率全部拉通。当板厚大于 250mm 时，板分布筋为 Φ8@250，板厚大于 250mm 时为 Φ10@200。

2. 简化计算

当地基土比较均匀、上部结构刚度较好、梁板式筏板基础梁的高跨比或平板式筏形基础板的厚跨比不小于 1/6，且相邻柱荷载及柱距的变化不超过 20％时，筏板基础仅考虑局部弯曲作用。筏形基础的内力简化计算方法采用基底压力呈直线分布的假设，计算时基底反力应减去底板自重及其上填土的自重。当不满足上述要求时，筏形基础内力应按弹性地基梁板的方法进行计算。

筏板基础底面尺寸的确定和沉降计算与扩展基础相同。对于高层建筑下的筏板基础，基底尺寸还应满足 $p_{\min} \geqslant 0$ 的要求，在沉降计算中应考虑地基土回弹再压缩的影响。

按基底反力直线分布的矩形筏板基础，基底净反力应按按下式计算，并应满足承载力要求

$$p^{\max}_{\min} = \frac{\sum F}{bl} \pm \frac{\sum F e_{\mathrm{x}}}{W_{\mathrm{y}}} \pm \frac{\sum F e_{\mathrm{y}}}{W_{\mathrm{x}}} = \frac{\sum F}{bl} \left(1 \pm \frac{6e_{\mathrm{x}}}{l} \pm \frac{6e_{\mathrm{y}}}{b} \right)^{\leqslant 1.2f_{\mathrm{a}}}_{\geqslant 0} \tag{5-79}$$

式中　e_{x}——在 x、y 轴通过截面形心时，竖向静荷载在 x 方向对基底形心的偏心距，

$$e_{\mathrm{x}} = \frac{M_{\mathrm{y}}}{\sum F + G};$$

e_{y}——在 x、y 轴通过截面形心时，竖向静荷载在 y 方向对基底形心的偏心距，

$$e_{\mathrm{y}} = \frac{M_{\mathrm{x}}}{\sum F + G};$$

M_{x}、M_{y}——竖向荷载对 x 和 y 坐标轴的力矩；

b、l——筏板基础的宽度和长度。

根据求出的基底净反力，按倒置的楼盖设计筏板，设计时应尽可能使合力与筏板面积形心重合。底板按双向板或单向板计算；纵、横梁按连续梁计算，边跨跨中及第一内支座的弯矩值宜乘以 1.2 的系数。

二、箱形基础

如前所述，箱形基础是由顶板、底板和纵、横墙组成的盒式结构，能有效地扩散上部结构传下的荷载，调整地基不均匀沉降。由于箱形基础宽度大、埋深较深，能提高地基的承载力，增强地基的稳定性。箱形地基具有很大的地下空间形成地下室，可作为设备层和人防层使用；它还可以代替被挖除的土，因此具有补偿作用，对减少基础沉降和满足地基承载力要求很有作用。但箱形基础设计比较复杂、施工难度大，且钢材消耗量大，造价相对较高，通常在 20 层以下高层建筑中采用。

1. 构造要求

（1）平面形状力求简单对称。对单幢建筑物，在均匀地基条件下基底平面形心宜与结

构竖向荷载重心重合。在高层建筑同一单元内，不应局部采用其他基础类型，部分采用箱形基础。

（2）基础的埋深必须满足地基承载力和稳定性的要求，地震区不宜小于建筑物高度的1/15。箱形基础高度一般取建筑物高度的1/8～1/12，也不应小于箱形基础长度（包括底板悬挑部分）的1/20，且不小于3m。

（3）箱形基础的外墙沿建筑物的四周布置，内墙一般沿上部结构的柱网或剪力墙纵横布置。每平方米基础面积上平均墙体长度不得小于400mm，或墙体水平截面面积不得小于基础外墙外包尺寸水平投影面积的1/10。其中纵墙配置量不得小于总配置量的3/5。内外墙和顶底板的厚度和配筋量应按计算确定。

（4）箱形基础地板和墙板的厚度应根据实际的受力情况和防渗要求确定，箱形基础和筏板基础防水混凝土的抗渗等级按表5-21确定。底板厚度不应小于300mm（一般为500mm或更大些）；外墙厚度不宜小于250mm，内墙厚度不小于200mm；顶板厚度不宜小于200mm，有人防要求时按人防等级确定。

箱形基础和筏板基础防水混凝土的抗渗等级　　　　　　　表5-21

最大水头 H 与防水混凝土厚度 h 的比值	设计抗渗等级（MPa）
$H/h<6$	0.6
$10 \leqslant H/h < 15$	0.8
$15 \leqslant H/h < 25$	1.2
$25 \leqslant H/h < 35$	1.6
$H/h \geqslant 35$	2.0

（5）箱形基础的内外墙、顶板一律上下两面双向配筋。顶、底板配筋不少于Φ14@200；内外墙配筋率不小于Φ10@200。上部没有剪力墙的内外墙，在墙顶和墙底处应另加2Φ20的钢筋，以加强墙身的抗弯能力，这里的Φ是HPB300级光圆钢筋。

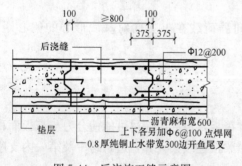

图5-44　后浇施工缝示意图

（6）当箱形基础长度超过40m时，应设置贯通底板和内外墙的后浇混凝土施工缝。缝宽不宜小于800mm，如图5-44所示，在后浇混凝土施工缝处钢筋必须贯通。等顶板混凝土浇筑完毕后至少相隔2周，用高于箱基混凝土一个等级的混凝土将施工缝后浇带补浇平齐，并加强养护。

（7）箱形基础混凝土强度等级不应低于C30，如需防渗，宜采用密实混凝土刚性防水方案。

2. 地基计算

（1）地基承载力验算

箱形地基承载力验算与其他建筑物基础类型的地基承载力验算相同，即

在轴心荷载作用下应满足：$p = \dfrac{F_k + G_k}{A} \leqslant f_a$；以及在偏心荷载作用下应满足：$p_{max} = \dfrac{F_k + G_k}{A} + \dfrac{M_k}{W} \leqslant 1.2 f_a$，但箱形基础通常用于对倾斜控制比较严格的高层建筑，对于高层

建筑下的箱基，在偏心荷载作用下应满足 $p_{min} = \dfrac{F_k + G_k}{A} - \dfrac{M_k}{W} \geqslant 0$ 的要求。

在计算基底压力时，箱基在地下水位以下部分的自重，应扣除水的浮力。

（2）沉降量计算

箱形基础埋深通常都比较深，深开挖使得地基土持力层压力在施工中开始大大减少，地基土产生回弹，施工过程的持续和上部结构的兴建使得持力层及以下的土重新受压产生压缩变形，上面这两种变形往往在总沉降量中占重要地位。由于土自重在基坑施工时挖除产生的持力层及以下土层的弹性回弹及施工过程的重新压缩，是一个再压缩的过程，计算时应采用土的再压缩参数。为此，在做室内试验时，应进行回弹再压缩试验，其压力的施加应模拟实际加、卸荷载的应力状态。

1）用压缩模量计算箱形基础沉量。

箱形基础的最终沉降量按下式进行：

$$s = \sum_{i=1}^{n} \left(\psi' \frac{p_c}{E'_{si}} + \psi_s \frac{p_0}{E_{si}} \right) (z_i \, \overline{a_i} - z_{i-1} \, \overline{a_{i-1}}) \tag{5-80}$$

式中　ψ'——考虑回弹影响的沉降量计算经验系数，无此方面经验时取 $\psi' = 1$；

ψ_s——沉降计算经验系数，按地区经验采用，当缺乏地区经验时，可按地基基础设计规范的规定取值；

p_c——基础地面处地基土的自重压力标准值；

p_0——相应于荷载效应永久组合时基础地面处的附加压力值；

E'_{si}——基础底面下第 i 层土的回弹再压缩模量，应按该土层实际的应力变化范围取值；

E_{si}——基础底面下第 i 层土的再压缩模量，应按该土层实际的应力变化范围取值；

z_i——基础底面至第 i 层土底面的距离；

z_{i-1}——基础底面至第 $i-1$ 层土底面的距离；

$\overline{a_i}$——基础底面计算点至第 i 层土底面范围内平均附加用力系数，可按《高层建筑筏形与箱形基础技术规范》JGJ 6—2011 的有关规定采用；

$\overline{a_{i-1}}$——基础底面计算点至第 $i-1$ 层土底面范围内平均附加用力系数，可按《高层建筑筏形与箱形基础技术规范》JGJ 6—2011 的有关规定采用；

n——计算深度范围内所划分的土层数，沉降计算深度可按地基基础设计规范采用。

2）用变形模量计算箱基沉降量。

用变形模量计算箱基沉降量是采用弹性理论公式，并考虑了地基中的三向应力、有效压缩层、基础刚度、形状尺寸等因素对地基沉降变形的影响。变形模量用现场荷载试验确定。计算中采用基底压力代替基底附加压力，以近似解决深埋基础计算中的基坑回弹再压缩的问题。沉降计算深度则采用经验的计算公式确定。箱基沉降量计算公式如下：

$$s = p_k b \eta \sum_{i=1}^{n} \frac{\delta_i - \delta_{i-1}}{E_{0i}} \tag{5-81}$$

式中　p_k——相应于荷载效应准永久组合时基础底面处的平均压力值；

b——基础底面宽度；

δ_i——与基础长宽比 l/b 及基础底面至第 i 层土底面的距离 z 有关的无因次系数，可由表 5-22 查用；

δ_{i-1}——与基础长宽比 l/b 及基础底面至第 i 层土底面的距离 z 有关的无因次系数，可由表 5-22 查用；

η——修正系数，按表 5-23 查用；

E_{0i}——基础底面下第 i 层土的变形模量，通过试验或工程所在地区经验确定。

沉降计算深度 z_n 可按下式确定

$$z_n = (z_m + \xi b)\beta \tag{5-82}$$

式中　z_m——与基础长宽比有关的经验值，按表 5-24 确定；

ξ——折减系数，按表 5-24 确定；

β——调整系数，按表 5-25 取用。

按 E_0 计算沉降时的 δ 系数　　　　表 5-22

$m=2z/b$	$n=l/b$						$n\geqslant 10$
	1	1.4	1.8	2.4	3.2	5	
0.0	0.000	0.000	0.000	0.000	0.000	0.000	0.000
0.4	0.100	0.100	0.100	0.100	0.100	0.100	0.104
0.8	0.200	0.200	0.200	0.200	0.200	0.200	0.208
1.2	0.299	0.300	0.300	0.300	0.300	0.300	0.311
1.6	0.380	0.394	0.397	0.397	0.397	0.397	0.412
2.0	0.446	0.472	0.482	0.486	0.486	0.486	0.511
2.4	0.499	0.538	0.565	0.565	0.567	0.567	0.605
2.8	0.542	0.592	0.618	0.635	0.640	0.640	0.687
3.2	0.577	0.637	0.671	0.696	0.707	0.709	0.763
3.6	0.606	0.676	0.717	0.750	0.768	0.772	0.831
4.0	0.630	0.708	0.756	0.796	0.820	0.830	0.892
4.4	0.650	0.735	0.789	0.837	0.867	0.883	0.949
4.8	0.668	0.759	0.819	0.873	0.908	0.932	1.001
5.2	0.683	0.780	0.834	0.904	0.948	0.977	1.050
5.6	0.697	0.798	0.867	0.933	0.981	1.018	1.096
6.0	0.708	0.814	0.887	0.958	1.011	1.056	1.138
6.4	0.719	0.828	0.904	0.980	1.031	1.090	1.178
6.8	0.728	0.841	0.920	1.000	1.065	1.122	1.215
7.2	0.731	0.852	0.935	1.019	1.088	1.152	1.251
7.6	0.744	0.863	0.948	1.036	1.109	1.180	1.285
8.0	0.751	0.872	0.960	1.051	1.128	1.205	1.316
8.4	0.757	0.881	0.970	1.065	1.146	1.229	1.347
8.8	0.762	0.888	0.980	1.078	1.162	1.251	1.376
9.2	0.768	0.896	0.989	1.089	1.178	1.272	1.404
9.6	0.772	0.902	0.998	1.100	1.192	1.291	1.431
10	0.777	0.908	1.005	1.110	1.205	1.309	1.456
11	0.786	0.922	1.022	1.132	1.238	1.349	1.506
12	0.794	0.933	1.037	1.151	1.257	1.384	1.550

注：l、b 为基础的长度与宽度；z 为基础底面至该层土底面的距离值。

修正系数 η　　　　表 5-23

$m=2z_n/b$	$0<m\leqslant 0.5$	$0.5<m\leqslant 1$	$1<m\leqslant 2$	$2<m\leqslant 3$	$3<m\leqslant 5$	$5<m\leqslant\infty$
η	1.00	0.95	0.90	0.80	0.75	0.70

		z_n值和折减系数 ξ			表 5-24
l/b	≤1	2	3	4	≥5
z_m	11.6	12.4	12.5	12.7	13.2
ξ	0.42	0.49	0.53	0.60	1.00

		调整系数 β 值			表 5-25
土类	碎石	砂土	粉土	黏性土	软土
β	0.30	0.50	0.60	0.75	1.00

3. 箱形基础受力分析

箱形基础的内力分析，应根据上部结构刚度的大小采用不同的计算方法。顶板和底板在地基反力、水压力及上部结构荷载的作用下，整个结构将发生弯曲，称为整体弯曲。箱形基础承担的弯矩按基础刚度占总体结构总刚度之比分配。同时顶板和底板在在楼面荷载和地基反力作用下，也将产生弯曲变形，称为局部弯曲，即顶板和底板以纵、横墙为支点，在楼面荷载和地基反力作用下，按单向板或双向板计算。

箱形基础的内力计算一般分为以下三种情况：

（1）当上部结构为现浇剪力墙体系时，箱形基础的底板和顶板均按局部弯曲计算，如图 5-45 所示。这种体系刚度很大，箱形基础的纵横墙在受力变形中可以充当底板和顶板的不动铰支座。顶板和底板按双向板或单向板计算。

（2）上部结构为框架体系时，箱形基础内力应同时考虑整体弯曲及局部弯曲所产生的作用。上部结构与基础一起弯曲的变形称为整体弯曲，如图 5-46 所示。计算时考虑上部结构与基础共同工作，将整体弯曲产生的弯矩按基础在总刚度中提供刚度的百分比分配给基础。

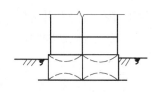

图 5-45　箱形基础的局部弯曲

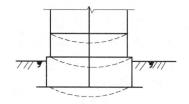

图 5-46　箱形基础的整体弯曲

（3）当上部结构为框架—剪力墙体系时，也按局部弯曲进行计算，与现浇剪力墙体系相同，但配筋时应考虑整体受弯的作用。

箱形基础内力计算后，即可对顶板、底板、墙体和洞口进行强度计算。其中外墙除承受上部结构的荷载外，还承受周围土体的静止土压力和净水压力等水平荷载的作用，箱形基础底板处在地下水位以下时，底板则还承受地下水浮托力的作用。

箱形基础还应进行变形验算，并控制变形值在允许范围内。箱形基础的允许沉降值和整体倾斜值应考虑建筑物的使用要求及相邻建筑物的影响，按地区经验确定。但横向整体倾斜的计算值一般不大于 $b/100H$（b 为基础的横向宽度，H 为建筑物的高度）。

三、减轻不均匀沉降的措施

（一）地基不均匀沉降对建筑物的影响

地基在建筑物和上部填土作用下总会产生一定的沉降或不均匀沉降。均匀沉降对建筑物的危害程度相对较小。过大的不均匀沉降一方面会影响建筑物的正常使用，另一方面使结构受力体系发生改变，进而引起开裂和破坏。对于较软弱地基基础设计，不仅要考虑采用合理的地基处理方案，同时在上部建筑和结构设计及施工中应采用合理的处理措施，减少建筑物的不均匀沉降。

混合结构对地基不均匀沉降很敏感。当地基产生不均匀沉降时，由于墙体内部成了主拉应力，引起墙体开裂。主要表现在墙洞四角部位，裂缝大致呈 45°左右并倾向于沉降大的一方，如图 5-47a 所示。如果房屋端部沉降大于中部，则顶层窗口出现倾向于两端呈到"八"字形开展的裂缝，如图 5-47b 所示。如果房屋局部下沉，则在墙的下部产生倾向于局部沉降的斜裂缝，如图 5-47c 所示。如果房屋高差较大时，则低层房屋的窗口可能产生倾向于高层的斜裂缝，如图 5-47d 所示。房屋的整体倾斜也是倾向地基沉降较大的方向。

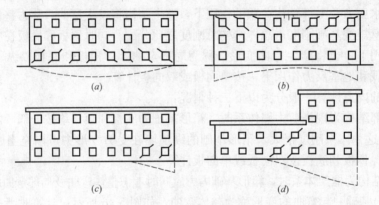

图 5-47 地基沉降及强身裂缝
(a) 中部沉降大；(b) 两端沉降大；(c) 局部沉降；(d) 高层沉降大

框架等超静定结构对地基沉降较为敏感，由于不均匀沉降在结构内引起较大内力，也是房屋结构破坏的原因之一。排架等静定结构对地基不均匀沉降适应性较强。

（二）降低地基不均匀沉降的措施

1. 建筑措施

（1）建筑物的体型力求简单

建筑物的体型是指其平面形状和立面高差。体型复杂的建筑视觉效果可能较好，但受力性能复杂，易引起应力集中和不均匀沉降。在满足建筑功能要求的前提下，应尽可能做到使建筑体型简单化，这样不仅对地基不均匀沉降可以起到降低的作用，同时，对于房屋抗震性能的提高也有好处。

（2）设置沉降缝

平面布局复杂，或立面高差较大的建筑由于地基承受竖向荷载影响复杂，为了使得不同部分在重力作用下相对独立地变形，减少地基不均匀沉降对房屋的破坏作用，设置沉降缝是比较有效的方法之一。沉降缝设置的位置如下：

1）建筑平面的转折处。

2）建筑立面上高度差异较大部位的分界处。

3）建筑物长度超过相应结构类型设计规范规定的长度的房屋的适当部位。

4）地基土的压缩性有显著差异处。

5）建筑物或基础类型不同处。

6）分期建造的房屋交界处。

沉降缝应将房屋从基础到屋面垂直分开，并应有足够的宽度，以防止沉降缝两侧单元在相向倾斜时挤压。沉降缝的宽度见表 5-26 的要求。

房屋沉降缝的宽度表

表 5-26

房屋层数	沉降缝宽度(mm)	房屋层数	沉降缝宽度(mm)
二～三	50～80	五层以上	不小于 120
四～五	80～120		

注：当沉降缝两侧单元层数不同时，缝宽按层数多的情况考虑。

沉降缝内一般不能填充材料，常用的构造做法有三种：

1）悬挑式。层数多的房屋设计时，紧靠层数低的房屋在层夹缝处不设基础，而是通过基础梁或挑梁将上部结构传来的荷载传至低层房屋的邻近基础上如图 5-48（a）、（b）所示。

2）跨越式。在沉降缝两侧的墙下均做错开的独立基础，荷载通过基础梁传递，在基础梁下应预留足够的空隙，如图 5-48（c）所示。

3）平行式。沉降缝两侧平行的墙各自做偏心基础，如图 5-48（d）所示，荷载较大时做整片筏板基础，如图 5-48（e）所示，这种方式较少适用。

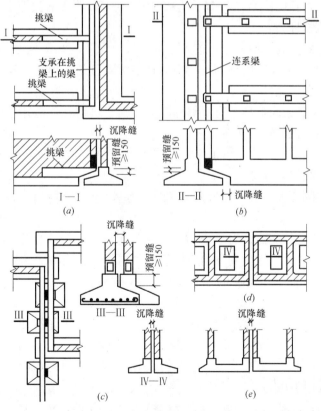

图 5-48　基础沉降缝构造

（a）混合结构沉降缝；（b）柱下条形基础沉降缝；（c）跨越式沉降缝；

（d）偏心基础沉降缝；（e）整片基础沉降缝

（3）相邻建筑物基础间保持一定的净距

相邻建筑物离得太近，会因地基应力扩散互相叠加，引起相邻建筑物产生附加沉降。因此，相邻建筑物之间应保证留有足够的距离。这个净距离应根据影响建筑物的荷载大小、受荷面积和被影响建筑物的刚度以及地基的压缩性等条件决定。一般竖向荷载大的高重房屋会对相邻较轻和较低建筑物产生影响。

相邻高耸结构外墙（或对倾斜要求较高的建筑物）外墙间隔距离，应根据倾斜允许值计算，见表 5-27。

相邻建筑物基础间的净距   表 5-27

影响建筑物的预估 被影响建筑物的长高比 平均沉降量 $s(mm)$	$2.0 \leqslant L/H_f < 3.0$	$3.0 \leqslant L/H_f < 5.0$
70～150	2～3	3～6
160～250	3～6	6～9
260～400	6～9	9～12
>400	9～12	≥12

注：L 为建筑物的长或沉降缝分隔的单元长度（m）；H_f 为自基础底面标高算起的建筑物高度（m）。

当被影响建筑物长度比为 $1.5 < L/H_f < 2.0$ 时，其净距可适当缩小。

（4）控制建筑物标高

建筑物各部分的标高，应根据可能产生的不均匀沉降，采取下列相应措施：

1）室内地坪和地下设施的标高，应根据预估沉降量予以提高。建筑物各部分有联系时，可将沉降较大者提高。

2）建筑物与设备之间，应留有足够的净空，当建筑物有管道穿越时，应预留足够尺寸的孔洞，或采用柔性的管道接头。

2. 结构措施

（1）增强上部结构的刚度

上部结构整体刚度大，能较好地调整和减少地基的不均匀沉降。加强上部结构刚度的措施有：

1）控制建筑物的长高比。对于三层及以上的房屋，其长高比宜小于等于 2.5；当房屋长高比在 2.5～3.0 时，宜做到纵墙不转折或少转折，其内横墙间距不宜过大，必要时可增强基础强度和刚度。当房屋的预估沉降量小于或等于 120mm 时，其长高比可不受限制。

2）设置圈梁。在多层房屋的基础底面和房屋檐口标高处宜各设一道圈梁，其他各层应结合抗震设计要求可能产生的不均匀沉降的大小增设圈梁。

3）在墙体上开洞时，宜在开洞部位配筋或采用构造柱及圈梁加强。

（2）减少基底附加压力

基底附加压力与地基的沉降或不均匀沉降呈现正相关性，减少基底附加压力，可以有效降低地基沉降和不均匀沉降。具体措施包括：

1）选用轻型结构，减少墙体自重，采取架空地板代替室内厚填土；

2）设置地下室或半地下室，采用覆土少、自重轻的基础形式；

3）调整各部分荷载分布，基础宽度或埋置深度；

4）对不均匀沉降要求严格的建筑物，可选用较小的基底压力。

（3）加强基础刚度

加强基础刚度能较好地调整地基不均匀沉降。可在基础平面内设置必要的拉结条基，在地基土变化或荷载变化处，应加设钢筋混凝土圈梁。对于建筑物体型复杂、荷载差异较大的框架结构，可采用加强肋条基础、箱形基础、桩基础、厚度较大的筏基础等，以减少不均匀沉降。

3. 施工措施

在基础开挖时，注意不要扰动基底土的原状结构。通常可暂不挖到基底标高，坑底至少应保留 200mm 厚的原土层，待基础施工时再挖除。如发现坑底已扰动，则应将已扰动的土挖去，并用砂、碎石回填夯实。

当建筑物各部分存在高低或轻重差异时，在施工时应先施工高、重部分，后施工轻、低部分。在高、重部分竣工并间歇一段时间后再修建轻、低部分。此外，应尽量避免在新建建筑物周围堆放大量土方、建筑材料等地面荷载，以防止基础产生附加沉降。

在进行建筑施工降低地下水施工现场，应密切注意降水对邻近建筑物可能产生的不利影响，特别应防止流土现象的发生。

基础和地下室底板、内外墙及顶板的混凝土，宜连续浇筑完毕，一般不宜设置竖向施工缝，必须设置后浇缝（带）时，应严格执行《混凝土结构工程施工质量验收规范》GB 50204 的有关规定。当地下水位较高时，应做好防水、止水等抗渗漏的工作。底板与外墙之间的施工缝，不应设在两者的交接处，宜在底板面以上 500mm 的墙身处，且最好采用企口结合。

在基坑范围内或邻近地带，如有锤击沉桩作业，则应在基坑工程开始至少半个月，先行完成桩基施工任务。在开挖基坑修建地下室时，特别应注意基坑的坑壁稳定和基坑的整体稳定。

本 章 小 结

1. 地基基础在房屋建筑中具有承上启下的重要作用，房屋上部结构的功能能否正常发挥，房屋建筑工程造价的高低，房屋抵御偶然作用影响能力的大小等都与地基与基础的关系密不可分。选择地基基础类型时，主要考虑以下两个方面的因素：一是建筑物的特性，这主要包括建筑物使用功能、上部结构采用的形式、结构承受的各种作用的大小和性质；二是地基的地质特性，主要包括各种性状土层的分布情况、各层土的性质、地下水位的情况等。

天然地基上的基础根据其埋置深度以及施工方法不同，分为浅基础和深基础两大类。通常将埋置深度不大于 5m 的基础称为浅基础，这类基础用普通施工方法就能施工完成。工程实践中把埋置深度大于 5m 的基础称为深基础，它通常需要采用特殊方法施工完成。相对于深基础，天然地基土上的浅基础由于施工工艺和工序简单，也不需要复杂的施工机械和专用设备，工期较短，造价相对低廉，只要上部结构允许，它是工程实践中应优先选择的类型。

《建筑地基基础设计规范》GB 50007—2011（以下简称"规范"），根据地基复杂程度、建筑物规则和功能特征，以及地基问题可能造成建筑物破坏或影响正常使用的程度，将地基基础划分为三个设计等级。

2. 地基基础设计的基本原则

地基基础是上部结构向地下的延伸，作为建筑结构重要的组成部分，应与上部主体结构具有同样的安全可靠性。《建筑结构可靠度设计统一标准》GB 50068 对结构设计应满足的功能要求提出了具体要求。

《统一标准》要求，结合地基的基本情况和工作状态，地基与基础设计应满足下列要求：

（1）地基应具有足够的强度和稳定性，即上部结构通过基础传到地基上的压应力不应超过地基土的抗压承载力。也就是说，地基土应具有足够的安全储备，以抵抗上部结构承受的作用发生较大变异时可能引起的地基承载力不足而发生的破坏；防止通常情况下承受的建筑物荷载引起的剪切破坏；防止由于地基塑性破坏区的持续扩展，进而造成的地基失稳破坏。

（2）地基在上部荷载作用下的沉降量应小于地基的允许变形值。防止由于地基沉降过大或不均匀沉降引发上部结构的功能的不能正常发挥，甚至上部结构的破坏。

地基和基础是紧密相连的共同体，是同一问题的两方面，地基设计时要满足安全性功能和变形性能两方面要求，基础设计可以直接影响地基的受力和变形。因而，地基与基础设计是一个需要整体考虑的问题。

《建筑地基基础设计规范》GB 50007—2011 规定，根据建筑地基基础设计等级及长期荷载作用下地基变形对上部结构的影响程度，地基基础设计应符合下列规定：

1）所有建筑物的地基计算均应满足承载力计算的有关规定。

2）设计等级为甲级、乙级的建筑物，均应按地基变形设计。

3）设计等级为丙级的建筑物有下列情况之一时应作变形验算：

① 地基承载力特征值小于 130kPa，且体型复杂的建筑。

② 在基础上及其附近有堆载或相邻基础荷载差异较大，可能引起地基产生过大的不均匀沉降时。

③ 软弱地基上的建筑物存在偏心荷载时。

④ 相邻建筑距离近，可能发生倾斜时。

⑤ 地基内有厚度较大或厚薄不均的填土，其自重固结未完成时。

4）对经常受水平荷载作用的高层建筑、高耸结构和挡土墙等，以及建造在斜坡上或边坡附近的建筑物和构筑物，尚应验算其稳定性。

5）基坑工程应进行整体稳定性验算。

6）建筑地下室或地下构筑物存在上浮问题时，尚应进行抗浮验算。

《建筑地基基础设计规范》GB 50007—2011 同时规定，地基基础的设计使用年限不应小于建筑结构的设计使用年限。

3. 地基基础设计的一般步骤

（1）选择基础用材料、类型，确定基础平面布置。

（2）选择基础的埋置深度，确定地基持力层。

（3）确定地基承载力特征值。

（4）根据传至基础底面的荷载效应和地基承载力特征值，确定基础底面积。

（5）根据传至基础底面的荷载效应，进行地基的变形和稳定性验算。

（6）根据传至基础底面的荷载效应，通过地基承载力验算，确定基础构造尺寸。

（7）绘制基础施工图。

4. 基础的埋置深度

是指基础底面埋在地面（通常指室外设计地面）下的深度。确定基础埋深时应考虑的几个因素如下：

（1）建筑物的用途、结构类型及荷载的大小和性质。

（2）场地土的工程地质和水文地质情况。

（3）我国北方寒冷地区冻土层深度的影响。

5. 地基土层单位面积所承受的具有一定可靠度的最大荷载称为该土层的承载力。工程实践中考虑到上部结构对地基变形的限制，采用的是满足结构正常使用极限状态的承载力，这个值称为土的承载力特征值。按照荷载试验或触探等原位测试、经验值等方法确定的地基土承载力特征值。对基础宽度大于 3m 或埋置深度大于 0.5m 时，特征值按公式 $f_a = f_{ak} + \eta_b \gamma (b-3) + \eta_d \gamma_m (d-0.5)$ 计算。根据土的强度理论公式确定承载力特征值的公式为 $f_a = M_b \gamma b + M_d \gamma_m d + M_c c_k$。对于完整、较完整、较破碎的岩石地基承载力特征值计算公式为 $f_a = \psi_r \cdot f_{rk}$。

6. 在轴心荷载作用下，基底产生的轴心压力不超过修正后的地基承载力特征值，作为确定基础底面面积的极限状态。其设计时应满足下列公式的要求。

$$p_k \leqslant f_a$$

$$\frac{F_k + G_k}{A} \leqslant f_a$$

$$A \geqslant \frac{F_k + G_k}{f_a}$$

轴心受压基础底面尺寸的确定按公式 $A \geqslant \dfrac{F_k + G_k}{f_a}$ 计算；偏心受压基础底面尺寸的确定按公式 $A = (1.1 \sim 1.4) \dfrac{F_k}{f_a + \gamma_G d}$ 计算。

在偏心荷载作用下，地基验算应满足公式 $p_{max} \leqslant f_a$ 的要求。偏心受压基础顶面积按式 $A = (1.1 \sim 1.4) \dfrac{F_k}{f_a + \gamma_G d}$ 计算。

7. 软弱下卧层的验算

在一般情况下，随着深度的增加，同一层土的压缩性降低、抗剪强度和承载力提高。但在成层地基中，有时可能包括软弱下卧层。如果在地基持力层以下的地基土范围内，存在压缩性高、抗剪强度和承载力低的土层，则除按持力层承载力确定基础尺寸外，还需要对下卧软弱层地基承载力进行验算，使其满足：软弱下卧层顶面处的附加应力设计值 p_z 与土的自重应力 p_{cz} 之和不超过软弱下卧层的承载力设计值 f_{az}，即 $p_z + p_{cz} \leqslant f_{az}$。

如果软弱下卧层的承载力不满足要求时，该基础的沉降量可能较大，或者地基可能产生剪切破坏。此时应考虑增大基础底面积，或改变基础类型，减少基础埋深。如果这样处理后仍未能满足要求，则应考虑采用其他地基基础方案。

8. 《建筑地基基础设计规范》GB 50007—2011 规定，在验算地基变形时，应根据不同情况确定地基变形的特征值和控制值，具体规定如下：

（1）由于建筑地基不均匀、荷载差异很大、体型复杂等因素引起的地基变形，对于砌体承重结构应由局部倾斜值控制。

（2）对于框架结构和单层排架结构应由相邻柱基的沉降差控制。

（3）对于多层或高层建筑和高耸结构应由倾斜值控制，必要时尚应控制沉降量。

（4）在必要情况下，需要分别预估建筑物在施工期间和使用期间的地基变形值，以便预留建筑物有关部分之间的净空，选择连接方法和施工顺序。

9. 地基变形验算的要求是：建筑物的地基变形计算值不大于地基变形允许值，即满足公式 $s \leqslant [s]$ 的要求，其中 $s = \psi_s s' = \psi_s \sum_{i=1}^{n} \dfrac{p_0}{E_{si}} (z_i \, \bar{\alpha}_i - z_{i-1} \, \bar{\alpha}_{i-1})$。

10. 砖基础每阶的高和宽都应符合砖的模数。其砌筑方式有："两皮一收"砌法和"两皮一收与一皮一收间砌"的砌法。"两皮一收"砌法是指每阶两皮砖高为 120mm，出挑宽度 60～65mm；"两皮一收与一皮一收间砌"的砌法是指出挑的相邻两阶高度分别为 120mm 和 60mm 间隔变化，出挑长度均为 60mm，从基础开始"两皮"高度和一皮的高度间隔砌筑。为了确保基础传入地基的荷载有一个合理的扩散范围并确保基础砌筑质量，一般在砖基础底面以下先做三合土或混凝土垫层，垫层每边伸出基础的宽度为 50～100mm，厚度不小于 100mm。

混凝土阶梯形基础或毛石基础，每阶高度一般为 500mm，伸出宽度一般为 400～500mm。地下水质对普通硅酸盐水泥有侵蚀性时，可改用矿渣水泥或火山灰水泥来拌合混凝土。混凝土中的毛石均应错开，且不应外露，以确保毛石与混凝土的粘结。毛石基础的砌筑方法，其每一阶的伸出宽度不宜大于 200mm，高度应大于 350mm（通常为 400～600mm），每阶由两层毛石错缝砌筑。

11. 锥形基础的边缘高度不宜小于 200mm，且两个方向的坡度不宜大于 1：3，其顶部四周应水平放宽 50mm，以方便柱模板的安装定位。阶梯形基础的每阶高度宜为 300～500mm，当基础总高度 $h \leqslant 350mm$ 时，可用一阶；$350mm < h \leqslant 900mm$ 用二阶；当 $h > 900mm$ 时，用三阶。

钢筋混凝土基础下通常设素混凝土垫层，垫层的厚度不宜小于 70mm；垫层的混凝土强度等级应为 C10；垫层两边各伸出基础底板 100mm。

扩展基础受力钢筋通常采用 HPB300 级，其配筋率不应小于 0.15%，底板受力钢筋的最小直径不应小于 10mm，间距不宜大于 200mm，也不宜小于 100mm。墙下钢筋混凝土条形基础纵向分布钢筋的直径不小于 8mm，间距不大于 300mm，每延米分布钢筋面积应不小于受力钢筋面积的 15%。当有垫层时，钢筋保护层厚度不小于 40mm；无垫层时不应小于 70mm。

基础底板混凝土强度等级不应低于 C20。

当柱下钢筋混凝土独立基础的边长和墙下钢筋混凝土条形基础的宽度大于或等于

2.5m 时，底板受力钢筋的长度可取边长或宽度的 0.9 倍，并宜交错布置。

12. 降低地基不均匀沉降的措施包括建筑措施、结构措施和施工措施等。建筑措施包括：建筑物的体型力求简单，设置沉降缝，相邻建筑物基础间保持一定的净距等；结构措施包括：增强上部结构的刚度，减少基底附加压力，加强基础刚度。施工措施包括：在基础开挖时注意不要扰动基底土的原状结构；当建筑物各部分存在高低或轻重差异时，在施工时应先施工高、重部分，后施工轻、低部分；在高、重部分竣工并间歇一段时间后再修建轻、低部分。此外应尽量避免在新建建筑物周围堆放大量土方、建筑材料等地面荷载，以防止基础产生附加沉降。

在进行建筑施工降低地下水的施工现场，应密切注意降水对邻近建筑物可能产生的不利影响，特别应防止流土现象的发生。

基础和地下室底板、内外墙及顶板的混凝土，宜连续浇筑完毕，一般不宜设置竖向施工缝，必须设置后浇缝（带）时，应严格执行《混凝土结构工程施工质量验收规范》GB 50204 的有关规定。在基坑范围内或邻近地带，如有锤击沉桩作业，则应在基坑工程开始至少半个月，现行完成桩基施工任务。在开挖基坑修建地下室时，特别应注意基坑的坑壁稳定和基坑的整体稳定。

复习思考题

一、名词解释

浅基础　深基础　沉降量　沉降差　倾斜　局部沉降　地基变形允许值　基础的设计等级　地基变形允许值　地基承载力特征值　刚性基础　无筋扩展基础　扩展基础　柱下十字形基础　筏板基础　基础的埋置深度　地基软弱下卧层　地基净反力　地基变形允许值　地基的不均匀沉降

二、问答题

1. 地基基础设计有哪些基本要求和基本假定？

2. 地基变形特征值有哪几种？它们的含义是什么？

3. 地基特征值有几种？它们各怎样确定？

4. 天然地基上浅基础的设计的方法、步骤及相应的计算公式有哪些？

5. 确定地基埋置深度的因素有哪些？

6. 轴心受压和偏心受压基础底面积怎样确定？

7. 刚性基础的主要构造措施有哪些？

8. 扩展性钢筋混凝土基础的构造有哪些？

9. 怎样验算地基软弱下卧层的强度？其具体要求是什么？

10. 在进行基础能力计算时为什么要用地基净反力？净反力怎样计算？

11. 为什么现浇柱要预留基础插筋？它与柱的搭接位置宜在什么位置？

12. 减轻地基不均匀沉降的三种措施的内容有哪些？

三、计算题

1. 某柱下矩形基础，相应于荷载效应标准组合时上部结构传至基础顶面的竖向力值 $F_k = 810kN$，地质资料如图 5-49 所示。试确定基础底面积的尺寸，并验算软弱下卧层。

2. 某地基土为中砂土，土工试验的标准贯入锤击数 $N = 21$。试确定其承载力标准值。如基础宽度为 2.5m，埋深为 0.8m，土的重度为 $18kN/m^3$。试确定该基础的地基承载力设计值。

3. 某地基土为中砂土，重度为 $18kN/m^3$，地基承载力标准值为 $f_k = 270kPa$，现需要设计一方形截面柱的基础，作用在基础顶面的轴心荷载设计值为 1.20MN，取基础埋深为 1.40m。试确定该方形基础

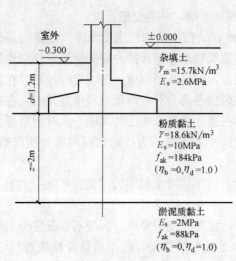

图 5-49　计算题 1 图

156kN，修正后的地基承载力特征值 $f_a=169$kPa，混凝土强度等级 C25，采用 HPB300 级钢筋。试计算该基础配筋及尺寸。

的地面边长。

4. 某承重砖墙厚度为 370mm，传至条形基础地面的轴向力设计值为 $F=240$kN/m。该地基土层情况如图 5-50 所示，地下水在淤泥质土顶面处。建筑物对基础埋深无特殊要求，且不考虑土的冻胀问题，材料自定。试设计该基础并进行软弱下卧层的验算。

5. 试设计钢筋混凝土内柱基础，上部结构的荷载设计值为 $F_k=530$kN，基本组合值为 $F=685$kN，柱截面尺寸为 350mm×350mm，基础的埋深为 1.65m（从室内地面标高算起），修正后的地基承载力特征值为 $f_a=195$kPa，混凝土强度等级为 C25，钢筋为 HPB300 级。试确定基础底板尺寸。

6. 某单层工业厂房柱下杯口基础如图 5-51 所示，埋置深度为 1.4m（包括垫层），柱传至杯口的内力值为：$f_k=485$kN，$M_k=115$kN·m，$V_k=21$kN，$p_k=$

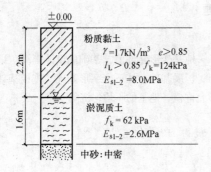

图 5-50　计算题 4 图

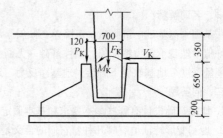

图 5-51　计算题 6 图

第六章　土压力与挡土墙设计

学习要求与目标：

1. 掌握土坡稳定的分析方法。
2. 正确理解土压力的概念。
3. 熟练掌握主动土压力计算。
4. 掌握重力式挡土墙的设计。

第一节　概　述

挡土墙是防止土体坍塌的构筑物，在房屋建筑和铁路、公路、桥梁以及水利工程中广泛使用。建造挡土墙的目的是用来阻挡土坡滑动或用于储藏粒状材料等，如图 6-1 所示，为工程中经常采用的几种挡土墙形式。挡土墙通常承受其后填土因自重或外荷载作用对墙背产生的侧向压力，侧向压力是挡土墙所承受的主要荷载。挡土墙的土压力与填土性质、挡土墙的形状和位移方向，以及地基土性质等因素有关。

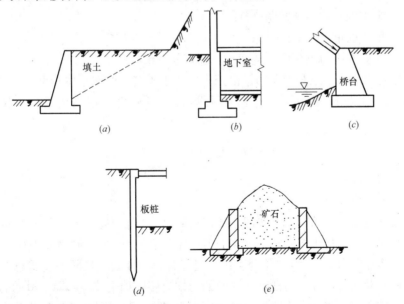

图 6-1　挡土墙在实际工程中的应用

(*a*) 填方区用的挡土墙；(*b*) 地下室侧墙；(*c*) 桥台；(*d*) 板桩；(*e*) 散粒贮仓

土坡可根据形成的原因分为天然土坡和人工土坡。山区的天然山坡、江河的岸坡，建筑工程中由于平整场地、开挖基坑而形成的人工斜坡，常由于某些不利因素的影响造成土坡的局部滑动而丧失稳定性，为了有效防止因土坡局部滑移造成的工程事故，应对边坡的稳定性进行验算并采取适当的工程措施。

土的强度理论是计算土压力和边坡稳定性的依据，本章主要介绍朗肯和库仑理论计算土压力的方法，简要介绍重力式挡土墙和岩石锚杆挡土墙的设计和边坡稳定性分析方法。

第二节　作用在挡土墙上的土压力

挡土墙上承受的土压力的大小及其分布情况受墙体可能产生位移的方向、墙后填土的种类、填土的角度、墙的截面刚度和地基变形等一系列因素影响，其中挡土墙的位移方向和位移量是计算挡土墙承受土压力的重要因素。根据挡土墙的位移情况和墙后土体所处的应力状态，土压力可分为以下三种。

一、静止土压力

如果挡土墙在土压力作用下不向任何方向移动或转动而保持原来的位置，则作用在墙背上的土压力为静止土压力。房屋地下室的外墙在楼面板和梁的支撑作用下，外墙几乎不发生位移，作用在外墙面上的填土侧压力可按静止土压力计算。静止土压力等于土在自重作用下无侧向变形时水平向应力，按式（6-1）计算。

$$p = \sigma_x = K_0 \sigma_z = K_0 \gamma z \tag{6-1}$$

式中　K_0——静止土压力系数，或称土的静止侧压力系数。它与土的性质、密实度有关，可通过侧限压缩试验确定。对于一般土：砂土，$K_0 = 0.35 \sim 0.50$；黏性土，$K_0 = 0.05 \sim 0.70$；对于正常固结土，可按 $K_0 = 1 - \sin\varphi'$ 公式计算，φ' 为土的有效内摩擦角（°）；

γ——填土的重度（kN/m^3）；

z——计算土压力点深度，从填土表面算起（m）。

静止土压力沿墙高呈三角形分布。沿挡土墙水平长度方向取单位长度（1m）来计算，则静止土压力的合力 E_0（kN/m）作用在距墙底为三分之一墙高处的值，按式（6-2）计算。

$$E_0 = \frac{1}{2} \gamma h^2 K_0 \tag{6-2}$$

式中　h——墙高（m）。

二、主动土压力

对挡土墙进行试验研究发现，挡土墙向前移或转动时，如图 6-2（a）所示，墙后土体向墙一侧伸展，由于挡土墙的滑移和侧向变位使土压力减少（如图 6-2（b）中左边部分，取墙的位移方向为负）。当位移量达到一定值时，土体处于极限平衡状态，墙背填土开始出现连续的滑动面，墙背与滑动面之间的土楔有跟随挡土墙一起向下滑动的趋势。在这个土楔即将滑动时，作用在挡土墙上的土压力为最小，这就是主动土压力。沿墙高方向单位面积上的主动土压力（强度）用 P_0（kPa）表示，沿墙高方向单位长度上土压力合力为 E_a（kN/m）。这时，土楔体内的应力处于极限平衡状态，称为主动极限平衡状态。

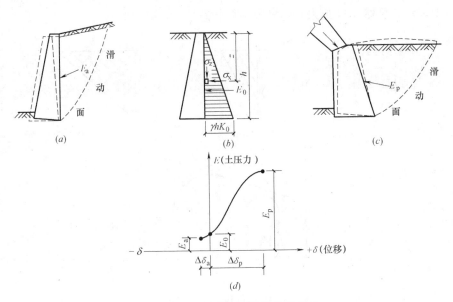

图 6-2 土压力与墙体位移的关系

(a) 主动土压力；(b) 静止土压力；(c) 被动土压力（合力）；(d) 土压力和墙体位移的关系

三、被动土压力

当挡土墙在外力作用下（如拱桥的桥台受到桥的推力）向墙背填土方向转动或移动时，如图 6-2 (c) 所示，墙背挤压土体，使土压力逐渐增大，当位移量达到一定值时，土体也开始出现连续的滑动面，形成的土楔随挡土墙一起向上滑动。在这个土楔即将滑动时，作用在挡土墙上的土压力增至最大，这就是被动土压力，用 p_p 表示。而被动土压力的合力就用 E_p 表示。这是土楔内的应力处于被动极限平衡状态。

如图 6-2 (d) 所示，在相同条件下，主动土压力小于静止土压力；而静止土压力小于被动土压力。

挡土墙上土体压力的计算通常用朗肯理论或库仑理论计算，在这些理论的基础上国内外也提出了一系列考虑各种情况的具体计算公式。

第三节 朗肯土压力理论

一、朗肯理论条件

朗肯土压力理论是根据半空间的应力状态和土体的极限平衡条件建立的，即将土中某一点的极限平衡条件应用到挡土墙的土压力计算中，分析时假定：

① 挡土墙是无限均质土体的一部分；

② 墙背垂直光滑；

③ 墙后填土面是水平的。

根据上述假设，墙背处没有摩擦力，土体的竖直面和水平面没有剪应力，故水平方向和竖直方向的应力为主应力。而竖直方向的应力即为土的竖向自重应力。如果挡土墙在施工和使用阶段没有发生任何侧移和转动，那么水平向的应力就是静止土压力，也即土的侧向自重应力。这时距填土面为 z 深度处的一点 M 的应力状态图 6-3 (a) 可由图 6-3 (d)

中的应力Ⅰ表示。显然，M点未到达极限平衡状态。

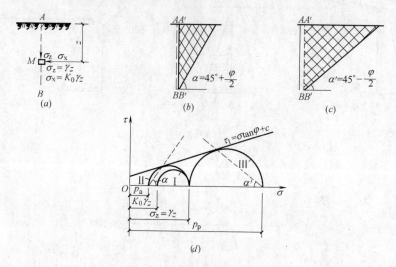

图 6-3　土体的极限平衡状态

(a) 土体中一点的应力；(b) 主动郎肯状态；(c) 被动郎肯状态；(d) 莫尔应力圆与郎肯状态的关系

　　如果挡土墙向离开土体的方向移动，则土体向水平方向伸展，因而使水平方向的应力减小，而竖向应力不变。当挡土墙的位移使墙后某一点的水平应力减少而达到极限平衡状态时，该点的应力圆已于抗剪强度包线相切［如图 6-3 (d) 中的圆Ⅱ］，即为极限应力圆。如果挡土墙位移使墙高范围内的土体每一点都处于极限平衡状态，形成一系列平行的破裂面［图 6-3 (b)］，则称为主动朗肯状态。这时，作用在墙背上的水平主应力就是主动土压力。由于墙背处任一点的竖向和水平向主应力方向相同，故破裂面为平面，且与水平面（竖向大主应力面）呈 $45°+\varphi/2$ 的角度。

　　如果挡土墙向挤压土的方向移动，则水平应力增加。当水平方向应力的数值超过竖向应力时，水平向的应力称为大主应力。当挡土墙的位移使墙高范围内每一点的大主应力增加到极限平衡状态时，则各点的极限应力圆与抗剪强度包线相切［图 6-3 (d) 中的圆Ⅲ］，使墙后形成一系列破裂面［图 6-3 (c)］，称为被动朗肯状态。这时，作用在墙背上的大主应力就是被动土压力，而滑裂面与水平面（小主应力面）呈 $45°-\varphi/2$ 的角度。

二、主动土压力合力 E_a

　　根据土的强度理论，土体某点达到极限平衡状态时，墙后任一深度处的竖向应力 $\sigma=\gamma z$ 为大主应力 σ_1，且数值不变。水平方向的应力 $\sigma_x=\sigma_a$ 为小主应力 σ_3，即为土的主动土压力。由式 (6-3)～式 (6-8) 求得。

黏性土

$$\sigma_1=\sigma_3\tan^2\left(45°+\frac{\varphi}{2}\right)+2c\tan\left(45°+\frac{\varphi}{2}\right) \tag{6-3}$$

$$\sigma_3=\sigma_1\tan^2\left(45°-\frac{\varphi}{2}\right)-2c\tan\left(45°-\frac{\varphi}{2}\right) \tag{6-4}$$

无黏性土

$$\sigma_1=\sigma_3\tan^2\left(45°+\frac{\varphi}{2}\right) \tag{6-5}$$

$$\sigma_3 = \sigma_1 \tan^2\left(45° - \frac{\varphi}{2}\right) \tag{6-6}$$

挡土墙面法向的朗肯主动土压力 σ_x 的示意如图 6-4（a）为主动土压力计算，图 6-4（b）为无黏性土压力计算，图 6-4（c）为黏性土压力计算。

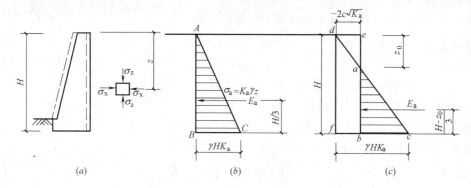

图 6-4 主动土压力分布图

(a) 主动土压力计算；(b) 无黏性土压力；(c) 黏性土压力

黏性土

$$\sigma_a = \gamma z K_a - 2c\sqrt{K_a} \tag{6-7}$$

无黏性土

$$\sigma_a = \gamma z K_a \tag{6-8}$$

式中 σ_a——沿深度方向分布的主动土压力（kPa）；

$\quad K_a$——主动土应力系数，$K_a = \tan^2\left(45 - \frac{\varphi}{2}\right)$；

$\quad \gamma$——填土的重度（kN/m³）；

$\quad z$——计算点离填土表面的距离（m）；

$\quad c$——填土的黏聚力系数（kPa）；

$\quad \varphi$——填土的内摩擦角（°）。

由式（6-7）可知，黏性土主动土压力包括两部分：一部分是由黏聚力 c 引起的负侧压力，如图 6-4（c）中面积 ade 表示，另一部分是由土的自重引起的正侧压力 abc，这两部分叠加的结果如图 6-4（c）所示，图中 a 点为墙背负压力与正压力的分界点，其离填土表面的深度为 z_0，在填土表面无荷载的条件下，令式（6-7）为零，可求出 $z_0 = 2c/(\gamma\sqrt{K_a})$。

若取单位墙长计算，则

$$E_a = \frac{1}{2}(H - z_0)(\gamma H K_a - 2c\sqrt{K_a}) = \frac{1}{2}\gamma H^2 K_a - 2cH\sqrt{K_a} + \frac{2c^2}{\gamma} \tag{6-9}$$

E_a 通过三角形压力分布图 abc 的形心，即作用在离墙底 $(H - z_0)/3$ 处。由式（6-8）可知，无黏性土的主动土压力与 z 成正比，沿墙高的土压力是三角形分布，如图 6-4（b）所示，取单位墙长计算，则

$$E_a = \frac{1}{2}\gamma H K_a H = \frac{1}{2}\gamma H^2 K_a \tag{6-10}$$

E_a 的作用点通过三角形压力分布图 ABC 的形心，距墙底 $H/3$ 处。

三、被动土压力合力 E_p

当挡土墙受到被动土压力作用时，墙后一定范围内填土达到被动极限平衡状态。与主

动土压力相反，分析墙后任一深度 z 处的一微元体时，水平方向的土压力相当于大主应力 σ_1，即 $\sigma_p = \sigma_1$，而竖直方向的应力相当于小主应力 σ_3，即 $\sigma_3 = \sigma_{cz} = \gamma z$。

如图 6-5 (a) 为被动土压力计算，图 6-5 (b) 为无黏性土压力计算，图 6-5 (c) 为黏性土压力计算。

按主动土压力的方法，由土体极限平衡条件可得

黏性土
$$\sigma_p = \gamma z K_p + 2c \sqrt{K_p} \tag{6-11}$$

无黏性土
$$\sigma_p = \gamma z K_p \tag{6-12}$$

式中　K_p——朗肯被动土压力系数，$K_p = \tan^2(45° + \varphi/2)$；

　　　σ_p——被动土压力（kPa）；

其余符号同前。

被动土压力分布的合力为

黏性土
$$E_p = \frac{1}{2}\gamma H^2 K_p + 2cH \sqrt{K_p} \tag{6-13}$$

无黏性土
$$E_p = \frac{1}{2}\gamma H^2 K_p \tag{6-14}$$

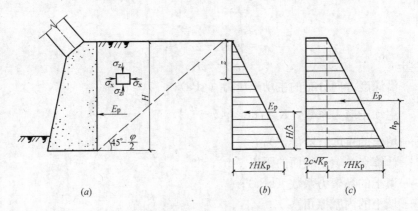

图 6-5　被动土压力分布

(a) 被动土压力计算；(b) 无黏性土土压力；(c) 黏性土土压力

无黏性土的被动土压力合力作用点距墙底 $H/3$ 处，方向垂直墙背。黏性土的被动土压力合力作用点在梯形的形心处，方向也垂直墙背。

朗肯土压力理论是以土体中一点的极限平衡条件为基础导出计算公式，其概念明确、公式简单、计算方便。但由于假设墙背光滑、垂直、填土水平，而实际中一般挡土墙并非光滑，因而计算结果和实际情况有一定的出入。这是因为墙背与填土之间存在的摩擦力将使主动土压力减少和被动土压力增加。所以，用朗肯理论计算是偏于安全的。此外，从上述计算公式可以看出，提高墙后填土的质量，使其抗剪强度指标和黏聚力 c 值增加，有助于减少小主动土压力和增加被动土压力。

四、几种常见的土压力计算

1. 填土面有均布荷载

当填土面上作用均布荷载 q 时，如图 6-6 所示，根据式（6-6）的推导方法，墙后距填土面为 z 深度处一点的大主应力（竖向）$\sigma_1 = q + \gamma z$，小主应力 $\sigma_3 = \sigma_a$，于是根据土的

极限平衡条件可得:

黏性土:

$$\sigma_a = (q + \gamma z)K_a - 2c\sqrt{K_a} \qquad (6\text{-}15)$$

砂土:

$$\sigma_a = (q + \gamma z)K_a \qquad (6\text{-}16)$$

当填土为黏性土时,令 $z = z_0$, $\sigma_a = 0$,带入式(6-15),可得临界深度计算公式为:

$$z_0 = \frac{2c}{\gamma\sqrt{K_a}} - \frac{q}{\gamma} \qquad (6\text{-}17)$$

若荷载 q 较大,则式(6-16)计算的 z_0 会出现负值,此时说明在墙顶处存在土压力,其值可通过令 $z = 0$ 由式(6-14)求得:

$$\sigma_a = qK_a - 2c\sqrt{K_a} \qquad (6\text{-}18)$$

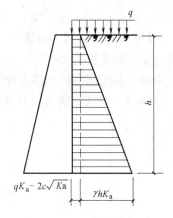

图 6-6 填土面上均布荷载作用的土压力计算

2. 分层填土

当挡土墙背填土由不同性质土层组成时,如图 6-7 所示,可按各层土质情况分别确定

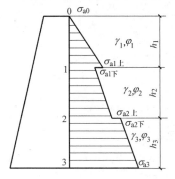

图 6-7 分层填土的土压力计算

作用于墙背上的土压力。第一层土按其计算指标 γ_1、φ_1 和 c_1 计算土压力,而第二层土的压力就可将上层土视作第二层土上的均匀布荷载,用第二层土的计算指标 γ_2、φ_2 和 c_2 来进行计算。其余土层可按第二层的方法计算。

以无黏性土为例

$$\sigma_{a0} = 0$$
$$\sigma_{a1上} = \gamma_1 h_1 K_{a1}$$
$$\sigma_{a1下} = \gamma_1 h_1 K_{a2}$$
$$\sigma_{a2上} = (\gamma_1 h_1 + \gamma_2 h_2)K_{a2}$$
$$\sigma_{a2下} = (\gamma_1 h_1 + \gamma_2 h_2)K_{a3}$$
$$\sigma_{a3上} = (\gamma_1 h_1 + \gamma_2 h_2 + \gamma_3 h_3)K_{a3}$$

但应注意,由于各层土的性质不同,主动土压力系数 K_a 也不同,因此,在土层的分界面上主动土压力会出现两个数值,若为黏性土,其土压应力应减去相应的负侧向压力 $2c\sqrt{K_a}$。

3. 墙后填土有地下水

填土中若有地下水存在,如图 6-8 所示,则墙背同时受到土压力和静水压力的作用。地下水位以上的土压力可按前述方法计算。地下水位以下的土层压力,应考虑地下水引起填土重度的减少及抗剪强度改变的影响。在一般的工程中,可不计地下水对土体抗剪强度的影响,而只需以有效重度和土体原有的黏聚力 c 和内摩擦角 φ 来计算土压力。总侧压力为土压力和水压力之和,挡土墙底位置处的总侧压力 $\sigma_{a上}$ 和 $\sigma_{a水}$

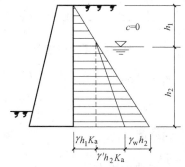

图 6-8 填土中有地下水的土压力计算

之和，$\sigma_a=\sigma_{a上}+\sigma_{a水}=(\gamma_1 h_1+\gamma' h_2)K_a+\gamma_w h_2$。

【例 6-1】 一挡土墙高为 6m（图 6-9），墙背直立、光滑，墙后填土面水平，填土为黏性土，其重度为 $17kN/m^3$，内摩擦角 $\varphi=20°$，内聚力 $c=8kPa$。试求主动土压力及其作用点，并绘出主动土压力分布图。

【解】 墙底处的土压力强度

$$\begin{aligned}\sigma_a&=\gamma h\tan^2\left(45°-\frac{\varphi}{2}\right)-2c\tan\left(45°-\frac{\varphi}{2}\right)\\&=17\times 6\ \tan^2\left(45°-\frac{\varphi}{2}\right)-2\times 8\times\tan(45°-20°/2)\\&=38.8kPa\end{aligned}$$

临界深度 $z_0=\dfrac{2c}{\gamma\sqrt{K_a}}=2\times 8/[17\times\tan(45°-20°/2)]=1.34m$

主动土压力 $E_a=\dfrac{1}{2}\times(6-1.34)\times 38.8=90.4kN/m$

主动土压力距墙底的距离为

$$\frac{h-z_0}{3}=\frac{6-1.34}{3}=1.55m$$

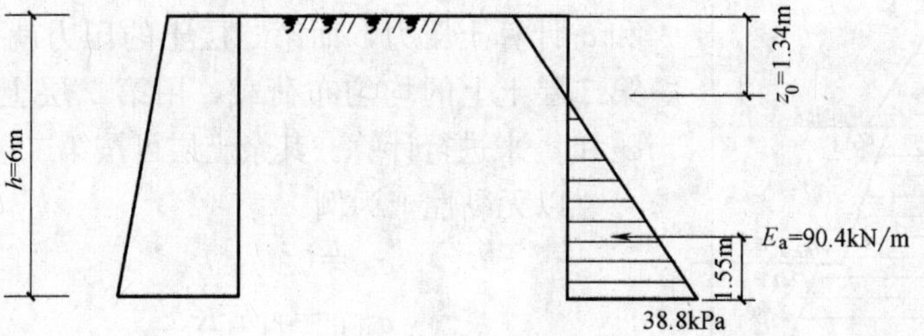

图 6-9 【例 6-1】图

【例 6-2】 有一挡土墙高为 5m，墙背直立、光滑，墙后填土面水平，其上作用有均布荷载 $q=10kPa$（图 6-10）。填土的物理力学指标为：$\varphi=24°$，$c=6kPa$，$\gamma=18kN/m^3$。求主动土压力 E_a，并绘出主动土压力强度分布图。

图 6-10 【例 6-2】图

【解】 填土表面处主动土压力强度

$$\sigma_{a1}=qK_a-2c\sqrt{K_a}=10\times\tan^2(45°-24°/2)-2\times 6\times\tan^2\ (45°-24°/2)=-3.58kPa$$

墙底处的土压力强度

$$\sigma_{a2}=(q+\gamma h)K_a-2c\sqrt{K_a}=-3.58+18\times 5\times\tan^2(45°-24°/2)=34.4kPa$$

临界深度 $z_0=\dfrac{3.58}{34.4+3.58}=0.47m$

总主动土压力 $E_a=\dfrac{1}{2}\times 34.4\times 4.53=77.9kN/m$

土压力作用点位置 $z=\dfrac{1}{3}\times(5-0.47)=1.51m$

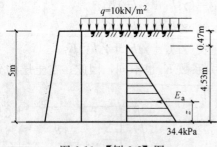

【例 6-3】 有一挡土墙高为 5m，墙背直立、光滑，墙后填土面水平，且分两层。各层土的物理力学性质指标如图 6-11 所示。试求主动土压力合力 E_a，并绘制出主动土压力 E_a 的分布图。

【解】 （1）各层土上、下面处的 σ_a

$$\sigma_{a0} = \gamma z \tan^2(45° - \varphi_1/2) = 0$$

$$\sigma_{a1} = \gamma_1 h_1 \tan^2(45° - \varphi_1/2) = 17 \times 2 \times \tan^2(45 - 32°/2) = 10.4 \text{kPa}$$

$$\sigma_{a1\text{下}} = \gamma_1 h_1 \tan^2(45 - \varphi_2/2) - 2c_2 \tan^2(45 - \varphi_2/2)$$
$$= 17 \times 2 \times \tan^2(45° - 16°/2) - 2 \times 10 \times \tan^2(45 - 16°/2) = 4.2 \text{kPa}$$

$$\sigma_{a2} = (\gamma_1 h_1 + \gamma_2 h_2) \tan^2(45° - \varphi_2/2) - 2c_2 \tan^2(45 - \varphi_2/2)$$
$$= (17 \times 2 + 19 \times 3) \tan^2(45° - 16°/2) - 2 \times 10 \times \tan^2(45° - 16°/2)$$
$$= 36.6 \text{kPa}$$

（2）主动土压力合力

$$E_a = \frac{1}{2} \times \sigma_{a1\text{上}} h_1 + \frac{1}{2} \times (\sigma_{a1\text{下}} + \sigma_{a2}) h_1$$

$$= \frac{1}{2} \times 10 \times 2 + \frac{1}{2} \times 10 \times 2 + \frac{1}{2} \times (4.2 + 36.6) \times 3 = 71.6 \text{kN/m}$$

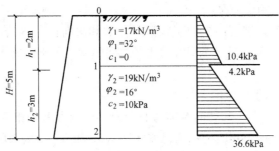

图 6-11 【例 6-3】图

第四节　库仑土压力理论

一、库仑理论条件

库仑土压力理论是根据墙后所形成的滑动楔体处于极限平衡状态时力的静力平衡条件出发而求主动或被动土压力的理论，分析时基本假定为：

1）挡土墙是刚性的，墙后填土为均匀的无黏性土（$c = 0$）；

2）当墙身向前或向后移动以产生主动和被动土压力时，滑动楔体的破裂面为通过墙踵的平面，如图 6-12（a）为土楔 ABC 上的作用，图 6-12（b）为力三角形，图 6-12（c）为主动土压力分布；

3）滑动土楔体可视为刚体。

库仑土压力理论可考虑挡土墙墙背倾斜、粗糙和水平面填土等情况，为分析方便，按平面问题考虑，取沿挡土墙长方向单位长度作为讨论对象。

二、主动土压力合力

图 6-12 所示为库仑主动土压力合力计算简图，当墙体向前移动或转动而使墙后土体

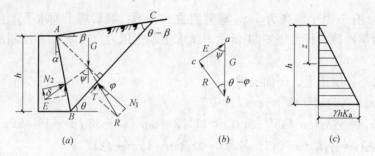

图 6-12　库仑主动土压力计算图
(a) 土楔 ABC 上的作用力；(b) 力矢三角形；(c) 主动土压力分布

处于主动极限平衡状态时，土楔体 ABC 沿某一破裂面 BC 向下滑动。此时，作用在土楔体上的力有如下三个：

（1）土楔体的重力 G

设墙背与竖直面的夹角为 α，填土面与水平面的夹角为 β，土楔体的破裂面与水平面的夹角为 θ，只要破裂面 BC 的位置一确定，G 的大小就已知，G 等于 △ABC 面积乘以土的重度，此时 G 是 θ 的函数，G 的方向朝下。

（2）破裂面 BC 上的反力 R

该力是楔体滑动时，破裂面上的切向摩擦力 T 和法向反力 N_1 合力，其大小未知，但其方向是已知的。反力 R 与破裂面 BC 的法线之间的夹角等于土的内摩擦角，并位于法线的下侧。

（3）墙背对土楔体的反力 E

该力是墙背法向反力 N_2 和切向摩擦力的合力。与该力大小相等、方向相反的楔体作用在墙背上的力就是土压力，其方向为已知大小为未知。它与墙背的法线成 δ 角，δ 角为墙背与填土之间的摩擦角（外摩擦角），楔体下滑时反力 E 的位置在法线的下侧。

由于土楔体 ABC 在上列三力作用下处在静止平衡状态，故由该三力构成的力的三角形必然闭合，如图 6-12 (b) 所示。从图 6-12 (a) 中可知力 E 与竖直线的夹角 ψ 为：

$$\psi = 90° - \delta - \alpha$$

于是力 E 与 R 的夹角为 $180° - [(Q-\varphi) - \psi]$。

$$\frac{E}{G} = \frac{\sin(\theta-\varphi)}{\sin[180°-(\theta-\varphi+\psi)]} = \frac{\sin(\theta-\varphi)}{\sin(\theta-\varphi+\psi)}$$

由力的三角形按正弦定理可得：

$$E = G \frac{\sin(\theta-\varphi)}{\sin(\theta-\varphi+\psi)} \tag{6-19}$$

E 值随破裂面倾角 θ 而变化。按微分学求极值的方法，可得 $\dfrac{\mathrm{d}E}{\mathrm{d}\theta}$ 的条件求得 E 的最大值即为主动土压力 E_a 时的角 θ，相应于此时的 θ 角即危险的滑动破裂面与水平面的夹角。根据推导，可得库仑主动土压力的计算公式如下：

$$E_a = \frac{1}{2}\gamma h^2 \frac{\cos^2(\theta-\varphi)}{\cos^2\alpha\cos(\alpha+\delta)\left[1+\sqrt{\dfrac{\sin(\varphi+\delta)\sin(\varphi-\beta)}{\cos(\alpha+\delta)\cos(\alpha-\delta)}}\right]^2} \tag{6-20}$$

或
$$E_a = \frac{1}{2}\gamma h^2 K_a \qquad\qquad (6\text{-}21)$$

式中 K_a 为库仑土中的压力系数，其值与角 φ、α、β、δ 有关，可由表 6-1 查得。表中负 α 表示墙背倾斜方向与图 6-12（a）相反，即墙背在过墙顶 A 点竖直线的左方。其他符号同前。

主动土压力系数 K_a 值　　　　　　　　表 6-1

δ(°)	α(°)	β(°)	φ(°)							
			15	20	25	30	35	40	45	50
0	0	0	0.598	0.490	0.406	0.333	0.271	0.217	0.172	0.132
		15	0.933	0.639	0.505	0.402	0.319	0.251	0.194	0.147
		30				0.750	0.436	0.318	0.235	0.172
	10	0	0.652	0.560	0.478	0.407	0.343	0.288	0.238	0.194
		15	1.039	0.737	0.603	0.498	0.411	0.337	0.274	0.221
		30				0.925	0.566	0.433	0.337	0.262
	20	0	0.763	0.648	0.569	0.498	0.434	0.375	0.332	0.274
		15	1.196	0.868	0.730	0.621	0.529	0.450	0.380	0.318
		30				1.169	0.740	0.586	0.474	0.385
	−10	0	0.540	0.433	0.344	0.270	0.209	0.158	0.117	0.083
		15	0.860	0.562	0.425	0.322	0.243	0.180	0.130	0.090
		30				0.614	0.331	0.226	0.155	0.104
	−20	0	0.497	0.380	0.287	0.212	0.153	0.106	0.070	0.043
		15	0.809	0.494	0.352	0.250	0.175	0.119	0.076	0.045
		30				0.498	0.239	0.147	0.090	0.051
10	0	0	0.533	0.447	0.373	0.309	0.253	0.204	0.163	0.127
		15	0.947	0.609	0.476	0.379	0.301	0.238	0.185	0.141
		30				0.762	0.423	0.306	0.226	0.166
	10	0	0.603	0.520	0.448	0.384	0.326	0.275	0.230	0.189
		15	1.089	0.721	0.582	0.408	0.396	0.326	0.267	0.262
		30				0.969	0.564	0.427	0.332	0.258
	20	0	0.695	0.615	0.543	0.478	0.419	0.365	0.316	0.271
		15	1.298	0.872	0.723	0.613	0.522	0.444	0.377	0.317
		30				1.268	0.758	0.596	0.478	0.388
	−10	0	0.477	0.385	0.309	0.245	0.191	0.146	0.109	0.078
		15	0.847	0.520	0.390	0.297	0.224	0.167	0.121	0.085
		30				0.605	0.313	0.212	0.146	0.098
	−20	0	0.427	0.330	0.252	0.188	0.137	0.096	0.064	0.039
		15	0.772	0.445	0.315	0.225	0.158	0.108	0.070	0.042
		30				0.475	0.220	0.135	0.082	0.047
20	0	0			0.357	0.297	0.245	0.199	0.160	0.125
		15			0.464	0.371	0.295	0.234	0.183	0.140
		30				0.798	0.425	0.306	0.225	0.166
	10	0			0.438	0.377	0.332	0.273	0.229	0.190
		15			0.586	0.480	0.397	0.328	0.269	0.218
		30				1.051	0.582	0.437	0.338	0.264
	20	0			0.543	0.479	0.422	0.370	0.321	0.277
		15			0.747	0.629	0.535	0.456	0.387	0.327
		30				1.434	0.807	0.624	0.501	0.406
	−10	0			0.291	0.232	0.182	0.140	0.105	0.076
		15			0.374	0.284	0.215	0.161	0.117	0.083
		30				0.614	0.306	0.207	0.142	0.096
	−20	0			0.231	0.174	0.128	0.090	0.061	0.038
		15			0.294	0.210	0.148	0.102	0.067	0.042
		30				0.468	0.210	0.129	0.079	0.045

E_a 的作用点在三角形分布的土压力合力作用点处，距离墙底 1/3 墙高处。

从表 6-1 可以看出，随土的内摩擦角 φ 的增加以及墙背倾角 α 和填土坡角 β 的减少，K_a 相应减少。当填土水平，墙背直立光滑 $\alpha=\beta=\delta=0$ 时，库仑主动土压力与朗肯主动土压力相等，即朗肯理论是库仑理论的特殊情况。

沿墙高分布的主动土压力 δ，可通过将式（6-21）对 z 求导数求得：

$$\sigma_a = \frac{dE}{dz} = \frac{d}{dz}\left(\frac{1}{2}\gamma h^2 K_a\right) = \gamma z K_a$$

可以看出，主动土压力沿墙高呈三角形分布。在图 6-12（c）中，δ 的图形只表示沿墙高的主动土压力（强度）的大小，不表示主动土压力的方向。主动土压力合力的方向，与图 6-12a 的 E 相反，应在墙背法线的上方，与法线成 δ 角（与水平面成 $\alpha+\delta$ 角），并指向墙。

三、被动土压力

当墙受外力作用推向填土，直至土体沿某一破裂面破坏时，土楔向上滑动，并处于被动极限状态。按上述求主动土压力的原理可求得库仑被动土压力的计算式为：

$$E_p = \frac{1}{2}\gamma h^2 \frac{\cos^2(\varphi+\alpha)}{\cos^2\alpha\cos(\alpha-\delta)\left[1-\sqrt{\dfrac{\sin(\varphi+\delta)\sin(\varphi+\beta)}{\cos(\alpha-\delta)\cos(\alpha-\beta)}}\right]^2} \tag{6-22}$$

式中符号意义同前。

被动土压力合力的作用点在距离墙底 1/3 墙高处，其方向与墙背法线方向成 δ 角（与水平面成 $\alpha-\beta$ 角），在法向下方并指向墙背。

按库仑理论计算土压力时，需要确定对挡土墙墙背的摩擦角 δ。δ 与墙背的粗糙程度和排水条件等因素有关，一般在 $(0\sim1)\varphi$ 之间，见表 6-2 所示。

土对挡土墙背的摩擦角 δ 表 6-2

挡土墙情况	摩擦角
墙背平滑、排水不良	$(0\sim0.33)\varphi_k$
墙背粗糙、排水良好	$(0.33\sim0.50)\varphi_k$
墙背很粗糙，排水良好	$(0.50\sim0.67)\varphi_k$
墙背与填土间不可能滑动（如墙背为阶梯形）	$(0.67\sim1.00)\varphi_k$

实际上，墙后填土达到极限平衡状态时，破裂面是一曲面，在计算主动土压力时，只有当墙背的斜度不大，墙背与填土间的摩擦角较小时，破裂面才接近一平面。按库仑理论给出的公式进行计算，能满足工程设计需要的精度。按库仑理论给出的公式计算，被动土压力时通常误差较大，甚至很大。

四、按《建筑地基基础设计规范》GB 50007—2011 的计算法

为了减少朗肯和库仑理论在土压力计算式的局限性和误差，《建筑地基基础设计规范》GB 50007—2011 提出了一种在各种土质、直线形边界条件下能适用的土压力计算式，建议当墙后的填土为有限黏性土时，主动土压力按下列公式计算：

$$E_a = \frac{1}{2}\psi_a \gamma h^2 k_a \tag{6-23}$$

式中　E_a——主动土压力（kN）；

ψ_a——主动土压力增大系数，挡土墙高度小于 5m 时宜取 1.0，高度 5～8m 时宜

取 1.1，高度大于 8m 时宜取 1.2；

γ——填土的重度（kN/m^3）；

h——挡土墙的高度（m）；

k_a——主动土压力系数，其值按式（6-24）～式（6-26）计算。

$$k_a = \frac{\sin(\alpha+\beta)}{\sin^2\alpha\sin^2(\alpha+\beta-\varphi-\delta)}\{k_q[\sin(\alpha+\beta)\sin(\alpha-\delta)+\sin(\varphi+\delta)\sin(\varphi-\beta)]$$
$$+2\eta\sin\alpha\cos\varphi\cos(\alpha+\beta-\varphi-\delta)-2[k_q\sin(\alpha+\beta)\sin(\varphi-\beta)+\eta\sin\alpha\cos\varphi]$$
$$(k_q\sin(\alpha-\delta)\sin(\varphi+\delta)+\eta\sin\alpha\cos\varphi)]^{\frac{1}{2}}\} \tag{6-24}$$

$$k_q = 1 + \frac{2q\sin\alpha\cos\beta}{\gamma h\sin(\alpha+\beta)} \tag{6-25}$$

$$\eta = \frac{2c}{\gamma h} \tag{6-26}$$

q——地表均布荷载（kPa），以单位水平投影面上的荷载强度计算。

为了避免主动土压力系数的繁琐计算，《建筑地基基础设计规范》GB 50007—2011 对于墙高 $H \leqslant 5m$ 的挡土墙，当排水条件和填土质量符合规范要求时，其主动土压力系数可根据土类、α 和 β 值查规范附录 L 确定。当地下水丰富时，应考虑地下水的作用。工程实践证中，当现场实测指标与上述选取指标相差较大时，应采取式（6-24）计算主动土压力系数。

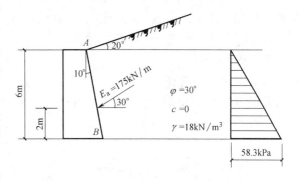

图 6-13 【例 6-4】图

【例 6-4】 挡土墙尺寸及填土的性质指标如图 6-13 所示，填土与墙背之间的摩擦角为 20°。试绘出墙背垂直投影面上主动土压力分布图，并计算合力 E_a。

【解】 α、δ、φ 及 β 查表 6-1 得 $K_a = 0.540$

墙底处土压力强度为：$p_{aB} = \gamma h K_a = 18 \times 6 \times 0.54 = 58.3 \text{kPa}$

土压力合力为：$E_a = \frac{1}{2}\gamma h^2 K_a = \frac{1}{2} \times 18 \times 6^2 \times 0.54 = 175.0 \text{kN/m}$

土压力作用点为：$y = \frac{h}{3} = \frac{6}{3} = 2\text{m}$

土压力作用方向与水平面的夹角为 $\alpha+\delta = 10° + 20° = 30°$

第五节 边坡与挡土墙设计

一、边坡设计要求

《建筑地基基础设计规范》GB 50007—2011 中边坡设计应满足下列规定：

（1）边坡坡度允许值，应根据岩土性质、边坡高度等情况，参照当地同类岩土的稳定坡度值确定，当地质条件良好，土质比较均匀，地下水不丰富时可按表 6-3 确定。

表 6-3

土 的 类 型	密实度或状态	坡度允许值（高宽比）	
		墙高在 5m 以内	墙高 5~10m
碎石土	密实	1∶0.35~1∶0.50	1∶0.50~1∶0.75
	中密	1∶0.50~1∶0.75	1∶0.70~1∶1.00
	稍密	1∶0.75~1∶1.00	1∶1.00~1∶1.25
黏性土	坚硬	1∶0.75~1∶1.00	1∶1.00~1∶1.25
	硬塑	1∶1.00~1∶1.25	1∶1.25~1∶1.50

土质边坡坡度允许值

注：1. 表中碎石的充填物为坚硬或硬塑状态的黏性土；
2. 对于砂土或充填物为砂土的碎石土，其边坡坡度允许值均按自然休止角确定。

当边坡高度大于表 6-3 的规定时，地下水比较发育或具有软弱结构面的倾斜地层时；或开挖边坡的坡面与岩土层倾斜相接近，两者走向的夹角小于 45°时，均应通过调查研究和力学方法综合设计坡度值。

（2）为确保边坡稳定性，对土质边坡或易于软化的岩质边坡，在开挖时应采用相应的排水和坡脚、坡面保护措施，并不得在影响边坡稳定的范围内积水。

（3）开挖边坡时，应注意施工顺序，宜从上到下依次进行。另外应注意挖、填土力求平衡，对堆土位置、堆土量需事先提出设计要求，不得随意堆放。如必须在坡顶和山腰大量堆积土石方时，应进行边坡稳定性验算。

二、挡土墙设计

1. 挡土墙类型选择

常用的挡土墙按结构形式可分为重力式、悬臂式、扶壁式、锚定板式和加筋挡土墙等，如图 6-14a 为重力式挡土墙，图 6-14b 为悬臂式挡土墙，图 6-14c 为扶臂式挡土墙。

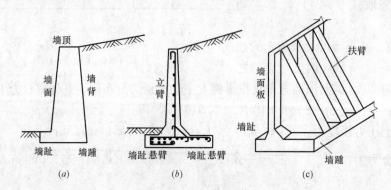

图 6-14　挡土墙的类型
(a) 重力式挡土墙；(b) 悬臂式挡土墙；(c) 扶壁式挡土墙

（1）重力式挡土墙

重力式挡土墙是依靠墙体自重抵抗土压力作用的一种墙体，所需要的墙身截面较大，一般由砖石材料砌筑而成。它具有结构简单、施工方便、便于就地取材等优点，在土建工程中得到广泛应用。

重力式挡土墙根据墙背倾斜方向可分为俯斜式挡土墙（图 6-15a），直立式挡土墙（图 6-15b），仰斜式挡土墙（图 6-15c），衡重式挡土墙（图 6-15d）。

俯斜式挡土墙所受的土压力作用较仰斜式和垂直的挡土墙大，仰斜式受的土压力较

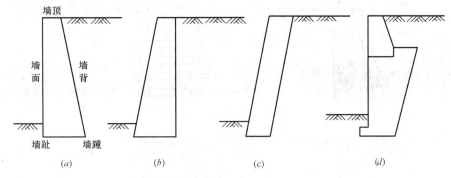

图 6-15 重力式挡土墙的形式

(a) 俯斜；(b) 直立；(c) 仰斜；(d) 衡重式

小，重力式挡土墙高度通常情况下小于 6m，当墙高 h 大于 6m 时，宜采用衡重式挡土墙，如图 6-15d 所示。

（2）悬臂式挡土墙

悬臂式挡土墙一般是由钢筋混凝土制成悬臂板式的挡土墙。墙身立壁板在土压力作用下受弯，墙身内弯曲拉应力由配在立板中的钢筋承担；墙身的稳定性靠底板以上的土重维持。它的优点是充分利用了钢筋混凝土构件的受力特性，墙身截面较小，如图 6-14b 所示。

悬臂式挡土墙通常在墙高超过 5m、地基土的土质较差且当地缺少石料时采用。通常它使用在市政工程以及贮料仓库。

（3）扶壁式挡土墙

当挡土墙高度大于 10m 时，继续采用悬臂式墙体就会出现墙体离壁侧移太大，为了增强立壁的抗弯刚度，沿墙体长度方向每隔（0.3～0.6）h 设置一道加劲扶壁，以增加挡土墙立壁的刚度和受力性能，这种挡土墙称为扶壁式挡土墙，如图 6-14c 所示。

（4）锚定板及锚杆式挡土墙

锚定板挡土墙通常由预制的钢筋混凝土墙面、立柱钢拉杆和埋在填土中的锚定板在现场拼装而成，如图 6-16 所示。锚杆式挡土墙是只有锚拉杆而无锚定板的一种挡土墙，也常作为深基坑开挖的一种经济有效的支挡结构。锚定板挡土墙所受到的主动土压力完全由拉杆和锚定板承受，只要锚杆受到的岩土摩擦阻力和锚定板的抗拔力不小于土压力值时，就可保持结构和土体的稳定。

如图 6-17 所示，除了上述几种挡土墙外，还有混合式挡土墙、构架式挡土墙、板桩式挡土墙和土工合成材料挡土结构。

2. 重力式挡土墙的计算

设计重力式挡土墙时，一般按试算法确定截面尺寸。试算时可结合工程地质、填土性质、墙身材料和施工条件等因素按经验，初步确定截面尺寸，然后进行验算，如不满足可加大截面尺寸或采取其他措施，再重新

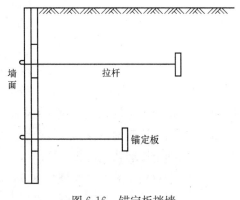

图 6-16　锚定板挡墙

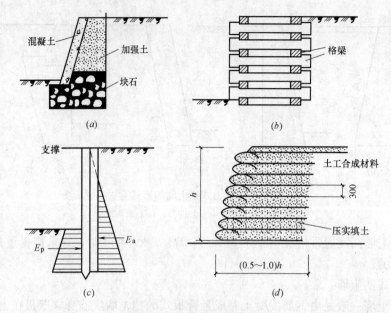

图 6-17 其他形式的挡土结构

(*a*) 混合式挡土墙；(*b*) 构架式挡土墙；(*c*) 板桩墙；(*d*) 土工合成材料挡土墙

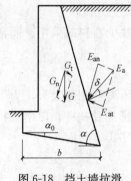

图 6-18 挡土墙抗滑
移稳定验算

验算，直到满足要求为止。

计算重力式挡土墙时可按平面问题考虑，即沿墙的延伸方向截取单位长度的一段计算。计算内容通常包括：抗倾覆和抗滑移稳定性验算，地基承载力验算，墙身强度验算三方面的内容。作用在挡土墙上的荷载有主动土压力、挡土墙自重、墙面埋入土部分所受的被动土压力，当埋入土中不是很深时，一般可以忽略不计，其结果偏于安全。

(1) 抗滑移稳定性验算

图 6-18 为一基地倾斜的挡土墙，挡土墙上作用有自重 G 和主动土压力 E_a，将其分解为平行与垂直于基底的分力 G_t、G_n、E_{at}、E_{an}，挡土墙稳定滑移验算应满足下列要求。

$$\frac{(G_n + E_{an})\mu}{E_{at} - G_t} \geqslant 1.3 \tag{6-27}$$

$$G_n = G\cos\alpha_0 \tag{6-28}$$

$$G_t = G\sin\alpha_0 \tag{6-29}$$

$$E_{an} = E_a\cos(\alpha - \alpha_0 - \delta) \tag{6-30}$$

$$E_{at} = E_a\sin(\alpha - \alpha_0 - \delta) \tag{6-31}$$

式中　G——挡土墙每延长米自重（kN）；

　　　α_0——挡土墙基地的倾角（°）；

　　　α——挡土墙墙背的倾角（°）；

　　　δ——土对挡土墙背的摩擦角（°），可按表 6-3 选用；

　　　μ——土对挡土墙基底的摩擦系数，由试验确定，也可按表 6-4 选用。

<table>
土 的 类 别		摩擦系数 μ
黏性土	可塑	0.25～0.3
	硬塑	0.30～0.35
	坚硬	0.35～0.45
砂土		0.30～0.40
中砂、粗砂、砾砂		0.40～0.50
碎石土		0.40～0.60
软质岩		0.40～0.60
表面粗糙的硬质岩		0.65～0.75
</table>

土对挡土墙基底的摩擦系数　　　　　表 6-4

注：1. 对易风化的软质岩和塑性指数大于 22 的黏性土，基底摩擦系数通过试验确定。
　　2. 对碎石土，可根据其密实程度、填充物状况、风化程度等确定。

当验算结果不能满足式（6-27）的要求时，可把基地变成逆坡，这种方法经济有效，也可将基地做成锯齿状，或在墙底做成凸榫状、在墙踵后加拖板等，如图 6-19 所示。

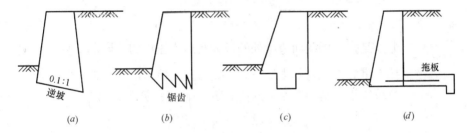

图 6-19　挡土墙抗滑移措施
(a) 逆坡式；(b) 锯齿状；(c) 凸榫式；(d) 踵后加拖板式

（2）抗倾覆稳定验算

图 6-20 所示为一基地倾斜的挡土墙，将主动土压力 E_a 分解为水平力和垂直力 E_{ax} 和 E_{az}，抗倾覆力矩与倾覆力矩之间的关系应满足式（6-32）的要求。

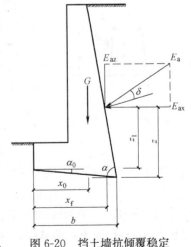

图 6-20　挡土墙抗倾覆稳定
验算示意

$$\frac{Gx_0 + E_{az}x_f}{E_{ax}z_f} \geqslant 1.6 \tag{6-32}$$

$$E_{ax} = E_a \sin(\alpha - \delta) \tag{6-33}$$

$$E_{az} = E_a \cos(\alpha - \delta) \tag{6-34}$$

$$x_f = b - z\cot\alpha \tag{6-35}$$

$$z_f = z - b\tan\alpha_0 \tag{6-36}$$

式中　z——土压力作用点至墙踵的高度（m）；

　　　x_0——挡土墙重心至墙趾水平距离（m）；

　　　b——基地的水平投影宽度（m）。

若验算结果不能满足式（6-32）要求时，可采取下列措施加以满足：

1）增大挡土墙断面尺寸，加大 G，但所用材料和工程量增加，修筑成本上升。

2）将墙背做成倾斜式，以减少侧向土压力。

3）在挡土墙后做卸荷平台，如图 6-21 所示。由于卸荷平台以上土对自重相应增加了挡土墙的自重，减少了土侧向压力，从而增大了抗倾覆力矩。

图 6-21　有卸荷台的挡土墙

如图 6-22 所示，挡土墙地基应满足下式要求

$$\frac{p_{\mathrm{kmax}}}{p_{\mathrm{kmin}}}=\frac{W+E_{\mathrm{ay}}}{B}\left(1\pm\frac{e}{B}\right) \tag{6-37}$$

$$p_{k\mathrm{max}}\leqslant1.2f_{\mathrm{a}} \tag{6-38}$$

$$p_{k\mathrm{min}}\geqslant0 \tag{6-39}$$

式中　$\dfrac{p_{\mathrm{kmax}}}{p_{\mathrm{kmin}}}$——分别是挡土墙地面边缘处的最大和最小压应力（$\mathrm{kN/m^2}$）；

　　　f_{a}——挡土墙底面下地基土修正后承载力特征值（$\mathrm{kN/m^2}$）；

　　　e——荷载作用于基础地面上的偏心距（m），计算公式如下：

$$e=\frac{B}{2}-\frac{Wb+E_{\mathrm{ay}}a-E_{\mathrm{ax}}h}{W+E_{\mathrm{ay}}} \tag{6-40}$$

　　　W——挡土墙单位长度的自重（$\mathrm{kN/m}$）。

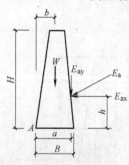

图 6-22　挡土墙的地基
承载力验算

当基底压力超过修正后的地基承载力特征值时，可设置墙趾台阶，如图 6-18 所示。墙趾台阶对于提高挡土墙抗滑移和抗倾覆稳定性效果明显。墙趾的高宽比可取 2∶1，且墙趾水平的水平段长度不得小于 20cm。

（3）墙身强度验算

取若干有代表性的截面（截面急剧变化和转折处）验算，通常墙身和基础结合处的强度能满足，其上部截面强度通常也能满足要求。

3. 重力式挡土墙的构造措施。

（1）重力式挡土墙适用于高度小于 6m、地层稳定、开挖土石方时不会危及相邻建筑物安全的地段。

（2）重力式挡土墙的基础埋置深度应根据地基承载力、水流冲刷、岩石裂隙发育及风化等因素来确定。在特别强冻胀地区应考虑冻胀的影响。在土质地基中，基础埋置深度不宜小于 0.5m；软质岩地基中，基础埋置深度不宜小于 0.3m。

（3）重力式挡土墙可在基底设置逆坡。对于土质地基，基底逆坡坡度不宜大于 1∶10；对于岩质地基，基底逆坡坡度不宜大于 1∶5。

（4）挡土墙的截面尺寸：一般重力式挡土墙的墙顶宽约为墙高的 1/12，且块石挡土墙墙顶宽度不小于 400mm，混凝土挡土墙墙顶宽度不宜小于 200mm。底宽约为墙高的 1/3～1/2。

（5）重力式挡土墙应每隔 10～20m 设置一道伸缩缝，当地基有变化时宜加设沉降缝在挡土结构的拐角处，应采用加强的构造措施。

（6）挡土墙排水措施：应在挡土墙上设排水孔，如图 6-23 所示。对于可以向坡外排水的挡土墙，应在挡土墙上设排水孔。排水孔应沿着横竖两个方向设置，其间距宜取 2～3m，排水孔外斜坡度宜大于等于 5%，孔眼尺寸不宜小于 100mm。挡土墙后面应做好滤水层，必要时应做排水暗沟。挡土墙后面有山坡时，应在坡脚设置截水沟。对于不能向坡外排水的边坡，应在挡土墙后面设置排水暗沟。

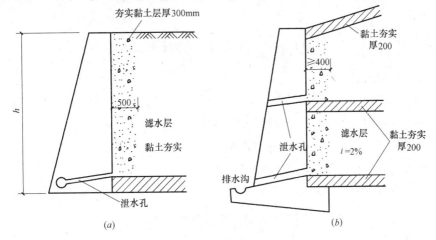

图 6-23　挡土墙的排水措施
（a）挡土墙高度一般且墙后填土水平时的排水构造；（b）挡土墙高度较高且墙后填土倾斜时的排水构造

（7）挡土墙后填土的土质要求：墙后填土应选择透水性强（非冻胀）的填料，如粗砂、砂、砾、块石等，能显著减小主动土压力，而且它们内摩擦角受浸水的影响也小，当采用黏性土时，应适当混以块石。墙后填土必须分层夯实，确保质量满足要求。

本 章 小 结

1. 土坡根据形成的原因分为天然土坡和人工土坡。山区的天然山坡，江河的岸坡，建筑工程中由于平整场地、开挖基坑而形成的人工斜坡，常由于某些不利因素的影响造成土坡的局部滑动而丧失稳定性，为了有效防止因土坡局部滑移造成的工程事故，应对边坡的稳定性进行验算并采取适当的工程措施。

2. 挡土墙上承受的土压力的大小及其分布情况受墙体可能产生位移的方向、墙后填土的种类、填土的角度、墙的截面刚度和地基变形等一系列因素影响，但挡土墙的位移方向和位移量是计算挡土墙承受土压力的重要因素。根据挡土墙的位移情况和墙后土体所处的应力状态，土压力可分为静止土压力、主动土压力和被动土压力。

3. 朗肯土压力理论是根据半空间的应力状态和土体的极限平衡条件建立的，分析时假定：挡土墙是无限均质土体的一部分；墙背垂直光滑；墙后填土面是水平的。

（1）主动土压力合力 E_a

黏性土

$$\sigma_a = \gamma z K_a - 2c\sqrt{K_a}$$

无黏性土
$$\sigma_a = \gamma z K_a$$

式中 σ_a——沿深度方向分布的主动土压力（kPa）。

若取单位墙长计算，则

$$E_a = \frac{1}{2}(H - z_0)(\gamma H K_a - 2c\sqrt{K_a}) = \frac{1}{2}\gamma H^2 K_a - 2cH\sqrt{K_a} + \frac{2c^2}{\gamma}$$

其中，E_a 通过三角形压力分布图的形心，即作用在离墙底 $(H - z_0)/3$ 处。取单位墙长计算，则

$$E_a = \frac{1}{2}\gamma H K_a H = \frac{1}{2}\gamma H^2 K_a$$

（2）被动土压力合力 E_p

当挡土墙受到被动土压力作用时，墙后一定范围内填土达到被动极限平衡状态。

按主动土压力的方法，由土体极限平衡条件可得：

黏性土
$$\sigma_p = \gamma z K_p + 2c\sqrt{K_p}$$

无黏性土
$$\sigma_p = \gamma z K_p$$

被动土压力合力为

黏性土
$$E_p = \frac{1}{2}\gamma H^2 K_p + 2cH\sqrt{K_p}$$

无黏性土
$$E_p = \frac{1}{2}\gamma H^2 K_p$$

4. 库仑土压力理论

库仑土压力理论是根据墙后所形成的滑动楔体处于极限平衡状态时力的静力平衡条件出发而求主动或被动土压力的理论，分析时基本假定为：1）挡土墙是刚性的，墙后填土为均匀的无黏性土（$c = 0$）；2）当墙身向前或向后移动以产生主动和被动土压力时，滑动楔体的破裂面为通过墙踵的平面；3）滑动土楔体可视为刚体。

库仑土压力理论考虑挡土墙墙背倾斜、粗糙和水平面填土等情况，为分析方便，按平面问题考虑，取沿挡土墙长方向单位长度作为讨论对象。

根据推导可得库仑主动土压力的计算公式如下：

$$E_a = \frac{1}{2}\gamma h^2 \frac{\cos^2(\theta - \varphi)}{\cos^2\alpha\cos(\alpha + \delta)\left[1 + \sqrt{\dfrac{\sin(\varphi + \delta)\sin(\varphi - \beta)}{\cos(\alpha + \delta)\cos(\alpha - \delta)}}\right]^2}$$

或
$$E_a = \frac{1}{2}\gamma h^2 K_a$$

E_a 的作用点在三角形分布的土压力合力作用点处，距离墙底 $1/3$ 墙高处。

被动土压力：

当墙受外力作用推向填土，直至土体沿某一破裂面破坏时，土楔向上滑动，并处于被动极限状态。按上述求主动土压力的原理，可求得库仑被动土压力的计算式为：

$$E_p = \frac{1}{2}\gamma h^2 \frac{\cos^2(\varphi+\alpha)}{\cos^2\alpha\cos(\alpha-\delta)\left[1-\sqrt{\dfrac{\sin(\varphi+\delta)\sin(\varphi+\beta)}{\cos(\alpha-\delta)\cos(\alpha-\beta)}}\right]^2}$$

被动土压力合力的作用点在距离墙底 1/3 墙高处，其方向与墙背法线方向成 δ 角（与水平面成 $\alpha-\beta$ 角），在法向下方并指向墙背。

5. 按《建筑地基基础设计规范》的计算法

为了减少朗肯和库仑理论在土压力计算式的局限性和误差，《建筑地基基础设计规范》GB 50007—2011 提出了一种在各种土质、直线形边界条件下能适用的土压力计算式，建议当墙后的填土为有限黏性土时，主动土压力按下列公式计算：

$$E_a = \frac{1}{2}\psi_a\gamma h^2 k_a$$

6. 边坡设计

《建筑地基基础设计规范》GB 50007—2011 中边坡设计应满足下列规定：

（1）边坡坡度允许值，应根据岩土性质、边坡高度等情况，参照当地同类岩土的稳定坡度值确定，当地质条件良好，土质比较均匀，地下水不丰富时可按表 6-3 确定。

当边坡高度大于表 6-3 的规定时，地下水比较发育或具有软弱结构面的倾斜地层时；或开挖边坡的坡面与岩土层倾斜相接近，两者走向的夹角小于 45°时，均应通过调查研究和力学方法综合设计坡度值。

（2）为确保边坡稳定性，对土质边坡或易于软化的岩质边坡，在开挖时应采用相应的排水和坡脚、坡面保护措施，并不得在影响边坡稳定的范围内积水。

（3）开挖边坡时，应注意施工顺序，宜从上到下依次进行。另外，应注意挖、填土力求平衡，对堆土位置、堆土量需事先提出设计要求，不得随意堆放。如必须在坡顶和山腰大量堆积土石方时，应进行边坡稳定性验算。

7. 挡土墙设计

挡土墙类型选择，常用的挡土墙按结构形式可分为重力式、悬臂式、扶壁式、锚定板式和加筋挡土墙等。挡土墙设计验算包括：（1）抗滑移稳定性验算；（2）抗倾覆稳定验算。

复习思考题

一、名词解释

土坡的稳定性　静止土压力　主动土压力　被动土压力　挡土墙　重力式挡土墙　悬臂式挡土墙　扶壁式挡土墙　锚杆挡土墙　锚定板挡土墙　板桩墙

二、问答题

1. 土压力有哪几种？各类土压力产生的条件是什么？试比较三种土压力的大小。

2. 郎肯土压力理论与库仑土压力理论的基本假定和适用条件有哪些异同？

3.《建筑地基基础设计规范》GB 50007—2011 计算土压力的方法适用范围如何？

4. 填土表面有均布荷载、成层填土和地下水时，土压力如何计算？

5. 重力式挡土墙截面尺寸怎样确定？验算内容有哪些？

三、计算题

1. 某挡土墙高 5m，假定墙背垂直和光滑，墙后填土水平，填土的黏聚力 $c=10$kPa，内摩擦角 $\varphi=$

20°，重度 $\gamma = 18kN/m^3$。试求出主动土压力（强度）分布图和主动土压力的合力。

2. 有一挡土墙墙高 $H = 5m$，墙背光滑垂直。墙后填土面水平并有均布荷载 $q = 22kN/m^2$，墙后土质均匀，$\gamma = 18kN/m^3$，$c = 13kPa$，$\varphi = 20°$。试求主动土压力和力及其作用点位置，并绘出土压力分布图。

3. 有一挡土墙墙高 $H = 5m$，墙背光滑垂直。墙后填土面水平．填土分两层，第一层土：$\varphi_1 = 30$，$c_1 = 0$，$\gamma_1 = 18kN/m^3$，$h_1 = 3m$；第二层土：$\varphi_2 = 30$，$c_2 = 10kPa$，$\gamma_{sat} = 20kN/m^3$，$h_2 = 2m$。试求墙背土压力合力及土压力分布图。

4. 某挡土墙高 5m，假定墙背垂直和光滑，墙后填土水平，墙后填土面水平并有均布荷载 $q = 25kN/m^2$，采用毛石砌体砌筑，砌体重度为 $22kN/m^3$，挡土墙下为坚硬的黏性土，摩擦系数 $\mu = 0.45$。试对该挡土墙进行抗滑动和抗倾覆验算。

第七章 桩 基 础

学习要求与目标:
1. 了解桩的类型及其适用条件。
2. 理解单桩竖向荷载传递的特点和承台设计的基本内容。
3. 掌握桩竖向承载力的计算。
4. 了解群桩竖向荷载传递的特点和承台设计的基本内容。
5. 了解群桩竖向承载力计算的基本思路和方法。
6. 了解桩基础的沉降计算的基本思路和方法。

第一节 概 述

一、桩基技术的发展

桩基础是最古老的基础形式之一，也是现代建筑特别是高层建筑中使用较多的基础形式之一，如图 7-1a 所示为低承台桩基础，图 7-1b 为高承台桩基础。桩基技术的完善经历了漫长的发展阶段，并且在今后的工程实践和应用中还将不断得到完善和发展，桩的发展可以从以下几个主要方面体现。

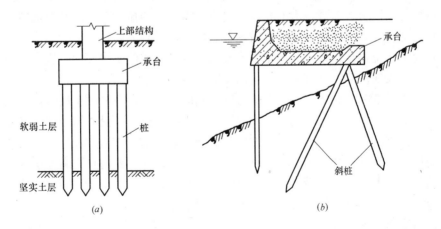

图 7-1 桩基础

(a) 低承台桩基础；(b) 高承台桩基础

（1）水泥的出现，现代工业的高速发展，以及化学工业的崛起，使桩基技术及其应用形成了一个独特的时期或阶段。

（2）由于桩型和施工工艺的不断推陈出新，桩基无论在理论还是实际效用上，都产生了许多实质性的变化，桩技术的应用及桩工艺比过去更为多样化和复杂化。例如，在桩的应用上，除了承受竖向荷载外，还用以承受斜向的甚至是水平方向的荷载，在工程应用中，有时桩仅用于改善桩周围土的承载力，而不是由桩直接承受结构物的荷载。

（3）随着桩基技术的发展，在许多情况下，桩已与其他的基础形式或工艺联合使用。例如，化学灌浆排桩联合护壁等，适应上部建筑的超重荷载，深基坑开挖的需要。超高强度的桩身、大直径、超长度、无公害的桩工艺，以及完善的桩施工控制技术等已经成为未来桩基发展的主要内容。

（4）桩基的施工监测和检测因工程的需要已经形成一项相当丰富有效的技术。

二、桩基础的适用性

桩基础通常作为荷载较大的建筑的基础，具有以下特点：

（1）承载力高；

（2）稳定性好；

（3）沉降量小而均匀；

（4）便于机械施工；

（5）适用性强；

（6）可以减少机器基础的振幅，降低机器振动对结构的不利影响；

（7）可以提高建筑物的抗震能力等。

根据桩基础的上述特性，在下列情况下可以考虑选用桩基础方案：

（1）地基上层土的土质太差而下层土的土质较好；或地基土软硬不均匀；或荷载不均匀，不能满足上部结构对不均匀变形限值的要求。

（2）地基软弱或地基土性特殊，如存在埋深较深较厚的软土、可液化土层、自重湿陷性黄土、膨胀土及季节性冻土等，不宜采用地基改良和加固措施。

（3）除承受大竖向荷载外，尚有较大偏心荷载、水平荷载、动力荷载或周期性荷载。例如，重型工业厂房、荷载很大的仓库、料仓；需要减弱振动影响的动力机器基础。

（4）上部结构对不均匀沉降相当敏感，或建筑物受到大面积超载的影响。

（5）地下水位很高，采用其他基础形式施工困难，或位于水中的构筑物基础。

（6）需要长期保存，具有重要历史意义的建筑物。

当地基土上部存在软弱土层而桩端可以达到的深度处埋有坚硬土层时，最宜采用桩基础。如果软弱土层很厚，柱端到达坚硬土层使得桩身太长，一是不够经济，二是受力不合理，三是施工难度大增时，则需要考虑桩基沉降问题。如以桩通过较好土层而将荷载传到下卧软弱层，则将导致基础沉降增加。因此，桩基础设计时要注意既满足承载力要求，也要注意满足变形要求两个方面。为了有效防止工程事故的发生，在桩基础设计和施工中，应做到地基勘察、慎重选择方案、精心设计、精心施工。

三、高层建筑桩基础

高层建筑桩基础比一般桩基础要复杂得多，高层建筑对桩基础的要求是：超长的竖向和水平向的承载力和刚度，以及良好的整体性。以下从两方面讨论一下高层建筑桩基础基本问题：

1. 工程建筑桩基础的作用特点

（1）桩支承于坚硬的（基岩、密实的卵砾石层）或较硬的（硬塑黏性土、中密砂）持力层，具有很高的单桩竖向承载力或群桩承载力，足以承担高层建筑的全部竖向荷载（包括偏心荷载）。

（2）桩基具有很大的竖向单桩刚度（端承桩型）或群桩刚度（摩擦型桩），在建筑物自重或相邻荷载影响下，不会产生过大的不均匀沉降，并能保证建筑物的倾斜不超过允许范围。

（3）凭借巨大的单桩刚度（大直径桩）或群桩基础的侧向刚度及整体抗倾覆能力，能抵御风和地震作用引起的水平内力，保证高层建筑抗倾覆能力。

（4）箱、筏承台底土分担上部结构荷载。

（5）桩身穿过液化土层支承在稳定坚固土层或嵌固在基岩内，在地震引起浅层液化土层液化或震陷的情况下，桩基凭借其支承在深部稳固土层仍具有足够的抗压及抗拔承载力，从而确保高层建筑稳定，不产生过大的沉陷与倾斜。

2. 高层建筑桩基础的形式

高层建筑桩基础的形式与上部结构的形式与布置、地质条件与桩型等主要因素有关。由于高层建筑结构体系种类繁多，地质条件千变万化，柱基施工技术不断进步，使得高层建筑桩基础形式灵活多样。通常工程中最常用的有桩柱基础、桩梁基础、桩墙基础、桩筏基础和桩箱基础几类。

（1）桩柱基础。

桩柱基础也就是通常所说的柱下独立基础，一般采用一柱一桩基础，有时也采用一柱数桩基础。为了提高基础的整体性，提高桩基抵御水平荷载的能力，通常在桩柱基础之间设置拉梁，或将地下室顶板适当加强后起到拉结各桩柱的作用。

桩柱基础大多使用在框架结构、框架—抗震墙结构、框架—筒体结构等建筑中，在满足适用性的条件下，它是一种经济性能很好的基础形式。

单桩柱基础一般只适用于端承桩。由于各个基础之间只有拉梁连接，几乎不具有调整差异沉降的能力，而框架结构对差异沉降又很敏感。

群桩桩基主要用于摩擦型桩的情况。一般仅当持力层坚硬且无软弱下卧层的地质条件下使用，以免产生过大沉降和差异沉降。

（2）桩梁基础。

桩梁基础是指框架柱荷载通过基础梁（或称承台梁）传递给桩这种形式的桩基础。沿柱网轴线布置一排或多排桩，桩顶用刚度大的钢筋混凝土基础梁相连，以便使柱网荷载均匀地分配给各柱。它的整体刚度和稳定性要高于桩柱基础，具有一定的调整地基不均匀沉降的能力。

桩梁基础主要用于端承桩基础，这是由于端承型桩承载力高，桩的根数可以减少，承台梁不必过宽，具有一定的经济性能。如果采用摩擦型桩，为调整地基不均匀沉降而加大基础梁断面也是不经济的。

（3）桩墙基础。

桩墙基础是指抗震墙或实腹筒壁下的单排或多排桩基础。抗震墙可视为深梁，以其很大的刚度可把荷载均匀地传递给各支承桩，无需再设基础梁。但因抗震墙及筒壁厚度较小，墙厚度在 200～800mm 之间，筒壁厚在 500～1000mm 之间，通常远远小于桩径

（1000～3000mm），为了保证桩与墙或桩与筒体很好地共同工作，通常需在桩顶做一条形承台，其尺寸按构造要求决定。

桩墙基础常用于筒体结构，一般做法是沿筒壁轴线布桩，桩顶不设承台梁，而是通过整块筏板与筒壁相连；或在桩顶之间设拉梁，并与地下室顶板及筒壁浇筑成整体。

（4）桩筏基础。

当受地质条件限制，单桩承载力不高，而不得不满堂布桩或局部满堂布桩才足以承担建筑物荷载时，通常是通过整块钢筋混凝土板把柱、墙（筒）集中荷载分配给桩，习惯上将这块板称为筏板，故这类基础称为筏板基础。筏板可以做成梁板式或平板式。

桩筏基础主要用于软土地基上的筒体结构、框架-抗震墙结构和抗震墙结构，以便借助于高层建筑的巨大刚度来弥补基础刚度的不足。若为端承桩，也可用于框架结构。

要注意桩筏基础与某些形似桩筏基础而实为桩柱基础或桩墙的基础形式的区别。例如，有时将柱下或墙下拉梁省去，而代之以整块现浇板，这种板实际上只能传递水平荷载，起着增加建筑物基础横向整体刚性的作用，并不能传递竖向荷载。这类基础中的板不同于筏板基础中板的设计，二者不应混淆。

（5）桩箱基础。

桩箱基础是由刚度很大、整体性很好的箱形结构和桩组成的基础形式。这里所说的箱形结构是指由底板、顶板、外墙、若干纵墙及横墙组成的结构。由于装箱基础刚度很大，具有调整各桩承载力和沉降的良好性能。因此，在软弱地基上建造高层建筑时较多的采用桩箱基础。它适用于包括框架在内的任何结构形式。框架抗震墙结构采用桩箱基础时高度可达100m以上。

应该指出，桩箱基础是所有桩基础中造价最高的一种形式，是否选用这种基础形式，一定需要进行技术经济分析后再作决定。

对于形似桩箱实为桩筏的基础形式，它们二者的区别在于是否按箱基要求设置贯通的内隔墙，其结构能否形成整体刚度。

四、桩基础的设计内容

桩基础设计的基本内容包括下列各项：

（1）选择桩的类型和几何尺寸。

（2）确定单桩竖向（和水平向）承载力特征值。

（3）确定桩的数量、间距和布置方式。

（4）验算桩基础的承载力和沉降值。

（5）桩身结构设计。

（6）承台设计。

（7）绘制桩基础施工图。

设计桩基础应先根据建筑物的特点和有关要求，进行岩土工程勘察和场地施工条件及其他所需资料的收集工作，设计时应考虑桩的设置方法及其影响。

五、地基基础设计的原则

桩基础设计按承载能力极限状态和正常使用极限状态进行设计。

1. 承载能力极限状态

对于桩基础设计，所谓承载能力极限状态是指桩基础受荷达到最大承载能力导致整体失稳或发生不适于继续承载的变形。其设计内容包括：

（1）根据桩基础的使用功能和受力特征进行桩基础的竖向（抗压或抗拔）承载力和水平承载力计算；对某些条件下的群桩基础宜考虑由桩、土、承台相互作用产生的承载力群桩效应。

（2）当桩端平面以下存在软弱下卧层时，应验算其承载力。

（3）应按《建筑抗震设计规范》GB 50011—2010 要求验算桩基础的抗震承载力。

（4）承台及桩身的承载力计算（包括对混凝土预制桩吊、运、锤击作用进行强度验算和软土、液化中细长桩身的屈曲验算等）。

桩基承载力极限状态验算时应采用作用效应的基本组合和地震作用效应组合。

2. 正常使用极限状态

对于桩基础变形达到为保证建筑物正常使用所规定的极值或桩达到耐久性要求的某项限值。进行桩基础变形验算的建筑物包括：

（1）桩端持力层为软弱土的一、二级建筑桩基础及桩端持力层为黏性土、粉土或在软弱下卧层的一级建筑桩基础，应验算沉降量，并考虑上部结构与桩基础的相互作用。

（2）承受较大水平荷载或对水平变形要求严格的一级建筑桩基础应验算其水平变形。

（3）对不允许出现裂缝或需限制裂缝宽度的混凝土桩身和承台应进行抗裂和裂缝宽度验算。

验算桩基沉降值时应采用荷载效应的长期组合；验算桩基的水平变形、抗裂或裂缝宽度时，根据使用要求和裂缝控制等级应分别采用短期效应组合或短期效应组合考虑长期效应的影响来进行验算，这主要是考虑桩基的水平变位、桩身和承台裂缝在短时间内出现，桩基的水平变位受桩侧土固结变形时效的一定影响，但并不明显。该影响通过桩侧土水平抗力系数的取值予以考虑，如在永久的或经常反复出现的水平荷载作用下，地基土的抗力系数的比例系数 m 值乘以折减系数。

根据《建筑地基基础设计规范》GB 50007—2011 的规定进行设计时的有关事项：

① 按单桩承载力确定桩数时，传至承台底面上的荷载效应按正常使用极限状态下荷载效应的标准组合；相应的抗力采用单桩承载力特征值。

② 计算地基变形时，传至承台底面上的荷载效应按正常使用极限状态下荷载效应的准永久组合，相应的限值为地基变形允许值。

③ 确定桩承台高度、配筋和验算桩身材料强度时，上部结构传来的荷载效应组合按承载力极限状态下荷载效应的基本组合，采用相应的分项系数。

④ 验算承台或桩身的裂缝宽度时，按正常使用极限状态下荷载效应的标准组合。

第二节　桩的分类及质量验收

桩是置于土中的柱状构件，桩与连接桩顶的承台组成深基础，简称桩基。桩的作用是将上部结构的荷载通过桩身传递到深部较坚硬的压缩性较小的土层上。桩可大致分以下几类。

一、预制桩和灌注桩

桩按施工方法不同分为预制桩和灌注桩两大类。

1. 预制桩

预制桩是指在施工打桩前先根据设计要求制作桩，施工打桩时通过专用的打桩设备将桩锤击、振动打入、静力压入或旋入地基土中的桩。预制桩根据所用的材料不同可分为混凝土预制桩、钢桩和木桩。

（1）混凝土预制桩

工程中常用的混凝土预制桩常用的形式有实心方桩和预应力混凝土管桩两种。它们的优点是长度和截面形状、尺寸可在一定范围内根据需要选择，质量较易保证，桩端（桩尖）可达坚硬黏性土或强风化基岩，承载能力高，耐久性好。普通实心方形截面的桩如图7-2所示。

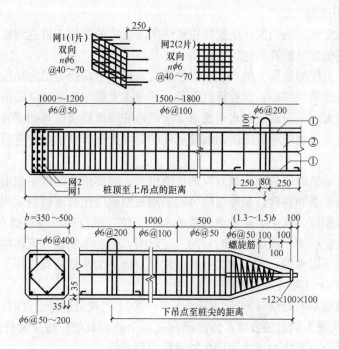

图 7-2　混凝土预制桩

桩截面边长一般为300～500mm。分节预制的长度因预制场所和机械设备而异。在工厂预制中，分节长度因交通运输的限制，长度一般不超过12m，现场预制桩的长度较为灵活，但因桩架高度和场地尺寸的限制，长度一般在25～30m。如果设计桩长较长，在施工中需要接桩，常用的接桩方法有钢板焊接接头法和浆锚法，如图7-3所示。

钢板焊接接头法比较可靠，但施工较为繁琐，现阶段比较少用。浆锚法是往下段桩顶面及预留孔中倾注黏稠状的硫磺胶泥后，将上节柱段底面伸出的钢筋插入预留孔中。浆锚法较钢板焊接法具有节省钢材和提高功效的优点，但因硫磺胶泥是一种热塑冷硬的材料，对选材、浆材熬制和锚筋锚孔等均应严格控制，否则不易保证质量。

预应力混凝土管桩是一种采用先张法工艺和离心成型法制作的预制桩，如图7-4所示。其中经过高压蒸汽养护设备生产的PHC管桩（高强度），其桩身混凝土强度等级不低于C80，否则为PC管桩（混凝土强度C60至接近C80）。管桩设计及施工应遵循国家标准《先张法预应力混凝土管桩》GBJ 3476—1992的规定。

194

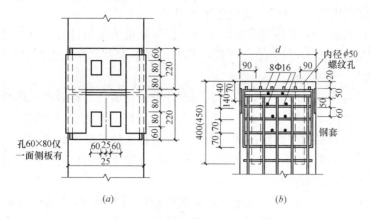

图 7-3 钢板焊接法和锚浆法示意图

(a) 钢板焊接接头；(b) 浆锚法接头

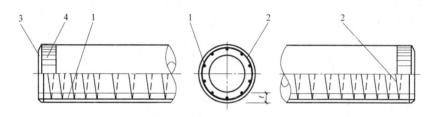

图 7-4 预应力混凝土管桩

1—预应力钢筋；2—螺旋箍筋；3—端头板；4—钢套箍；t—壁厚

管桩的分节长度为 4～13m，常用有 5m、7m、9m 和 11m 等产品。桩节的端头设有钢制端头板和钢套箍。沉桩时桩节通过焊接端头板加以接长。桩的下端设置封口十字刃钢桩尖，如图 7-5 所示，或采用开口的钢桩尖（外廓呈圆锥形）。管桩的沉桩方法多选用 D40、D45、D60 或 D72 等型号的柴油锤施打，桩尖可进入强风化岩。与其他桩相比，提供单位承载力所需的费用预应力混凝土管桩属于比较经济的一类。

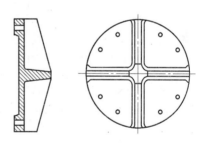

图 7-5 封口十字刃钢桩尖

（2）钢桩

常用的钢桩分为开口或闭口的钢管桩以及 H 型钢桩等。钢管桩的直径为 250～1200mm。H 型钢桩常用规格为 HP8、HP10、HP12 和 HP14，单桩承载能力在 0.72～2.36MN。钢桩的穿透能力强、自重轻、锤击沉桩效果好，承载能力高，无论起吊、运输或是沉桩接桩都很方便。但钢桩的耗钢量大，成本高，目前在我国只在少数工程中使用。

（3）木桩

木桩常用松木、杉木做成，其桩径（尾径）在 160～260mm 之间，桩长一般为 4～6m，杉木桩长些。木材自重轻，具有一定的弹性和韧性，便于加工、运输和设置。在淡水下木桩耐久性良好，在干湿交替变换的环境中容易腐烂，故应打入桩底地下水位以下

0.5m。一般木桩用于承载力较小的应急工程中。

木桩制作时桩顶要锯平修正并加设铁箍，以保证桩顶不被打坏。桩尖应削成三棱或四棱锥形，锥体长度一般为桩径的1~2倍，凡打入硬土中者应取低值或加上铁靴保护。

2. 灌注桩

灌注桩通常称为就地灌注桩，它是在所设计桩位处成孔，然后在孔内放置钢筋笼（也有省去钢筋的）再浇灌混凝土而成。与预制桩相比具有以下优点：①适用于各种地层，适应性广泛；②桩长可根据持力层的深浅变化，具有很大的灵活性；③按使用期桩身内力大小配筋或不配筋，用钢量较省；④采用大直径钻孔或挖空灌注桩时，可获得很高的承载能力；⑤一般情况下比预制桩经济。

灌注桩种类较多，一般不下几十种，大致可以归纳为沉管灌注桩和钻（冲、磨、挖）孔灌注桩两类。灌注桩可采用套管（或沉管）护壁、泥浆护壁和干作业等方法成孔。

（1）沉管灌注桩

沉管灌注桩简称沉管桩，它是采用锤击、振动和振动冲击等方法沉管开孔，然后在钢管中放入（或不放入）钢筋笼，再一边灌注混凝土，一边振动拔出套管，它的施工工序如图7-6所示。

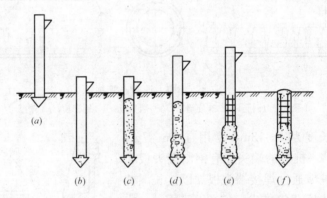

图 7-6　沉管灌注桩的施工程序示意图

(a) 打桩就位；(b) 沉管；(c) 浇灌混凝土；(d) 边拔管、边振动；
(e) 安装钢筋笼、继续浇筑混凝土；(f) 成型

锤击沉管灌注桩的直径按预制桩尖的直径考虑，以往多取 300~600mm，桩长受桩架限制一般不超过 25m，打入硬塑黏土层或中粗砂层。这种桩的施工设备简单、打桩进度快、用钢量少，造价低，因此，得到广泛应用。但这种桩和预制桩一样施工时存在噪声，振动和挤土等方面的环境问题。这种桩还可能产生缩颈、断桩、夹泥、混凝土离析和强度偏低等问题。缩颈发生在以下的软硬土层交接处或软弱土层中，这是因为打桩过程中土孔隙水压力剧增，对混凝土桩产生侧向压力造成的。如果缩颈发生在地表下不深处，则与管内混凝土量少竖向压力小有关。因此，在这些土层中拔管速度要慢一些，控制在每分钟0.8m。管内的混凝土量应充足，灌注的充盈系数应达到1.1~1.15（充盈系数是指实际混凝土用量与按设计桩径和桩长计算的体积之比）。此外，断桩发生的地方也常在地表以下不深处，产生这种破坏的原因是打相邻的桩时或受其他振动作用所产生的水平推力以及土体隆起形成的拉力所造成（特别是在混凝土初凝后强度很低时）。因此，应注意桩机和运

输车辆不要在靠近施打不久的桩边行驶；桩距不宜太小；打邻桩时落锤高度应控制在1.0m内，以减少冲击能量对其影响。

为了防止桩孔入土进水，沉管前可先在管内灌入高度为1.5m左右的封底混凝土。施工完毕时桩顶标高须高出设计标高0.2～0.5m，此段混凝土浆多石少，应予凿除。

为了消除缩颈及扩大桩径（这时桩距不宜太小），可对沉管灌注桩进行复打，即在第一次浇灌混凝土（不吊入钢筋笼）并拔出钢管后，立即在原位重新放置预制桩尖（或闭合管端活瓣）。重新沉管，并再次浇筑混凝土，并按规定吊入钢筋笼成桩。复打后的桩横截面积增加。承载力提高，但其造价也相应提高。

对于含水量大而灵敏度高的淤泥和淤泥质土，如采用直径在400mm以下锤击（或振动）沉管灌注桩，由于质量问题多，上述措施不一定有效，故宜慎重采用。在直径小的灌注桩中放置钢筋笼，由于钢管的内径小，如不采取措施，桩身的混凝土可能形成空洞。

振动沉管灌注桩的钢管底端常带有活瓣桩尖（沉管时桩尖闭合，拔管时活瓣张开以浇灌混凝土），或桩机就位时套上预制桩尖，常用的桩径为400～500mm，振动锤（震箱）的振动力为70、100、160kN等。直径较大的沉管灌注桩采用铸铁或钢板加工成的预制桩尖，打入深度可达25m以上。

内击式沉管灌注桩是另一类沉管灌注桩。施工时先在地面竖起钢套筒，在管底放进约1m高的混凝土（或碎石），并用长圆柱形吊锤在吊桶内锤打，以便形成套管底端的塞头，以后吊锤锤打时，塞头带动套筒下沉，沉入深度达到要求后，吊住套筒，浇筑混凝土并继续锤击使混凝土脱出筒口，形成扩大的桩端。锤击成的扩大桩端可达到桩径的2～3倍，当进行到桩端不再扩大而使套筒上升时，开始浇筑桩身混凝土（吊下钢筋笼），同时边拔套筒边锤击直至到达桩顶标高为止。这种桩的主要优点是：套筒内的桩锤冲击能量大可使用干硬性混凝土，桩身密实且桩与周围土层紧密接触；加之桩端已扩大，故桩顶承载力可提高。但施工时若不注意可能在桩身与扩大头交接处出现混凝土质量较差的问题。这种桩穿过厚砂层的能力较低，但条件合适时，可达到强风化岩。

(2) 冲、钻孔灌注桩

各种钻孔桩在施工时都要把桩孔位置的土排出地面，然后清除孔底沉渣，安放钢筋笼，最后浇筑混凝土。钻孔灌注桩的施工程序见图7-7所示。冲孔和钻孔之间的区别在于使用的钻具不同，因此，功能上略有区别。冲孔钻头易于击碎孤石和穿越粒径较大的卵石层，而钻孔所用的牙轮钻头能磨削坚硬的岩石，以便嵌岩，若能改装特种钻头还能扩孔。

冲、钻孔灌注桩适用于几乎任何一种复杂地层，尤其是可以穿透地基中坚硬夹层把桩端置于坚实可靠的岩土层上。钻孔桩在桩径选择上比较灵活，可在0.6～2.0m以上自由选择。由于具有较强的穿透力，故桩端长度不受限制。高层或超高层建筑采用钻

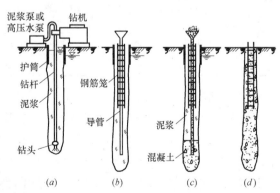

图 7-7　钻孔灌注桩的施工程序
(a) 成孔；(b) 下导管和钢筋笼；
(c) 浇筑水下混凝土；(d) 成桩

孔嵌岩桩是不错的选择。

冲、钻孔灌注桩的主要质量问题是塌孔和沉渣。沉渣是影响桩承载力的主要因素之一。桩孔底板排渣方法有泥浆静止排渣、正循环排渣、反循环排渣。正循环排渣是由钻杆进浆、孔口排浆借助回浆的流速将渣带出孔外。因为泥浆流速很慢，故无法将沉渣彻底清除。至于采用静止排渣，采用捞渣筒也不可能捞净沉渣。反循环排渣采用由孔口进浆，通过钻杆空心或其他孔道高流速出浆排渣。高流速是通过与排浆管口相连接的吸力泵抽吸形成的。实践证明，反循环可以彻底排渣，因而使单桩承载力大幅提高。国外生产的大直径钻机，一般用钢套筒护壁，具有回旋钻进、冲击、磨头磨碎岩石和进行扩底等多种功能，并能克服流沙，消除孤石等障碍物，钻进速度快，能进入微风化硬质岩石，深度可达60m。这种钻机价格昂贵，较适宜于直径为1500~2800mm的大直径桩。必要时可在孔位处放入现场卷成的蛇形管，使桩身混凝土与土隔开，以保证混凝土的质量。

大直径钻孔桩的最大优点，在于能进入岩层，且刚度大，因此，承载能力高，而桩身变形很小。

钻孔灌注桩的缺点是泥浆量大，泥浆的外运压力和困难较大。干作业法成孔的钻进工艺可以部分缓解泥浆多的难题，但这种方法的钻孔深度和适用地层有限。国内常用的灌注桩的适用范围见表7-1。

各种灌注桩适用范围 表 7-1

成孔方法		适用范围
泥浆护壁成孔	冲抓 冲击 回转钻　直径 φ800 以上	碎石土、砂石、粉土、黏性土及风化岩。冲击成孔的进入中等风化和微风化岩层的速度比回转钻快，深度可达 40m 以上
	潜水钻，直径 φ800	黏性土、淤泥、淤泥质土及砂土，深度可达 50m
干作业成孔	螺旋钻，直径 φ400	地下水位以下的黏性土、粉土、砂土及人工填土，深度在 15m 以内
	钻孔扩底，底部直径可达 φ1000	地下水位以上的坚硬、硬塑的黏性土及中密以上的砂土
	机动洛阳铲（人工）	地下水位以上的黏性土、黄土和人工填土
沉管成孔	锤击，直径 φ340~φ800	硬塑的黏性土、粉土、黏性土，直径 600 以上的可达强风化岩，深度可达 20~30m
	振动，直径 φ400~φ500	可塑的黏性土、中、细砂，深度可达 20m
爆扩成孔，底部直径可达 φ800		地下水位以上的黏性土、黄土、碎石土及风化岩

（3）挖孔桩

挖孔桩可以采用人工挖孔和机械挖孔，目前国内大都采用人工挖孔。

采用人工挖孔时，桩孔直径不宜小于 800mm，当桩长较长（大于 15m 时），桩径应不小于 1200mm。桩身长度宜控制在 30m 以内。挖孔时每挖 1m 深制作一节混凝土护壁，护壁内的环向钢筋按需要设置，上下节护壁间插筋连接。护壁一般应高出地表 100~200mm。呈斜阶形，如图 7-8 所示。当孔深不大时，护壁厚度 150mm 即可，孔深很大时，应适当加厚。如需扩底，扩大头锥段的坡度不大于 1:2，一般取 1:2~1:4，参照当地地质条件确定。扩底直径不宜大于 3 倍桩身直径，当孔深到达设计标高时，应及时清底，最后在护壁内安装钢筋笼和浇筑混凝土。

人工挖孔桩施工时，工人下到桩孔中操作，随时可能遇到流沙、流泥、塌孔、涌水、有害气体、缺氧、触电和孔口掉下的重物等危险造成的伤害，甚至死亡事故。因此，在人工挖孔桩施工时，要特别慎重，并应严格执行安全生产的规定。

挖孔桩的优点是，可以直接观察底层情况，孔底可以清除干净，设备简单，噪声小，无振动、无淤泥等污物，也无挤土情况，场地内各桩孔可同时作业，适应性强，又较经济。挖孔桩的缺点是，在流沙层和软土层中难于成孔，甚至无法成孔。

二、端承桩与摩擦桩

一般的建筑工程桩基，在正常条件下主要承受从上部结构传下来的竖向荷载，所以建筑工程中的桩的受力主要是竖向承压。根据竖向承压桩的荷载传递机理不同，又可分为摩擦型桩和端承型桩两类。

摩擦型桩是指在竖向荷载作用下，桩顶荷载全部或主要由桩侧摩擦阻力承担的桩。根据桩侧摩擦阻力

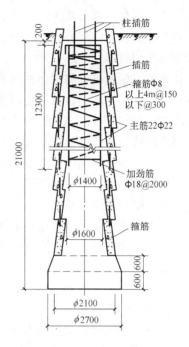

图 7-8　人工挖孔桩示意图

分担荷载的比例，摩擦型桩又可分为摩擦桩和端承摩擦桩两类。摩擦桩是指桩顶荷载绝大部分由桩侧阻力承担，桩端阻力较小的桩。端承摩擦桩是指桩顶荷载由桩侧摩擦阻力和桩端阻力共同承担，但桩端侧摩擦阻力分担荷载比较大的桩。

端承型桩是指在竖向荷载作用下，桩顶荷载全部或主要由桩端阻力承担，桩侧摩擦阻力相对于桩端阻力较小的桩。根据桩端阻力分担荷载的比例，端承型桩又可分为端承桩和摩擦型端承桩两类。端承桩是指桩顶荷载绝大部分由桩端阻力承担，桩侧摩擦可以忽略不计的桩。摩擦型端承桩是指桩顶荷载由桩端阻力和桩侧摩擦阻力共同承担，但桩端阻力分担的荷载比较大的桩。

三、按成桩方法对土层的影响分类

不同成桩方法对桩周围土层的扰动程度不同，将影响到桩承载力的发挥和计算参数的选用。据此，桩可分为挤土桩、部分挤土桩和非挤土桩三类。

1. 挤土桩

挤土桩也称为排土桩，在成桩过程中，桩周围的土被压密或挤开，因而使桩周围土层受到严重扰动，土的原始结构遭到破坏。土的工程性质与原始状态相比有很大改变。这类桩主要是打入或压入的预制木桩和混凝土桩，打入的封底钢管桩和混凝土管桩，以及沉管灌注桩。

2. 部分挤土桩

部分挤土桩也称为少量排土桩，在成桩过程中，桩周围的土受到相对较小的扰动，土的原始工程结构性质变化不明显。这类桩主要有打入小截面Ⅰ型和H型钢桩、钢板桩、开口的钢管桩（管内土挖除）和螺旋桩等。

3. 非挤土桩

非挤土桩也称非排土桩，在成桩过程中，将与桩体积相同的土挖出，因而桩周围的土受到较轻的扰动，但有应力松弛现象，这类桩主要有各种形式的挖孔或钻孔桩、井筒管柱和预钻孔埋桩等。

此外，根据桩的材料，桩可分为天然材料桩、混凝土桩、钢桩、水泥桩、砂浆桩，特种桩等。根据承载力性状和使用功能，桩除分为端承桩和摩擦桩外，还可分为侧向受荷桩（如基坑工程中的桩主要承受作用在桩上的侧向荷载）、抗拔桩（如抗浮桩、板桩墙后的锚桩主要抵抗拉拔荷载的桩）和复合受荷桩（桥梁工程中桩除承受竖向荷载外，由于波浪、风、地震、船舶的撞击以及车辆荷载的制动力等，桩还要承受了较大的其他荷载）。在工程应用时根据实际需要选用适合需要的桩。

四、桩的质量检验

工程中无论是预制桩还是灌注桩，施工过程中都有基本的检验、监督和记录，这些都属于施工管理的范畴，是应该的也是必需的。为了减少隐患，确保桩的施工质量，根据项目管理的规定，必须经由第三方对桩进行桩基质量检测，桩基质量检测对确保工程质量，尽早排除隐患具有十分重要的意义。桩的检测包括以下几种常用的方法。

1. 开挖检查

只限于观察检查开挖外露的部分。

2. 钻芯检测法

在灌注的桩身内钻孔（桩径在 800mm 以上，钻芯直径在 150mm 以内），取混凝土芯样进行观测和进行单轴抗压试验，了解混凝土有无离析、空洞、桩底沉渣和入泥现象，了解材料强度。必要时可配合钻孔电视直接观察，但较费时，且对钻孔技术要求较高。

3. 声波检测法

预先在大桩中埋入 3～4 根金属管，利用超声波在不同强度（或弹性模量）的混凝土中传播速度的变化来进行质量检测。试验时，在一根管内放入发射器，在其他管中放入接收器。连续放下检测仪器，可以在不同深度进行检测。

4. 动测法

包括 PDA（打桩分析仪）等大应变动测，比较灵敏准确的 PIT（桩身结构完整性分析仪）动测和其他小应变动测（如锤击击振、机械阻抗、共振、水电效应等方法）。对于等截面、均质性较好的预制桩，这些方法的测试效果通常较为可靠。对灌注桩的成形情况和混凝土质量的检测，已有相当多的工程经验，也具有一定的可靠性。动测法已成为及时发现桩基隐患、保证工程质量的重要手段。

第三节　单桩竖向荷载的传递

孤立的一根桩称为单桩，群桩中性能不受相邻其他桩影响的一根桩可视为单桩。在确定单桩竖向荷载时，首先要了解施加于桩顶的竖向荷载是如何通过桩-土相互作用传递给地基以及单桩是怎样达到承载力极限状态的等机理。

一、竖向荷载作用下单桩的荷载传递

桩的荷载传递机理研究揭示的是桩—土之间力的传递与变形协调的规律，因而它是桩的承载力机理和桩—土共同作用分析的重要理论依据。

桩侧阻力和桩端阻力的发挥过程就是桩—土体系荷载的传递过程。桩顶受竖向荷载后，桩身压缩而向下位移，桩侧表面受到土的向上的摩阻力，桩侧土产生剪切变形，并使桩身荷载传递到桩周土层中去，从而使桩身荷载与桩身压缩变形随深度递减。随着荷载增加，桩端出现竖向位移和桩端反力。桩端位移加大了桩身各截面的位移，并促使桩侧阻力进一步发挥。通常情况下，靠近桩身上部土层的侧阻力先于下部土层发挥，而侧阻力先于端阻力发挥出来。

图7-9中长度为 l 的竖向单桩在轴向力 $N_0=Q$ 作用下，在桩身任意深度 z 处横截面上所引起的轴向力 N_z 将会使截面下桩身压缩、桩端下沉 δ_l，致使该截面向下产生位移 δ_z。这种位移会造成桩身侧面与桩周土之间的相对滑移，其大小则制约着土对桩侧表面向上的正摩阻力 τ_z 的发挥程度。从作用于深度 z 处、周长为 u_p、厚度为 dz 的微小桩段上力的平衡条件，

$$N_z-\tau_z u_p dz-(N_z+dN_z)=0 \tag{7-1}$$

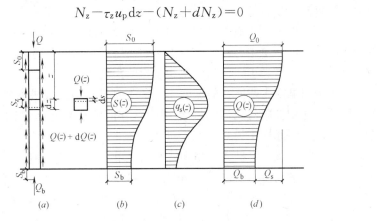

图 7-9 单桩轴向荷载传递

可得桩侧摩阻力 τ_z 与桩身轴力 N_z 的关系

$$\tau_z=-\frac{1}{u_p}\frac{dN_z}{dz} \tag{7-2}$$

摩阻力 τ_z 也就是桩侧单位面积上的荷载传递量。由于桩顶轴力 Q 沿桩身向下通过桩侧摩阻力逐步传给桩周土，因此，轴力 N_z 就应随着深度而递减。桩底的轴力 N_l 即桩端阻力 $Q_p=N_l$，而桩侧总阻力 $Q_s=Q-Q_p$。

因为桩身截面位移 δ_z 应为桩顶位移 $\delta_0=s$ 与 z 深度范围内的桩身压缩量之差，所以

$$\delta_z=s-\frac{1}{A_p E_p}\int_0^z N_z dN_z \tag{7-3}$$

式中，A_p 及 E_p 为桩身横截面面积和弹性模量，如取 $z=l$，则上式变为桩端位移表达式。单桩静荷载试验时，除了测定桩顶荷载 Q 作用下的桩顶沉降 s 外，如还通过沿桩身若干截面预先埋设的应力量测单元（传感器），从而获得桩身轴力分布图，便可利用式(7-2)及式（7-3）作出摩阻力 τ_z 和截面位移 δ_z 分布图，如图7-9所示。

二、桩侧摩阻力和桩端摩阻力

桩侧摩阻力 τ 是桩截面对桩周土的相对位移 δ 的函数，可以由图7-10中的 OCD 表示，且常简化为折线 OAB。OA 表示摩阻力尚未达到极限值的情况。AB 表示一旦桩-土截面相对滑移超过某一限值，则摩阻力保持极限值 τ_u 不变。极限摩阻力可用类似于土的

抗剪强度的库仑公式表达

$$\tau_u = c_a + \sigma_x \tan\varphi_a \qquad (7-4)$$

式中　c_a——为桩表面与土之间的附着力；

φ_a——为桩表面与土之间的摩擦角；

σ_x——为深度为 z 处作用于桩表面的法向压力，它与桩侧土的竖向有效应力 σ_v' 成正比，即

$$\sigma_x = K_s \sigma_v' \qquad (7-5)$$

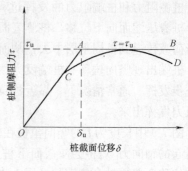

图 7-10　τ-δ 曲线

K_s——为桩侧土的侧压力系数，对挤土桩 $K_0 < K_s < K_p$；对非挤土桩，因桩孔中土被清除，而使 $K_a < K_s < K_0$。此外，K_a、K_0 和 K_p 分别为主动、静止和被动土压力系数。

根据式（7-4）、式（7-5）计算深度 z 处的单位侧阻时，如取 $\sigma_v' = \gamma' z$，侧阻将随深度线性一直增大。然而，砂土中的模型试验表明，当桩入土深度达到某一临界深度后，侧阻就不再随深度的增加而增加了，这个现象为侧阻的深度效应。

所以，桩侧极限摩阻力与所在的深度、土的类别和性质，成桩方法等许多因素有关。但是，桩侧摩阻力达到极限值所需的桩-土极限位移值则基本上只与土的类别有关，而与桩径无关，试验证明对黏性土为 4～6m，对砂土为 6～10m。

当逐级增加桩顶荷载时，桩身压缩和位移随之增大，使桩侧摩阻力从桩身上段向下逐次发挥。另一方面，桩底持力层也将受压引起桩端反力，导致桩端下沉，桩身随之下移，这样会引起桩侧上下各处摩阻力的进一步发挥。当沿桩身全长的摩阻力达到极限值后，桩顶荷载增量就全归桩端阻力承担，直到桩底持力层破坏，此时，桩已处于承载力极限状态。

三、桩侧负摩阻力

桩土之间相对位移的方向，对荷载的传递影响很大。当桩周地面大面积堆载、填土或桩侧地面承受局部较大长期荷载；桩基场地降低地下水位；自重欠固结的土层的桩基；沉桩严重扰动桩周土后引起土的固结；桩穿越厚层松砂填土、自重湿陷性黄土进入相对较硬土层等上述情况发生后，桩在轴向荷载作用下，桩身和桩端土将产生压缩变形，由于某种原因而下降，且当其下沉量大于桩身下沉量时，在桩侧会产生向下的摩阻力，称为负摩阻力。负摩阻力对桩的工作带来不利的影响。

负摩阻力对于桩基承载力和沉降的影响随桩侧阻力与桩端阻力分担荷载比、建筑物各桩基周围土层的沉降的均匀性、建筑物对不均沉降的敏感性而定，因此，对于考虑负摩阻力验算承载力和沉降也应有所区别。

对于端承桩，当出现负摩阻力对桩体施加下拉荷载时，由于持力层压缩性较大，随之引起桩的沉降。桩基沉降一出现，土对桩的位移便减小，负摩阻力变降低，直至转化为零。因此，一般情况下对摩擦型桩基，可近似将中性点以上侧阻力为零计算桩基承载力。

对于端承型桩基，由于其桩端持力层较坚硬，受负摩阻力引起下拉荷载后不致产生沉降或沉降较小，此种情况下，负摩阻力将长期作用于桩身中性点（中性点深度可参考表 7-2 确定）以上侧表面。因此，应计算中性点以上负摩阻力形成的下拉荷载，并以下拉荷

载作为外荷载的一部分验算其承载力。

中性点深度 l_n 表 7-2

持力层性质	黏性土、粉土	中密以上砂	砾石、卵石	基岩
中性点深度比 l_n/l_0	0.5～0.6	0.7～0.8	0.9	1.0

注：1. l_n、l_0——中性点深度和桩周沉降变形土层下限深度。
2. 桩穿越湿陷性黄土层时，l_n 为表列数值增大 10%（持力层为基岩除外）。

第四节　单桩竖向承载力的确定

一、单桩竖向承载力的概念和确定原则

1. 单桩竖向承载力的概念

单桩竖向承载力是指单桩在竖向荷载作用下不失去稳定性（即不发生急剧的、不停滞的下沉，桩端土不发生大量塑性变形），也不产生过大沉降（即保证建筑物桩基在长期荷载作用下的变形不超过允许值）时，所能承受的最大荷载。

2. 单桩竖向承载力的确定原则

桩基在荷载作用下，有桩身破坏和地基破坏两种破坏形式。桩身破坏是指当桩端支承于很硬的地层上，且桩侧土又十分软弱时，桩的工作状态类似于一根细长柱，在竖向压力作用下有可能发生侧向弯曲破坏。地基破坏是指桩穿过软弱土层支承在坚实土层时，其破坏模式类似于浅基础下地基的整体剪切破坏。此外，当桩端持力层为中等强度土或软弱层时，在荷载作用下桩沉入土中，称为冲切剪切破坏或贯入破坏。

由此可知，单桩竖向应力应根据桩身的材料强度和土对桩的支承力两方面确定。静载试验方法是确定单桩承载力最可靠的方法，但由于单桩静载试验的费用、时间、人力消耗都较高，大量推广应用是不现实的，因此，应根据建筑物的重要性选择确定单桩承载力的方法，在可靠性和经济性之间选择合理的方案。虽然单桩静载试验就评价试验桩的承载力而言是一种可靠性很高的方法，但因试验桩数量很少，用试验结果评价整幢建筑物桩的承载力仍带有某种局限性。因此，对各类建筑物，均应采用多种方法综合分析确定承载力，以提高确定成果的可靠性。

《建筑地基基础设计规范》GB 50007—2011 规定，单桩设计采用了单桩竖向承载力特征值的概念，将单桩竖向极限承载力除以安全系数 2 定义为单桩竖向承载力特征值，用 R_a 表示，并规定 R_a 的确定原则如下：

（1）单桩竖向承载力特征值应通过单桩竖向静荷载试验确定。在同一条件下的试验桩数量，不宜小于总桩数的 1%，且不小于 3 根。

当桩端持力层为密实的砂卵石或其他承载力类似的土层时，对单桩承载能力很高的大直径端承桩，可采用深层平板荷载试验确定桩端土的承载力特征值。

（2）地基基础设计等级为丙级的建筑物，可采用静力触探或标准贯入试验参数确定 R_a 值。

（3）初步设计时，单桩竖向承载力特征值 R_a 可按下式估算：

$$R_a = q_{pa}A_p + u_p \sum q_{sia}l_i \tag{7-6}$$

式中　q_{pa}、q_{sia}——桩端阻力、桩侧阻力特征值，由当地静荷载试验结果统计分析算得；

A_p——桩底端横截面面积；

u_p——桩身周边长度；

l_i——第 i 层岩土的厚度。

当桩端嵌入完整及较完整的硬质岩中时，可按下式估算单桩竖向承载力特征值 R_a，即

$$R_a = q_{pa}A_p \qquad (7-7)$$

式中　q_{pa}——桩端岩石承载力特征值。

同时，还规定：桩身混凝土强度应满足桩的承载力设计值要求。

二、单桩竖向承载力的确定方法

（一）按材料强度确定单桩承载力

按桩身材料强度确定桩的竖向承载力时，将桩视为轴心受压构件，混凝土或钢结构中的轴心受压构件的承载力计算公式即为单桩竖向承载力设计值的计算公式。对于低桩桩基，考虑到土的侧压作用，其纵向弯曲系数一般取 1.0。

由于灌注桩成孔和混凝土浇筑质量难以保证，预制桩在运输及成桩过程中受振动和锤击的影响，因此，应对桩身混凝土轴心抗压强度设计值作一定的折减，规范规定，预制桩折减系数为 0.75，灌注桩折减系数为 0.6～0.7。

（二）按土对桩的支承力确定单桩承载力

1. 按静荷载试验确定

对于打入式试验桩，由于打桩过程将引起桩周土孔隙水压力增加和土的扰动，为使水的孔隙水压力增加和受扰动的强度得到部分恢复，挤土桩设置后宜隔一段时间才能进行试验，为使试验能反映真实的承载力，一般间隔时间是：对于预制桩打入砂土中不宜少于 7d；黏性土不得少于 15d；对于饱和软黏土不得少于 25d。对于灌注桩，应在桩身混凝土达到设计强度后才能进行。

（1）试验装置。

桩基静荷载试验的装置由加载系统和量测系统组成。图 7-11 所示为单桩静载试验装置示意图。加载系统由千斤顶及其反力系统组成，反力系统包括主、次梁及锚桩，锚桩数量不能少于 4 根，应对试验过程锚桩上拔量进行检测。加载系统也可采用压重平台反力装置或锚板压重联合装置。采用压重平台时，要求压重量必须大于预估最大试验荷载的 1.2 倍，且压重应在试验前一次加上，并均匀稳固放置在平台上。量测系统主要由千斤顶上的应力环、应变式压力传感器（测荷载大小）及百分表或电子位移计（测试桩沉降）等组成，百分表安装在基准梁上。柱顶设置沉降观测点。荷载大小也可采用联于千斤顶的压力表测得油压，再根据千斤顶测定曲线换算得到。为准确测量桩的沉降，消除相互干扰，要求有基准系统（由基准桩、基准梁组成）且保证在试验桩、锚桩（或压重平台支墩）和基准桩互相之间有足够的距离，一般应大于 4 倍桩径（对压重平台反力装置应大于 2m）。

（2）试验方法。

试验的关键是加荷方式应尽可能体现桩的实际工作情况。常用的慢速分级加荷方式，每级荷载值约为估算的单桩极限承载力的 1/10～1/15，第一级可按 2 倍分级荷载加荷。每级加荷后，按 5min、10min、15min 时各读一次，以后每个 15min 读一次，累计 1h 后每隔半小时读一次。在每级荷载作用下，桩顶的沉降量连续在每小时内不超过 0.1mm

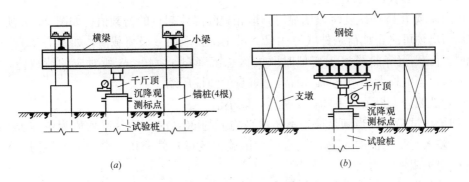

图 7-11　单桩静荷载试验装置

(a) 锚桩横梁反力装置；(b) 压重平台反力装置

时，可认为沉降已达到稳定，然后再施加下一级荷载，直到桩已显现破坏特征，可终止加载。

根据试验记录，可绘制各种试验曲线，如荷载-桩顶沉降曲线，沉降-时间曲线等，并由这些曲线的特征判断桩的极限荷载。当实验出现下列情况之一时，即可终止加载。

1）当荷载-桩顶沉降（Q-s）曲线上有可判定极限承载力的陡降段，且桩顶总沉降量超过 40mm。

2）相邻级加荷的后一级加荷产生沉降增量大于前一级加荷时沉降增量的两倍及以上 $\left(\dfrac{\Delta s_{n+1}}{\Delta s_n}\geqslant 2\text{，}\Delta s_n\text{为第 }n\text{ 级荷载的沉降增量；}\Delta s_{n+1}\text{为第 }n+1\text{ 级荷载的沉降增量}\right)$，且经 24h 尚未达到稳定。

3）25m 以上的非嵌岩桩，Q-s 曲线呈缓变型时，桩顶沉降量大于 60~80mm。

4）在特殊条件下，可根据具体要求加载至桩顶总沉降量大于 100mm。

终止加载后开始卸载，每级卸载值为加载值的两倍，卸载后每隔 15min 续读一次，读两次后，每半小时再读一次，即可卸下一级荷载。全部卸载后，每 3~4h 再测读一次。

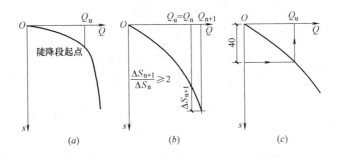

图 7-12　由 Q-s 曲线确定极限荷载 Q_u

(a) 按沉降曲线陡降段起点处的荷载值作为单桩极限承载力；(b) 按可终止荷载条件 2)
的情况时单桩极限承载力；(c) 缓降荷载—沉降曲线按桩顶总沉降量为 40mm
时按对应的荷载值作为单桩极限承载力

（3）单桩竖向极限承载力的确定：

1）当荷载-沉降曲线陡降段明显时，取相应陡降段起点的荷载值，如图 7-12a 所示。

2）当出现可终止加荷条件（2）中 2）的情况，取前一级荷载值，如图 7-12b 所示。

3）当荷载-沉降曲线呈缓变型时取桩顶总沉降量 $s=40$mm 所对应的荷载值，如图 7-12c 所示，当桩长大于 40m 时，宜考虑桩身的弹性压缩。

4）对桩数为 3 根及以下的柱下桩台，取小值。

参加统计试验桩，当满足极差不超过平均值的 30％时，取其平均值为单桩极限承载力。当极差大于平均值的 30％时，宜增加试验桩数量，并分析离散性大的原因，结合具体情况确定极限承载力。

将单桩竖向极限承载力除以安全系数 2，就为单桩竖向承载力特征值。

2. 按计算公式确定

（1）一般表达式

单桩的竖向荷载是通过其桩侧摩阻力和桩端阻力共同承担的，因此可按式（7-6）确定，这里不再赘述。

（2）灌注桩的承载力计算公式

灌注桩单桩竖向承载力与预制桩类似，受桩的几何尺寸、桩周土的性质及成桩工艺的影响。目前单桩竖向承载力主要按静荷载试验确定，其试验方法与预制桩相同。

初步设计时单桩竖向承载力设计值可按下式进行估算：

$$R_a = q_{pa}A_p + u_p \sum q_{sia}l_i \tag{7-8}$$

式中　R_a——单桩竖向承载力特征值（kN）；

　　　　A_p——桩底端横截面面积（m²）；

　　　　u——桩周长（m）；

　　　　l_i——第 i 层土的厚度（m）；

q_{pa}、q_{sia}——桩端阻力特征值（kPa），桩侧阻力特征值（kPa），由当地静载试验结果统计分析算得；其中 $q_{pa}=q_{pk}/\gamma_p$；$q_{sia}=q_{sik}/\gamma_s$；

　　　　q_{pk}——桩的极限端阻力标准值（kPa），由表 7-6 查取；

　　　　γ_p——桩端阻抗力分项系数，由表 7-3 查取；

　　　　γ_s——桩侧阻抗力分项系数，由表 7-3 查取；

　　　　q_{sik}——桩的极限侧阻力标准值（kPa），由表 7-4 查取。

桩基竖向承载力抗力分项系数　　　　　　　　　　表 7-3

桩型与工艺	$\gamma_s = \gamma_p = \gamma_{sp}$		γ_c
	静载试验法	经验参数法	
预制桩、钢管桩	1.60	1.65	1.70
大直径灌注桩(清底干净)	1.60	1.65	1.65
泥浆护壁钻(冲)灌注桩	1.62	1.67	1.65
干作业灌注桩($d<0.8$m)	1.65	1.70	1.65
沉管灌注桩	1.70	1.75	1.70

注：1. 根据静力触探方法确定预制桩、钢管桩承载力时，取 $\gamma_s = \gamma_p = \gamma_{sp} = 1.60$。

　　2. 抗拔桩的侧阻力分项系数 γ_s 可取表列数值。

桩的极限侧阻力标准值 q_{sik}（kPa）　　　　　　　　表 7-4

土的名称	土的性状	混凝土预制桩	水下钻(冲)孔桩	沉管灌注桩	干作业灌注桩
填土		20~28	18~26	15~22	18~26
淤泥		11~17	10~16	9~13	10~16
淤泥质土		20~28	18~26	15~22	18~26
黏性土	$I_L>1$	21~36	20~34	16~28	20~34
	$0.75<I_L\leqslant1$	36~50	34~48	28~40	34~48
	$0.50<I_L\leqslant0.75$	50~66	48~64	40~52	48~62
	$0.25<I_L\leqslant0.5$	66~82	64~78	52~63	62~76
	$0<I_L\leqslant0.25$	82~91	78~88	63~72	76~86
	$I_L\leqslant0$	91~101	88~98	72~80	86~96
红黏土	$0.7<a_w\leqslant1$	13~32	12~30	10~25	12~30
	$0.5<a_w\leqslant0.7$	32~74	30~70	25~68	30~70
粉土	$e<0.9$	22~44	22~40	16~32	20~40
	$0.75\leqslant e\leqslant0.9$	42~64	40~60	32~50	40~60
	$e<0.75$	64~85	60~80	50~67	60~80
粉细砂	稍密	22~42	22~40	16~32	20~40
	中密	42~63	40~60	32~50	40~60
	密实	63~85	60~80	50~67	60~80
中砂	中密	54~74	50~72	42~58	50~70
	密实	42~64	72~90	58~75	70~90
粗砂	中密	74~95	74~95	74~95	70~90
	密实	95~116	95~116	75~92	90~110
砾砂	中密、密实	116~138	116~135	92~110	110~130

注：1. 对于尚未完成自重固结的填土和以生活垃圾为主的杂填土，不计算其侧阻力。

　　2. a_w 为含水比，$a_w=w/w_L$。

　　3. 对于预制桩，根据土层埋深 h，将 q_{sik} 乘以表 7-5 修正系数。

q_{sik} 修正系数　　　　　　　　表 7-5

土层埋深 h(m)	$\leqslant5$	10	20	$\geqslant30$
修正系数	0.8	1.0	1.1	1.2

（3）大直径（$D\geqslant0.8$m）灌注桩的承载力计算公式

$$R=Q_{uk}/\gamma_{sp} \tag{7-9}$$

$$Q_{uk}=\psi_p q_{pk} A_p + u_p \sum \psi_{si} q_{sik} l_i \tag{7-10}$$

式中　R——单桩竖向承载力设计值（kN）；

　　γ_{sp}——桩侧阻、端阻综合抗力分项系数，按表 7-3 选用；

　　Q_{uk}——大直径桩的竖向极限承载力标准值（kN）；

　　q_{sik}——桩侧第 i 层土的极限侧阻力标准值（kPa），可通过土的原位试验或经验方法确定，大直径桩极限侧阻力经验值可按表 7-4 及表 7-5 取值；

　　l_i——有效摩阻段长度（m），一般桩同桩长，扩底桩计至开始扩径处以上 $2d$ 处；

　　u_p——桩身周长（m）；

　　A_p——桩端投影面积（m²）；

　　q_{pk}——桩端极限阻力标准值（kPa），可通过原位测试或经验确定，大直径桩端阻力经验值可按表 7-7 取值；

　　ψ_{si}——桩侧阻力折减系数（尺寸效应系数），按表 7-8 取值；

　　ψ_p——桩端阻力折减系数（尺寸效应系数），按表 7-8 取值。

表 7-6

桩的端阻力标准值 q_{pk}（kPa）

土名称	土的性状	预制桩入土深度（m）				水下钻（冲）孔桩入土深度（m）			
		$h\leqslant9$	$9<h\leqslant16$	$16\leqslant h\leqslant30$	>30	5	10	15	$h>30$
黏性土	$0.75<I_L\leqslant1$	210~840	630~1300	1100~1700	1300~1900	100~150	150~250	250~300	300~450
	$0.50<I_L\leqslant0.75$	840~1700	1500~2100	1900~2500	2300~3200	200~300	350~450	450~550	550~750
	$0.25<I_L\leqslant0.5$	1500~2300	2300~3000	2700~3600	3600~4400	400~500	700~800	800~900	900~1000
	$0<I_L\leqslant0.25$	2500~3800	3800~5100	5100~5900	5900~6800	750~850	1000~1200	1200~1400	1400~1600
粉土	$0.75<e\leqslant0.9$	840~1700	1300~2100	1900~2700	2500~3400	250~350	300~500	450~650	650~850
	$e\leqslant0.75$	1500~2300	2100~3000	2700~3600	3600~4400	550~800	650~900	750~1000	850~1000
粉砂	稍密	800~1600	1500~2100	1900~2500	2100~3000	200~400	350~500	450~600	600~700
	中密、密实	1400~2200	2100~3000	3000~3800	3800~4600	400~500	700~800	800~900	900~1100
细砂	中密、密实	2500~3800	3600~4800	4400~5700	5300~6500	550~650	900~1000	1000~1200	1200~1500
中砂	中密、密实	3600~5100	5100~6300	6300~7200	7000~8000	850~950	1300~1400	1600~1700	1700~1900
粗砂	中密、密实	5700~7400	7400~8400	8400~9500	9500~10300	1400~1500	2000~2200	2300~2400	2300~2500
砾砂		6300~10500				1500~2500			
角砾、圆砾	中密、密实	7400~11600				1800~2500			
碎石、卵石		8400~12700				2000~3000			

土名称	土的性状	沉管灌注桩入土深度 (m)				干作业钻孔桩入土深度 (m)		
		5	10	15	$h>15$	5	10	15
黏性土	$0.75<I_L\leqslant1$	400~600	600~750	750~1000	1000~1400	200~400	400~700	700~900
	$0.50<I_L\leqslant0.75$	670~1100	1200~1500	1500~1800	1800~2000	420~630	740~950	950~1200
	$0.25<I_L\leqslant0.5$	1300~2200	2300~2700	2700~3000	3000~3500	850~1100	1500~1700	1700~1900
	$0<I_L\leqslant0.25$	2500~2900	3500~3900	4000~4500	4200~5000	1600~1800	2200~2400	2600~2800
粉土	$0.75<e\leqslant0.9$	1200~1600	1600~1800	1800~2100	2100~2600	600~1000	1000~1400	1400~1600
	$e\leqslant0.75$	1800~2200	2200~2500	2500~3000	3000~3500	1200~1700	1400~1900	1600~2100
粉砂	稍密	800~1300	1300~1800	1800~2000	2000~2400	500~900	1000~1400	1500~1700
	中密、密实	1300~1700	1800~2400	2400~2800	2800~3600	850~1000	1500~1700	1700~1900
细砂	中密、密实	1800~2200	3000~3400	3500~3900	4000~4900	1200~1400	1900~2100	2200~2400
中砂	中密、密实	2800~3200	4400~5000	5200~5500	5500~7000	1800~2000	2800~3000	3300~3500
粗砂	中密、密实	4500~5000	6700~7200	7700~8200	8400~9000	2900~3200	4200~4600	4900~5200
砾砂		5000~8400				3200~5300		
角砾、圆砾	中密、密实	5000~8400						
碎石、卵石		~6700~10000						

注：1. 砂土和碎石类土中桩的极限端阻力取值，要综合考虑土的密实度，桩端进入持力层的深度比 h_a/d，土越密实 h_a/d 越大，取值越高；

2. 表中沉管灌注桩是指带预制桩尖沉管灌注桩。

土名称		状　态		
黏性土		$0.25{<}I_L{\leqslant}0.75$	$0{<}I_L{\leqslant}0.25$	$I_L{\leqslant}0$
		800～1800	1800～2400	2400～3000
粉土		$0.75{<}e{\leqslant}0.9$	$e{\leqslant}0.75$	
		1000～1500	1500～2000	
		稍密	中密	密实
砂土、碎石类土	粉土	500～700	800～1100	1200～2000
	细砂	700～1100	1200～1800	2000～2500
	中砂	1000～2000	2200～3200	3500～5000
	粗砂	1200～2200	2500～3500	4000～5500
	砾砂	1400～2400	2600～4000	5000～7000
	圆砾、角砾	1600～3000	3200～5000	6000～9000
	卵石、碎石	2000～3000	3300～5000	7000～11000

注：1. q_{pk} 取值宜考虑桩端持力层土的状态及桩进入持力层的深度效应，当进入持力层深度 h_b 为：$h_b{\leqslant}D$，$D{<}h_b$ ${\leqslant}4D$，$h_b{>}4D$；q_{pk} 可分别取较低值、中值、较高值。

2. 砂土密实度可根据标准贯入锤击数 N 判定，$N{\leqslant}10$ 为松散，$10{<}N{\leqslant}15$ 为稍密，$15{<}N{\leqslant}30$ 中密，$N{>}$ 30 为密实。

3. 当对沉降要求不严时，可适当提高 q_{pk} 值。

大直径灌注桩侧阻力尺寸效应系数、端阻力尺寸效应系数　　　　　表 7-8

土类别	黏性土、粉土	砂土、碎石类土
ψ_{si}	1	$(0.8/D)^{1/3}$
ψ_p	$(0.8/D)^{1/4}$	$(0.8/D)^{1/3}$

（4）嵌岩灌注桩的单桩承载力计算

嵌岩灌注桩系指桩端嵌入中等风化岩或微风化岩，桩端岩体能取样进行单轴抗压强度试验的情况。对于桩端置于强风化岩中的嵌岩桩，由于强风化岩不能取样成形，其强度不能通过单轴抗压强度试验确定，其力学性能一般与碎石类土相似，有的与砂类土相近。因此这类桩不作为嵌岩桩处理，其嵌岩段极限承载力参数标准值可根据岩体风化程度按砂土、碎石类土取值。《建筑桩基技术规范》JGJ 94—2008 给出嵌岩桩单桩极限承载力标准值计算模式为：由桩周土总侧阻 Q_{sk}、嵌岩段总侧阻 Q_{rk} 和端阻 Q_{pk} 三部分组成。当室内试验结果确定单桩竖向承载力标准值时，可按下式计算：

$$Q_{uk}=Q_{sk}+Q_{rk} \tag{7-11}$$

$$Q_{sk}=u\sum q_{sik}l_i \tag{7-12}$$

或　　　　　　　　　　　　$$Q_{rk}=\zeta_r f_{rk} A_p \tag{7-13}$$

式中　Q_{sk}、Q_{rk}——分别为土的总极限侧阻力标准值、嵌岩桩段总极限阻力标准值；

q_{sik}——桩周第 i 层土的极限侧阻力（kPa），可通过土的原位试验或经验方法确定，当无当地经验时，可根据成桩工艺按《建筑桩基技术规范》JGJ 94—2008 第 5.3.5 条取值；

l_i——有效摩阻段长度（m），一般桩同桩长，扩底桩计至开始扩径处以上

$2d$ 处；

A_p——桩端投影面积（m^2）；

f_{rk}——岩石饱和单轴压强度标准值，黏土岩取天然湿度单轴抗压强度标准值；

ζ_r——桩嵌岩段侧阻和端阻综合系数，与嵌岩深径比 h_r/d、嵌岩软硬程度和成桩工艺有关，可按表 7-9 采用；表中数值适用于泥浆护壁桩，对于干作业成桩（清底干净）和泥浆护壁后注浆，ζ_r 应取表中数值的 1.2 倍；

h_r——桩身（中等风化、微风化、新鲜岩石）深度（m），超过 $5d$ 时，取 h_r $=5d$，当岩石表面倾斜时，以坡下方的岩层深度为准。

桩嵌岩段侧阻和端阻和综合系数　　　　　　　　　表 7-9

嵌岩深径比 h_r/d	0	0.5	1.0	2.0	3.0	4.0	5.0	6.0	7.0	8.0
极软岩、软岩	0.6	0.8	0.95	1.18	1.35	1.48	1.57	1.63	1.66	1.70
较硬岩、坚硬岩	0.45	0.65	0.81	0.90	1.0	1.04	—	—	—	—

注：1. 极软岩、软岩指 $f_{rk} \leqslant 15MPa$，较硬岩、坚硬岩指 $f_{rk} > 30MPa$，介于二者之间可内插取值；

　　2. h_r 为桩身嵌岩深度，当岩面倾斜时，以坡下方嵌岩深度为准；当 h_r/d 为非表列数值时，ζ_r 可内插取值。

通常认为，凡是嵌岩桩一定为端承桩，凡是端承桩均不考虑土层侧阻力。对于存在冲刷作用的桥梁桩基比较符合实际。大量现场测试结果表明，桩侧阻力、桩端阻力的发挥性状与上覆土层的性质和厚度、桩长径比 l/d、嵌入基岩性质和嵌岩深径比 h_r/d、桩底沉渣厚度等因素有关。一般情况下，上覆土层的侧阻力是有作用的；只有短粗的人工挖孔嵌岩桩，端阻力先于土层阻力作用，端阻力对桩的承载力起主要作用，属于端承桩。对 $l/d >$ $15\sim20$ 的泥浆护壁钻（冲）孔嵌岩桩，无论嵌入风化岩还是完整基岩中，桩侧阻力先于端阻力作用，属于摩擦型桩。对于 $l/d \geqslant 40$ 且覆盖土层不属于软弱土，嵌岩桩端的承载作用较小，桩端嵌入强风化岩或中等风化岩中即可。

试验结果表明，传递到桩端的应力随嵌岩深度增加而减少，一般地 $h_r/d > 5$ 时，传递到桩端的应力接近零；但对泥质软岩嵌岩桩，$h_r/d = 5\sim7$ 时，桩端阻力仍可占总荷载的 $5\%\sim16\%$。

由于嵌岩灌注桩的嵌岩部分具有较高的侧阻力和端阻力，其单桩承载力往往超过相同截面的土中摩擦桩，桩身压应力值很高。因此，桩身强度和桩侧土，桩端土层强度一样，也是控制单桩承载力的重要因素。

【例 7-1】　预制桩截面尺寸为 450mm×450mm，桩长 16.7m，依次穿越：厚度 $h_1 =$ 4.2m、液性指数 $I_L = 0.74$ 的黏土层；厚度 $h_2 = 5.1m$、孔隙比 $e = 0.810$ 的粉土层和厚度 $h_3 = 4.4m$、中密的粉细砂层，进入密实的中砂层 3m，假定承台埋深 1.5m。试确定预制桩的极限承载力标准值。

【解】　由表 7-4 查得桩的极限侧阻力特征值 q_{sik} 为

黏土层　　$q_{sia} = 50kPa$

粉土层　　$q_{sia} = 42\sim64kPa$，取 $q_{sia} = 54kPa$

粉细砂层　$q_{sia} = 42\sim63kPa$，取 $q_{sia} = 54kPa$

中砂层　　$q_{sia} = 74\sim95kPa$，取 $q_{sia} = 85kPa$

桩的入土深度为 $h = 16.7 - 1.5 = 15.2\text{m}$，查表 7-5 得，预制桩修正系数为 1.0。

由表 7-7 查得桩的极限端阻力特征值 q_{sik} 为

$$q_{pk} = 5100 \sim 6300\text{kPa}，取 q_{pk} = 6000\text{kPa}$$

故单桩竖向极限端阻力特征值为

$$
\begin{aligned}
R_a &= q_{pk}A_p + u_p \sum q_{sik}l_i \\
&= 6000 \times 0.45 \times 0.45 + 4 \times 0.45 \times (50 \times 2.7 + 54 \times 5.1 + 54 \times 4.4 + 85 \times 3) \\
&= 1215 + 1625.4 = 2840.4\text{kN}
\end{aligned}
$$

第五节　群桩竖向承载力的确定

一、群桩的荷载传递特征

桩数多于一根的桩基础称为群桩基础，群桩中每根桩称为基桩。群桩基础受竖向荷载后，承台、桩群与土形成一个相互作用、共同工作的整体，其变形和承载力均受相互作用的影响，其基桩的承载力和沉降性状往往与相同地质条件的设置方法相同的单桩有明显的区别，这种现象称为群桩效应。因此，群桩基础的承载力常不等于其中各单桩承载力总和。通常用群桩效应系数 η 的大小来反映桩基平均承载力和单桩承载力相比变化的情况。

1. 端承型群桩

由端承桩组成的群桩基础，通过承台传递到各桩顶的竖向荷载，其大部分由桩身传递到桩端。因此，端承型群桩基础中基桩与独立单桩相近，桩与桩相互作用、承台与土相互作用，都小到可忽略不计，端承型群桩的承载力可近似取为各单桩承载力之和。由于端承型群桩的桩端持力层比较坚硬，因而其沉降量也不至因桩端应力的重叠效应而显著增大，一般无需计算沉降。端承型群桩桩尖平面上的应力分布如图 7-13 所示。

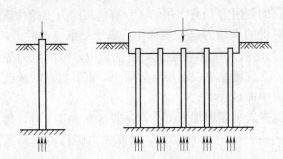

图 7-13　端承型群桩桩尖平面上的应力分布

2. 摩擦型群桩

由摩擦型桩组成的群桩基础，在竖向荷载作用下，其大部分通过桩侧阻力传递到桩侧和桩端土层中，其余部分由桩端承受。由于桩端的贯入变形和桩身弹性压缩，对于低承台群桩，承台底土也产生一定反力，使得承台底土、桩间土、桩端土都参与工作，形成承台、桩、土共同工作的状态，并产生群桩效应。

影响群桩效应的主要因素有两组。一组是群桩自身的几何特征，与承台的设置方式（高、低承台）、桩间距 S，桩长 l 及桩长与承台宽度比 l/B_c、桩的排列方式、桩数等有关；另一组是桩侧及桩端的土性及其分布、成桩工艺。群桩效应具体反映在以下几个方面：群桩的侧阻力、群桩的端阻力、承台土反力、桩顶荷载分布、群桩的破坏模式、群桩的沉降及其随荷载的变化。

一般假定，桩侧摩阻力在土中引起的附加应力 σ_z，按某一角度 α 沿桩长 S 向下扩散分布至桩端平面处，如图 7-14 所示中阴影部分。

桩间土竖向位移受相邻桩影响而增大，桩土相应位移随之减小，这使得相同沉降条件下，群桩侧阻力作用的发挥小于单桩。在桩距很小时发生很大沉降，群桩中各桩的侧阻力也不能充分发挥作用。因此，桩距的大小不仅制约桩土相对位移，影响发挥侧阻作用所需群桩沉降量，而且影响侧阻的破坏性状与破坏值。当桩距很小为常用桩距 $S \leqslant 3d$ 的条件下，群桩侧阻一般呈整体破坏，即桩、土形成整体，桩

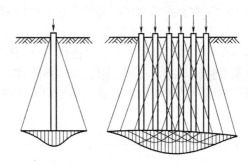

图 7-14　摩擦型群桩桩尖平面上的应力分布

侧阻力的破坏面发生于桩群外围，如图 7-15a 所示；当桩距较大时，则一般呈非整体破坏，即各桩的桩、土间产生相对位移，各桩的阻力剪切破坏发生于各桩周土体中或桩土界面，如图 7-15b 所示。

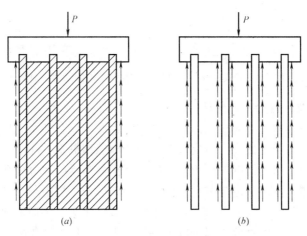

图 7-15　群桩侧阻力破坏模式

（a）整体破坏；（b）非整体破坏

当桩距 S 较大，即 $S > 6d$（d 为桩径）时，桩端平面处各桩传来的压力互不重叠或重叠不多，这时群桩中各桩的工作情况仍和单桩单独工作一样，故群桩的承载能力等于各单桩承载能力之和。当桩距较小，即 $S \leqslant 3d$ 时，桩端处地基中各桩传来的应力就互相重叠，使得桩端处压力要比单桩时增大许多，群桩中各桩的工作状态就与单桩不同，群桩的承载力并不等于各桩承载力总和，沉降量也大于单桩沉降量。

大量的工程试验研究表明，桩距对端阻力的影响与持力土层的性质和成桩工艺有关。在相同成桩工艺下群桩端阻力受桩距影响，黏性土较非黏性土大，密实土较非密实土大。就成桩工艺而言，非饱和土与非黏性土中的挤土桩，其群桩端阻力因挤土效应而提高，提高幅度随桩距增大而减少。

当桩长与承台宽度比 $l/B_c \leqslant 2$ 时，承台土传递到桩端平面使主应力差减小，承台还有限制桩土相对位移、减少桩端变形的作用，从而使桩端阻力提高。

群桩端阻的破坏与侧阻的破坏模式有关。在群桩侧阻呈整体破坏的情况下，群桩演变

成底面积与桩群投影面积相等的单独实体墩基，如图7-16a所示。由于基底面积大，埋深大，一般不发生整体剪切破坏。当桩很短且持力层为密实土层时才可能出现整体剪切破坏。当存在软弱下卧层时，有可能由于软卧层产生侧向挤出而引起群桩整体失稳。当群桩侧阻呈单独破坏时，各桩端阻的破坏与单桩相似，但因桩侧剪力重叠效应，相邻桩桩端土逆向变形的制约效应和承台的增强效应而使破坏承载力提高，如图7-16b所示。

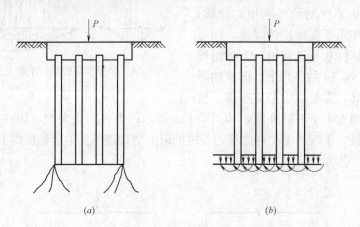

图 7-16　群桩端阻力破坏模式

(a) 单独实体墩破坏模式；(b) 桩侧剪应力重叠效应及相邻桩端土逆向变形效应

3. 承台土反力及承台分担的荷载

摩擦型桩基，当其承受竖向荷载而沉降时，承台底一般会产生土反力，从而分担一部分荷载，桩基的承载力随之提高。研究表明，对于摩擦型桩基，除了承台底面下存在几类特殊性质土层和动力作用的情况外，承台下的桩间土参与承担部分外荷载。桩基承台分担荷载的比例与承台底土性、桩侧与桩端土性、桩径与桩长、桩距与排列方式、承台内外区的面积比及施工工艺等诸多因素有关。承台承担荷载的比例随桩群的几何特征而有较大幅度的变化，从百分之十几到百分之五十以上不等。承台土反力变化的一般规律如下：①承台底土的压缩性越低、强度越高，承台土反力越大；②柱距越大承台土反力越大；承台外区反力大于承台内区土反力；③承台土反力随着荷载水平提高，桩端贯入变形增大，桩、土界面出现滑移而提高；④桩越短，桩长与承台宽度比 l/B_c 越小，桩侧阻力发挥值越低，承台土反力相应提高。

二、群桩沉降特性

由摩擦桩与承台组成群桩，在竖向荷载作用下，其沉降是各部分之间相互影响的综合结果，它与孤立单桩沉降的性状明显不同。

群桩沉降由桩间土压缩和桩端土压缩变形所组成。这两种变形占群桩沉降的比例与土质条件、桩距大小、荷载值水平、成桩工艺，以及承台设置方式等因素有密切关系。挤土桩和钻孔桩沉降性状受上述因素影响变化规律有明显不同。

1. 打入群桩

对于砂土中的桩，在同样桩间距的情况下，其地基整体压缩变形比率应大于硬黏土中群桩的相应比率。这是因为：①在松砂中沉桩过程的挤实效应比黏土中明显多；② 砂土中侧摩阻力要远大于单桩的侧摩阻力，而硬黏土中群桩的侧摩阻力与单桩差不多；③砂土

214

的压实性和强度变化受挤实效应的影响要比黏土显著；④桩土整体破坏的概念主要来源于砂土中打入群桩室内试验的结果，在小桩距条件下是可信的。

随着桩距的增大，地基整体压缩变形占群桩沉降的比率趋于减小，当桩距 $S_a = 3d$ 时，地基压缩整体变形比率随荷载水平（即 Q/Q_{uk}）和土性有较大幅度的变化；当桩距达到 $6d$ 时，不论荷载水平、土性情况如何，群桩的沉降均以桩间土的压缩变形为主。随荷载水平 Q/Q_{uk} 的增大，地基整体压缩变形占群桩沉降的比率趋于减小，对于桩间距 $S_a = 3d$ 的群桩，如桩间土为硬黏土，荷载 Q/Q_{uk} 远小于 50% 时群桩沉降完全由桩端以下地基土压缩变形引起（约等于 100%）；Q/Q_{uk} 接近 50% 时群桩沉降仍以地基整体压缩变形为主（80%）；Q/Q_{uk} 达到 100% 时群桩沉降则主要由桩间土压缩变形引起，这时地基整体压缩变形比率只有 20%。

试验证明，在桩间距较小（$S_a = 3d$）的情况下，承台设置方式对于打入群桩的沉降性状随荷载变化的下列特点并无明显的变化：①在荷载较小时，群桩沉降以地基整体压缩为主；②在荷载接近于极限承载力时，群桩沉降以桩间土压缩变形为主；③地基整体压缩变形比率随荷载的增加而减小。

2. 钻孔群桩与打入群桩的沉降特性对比

打入桩和钻孔桩这两类不同成桩工艺的群桩沉降量，除了随桩距的变化有相似规律（整体压缩变形占群桩沉降的比率随桩距的增大而减少，以及大桩距的情况下群桩沉降都以桩间土的压缩变形为主）外，而随其他因素的变化则有明显的不同，主要表现在以下几个方面：

（1）在小荷载情况下群桩沉降变形性状不同。打入群桩的沉降以地基整体压缩变形为主，而钻孔群桩的沉降则以桩间土的压缩变形为主。

（2）在大荷载 Q/Q_{uk} 接近 100% 情况下，群桩沉降量的性状不同，打入群桩以桩间土压缩变形为主，而钻孔群桩的沉降则以地基整体压缩变形为主。

（3）在低承台条件下，地基整体压缩变形比率随荷载变化的总趋势不同。打入群桩的地基整体变形比率随荷载的增加而减少；对钻孔群桩，该比率随荷载的增加而增大。

（4）在高承台条件下地基整体压缩变形比率随荷载变化的总趋势不同。对打入群桩，遵循地基压缩变形比率随荷载增加而减少的总趋势；对钻孔群桩，在 Q/Q_{uk} 小于或等于 50% 的范围内，该比率随荷载增加呈增大趋势，而 Q/Q_{uk} 大于 50% 之后，该比率随荷载增加呈减少趋势。

挤土桩与非挤土桩的群桩沉降性状有明显差异，合理解释引起这些差异的机理仍有待进一步研究。

第六节　群桩竖向承载力计算

如前所述，群桩的工作状况取决于承台群桩的几何尺寸和材料性质，以及一定范围内土介质的分布与性质。因此，群桩的竖向承载力可以理解为：一是将群桩和一定范围内的土视为整体时所能承受的竖向总荷载；当桩下一定深度范围内存在软弱土层时，应校核其强度；群桩中各桩应正常工作，即对单桩承载力进行校核。二是所产生沉降量小于允许沉降量的竖向荷载，即沉降要求不仅是校核条件，而且也是确定承载力的依据。

一、群桩的整体竖向承载力计算

1. 单桩承载力的简单累加法

对于端承桩和满足桩数 $n \leqslant 3$ 的摩擦桩，假定群桩的极限承载力为 p_n，单桩的极限承载力为 Q_n，则

$$p_n = nQ_n \tag{7-14}$$

式中　n——桩数。

式（7-14）对大多数建筑的摩擦桩基不采用以上累加法计算。

2. 以强度为参数的极限平衡理论法

如前所述，群桩阻力破坏分为桩、土整体破坏和非整体破坏，端阻力破坏分为整体剪切、局部剪切和冲切破坏。以下按桩侧阻力和端阻力破坏模式分别介绍群桩极限承载力的计算方法。

侧阻力呈现桩、土整体破坏模式

当桩距小于等于 3 倍桩径（$S_a \leqslant 3d$）时，挤土型低承台群桩，其侧阻一般呈桩、土整体破坏，即阻力的剪切破坏发生在群桩柱、土形成的实体基础外侧表面，如图 7-17 所示，因此，群桩的极限承载力计算可视群桩为实体深基础，并取下面两种计算模式的较小值：

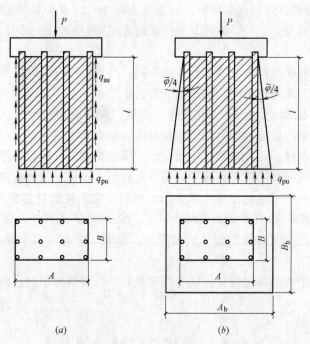

图 7-17　侧阻呈桩、土整体破坏的计算模式

（a）不考虑应力扩散；（b）考虑应力扩散

① 群桩极限承载力 P_n 为实体深基础总侧阻力 p_{su} 与实体总端阻力 p_{pu} 之和，计算公式为：

$$P_n = p_{su} + p_{pu} = 2(A+B)\sum q_{sui}l_i + ABq_{pu} \tag{7-15}$$

式中　q_{sui}——桩侧第 i 层土的极限侧阻力；

216

q_{pu}——实体桩深基础底面的极限承载力。

对于桩端持力层较密实，桩长不大（实体深基础埋深较小），或密实持力层上覆软土层的情况，可按整体剪切破坏模式计算：

$$q_{\text{pu}} = cN_{\text{c}} + qN_{\text{q}} + 0.5\gamma' BN_{\gamma}$$

式中　c——桩端土层的黏聚力；

　　　q——超载，$q = \gamma_1' h$，γ_1' 和 h 为桩端以上土的加权平均有效重度和桩端入土深度；

　　　γ_1'——桩端土的有效重度；

　　　B——实体深基础的宽度；

　　　N_{q}——承载力系数，可按下式计算：

$$N_{\text{q}} = \exp(\pi\tan\varphi)\tan^2(45° + \varphi/2) \tag{7-16}$$

　　　N_{c}——承载力系数，可按下式计算：

$$N_{\text{c}} = (N_{\text{q}} - 1)\tan\varphi \tag{7-17}$$

　　　N_{γ}——承载力系数，可按下式计算：

$$N_{\gamma} = 1.25(N_{\text{q}} + 0.28)\tan\varphi[1 + (1 + 0.8\tan\varphi + \lambda\tan\varphi)^{-1/2}] \tag{7-18}$$

$\lambda = \gamma B/(c + q\tan\varphi)$。

通常，按实体深基础法计算的群桩极限承载力值偏高，因此，安全系数 K 取 2.5～3。

② 侧阻呈桩土非整体破坏模式。

对于非挤土群桩，其侧阻多呈各桩单独破坏，即侧阻力的剪切破坏面发生于各基桩的桩、土截面或近桩表面的土体中。对于这种模式若能忽略群桩效应，包括忽略承台分担的荷载的作用，其极限承载力按式（7-19）计算：

$$p_{\text{u}} = nQ_{\text{u}} = nu\sum q_{\text{sui}}l_i + nA_{\text{p}}q_{\text{pu}} \tag{7-19}$$

式中　n——桩数；

　　　A_{p}——桩端面积；

　　　u——桩周长。

二、群桩软弱下卧层的承载力计算

地基土的土层在深度方向分布不均匀的情况下，为了减少桩长，节约投资，或由于沉桩（管）穿透硬层的困难，可将桩端设置于存在软弱下卧层的有限厚度硬层上。弄清楚该有限厚度硬层能否作为群桩的可靠持力层，需要慎重对待。如果设计失当，可能产生较薄持力层冲切破坏而使桩基础整体失稳，或因下卧层的变形使桩基沉降过大。是否发生上述破坏，与下列因素有关：①软弱下卧层的强度和压缩性；②硬持力层的强度、压缩性和厚度；③群桩的桩距、桩数；④承台的设置（高、低承台）及低承台下土的性质；⑤桩基的合作水平。软弱下卧层承载力验算模式如图 7-18 所示。

软弱下卧层整体冲切破坏，对于桩距 $S_a \leqslant 6d$ 的群桩桩基础，当桩端平面下受力层范围内存在软弱下卧层时，应进行软弱层承载力计算，计算公式为：

$$\sigma_z + \sigma_{cz} \leqslant q_{\text{uk}}^w/\gamma_q = 1.2f_z \tag{7-20}$$

$$\sigma_z = \frac{\gamma_0(F+G) - 2(A_0+B_0)\cdot\sum q_{\text{sui}}l_i}{(A_0+B_0)(B_0+2t\tan\theta)} \tag{7-21}$$

式中　γ_0——建筑桩安全等级重要性系数，按表 7-10 取用；

　　　F、G——建筑物作用于承台顶面的竖向力设计值和承台土自重设计值；

σ_{cz}——软弱下卧层顶面深度处土的自重压力;

σ_z——作用于软弱下卧层顶面的附加应力;

q_{uk}^w——软弱下卧层经深度修正的地基承载力标准值,取 $q_{uk}^w = 2f_z$,f_z 为经过深度修正的软弱下卧层承载力设计值;

γ_q——地基承载力分项系数,取 $\gamma_q = 1.65$;

q_{sui}——桩侧土极限阻力标准值;

A_0——桩群外缘矩形面积的长边边长;

B_0——桩群外缘矩形面积的短边边长;

θ——桩端硬持力层压力扩散角,见表 7-11。

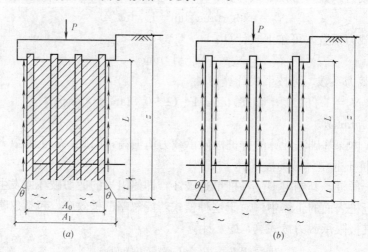

图 7-18 软弱下卧层承载力验算模式

(a) 整体冲切破坏 (b) 基桩冲切破坏

建筑桩安全等级与重要性系数 γ_0 　　　表 7-10

安全等级	破坏后果	建 筑 类 型	重要性系数 γ_0
一级		重要的工业与民用建筑、对桩基变形有特殊要求的工业建筑	1.1(1.2)
	很严重		
二级	严重	一般的工业与民用建筑	1.0(1.1)
三级	不严重	次要的建筑	0.9(1.0)

桩端硬持力层压力扩散角 θ 　　　表 7-11

E_{s1}/E_{s2}	$t/B_0 = 0.25$	$t/B_0 \geqslant 0.50$
1	4°	12°
3	6°	23°
5	10°	25°
10	20°	30°

三、桩基础的沉降计算

高层建筑的竖向荷载很大,桩基的地质条件越来越严酷,情况越来越复杂。考虑高层建筑桩、土共同作用,桩间土分担部分荷载后沉降成为桩基设计的一个重要的控制条件。《建筑地基基础设计规范》GB 50007—2011 提出了桩基础按变形控制设计的原则,规定对以下建筑物的桩基应进行沉降验算：

（1）地基基础设计等级为甲级的建筑物桩基。

（2）体型复杂、荷载不均匀或桩端以下存在软弱土层的设计等级为乙级的建筑物桩基。

（3）摩擦型桩基。

《建筑地基基础设计规范》GB 50007—2011 同时规定了不需进行桩基沉降验算的情况为：

（1）对嵌岩桩、设计等级为丙级的建筑物桩基，对沉降无特殊要求的条形基础下不超过两排的桩基也可不进行沉降验算。

（2）当有可靠地区经验时，对地质条件不复杂、荷载均匀、对沉降无特殊要求的端承型桩基也可不进行沉降验算。

《建筑地基基础设计规范》GB 50007—2011 假定一般摩擦型桩的桩侧阻力为三角形分布，且不考虑桩身的压缩，认为可按下式计算桩基沉降：

$$S = \psi_{\mathrm{p}} \frac{Q}{l^2} \sum_{k=1}^{m_{\mathrm{s}}} \frac{\Delta h_{\mathrm{k}}}{E_{\mathrm{sk}}} \sum_{i=1}^{n_{\mathrm{p}}} \sum_{j=1}^{n_{\mathrm{p}}} \left[\alpha I_{zbij} + (1-\alpha) I_{ztij} \right] \tag{7-22}$$

式中　　m_{s}——桩端平面以下压缩层范围内桩基沉降计算时土层分层总数；

Δh_{k}——桩端平面以下第 k 层土的厚度；

E_{sk}——桩端平面以下第 k 层土在自重压力至自重压力加附加应力作用段的压缩模量（MPa）；

l——桩长（假定桩长相同）；

Q——单桩在竖向荷载的准永久组合作用下的附加荷载，由桩端阻力 αQ 和桩侧摩阻力 $(1-\alpha) Q$ 共同承担；

ψ_{p}——桩基沉降计算经验系数；

第七节　桩的水平承载力计算

单桩或群桩一般都承受竖向垂直荷载作用，高层建筑由于承受很大的水平荷载或水平地震作用，故其桩基承受的水平力有时对设计起控制作用。桩承受的水平荷载包括长期作用的水平荷载和反复作用的水平荷载两部分。地下室外墙上的土、水的侧压力，拱结构在桩基中产生的水平推力就属于长期作用的水平荷载；风荷载、机械振动以及水平地震作用产生的惯性力就属于反复作用的水平荷载。斜桩在理论上承受水平荷载的效能明显，但设计施工中却难以实现。通常当水平荷载和竖向荷载的合力与竖直线的夹角不超过 5°时，竖直桩的水平承载力比较容易满足设计要求，应采用竖直桩。

一、水平荷载作用下单桩的工作状态

工程实践证明，竖直桩通过抗剪和抗弯能承受相当大的水平荷载。承受水平荷载桩的工作性能是桩和土共同工作的问题。桩在水平荷载作用下发生水平变位，迫使桩周土发生相应的变形而产生抗力，从而阻止桩变形的进一步发展。当水平荷载较低时，桩周土提供的抗力来源于靠近底面的土的弹性受力和变形。随着水平荷载的不断加大，靠近表面的土将逐渐产生塑性变形而屈服，从而使水平荷载向更深土层传递。当变形增大到桩所不能允许的程度或桩周土失去稳定时，桩土体系便失去稳定，趋于破坏。

高层建筑中的弹性长桩，桩、土相对刚度较低，桩在水平荷载作用下会发生桩身挠曲，并挤压桩周土。在出现破坏以前，桩身的水平位移与土的变形是协调的，相应桩身也产生了内力。随着位移和内力的增大，对于低配筋率的灌注桩来说，常是桩身首先出现裂缝，然后断裂破坏；对于抗弯性能较好的预制桩，桩身虽未断裂，桩周土已明显开裂和隆起，桩的水平位移一般也已超过建筑物的允许值，也应认为桩已处于破坏状态。

影响桩水平荷载能力的因素较多，如桩的截面尺寸、刚度、材料强度、桩顶嵌固程度和土质条件以及桩的入土深度等。显然，材料强度和截面抗弯刚度大的桩，当桩周土质条件好而桩又有一定的入土深度时，其水平承载力也较高。柱顶嵌固于承台中的桩，其抗弯性能好，因而其水平承载力大于桩顶自由的桩。

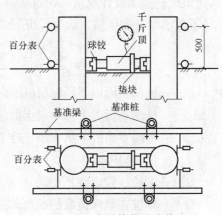

图 7-19　水平静载试验装置

二、水平静载试验

1. 水平静载试验装置

水平静载试验装置采用水平横放的千斤顶加荷，如图 7-19 所示。为了不影响桩顶的转动，在朝向千斤顶的桩侧应对中放置半球形支座，测量桩顶水平位移的百分表，应放置在桩的外侧，并成对称布置。支座百分表的基准桩，应与试验桩保持一定距离，以免影响观测精度。

2. 加荷方法

水平静载试验的加荷方法和竖向静载试验的加载方法相似，也可采用连续加载和循环加载两种方法。循环加载是通常采用最多的方法。循环加载时荷载需要分成若干级施加，每次加荷等级为估计的最大水平荷载的 10％～6％，一般根据桩径大小并适当考虑桩周土的软硬，对于直径 300～1000mm 的桩，每级加荷 2.5～20kN。每级荷载施加完毕后，恒载 4min 测读水平位移，然后卸载至零，停 2min 测读残余水平位移，至此，完成一个循环，如此循环 5 次，便完成一级荷载的试验观测。加载时间尽量缩短，测量位移的时间间隔应严格准确。

3. 终止加载条件

试验时，当出现以下两种情况可视为达到试验结束的条件，可以终止加载：

（1）桩身断裂；

（2）桩身水平位移超过 30～40mm（软土 40mm）。

4. 临界荷载和极限荷载的确定

根据试验记录的成果可绘制出：水平力—时间—位移曲线，如图 7-20 所示；水平力—位移梯度曲线，如图 7-21 所示，或水平力—位移双对数曲线，当测量桩身应力时，尚应绘制应力沿桩深度分布和水平力—位移梯度曲线，如图 7-22 所示。

(1) 临界荷载（H_{cr}）

临界荷载是指相当于桩身即将开裂、受拉区混凝土明显退出工作时桩顶最大水平荷载。其值可按下列方法综合确定。

1）取水平力—时间，时间—位移曲线突变相同荷载的条件下，出现比前一级明显增大的位移增量点的前一级荷载为临界荷载。

2）取水平力—位移梯度曲线第一直线段的终点或 $\lg H_0$—$\lg x_0$ 曲线拐点所对应的荷载为水平临界荷载。

3）当有钢筋应力测试数据时，取水平力—位移梯度曲线第一突变点对应的荷载为水平临界荷载。

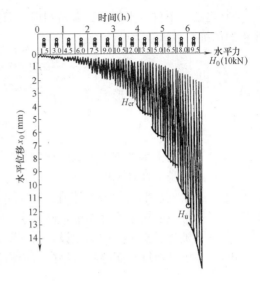

图 7-20　水平力—时间—位移曲线

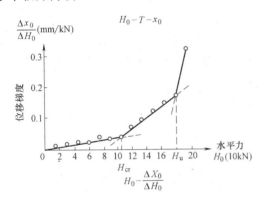

图 7-21　水平力—位移梯度曲线

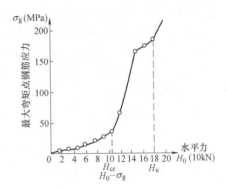

图 7-22　水平力—位移梯度曲线

(2) 极限荷载（H_u）

极限荷载是相当于桩身应力达到强度极限时的桩顶水平力，或使得桩顶水平位移超过 $30\sim40\mathrm{mm}$，或者使得桩侧土体破坏的前一级水平荷载，其数值可按下列方法综合确定。

1）取水平力—时间—位移曲线陡降前一级荷载为极限荷载。

2）取水平力—位移梯度曲线第二直线段的终点对应的荷载为极限荷载。

3）取桩身折断或钢筋应力达到流限的前一级荷载为极限荷载。

5. 确定单桩水平荷载设计值

1）对于受水平荷载较大的一级建筑桩基，单桩的水平承载力设计值应通过单桩静力水平荷载试验确定。

2）对于钢筋混凝土预制桩、钢桩、桩身全截面配筋率大于 0.65% 的灌注桩，可根据静载试验结果取地面处水平位移为 10mm（对水平位移较敏感的建筑物取水平位移 6mm）所对应的荷载为单桩水平承载力设计值。

3）对于桩身配筋率小于 0.65% 的灌注桩。可取单桩水平静力试验的临界荷载为单桩水平承载力设计值。

4）当缺少单桩水平静载试验资料时，可按下列公式估算桩身配筋率小于0.65％的灌注桩的单桩水平承载力设计值。

$$R_h = \frac{\alpha \gamma_m f_t W_0}{v_m}(1.25 + 22\rho_g)\left[1 + \frac{\zeta_N}{\gamma_m f_t A_n}\right] \tag{7-23}$$

式中 α——桩的水平变形系数（1/m）；

$$\alpha = \left(\frac{mb_0}{EI}\right)^{\frac{1}{5}} \tag{7-24}$$

m——桩周土水平抗力系数的比例系数，如无实测资料，可参考表7-13取用；

b_0——桩身的计算宽度；

R_h——单桩水平承载力设计值（kN）；

γ_m——桩截面模量塑性系数，圆形 $\gamma_m = 2$，矩形截面 $\gamma_m = 1.75$；

f_t——桩身混凝土抗拉强度设计值（kPa）；

W_0——桩身换算截面受拉边缘的截面模量，圆形截面为

$$W_0 = \frac{\pi d}{32}[d^2 + 2(\alpha_E - 1)\rho_g d_0^2] \tag{7-25}$$

d_0——扣去保护层的桩直径（m）；

α_E——桩内所配钢筋弹性模量和桩身混凝土弹性模量的比值；

v_m——桩身最大弯矩系数，按表7-12取值，单桩和单排桩基础纵向轴线与水平方向垂直的情况，按桩顶铰接考虑；

ρ_g——桩身配筋率；

A_n——桩身换算截面积（m²），圆形截面为

$$A_n = \frac{\pi d^2}{4}[1 + (\alpha_E - 1)\rho_g] \tag{7-26}$$

ζ_N——桩顶竖向力影响系数，竖向压力取 $\zeta_N = 0.5$，竖向拉力取 $\zeta_N = 1.0$。

桩顶（身）最大弯矩系数v_m和桩顶水平位移系数v_x 表7-12

桩顶约束情况	桩的换算埋深 ah	v_m	v_x	桩顶约束情况	桩的换算埋深 ah	v_m	v_x
铰接、自由	4.0	0.768	2.441	固接	4.0	0.926	0.940
	3.5	0.750	2.502		3.5	0.934	0.970
	3.0	0.703	2.727		3.0	0.967	1.028
	2.8	0.675	2.905		2.8	0.990	1.055
	2.6	0.639	3.163		2.6	1.018	1.079
	2.4	0.601	3.526		2.4	1.045	1.095

注：1. 铰接（自由）的 v_m 系桩身最大弯矩系数，固接 v_m 系指桩顶最大弯矩系数。

2. 当 $ah > 4$ 时，取 $ah = 4.0$；h 为桩的入土深度（m）。

5）缺少单桩水平静载试验资料时，可按下式估算预制桩、钢桩、桩身配筋对于0.65％的灌注桩单桩水平承载力设计值

$$R_h = \frac{\alpha^3 EI}{v_x}\Delta_{0a} \tag{7-27}$$

式中 EI——桩身抗弯刚度，对于钢筋混凝土桩，$EI = 0.85E_c I_0$；其中，I_0 为桩身换算截面惯性矩，圆形截面，$I_0 = \frac{W_0 d}{2}$；

Δ_{0a}——桩顶允许水平位移（m）；

υ_x——桩顶水平位移系数，按表 7-13 取值。

地基水平抗力系数的比例常数 m　　　　　　表 7-13

地基土类型	m (MN/m^2)	相应的桩顶 水平位移(mm)
淤泥、淤泥质土、饱和黄土	2.5～5.5	6～12
流塑和软塑的一般黏性土，松散粉细砂、松散填土和相当的粉土	5.5～14	4～8
可塑的一般黏土和湿陷性黄土，稍密和中密的填土和相当的粉土	14～32	3～6
硬塑和坚硬的黏性土和湿陷性黄土、稍密和中密的粗砂、密实的老填土	32～100	2～5
中密和密实的砾砂和碎石类土	100～300	1.5～3

当作用于桩基础上的外力主要为水平力时，应根据使用要求对桩顶变位的限值，对桩基水平荷载承载力进行验算。当外力作用时的桩距较大时，桩的水平承载力可看作为各单桩的水平承载力的总和。当承台侧面的土未经扰动或回填密实时，应计算土抗力的作用。

单桩的水平承载力应通过现场水平静荷载试验确定。必要时可进行带承台的荷载试验。一般建筑物和水平荷载较小的高大建筑物单桩基础和群桩中的复合桩基在水平荷载作用下，桩基应满足：

$$\gamma_0 H_1 \leqslant R_{h1} \tag{7-28}$$

式中　H_1——单桩基础和群桩基础中复合基桩桩顶处的水平力设计值；

R_{h1}——单桩基础和群桩基础中复合基桩水平承载力设计值。

单桩的水平荷载承载力特征值取决于桩的材料强度、截面刚度、入土深度、土质条件、桩顶水平位移允许值和桩顶嵌固等因素，应通过现场水平荷载试验确定，必要时可进行带承台桩的荷载试验，试验宜采用慢速维持荷载法。

在水平荷载作用下，桩基应满足：

$$H_{ik} \leqslant R_{Ha} \tag{7-29}$$

式中　H_{ik}——相应于荷载效应标准组合时，作用于任一单桩的水平力；

R_{Ha}——单桩水平承载力特征值（kN）。

第八节　桩基础设计

一、桩基础设计的基本规定

桩基础的设计应力求选型恰当、经济合理、安全适用，桩和承台应有足够的强度、刚度和耐久性，地基则应有足够的承载力和不产生过大的变形。根据《建筑地基基础设计规范》GB 50007—2011 的要求，桩基础设计应符合下列规定：

（1）所有桩基均应进行承载力和桩身强度计算。对预制桩尚应进行运输、吊装和锤击等过程中的强度和抗裂验算。

（2）桩基验算应符合《建筑地基基础设计规范》GB 50007—2011 中第 8.5.15 条的规定。

（3）桩基的抗震承载力验算应符合现行国家标准《建筑抗震设计规范》GB 50011—2010 的有关规定。

(4) 桩基应选择中、低压缩性土层作为桩的持力层。

(5) 同一结构单元的桩基，不宜选用差异性较大的持力层，不宜采用部分摩擦桩，部分端承桩。

(6) 由于欠固结软土、湿陷性土场地的固结，场地大面积堆载，降低地下水位等原因，引起桩周土的沉降大于桩的沉降时，应考虑桩侧负摩阻力对桩承载力和沉降的影响。

(7) 对于坡地、岸边的桩基，应进行桩基整体稳定性验算。桩基应与边坡工程统一规划，同步设计。

(8) 岩溶地区的桩基，当岩溶上覆土层稳定性有保证时，应对岩溶进行施工勘察。

(9) 应考虑桩基施工中挤土效应对桩基周边环境的影响，在深厚软土中不宜采用大片密集有挤土效应的桩基。

(10) 应考虑深基坑开挖中，坑底回弹隆起对桩身受力及桩承载力的影响。

(11) 桩基设计时，应结合地区经验考虑桩、土、承台的共同工作。

(12) 在承台及地下室周围的回填中，应满足回填密实度的要求。

二、低承台桩基的设计和计算的基本资料和步骤

1. 桩基础设计的基本资料

桩基础设计的基本资料主要包括：

(1) 建筑本身的资料。包括建筑平面布置、结构类型、荷载分布、设备与建筑的正常使用要求、建筑安全等级及抗震要求等。

(2) 建筑场地、建筑环境资料。包括建筑场地和周围的平面布置及空中与地下设施管线分布、相邻建筑的基础类型、埋置深度与安全等级资料，水、电和有关建筑材料的供应条件，周围环境对噪声、振动、地基位移的敏感性及污水、泥浆、废土的排泄条件等。

(3) 岩土工程勘察资料。包括岩土埋藏条件及其物理力学性质，持力层及下卧软弱层的埋藏深度、厚度、性状及其变化，水文地质条件、地下水对桩基的腐蚀性等。当采用基岩作为桩基础持力层时，要求提供基岩的构造、岩性、风化程度及厚度等资料，针对工程可能采用的桩型，评价其沉桩的可行性，并提供施工条件对环境影响的论证资料。

(4) 施工条件和桩型条件。包括施工机械设备条件、制桩条件、动力条件及地质条件的适应性；施工机械设备的进出场运行条件；供设计比较用的各种桩型对环境影响的资料。

详尽完备的设计资料是确保桩基设计经济性、合理性的前提条件，上述设计基本资料需逐项收集完整，以利综合分析。在地质勘察前，设计人员需要工程具体情况，依据《岩土工程勘察规范》GB 50021 和《建筑桩基技术规范》JGJ 94 等的规定提出合理的勘察要求，此外，注意收集当地及拟建场地周围的试验桩资料，作为设计借鉴和参考。

2. 桩基础设计的步骤

(1) 选择桩的持力层、桩的类型和几何尺寸，初拟承台底面标高；

(2) 确定单桩和基桩承载力设计值；

(3) 确定桩的数量及其平面布置；

(4) 确定桩基承载力和沉降量；

(5) 必要时验算桩基水平承载力和变形；

(6) 桩身结构设计；

（7）承台设计与计算；

（8）绘制桩基施工图。

三、桩基设计的内容

1. 桩型的选择

桩型选择的原则：桩型选择要根据桩型特点，就地质条件、建筑结构特点及荷载大小、施工条件和环境条件、工期和制桩材料以及技术经济效果等因素，进行综合分析比较后确定。

（1）地质条件。地质条件是桩型选择时需要首先考虑的因素。地质条件具有客观性和不可变性，桩型的选择必须适合和满足场地条件的实际，对多种可供选择的桩型中要通过经济技术分析比较，确定相对最优化的为所选桩型。

（2）建筑因素。建筑体型、结构类型和荷载分布与大小，及对沉降的敏感性要求等，是决定桩型选择的最重要的因素之一。建筑体型复杂，体量大、高层或超高层建筑上部结构的荷载很大，传力途径相对复杂，桩基选型需要满足的条件就多，此类建筑可选择单位工程量大、施工复杂的桩型，如大直径的灌注桩、截面尺寸大的钢筋混凝土预制桩、高强度空心预应力混凝土管桩、钢管桩等。体量小的建筑、荷载小，允许产生一定沉降的建筑物或构筑物可选择工程量小、施工简单，投资成本低且工期短的桩型，可与地基处理方案一同进行综合分析比较，如深厚软土地区的多层建筑可选择普通预制桩、沉管灌注桩及低强度等级桩、水泥搅拌桩等地基加固方法。不同的结构类型上部结构的竖向荷载和水平荷载向基础传递的途径和方式也不同，与之对应的桩型也不同。对于特殊要求的建筑物或构筑物可根据其特性选择桩型，以满足特殊要求。

（3）环境条件。桩基施工过程中不可避免的要对周围环境造成一定的影响，如振动、噪声、污水、泥浆、底面隆起、土体位移等，有可能对周围建筑物、地下各种管线等基础设施造成不同程度的影响。选择桩型时要对施工阶段潜在的对环境影响因素要有充分的分析论证，选择环境条件允许或对环境影响在可接受范围的桩型。

（4）施工可行性。包括施工设备、材料和运输条件及当地的施工经验。桩型的选择要充分考虑施工技术力量、施工设备和相关材料供应等条件，选择合理可行的桩型方案。

（5）经济合理性和工期可能性。

对满足以上几个条件的各种桩型进行技术经济性、工期等的比较后，在工期可行的几种方案中选择经济性好的桩型。通常按每10kN的单桩承载力造价进行比较择优选定。

总之，确定桩型需要坚持的基本原则归结起来就是：安全可靠、因地制宜、经济合理。

2. 持力层的选择

从受力和变形的角度考虑，持力层应选择具有承载力高、压缩性低的土层作为持力层。这是因为上部结构传给地基的竖向荷载和水平方向的荷载都将会很大，对地基的受力和压缩都很大，尤其是高层、超高层建筑不仅竖向荷载很大，水平方向的荷载也很大，由荷载引起的变形比较大，若地基土受力变形性能差，就很难满足受力和沉降的限制要求。

当地基中存在多层可供选择的持力层时，应综合桩基承载力、桩的布置及桩基础沉降等方面的因素确定，预先根据常规和经验选择几种方案进行技术经济比较。选择时还应考虑成桩的可能性。

桩端进入持力层的深度一般宜尽可能达到该土层端阻力的临界深度为宜。实测证明，桩端阻力随着进入持力层的深度的增大而增大，至某一深度后这一特性将不明显，该深度即为临界深度。将桩设在桩端阻力临界深度处可有利于充分发挥桩的承载力。砂与碎石类土临界深度为 $(3\sim10)d$（d 为桩径），随密度的提高而增大。粉土、黏土的临界深度为 $(2\sim6)d$，随土的孔隙比和液性指数的减少而增大。实际工程中，桩进入持力层的深度，对粉土、黏土为 $2d$ 以上，砂土在 $1.5d$ 以上，碎石类土在 $1d$ 以上。当下卧层为软弱层时，为保证桩端阻力顺利发挥，桩端下持力层厚度一般要大于 $4d$，否则，一味强调进入持力层深度，当桩端下持力层过薄时，还会降低桩的承载力。对于沉桩深度大，单桩承载力高的超长桩（钻孔灌注桩），由于端阻承载力并不太高，从侧限到端阻的承载力发挥程度希望尽量接近的要求出发，桩端一般不需要置于微风化或新鲜基岩上，一般只要置于中等风化或强风化的砂砾石层即可。

四、桩基设计

（一）桩数和布置

1. 桩数

桩的数量是根据桩基础承受的荷载效应的标准组合和桩的竖向承载力等因素确定的，计算式（7-30）为：

$$Q_k = \frac{F_k + G_k}{n} \tag{7-30}$$

式中　n——桩的数量；

　　　F_k——相应于荷载效应的标准组合时，上部结构传给基础顶竖向力（kN）；

　　　G_k——承台底以上承台及承台上土自重标准值（kN）；

　　　Q_k——复合桩或基桩的竖向承载力特征值（kN）。

当承台尺寸难以估计的时候，可按式（7-31）估算桩数 n：

$$n \geqslant (0.9\sim1.4)\frac{F_k}{Q_k} \tag{7-31}$$

式中的 $0.9\sim1.4$ 为考虑承台及其上覆土层重、弯矩影响承台底土承载作用的系数，当 G 及 M 均需考虑且承台底土不承载时可取大值，当 G 及 M 较小，且考虑承台土承载作用时，取小值，合理桩数还需要通过单桩静载承载力验算调整后确定。

2. 桩的间距

桩之间的中心距离称为桩的间距。桩距过小引起桩之间应力的严重重叠，降低桩的承载力；对挤土桩而言，还会过多地扰动桩间土，桩周围产生过高的超静孔隙水压力，进而造成地基隆起，桩体偏位，增大桩的沉降量。一般情况下桩的最小间距按表 7-14 确定，对扩底灌注桩扩底端最小中心距应满足：钻、挖孔灌注桩的最小中心距为 $1.5D$ 或 $D+1m$（当 $D>2m$ 时），沉管夯扩灌注桩为 $2.0D$（D 为桩扩大端设计直径）。

3. 桩的布置

工程实践证明，桩的合理布置对桩承载力的充分发挥，减少沉降量，特别是不均匀沉降，具有相当重要的作用。桩布置的一般原则有：

（1）满足上述桩最小间距要求。

桩的最小中心距
表 7-14

土类与成桩工艺		排数不小于 3 排且桩数不小于 9 根的摩擦型基础桩	其他情况
非挤土和部分挤土灌注桩		3.0d	3.5d
挤土灌注桩	穿越非饱和土	3.5d	3.0d
	穿越饱和软土	4.0d	3.5d
挤土预制桩		3.5d	3.0d
打入式敞口管桩和 H 型钢桩		3.5d	3.0d

注：d——圆桩直径或方桩边长。

（2）与作用于基础上荷载分布相适应，群桩的形心尽量与最不利荷载中心相一致，弯矩大的方向所布置群桩截面惯性矩也相应要增大。柱下单独基础和整片式的桩基础，宜采用外密内疏不等间距的布置方式。

（3）方便施工。例如圆形基础从施工方便的角度应布置成梅花形的布桩形式，它相对从基础中心向四周按同心圆放射状的布桩方式就要方便。

（4）需要考虑施工引起的桩位偏差所导致的桩受力变化。例如，墙下两排布桩形式和柱下二排布桩形式从受力角度看，比墙下单排布桩和柱下双排布桩要合理，桩位偏差对承载力的影响也会下降。

（5）宜考虑上部结构、承台、桩基础与地基土共同作用布桩。实测证明，满堂布置的群桩基础下单桩实际承担荷载占平均荷载的比值为：角柱 150％左右，边柱 120％左右，中间柱为 50％～70％左右。由于内部的桩间土承担的竖向压应力将增大桩侧水平力，进而提高桩侧摩阻力，提高桩的承载力。因此，按群桩基础中各桩承载力大致相同的思路出发，布桩时，基础角部应加密布置，边上也可适当加密，内部疏排的布桩方式较为合理。

当以上几种原则发生矛盾时，应抓住主要矛盾，兼顾次要矛盾，综合考虑，从优决定桩的布置。如根据上部荷载大小不同，桩的布置应采用不均匀布置，荷载大的部位应适当加密桩；从受力合理角度出发，应在基础边角部位布置较密的桩，中间疏；而为了避免桩偏心受力，则均匀布桩最为合理。

桩在平面内可布置为方形（矩形）网格或三角形网格（梅花式）的形式，也可采用不等距排列，如图 7-23 所示。

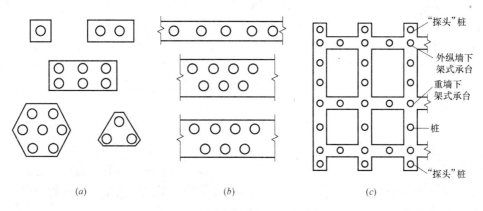

图 7-23　桩的平面布置
（a）柱下桩基；（b）墙下桩基；（c）横墙下"探头桩"的布置

227

在有门洞的墙下布桩应将桩设置在门洞两侧。梁式或板式承台下的群桩，应注意使梁、板中的弯矩尽量减少，即多在桩墙下布桩，以减少梁和板跨中的桩数。

为了节省承台用料和减少承台施工的工作量，在可能情况下，墙下尽量采用单排布桩，柱下的桩数也应尽量减少。一般情况下，桩数少而桩长较大的桩基，无论在承台的设计和施工方面，还是在提高群桩的承载力以及减少桩基沉降量方面，都比桩数多、桩长小的桩基优越。如果由于单桩承载力不足而造成桩数过多，布桩不够合理时，宜重新选择桩的类型及几何尺寸。

根据规范规定，同一结构单元宜避免采用不同类型的桩。同一基础相邻桩的桩底高差，对于非嵌岩端承桩，不宜超过相邻桩的中心距，对摩擦型桩，在相同土层中不宜超过桩长的 1/10。

（二）桩身截面强度设计

1. 一般要求

对于桩身设计，《建筑地基基础设计规范》GB 50007—2011 规定：

（1）设计使用年限不少于 50 年时，非腐蚀环境中的预制桩的混凝土强度等级，不应低于 C30，预应力混凝土桩不应低于 C40，灌注桩的混凝土强度等级不宜低于 C25；二 b 类环境及三类、四类、五类微腐蚀环境中应不低于 C30；在腐蚀环境中的桩、桩身混凝土强度等级应符合现行国家标准《混凝土结构设计规范》GB 50010—2010 的有关规定，设计年限不少于 100 年的桩，桩身混凝土强度等级宜适当提高。水下灌注混凝土桩身的混凝土强度等级不宜高于 C40。

（2）桩身的混凝土材料，最小水泥用量、水灰比、抗渗等级宜符合现行国家标准《混凝土结构设计规范》GB 50010—2010、《工业建筑防腐设计规范》GB 50046 及《混凝土耐久性设计规范》GB/T 50476 的有关规定。

（3）桩的主筋应经计算确定。锤击桩预制桩的最小配筋率不宜小于 0.8%，静压沉桩的预制桩最小配筋率不宜小于 0.6%，预应力桩的最小配筋率不宜小于 0.5%；灌注桩的最小配筋率不宜小于 0.2%~0.65%（小直径桩取大值）。桩顶以下 3~5 倍桩径范围内，箍筋宜适当加密。

（4）桩身纵向箍筋长度应符合下列规定：①受水平荷载或弯矩较大的桩，配筋长度应通过计算确定；②桩基承台下存在淤泥、淤泥质土或液化土层时，配筋长度应穿过淤泥、淤泥质土或液化土层；③坡地岸边的桩、8 度及 8 度以上地震区的桩、抗拔桩、嵌岩端承桩应通常配筋；④钻孔灌注桩的构造筋的长度不宜小于桩长的 2/3；桩施工在基坑开挖前完成时，其钢筋长度不宜小于基坑深度的 1.5 倍；⑤桩身配筋可根据计算结果及施工工艺要求，沿桩身纵向不均匀配筋，腐蚀环境中的灌注桩主筋直径不宜小于 16mm，非腐蚀环境中的灌注桩主筋直径不宜小于 12mm。

（5）桩顶嵌入承台长度不应小于 50mm，主筋伸入承台的锚固长度，对于 HPB300 级钢筋不应小于 30 倍钢筋直径，对于 HRB335、HRB400 级钢筋不宜小于 35 倍的纵向钢筋直径。对于大直径灌注桩，当采用一桩一柱时，可设置承台或将桩和柱直接连接。桩和柱的连接可按《建筑地基基础设计规范》第 8.2.5 条高杯口基础的要求，选择截面尺寸和配筋，柱纵筋插入桩身长的长度应满足锚固长度的要求。

（6）灌注桩的混凝土保护层厚度不应小于 50mm，预制桩不应小于 45mm，预应力管桩不应小于 35mm,腐蚀性环境中的灌注桩不应小于 55mm。

2. 钢筋混凝土预制桩

预制桩的主筋要求如上面所述,此处不再赘述。箍筋采用直径 6～8mm、间距不大于 20mm,在桩顶和桩尖处应适当加密。用打入法沉桩时,直接受到锤击的桩顶应放置三层钢筋网,桩尖处所有主筋应焊接在一根圆钢上,或在桩尖处用钢板加强。除满足工作条件下桩的承载力和抗裂要求外,还应验算在起吊、运输、吊立和锤击打入时的应力,如图 7-24 所示。

桩身混凝土强度必须达到设计强度 70%时才可起吊,达到 100%时方可搬运。在吊运和吊立时桩在自重作用下产生的弯曲应力与吊点的位置和数量有关。当桩长在 18m 以下者,起吊时一般用双点吊或单点吊,在打桩架龙门吊立时,采用单点吊,吊点位置的确定应按吊点间正弯矩和吊点处负弯矩相等的原则确定,如图 7-24 所示。

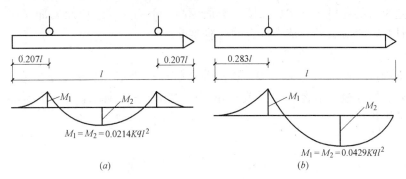

图 7-24　预制桩吊点位置和弯矩图

(a) 双点起吊;(b) 单点起吊

锤击法沉桩时,冲击产生的应力以应力波的形式传到桩端,然后又反射回来。在周期性的拉压应力作用下,桩身上端出现环向裂缝。设计时,一般要求锤击过程产生的压应力小于桩身材料的抗压强度设计值;拉力小于桩身材料的抗拉强度设计值。设计时常根据实测确定锤击拉压应力值。当无实测资料时,可按《建筑桩基技术规范》JGJ 94—2008,中的公式及表格取值。

3. 灌注桩

灌注桩所用的混凝土强度等级如前所述,这里不再述及。当桩顶轴向力经计算满足《建筑桩基技术规范》JGJ 94—2008 第 4.1.1 条规定时,可按构造要求配置桩身的钢筋。对一级建筑桩基,配置 6～12 根 HPB300 级直径 12～14mm 的主筋,最小配筋率不小于 0.2%,锚入承台的长度为 30 倍主筋直径。伸入桩身的长度不小于 10 倍桩身直径,且不小于承台下软弱土层层底深度;对二级建筑桩基,可配置 HPB300 级钢筋 4～8 根直径 10～12mm 的主筋,锚入承台至少为 30 倍主筋直径,伸入桩身的长度不小于 5 倍桩身直径;对于沉管灌注桩,配筋长度不应小于承台下软弱土层层底深度;三级建筑桩基可不配构造钢筋。

对不符合按构造要求配筋的桩,当桩身直径为 300～2000mm 时,截面配筋率可取 0.65%～0.2%(小桩取大值,大桩径取小值);对承受水平荷载特别大的桩、抗拔桩和嵌岩桩,应根据计算确定配筋值。受水平荷载的摩擦桩,主筋的长度一般可取 $4.0/\alpha$($\alpha =$

$\sqrt[5]{mb_0/EI}$，m 为桩侧土抗力系数的比例系数，b_0 为桩身计算宽度）。对抗拔桩、端承桩、承受负摩阻力和位于边坡岸边的基桩应通长配筋。承受水平荷载的桩，主筋不宜少于 8 根直径 10mm 的 HPB300 级钢筋；对抗拔桩和抗压桩，主筋不宜少于 6 根直径 10mm 的 HPB300 级钢筋，纵向钢筋宜沿周边均匀布置，其净距不应小于 60mm，并尽量减少钢筋接头。箍筋宜采用螺旋式直径 6～8mm 间距 200～300mm 的 HPB300 级钢筋。受力较大的桩基和抗震桩基，桩顶 3～5 倍桩身直径范围内箍筋应适当加密。当钢筋笼长度超过 4m 时，宜每隔 2m 左右设一道 HPB300 级的直径 12～18mm 的环形加劲箍筋。

（三）承台设计

根据建筑物体型和桩的布置，承台常用如下类型：桩下独立承台、墙下或柱下条形承台、井格形承台（十字交叉条形承台）、筏板整体式承台、箱型承台等。承台的作用是将桩连接成一个整体，并把建筑物的荷载传到桩上，因而承台应有足够的强度和刚度。承台设计包括确定承台的材料、形状、高度、底面标高、平面尺寸，以及局部受压、受冲切、受剪及受弯计算，并应满足规范中规定的构造要求。

1. 承台的外形尺寸及构造要求

承台的平面尺寸通常由上部结构、桩数及布桩形式决定。通常墙下桩基做成梁式承台，柱下桩基宜做成板式承台（矩形或三角形），如图 7-25 所示，其剖面形状可做成锥形、台阶形或平板形。

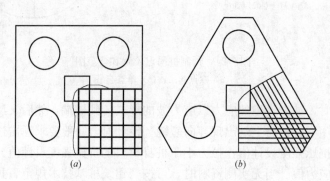

图 7-25 柱下桩基独立承台配筋示意图

(a) 矩形承台；(b) 三桩承台

条形承台和柱下独立承台的厚度不应小于 300mm，宽度不应小于 500mm，承台边缘至边桩中心距离不宜小于桩的直径或边长，且边缘挑出部分不应小于 150mm，对于条形承台边缘挑出部分不应小于 75mm。承台的混凝土强度等级不宜小于 C15，采用 HRB335 级钢筋时，混凝土强度等级不宜小于 C20。承台的配筋按计算确定，对于矩形承台板配筋宜按双向均匀配置，钢筋直径不宜小于 10mm，间距应满足 100～200mm；对于三桩承台，应按三向板带均匀配置，最里面的三根钢筋相交围城的三角形应位于桩截面以内。承台梁的纵向钢筋不宜小于一根 HPB300 级直径 12mm 的钢筋。承台的钢筋混凝土保护层厚度不宜小于 70mm。

为了保证群桩与承台之间连接的整体性，桩顶应嵌入承台一定长度，对于大直径桩不宜小于 100mm；对于中等直径桩不宜小于 50mm。混凝土桩的桩顶主筋应伸入承台内，其锚固长度不宜小于 30 倍主筋直径，对于抗拔桩基不应小于 40 倍主筋直径。

箱形、筏形承台板的厚度应满足整体刚度、施工条件及防水要求。对于桩布置于墙下或基础梁的情况，承台板的厚度不宜小于 250mm，且板厚与计算区段最小跨度之比不宜小于 1/20。筏形板的分布构造钢筋可采用 HPB300 级直径为 10～12mm，间距为 150～200mm，考虑到整体弯矩的影响，纵横两个方向的支座钢筋尚应有 1/2～1/3 且配筋率不小于 0.15％贯通全跨配置；跨中钢筋应按计算配筋率全部连通。

两桩桩基承台，宜在短向设置连系梁。连系梁顶面宜于承台顶位于同一标高，连系梁宽度不宜小于 200mm，其高度可取承台中心距的 1/10～1/15；连系梁配筋应根据计算确定，且不宜小于 4 根直径 12mm 的 HPB300 级钢筋。

承台埋深应不小于 600mm。在季节性冻土、膨胀土地区，承台宜埋设在冰冻线、大气影响线以下，但当冰冻线、大气影响线深度不小于 1m 且承台高度较小时，则应视土的冻胀性、膨胀性等级，分别采取换填无黏性土垫层，预留空隙等隔胀措施。

2. 承台的内力计算

工程实践证明，柱下独立承台将产生弯曲破坏，其破坏特征呈梁式破坏。如图 7-26 所示的四桩承台破坏时屈服线，是承台屈服时最大弯矩截面，根据内力平衡关系，承台正截面弯矩计算如下：

柱下多桩矩形承台计算截面取在柱边和承台高度变化处（杯口外侧或台阶边缘）如图 7-27 所示，按式（7-32）、式（7-33）计算：

$$M_x = \sum N_i y_i \tag{7-32}$$

$$M_y = \sum N_i x_i \tag{7-33}$$

式中　M_x、M_y——垂直于 x、y 轴方向计算截面处的弯矩设计值；

　　　　x_i、y_i——垂直于 y 轴、x 轴方向自桩轴线到相应计算截面的距离；

　　　　N_i——扣除承台和承台上土自重设计值后第 i 桩竖向净反力设计值，当不考虑承台效应时，则为第 i 根桩竖向反力设计值。

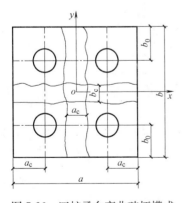

图 7-26　四桩承台弯曲破坏模式

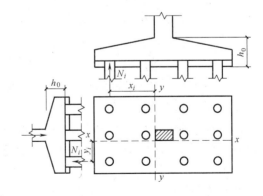

图 7-27　矩形承台

（1）柱下三桩三角形承台

① 等边三桩承台，如图 7-28 所示，并按下式计算：

$$M = \frac{N_{max}}{3}\left(s - \frac{\sqrt{3}}{4}c\right) \tag{7-34}$$

式中　M——由承台形心至承台边缘距离范围内板带的弯矩设计值（kN·m）；

$N_{\max}$——扣除承台和其上填土自重后的三桩中相应于作用的基本组合时的最大单桩竖向力设计值（kN）；

　　　s——桩距（m）；

　　　c——方柱边长（m），圆柱时 $c=0.886d$（d 为圆柱直径）。

　② 等腰三桩承台，如图 7-29 所示。

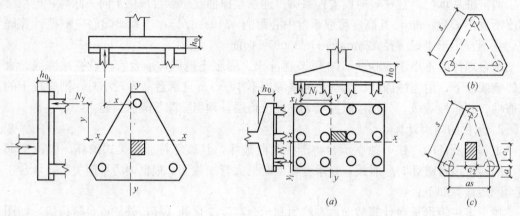

图 7-28　三桩三角形承台　　　　　　图 7-29　承台弯矩计算

（a）多桩承台；（b）等边三桩承台；（c）等腰三桩承台

$$M_1 = \frac{N_{\max}}{3}\left(s - \frac{0.75}{\sqrt{4-\alpha^2}}c_1\right) \tag{7-35}$$

$$M_2 = \frac{N_{\max}}{3}\left(\alpha s - \frac{0.75}{\sqrt{4-\alpha^2}}c_2\right) \tag{7-36}$$

式中　M_1、M_2——分别由承台形心到承台两腰和底边的距离范围内板带的弯矩设计值（kN·m）；

　　　s——长向桩距（m）；

　　　α——短向桩距与长向桩距之比，当 α 小于 0.5 时，应按变截面的二桩承台设计；

　　　c_1、c_2——分别为垂直于、平行于承台底边的柱截面边长（m）。

（2）柱下或墙下承台梁

柱下承台的正截面弯矩设计值一般可按弹性地基梁进行分析、地基的计算模型和地基土层的特性选取。当桩端持力层较硬且桩轴线不重合时，可视柱为不动铰支座，按连续梁计算。

墙下条形承台梁可按倒置的弹性地基梁计算弯矩和剪力。

（3）承台厚度及强度计算

承台厚度可按冲切和剪切条件确定。一般可先按经验估计承台厚度，然后再校核冲切和剪切强度，并进行调整。承台强度计算包括受冲切、受剪切、局部承压及受弯计算。

1）冲切计算

在承台有效高度不够时将产生冲切破坏。其破坏方式可分为沿桩（墙）边的冲切和单一基桩对承台的冲切两类。柱边冲切破坏锥体斜截面与承台底面夹角大于或等于 45°，该斜面上周边位于柱与承台交接处或承台变阶处。

① 柱对承台的冲切，可按下式计算，如图7-30
所示。

$$N_l \leqslant 2[\alpha_{0x}(b_c+a_{0y})+\alpha_{0y}(h_c+a_{0x})]\beta_{hp}f_th_0$$
(7-37)

$$F_l=F-\sum N_i \qquad (7\text{-}38)$$

$$\alpha_{0x}=\frac{0.84}{\lambda_{0x}+0.2} \qquad (7\text{-}39)$$

$$\alpha_{0y}=\frac{0.84}{\lambda_{0y}+0.2} \qquad (7\text{-}40)$$

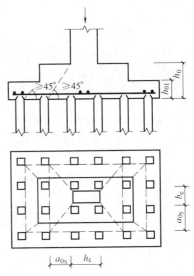

图 7-30　柱下承台的冲切

式中　F_l——扣除承台及其上填土自重作用在冲切
破坏锥体上相应于作用基本组合时的
冲切力设计值（kN），冲切破坏锥体
应采用自柱边或承台变阶处相应桩顶
边缘连线构成的锥体，锥体与承台地
面的夹角不小于45°，如图 7-30 所示；

α_{0x}、α_{0y}——冲切系数；

f_t——承台混凝土抗拉强度设计值；

u_m——冲切破坏锥体的有效高度中线周长；

h_0——承台冲切破坏锥体的有效高度；

α——冲切系数；

λ_{0x}、λ_{0y}——冲跨比，$\lambda_{0x}=a_{0x}/h_0$，$\lambda_{0y}=a_{0y}/h_0$，a_{0x}、a_{0y} 为柱边变阶处至柱边的水平距
离；当 $a_{0x}(a_{0y})<0.25h_0$ 时，取 $a_{0x}(a_{0y})=0.25h_0$；当 $a_{0x}(a_{0y})>h_0$ 时，取
$a_{0x}(a_{0y})=h_0$；

F——柱根部轴力设计值（kN）；

$\sum N_i$——冲切破坏锥体范围内各基桩的净反力设
计值之和（kN）。

对中低压缩性土上承台，当承台与地基之间没有
脱空现象时，可根据地区经验适当减少柱下桩基础独
立承台受冲切计算的承台厚度。

对位于柱（墙）冲切破坏锥体以外的基桩（图7-
31），尚应考虑单桩对承台的冲切作用，并按四柱承
台、三柱承台的不同情况计算受冲切承载力。

② 多桩矩形承台受角桩冲切的承载力应按下式计
算（图7-32）

对四桩（含四桩）以上承台受角桩冲切的承载力
按下列公式计算：

$$N_l \leqslant [\alpha_{1x}(c_2+a_{1y}/2)+\alpha_{1y}(c_1+a_{1x}/2)]\beta_{hp}f_th_0$$
(7-41)

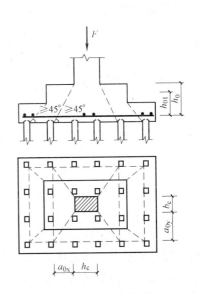

图 7-31　柱对承台冲切

$$\alpha_{1x}=0.56/(\lambda_{1x}+0.2) \tag{7-42}$$

$$\alpha_{1y}=0.56/(\lambda_{1y}+0.2) \tag{7-43}$$

式中 N_l——扣除承台和其上填土自重的角桩桩顶相应于作用的基本组合时的竖向力设
计值（kN）；

α_{1x}、α_{1y}——角桩冲切系数；

λ_{1x}、λ_{1y}——角桩冲垮比，其值满足 0.25~1.0；

c_1、c_2——从角桩内边缘至承台外边缘的距离（m）；

h_0——承台外边缘的有效高度（m）；

a_{1x}、a_{1y}——从承台底角桩内边缘引 45°冲切线与承台顶面相交点至角桩内边缘的水平距
离（m）。

③ 对于三桩三角形承台受角桩冲切的承载力按下列公式计算，如图 7-33 所示。

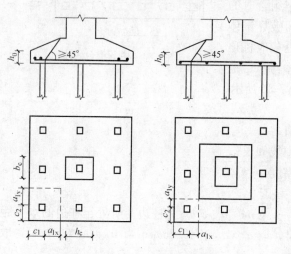

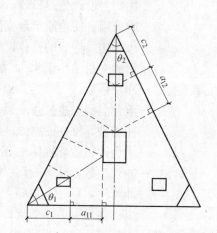

图 7-32 四桩以上角桩冲切验算　　　　图 7-33 三桩三角形承台角桩冲切验算

底部角桩

$$N_l \leqslant \alpha_{11}(2c_1+a_{11})\tan(\theta_1/2)f_t h_0 \tag{7-44}$$

$$\alpha_{11}=0.56/(\lambda_{11}+0.2) \tag{7-45}$$

顶部角桩

$$N_l \leqslant \alpha_{12}(2c_2+a_{12})\tan(\theta_2/2)\beta_{hp}f_t h_0 \tag{7-46}$$

$$\alpha_{12}=0.56/(\lambda_{12}+0.2) \tag{7-47}$$

式中 a_{11}、a_{12}——从承台底角桩内边缘向相邻承台引 45°冲切线与承台顶面相交点至角
桩内边缘的水平距离；当柱位于该 45°线以内时，则取由柱边与柱内
边缘连线为冲切椎体的锥线如图 7-32 所示；

λ_{11}、λ_{12}——角桩冲跨比，$\lambda_{11}=a_{11}/h_0$，$\lambda_{12}=a_{12}/h_0$。

2）剪切计算

桩基承台斜截面受剪承载力计算同一般混凝土结构，但由于桩基承台多属小剪跨比
（$\lambda<1.40$）情况，故需将混凝土结构所限制的剪跨比延伸到 0.3 的范围。

桩基承台的剪切破坏面为一通过柱（墙）边与桩边连线所形成的斜截面，如图 7-34
所示。当柱（墙）外有多排桩形成多个剪切斜截面时，对每一个斜截面都应进行受剪承载

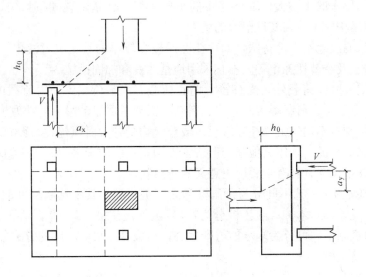

图 7-34　承台斜截面受剪承载力计算

力计算。

等厚度承台斜截面受剪承载力计算可按下式计算：

$$V \leqslant \beta_{hs} \beta f_t b_0 h_0 \tag{7-48}$$

$$\beta = \frac{1.75}{\lambda + 1.0} \tag{7-49}$$

式中　V——扣除承台及其上填土自重后相应于作用的基本组合时的斜截面最大剪力设计
　　　　　　值（kN）；

　　　f_t——混凝土轴心抗拉强度设计值；

　　　b_0——承台计算截面处的计算宽度（m）；阶梯形承台变阶处的计算宽度、锥形承台
　　　　　　的计算宽度应按《建筑地基基础设计规范》GB 50011—2011 附录 U 确定；

　　　h_0——计算宽度处的有效高度（m）；

　　　β——剪切系数；

　　β_{hs}——受剪切承载力截面高度影响系数，$\beta_{hs} = (800/h_0)^{1/4}$；

　　　λ——计算截面的剪跨比，$\lambda_x = a_x/h_0$，$\lambda_y = a_y/h_0$，其中 a_x、a_y 为柱边或承台变阶
　　　　　　处至 x、y 方向计算一排桩的桩边水平距离，当 $\lambda < 0.25$ 时，取 $\lambda = 0.25$；
　　　　　　$\lambda > 3$ 时，取 $\lambda = 3$。

本 章 小 结

1. 桩基础通常作为荷载较大的建（构）筑物的基础，具有以下优点：

1）承载力高；2）稳定性好；3）沉降量小而均匀；4）便于机械施工；5）适用性强；
6）可以减少机器基础的振幅，降低机器振动对结构的不利影响；7）可以提高建筑物的抗
震能力等特点。

在下列情况下可以考虑选用桩基础方案：

1）地基上层土的土质太差而下层土的土质较好；地基土软硬不均匀；荷载不均匀，不能满足上部结构对不均匀变形限值的要求。

2）地基软弱或地基土性特殊，如存在埋深较深较厚的软土、可液化土层、自重湿陷性黄土、膨胀土及季节性冻土等，不宜采用地基改良和加固措施。

3）除承受大竖向荷载外，尚有较大偏心荷载、水平荷载、动力荷载或周期性荷载。例如，重型工业厂房、荷载很大的仓库、料仓；需要减弱振动影响的动力机器基础。

4）上部结构对不均匀沉降相当敏感；或建筑物受到大面积超载的影响。

5）地下水位很高，采用其他基础形式施工困难；或位于水中的构筑物基础。

6）需要长期保存，具有重要历史意义的建筑物。

2. 桩基础按施工工艺不同分为预制桩和灌注桩两类，其中预制桩可细分为：（1）预制桩；（2）钢桩；（3）木桩；灌注桩分为：1）沉管灌注桩；2）冲、钻孔灌注桩；3）挖孔桩。按受力机制不同可分为端承桩与摩擦桩；按成桩方法对土层的影响分类挤土桩、部分挤土桩、非挤土桩

高层建筑桩基础的形式，通常工程中最常用的有桩柱基础、桩梁基础、桩墙基础、桩筏基础和桩箱基础几类。

3. 桩基础的设计内容包括：（1）选择桩的类型和几何尺寸；（2）确定单桩竖向和水平向承载力特征值；（3）确定桩的数量、间距和布置方式；（4）验算桩基础的承载力和沉降值；（5）桩身结构设计；（6）承台设计；（7）绘制桩基础施工图。

4. 工程中无论是预制桩还是灌注桩，施工过程中都有基本的检验、监督和记录，这些都属于施工管理的范畴，是应该的也是必需的。为了减少隐患，确保桩的施工质量，根据项目管理的规定，必须经由第三方对桩进行桩基质量检测，桩基质量检测对确保工程质量，尽早排除隐患具有十分重要的意义。桩的检测包括：（1）开挖检查，只限于观察检查开挖外露的部分；（2）钻芯检测法；（3）声波检测法；（4）动测法。

5. 单桩竖向承载力是指单桩在竖向荷载作用下不失去稳定性（即不发生急剧的、不停滞的下沉，桩端土不发生大量塑性变形），也不产生过大沉降（即保证建筑物桩基在长期荷载作用下的变形不超过允许值）时，所能承受的最大荷载。

《建筑地基基础设计规范》GB 50007—2011 规定，单桩竖向承载力特征值 R_a 的确定原则如下：

（1）单桩竖向承载力特征值应通过单桩竖向静荷载试验确定。在同一条件下的试验桩数量，不宜小于总桩数的 1%，且不小于 3 根。

当桩端持力层为密实的砂卵石或其他承载力类似的土层时，对单桩承载能力很高的大直径端承桩，可采用深层平板荷载试验，确定桩端土的承载力特征值。

（2）地基基础设计等级为丙级的建筑物，可采用静力触探或标准贯入试验参数确定 R_a 值。

（3）初步设计时，单桩竖向承载力特征值 R_a 可按下式估算：

$$R_a = q_{pa}A_p + u_p \sum q_{sia}l_i$$

6. 单桩竖向承载力的确定方法包括按材料强度确定单桩承载力；按土对桩的支承力确定单桩承载力（按静荷载确定、按计算公式确定）等。

7. 桩数多于一根的桩基础称为群桩基础，群桩中每根桩称为基桩。群桩基础受竖向

荷载后，承台、桩群与土形成一个相互作用、共同工作的整体，其变形和承载力均受相互作用的影响，其基桩的承载力和沉降性状往往与相同地质条件的设置方法相同的单桩有明显的区别，这种现象称为群桩效应。因此，群桩基础的承载力常不等于其中各单桩承载力总和。通常用群桩效应系数 η 的大小来反映桩基平均承载力和单桩承载力相比变化的情况。群桩也可分为端承型群桩和摩擦型群桩两大类。

群桩的整体竖向承载力计算，单桩承载力的简单累加法，以强度为参数的极限平衡理论法，分项群桩效应系数，高层建筑的竖向荷载很大，桩基的地质条件越来越严酷、情况越来越复杂。考虑高层建筑桩、土共同作用，桩间土分担部分荷载后沉降成为桩基设计的一个重要的控制条件。《建筑地基基础设计规范》（GB 50007—2011）提出了桩基础按变形控制设计的原则。

复习思考题

一、名词解释

端承桩　　摩擦桩　　钢筋混凝土预制桩　　沉管灌注桩　　冲孔灌注桩　　钻孔灌注桩
挖孔灌注桩

二、问答题

1. 单桩在竖向荷载作用下的工作性能有哪些特性？破坏性态是什么？

2. 负摩阻力、中性点的含义是什么？怎样确定负摩阻力和中性点的位置？

3. 单桩竖向承载力特征值与单桩竖向承载力设计值各自的涵义是什么？二者有何区别？

4. 什么是单桩？什么是群桩？什么是群桩效应和承台效应？群桩和单桩承载力之间有何联系？

5. 在工程实践中怎样确定桩的类型、桩径和桩长？

三、计算题

某二级建筑桩基础如图 7-35 所示，柱截面尺寸为 $450mm \times 600mm$，作用在基础顶面的荷载标准值 $F_k = 2800kN$（作用于长边方向），$H_k = 145kN$，设计值为：$F = 3654kN$，$M = 455kN \cdot m$，$H = 188kN$。拟采用截面 $350mm \times 350mm$，的预制混凝土方桩，桩长 12m，已确定基桩竖向承载力特征值 $R_a = 500kN$，水平承载力设计值 $R_h = 45kN$，承台混凝土强度等级为 C20，配置 HRB335 级钢筋。试设计该桩基础（不考虑承台效应）。

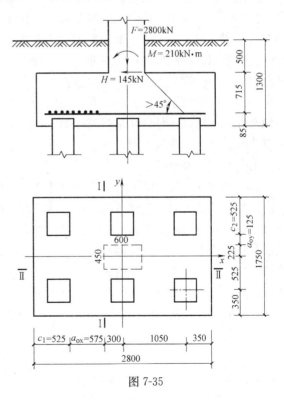

图 7-35

第八章　区域性地基

学习要求与目标：

1. 了解红土地基的特性和设计要点。
2. 了解岩溶地区的稳定性评价和处理措施。
3. 了解土洞地基的特性和处理措施。
4. 掌握滑坡的成因及滑坡的预防措施。
5. 掌握湿陷性发生的原因和影响因素、湿陷性黄土地基的工程措施。

我国幅员辽阔，地形地貌构成各异，地质土的原始沉淀条件、地理环境、沉积历史、组成的成分各不相同，某些区域所形成的土具有明显的特殊性。我国西北地区和华北的部分地区有湿陷性黄土，西南地区的某些省份膨胀土、红黏土，东北地区和青藏高原的部分地区有多年冻胀土等。上述具有特殊工程性质的土称为特殊土。在特殊土上进行工程建设，需要根据其特性采取切实有效的工程技术措施，才能确保工程质量满足设计和使用要求。例如，湿陷性黄土在自重压力或自重压力加附加压力下遇水会产生明显的沉陷。膨胀土中的亲水性矿物质含量高，具有明显的吸水膨胀和失水收缩的特性。充分认识特殊土的特性及其变化规律，是设计基与基础的前提保证。我国在总结多年工程实践经验的基础上针对特殊地基土上建筑要求，制定了一些可供参考的设计规范，对做好特殊土上地基基础设计工作起到很大作用。

区域性地基包括特殊土地基和山区地基。山区地基的主要特点是地表高差悬殊、场地坡度较大，平整场地后，建筑物基础通常一部分处在挖方区，另一部分处在填方区；基岩埋藏较浅，且层面起伏较大，有时会出露地表，覆盖土层薄厚不均；常会遇到大块孤石、局部石芽或软土情况；不良地质较多，诸如滑坡、崩塌、泥石流以及岩溶和土洞等，常会给建筑物造成直接或潜在的威胁。山区地基最主要的问题是地基的不均匀性和场地的稳定性。认真进行工程地质勘察、查明地层分布、岩土性质及地下水和地表水情况，查明不良地质现象的规模和发展趋势，提供完整、准确、可靠的地质资料对于确保房屋建筑安全具有重要意义。

第一节　湿陷性黄土地基

黄土在我国主要分布在西北地区陕西、甘肃大部分地区以及宁夏、新疆部分地区，华北的山西、河北等部分地区，以及河南、山东和辽宁的部分地区。黄土分布范围广、土层厚度大，在黄土上建房时，对作为地基土的黄土应首先判断其是否具有湿陷性，然后根据判定的结论，决定是否需要对地基进行处理以及如何处理的问题。

湿陷性的黄土是指在覆盖土层的自重应力或自重应力和建筑物附加应力综合作用下，受水浸湿后，土体内支撑土体骨架结构的可溶性矿物质溶解，土体结构迅速破坏，并发生显著的附加下沉，强度迅速下降的特性称为湿陷性的黄土。湿陷性黄土的不均匀沉降是造成黄土地区事故的主要原因。

一、湿陷性发生的原因和影响因素

黄土发生湿陷的原因有内在和外在原因两方面。内在原因主要由黄土的结构特征及其组成成分决定；外在原因主要是黄土中含水量的增加所致，例如管网、水渠、水池水等地表水渗漏，降雨过多时地表积水渗漏，地下水位上升等。

黄土土体颗粒结构是在黄土形成和堆积的历史进程形成的。干旱或半干旱气候是黄土形成的必要条件。季节性的短期雨水使得松散干燥的黏粒黏聚起来，长期的干旱使其中水分不断蒸发和散失，其中少量的水分连同溶于其中的盐类都集中在粗粉粒的接触处。可溶性盐浓缩沉淀而成为胶结材料。随着含水量的减少土体颗粒彼此靠近，颗粒间的分子应力以及结合水和毛细水的连接力也逐渐加大。这些因素都增强了土粒之间抵抗滑移的能力，阻止了土体的自重密度的增加，于是形成了以颗粒为主体骨架的多孔隙结构，如图 8-1 所示。黄土中零星分布着较大的砂粒，附着在砂粒和粗粉粒表面的细粉粒、黏粒、腐殖质胶体以及大量集合于大颗粒接触处的各种可溶岩和水分子形成了胶结性连接，从而构成矿物颗粒组合体。中间有几个颗粒包围着的孔隙就是可见的大孔隙，它是植物根须造成的管状孔隙。

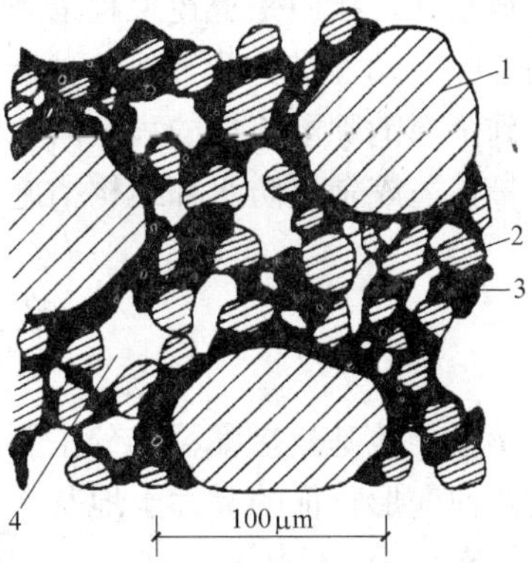

图 8-1　黄土结构示意图
1—砂粒；2—粗粉粒；3—胶结物；4—大孔隙

黄土受水浸湿时，结合水膜增厚楔入颗粒之间。于是结合水连接消失，盐类溶于水中，骨架强度随着降低，土体在上覆盖层的自重应力或在附加应力与自重应力共同作用下，其结构迅速破坏，土粒滑向大孔，粒间孔隙迅速减少。这就是黄土湿陷的内在变化过程。

影响黄土湿陷性的主要因素，包括土中胶结物的多少和成分，以及颗粒的组成和分布；此外，黄土的结构特点也是影响其湿陷性大小的重要因素。胶结物含量大，可把骨架颗粒包围起来，则结构紧密。黏粒含量多，并且均匀分布在骨架之间也起了胶结物的作用。这些因素都会降低土的湿陷性并且可以改善土体的力学性质。当粒径不大于 0.05mm 的黏粒含量减少时，土体颗粒之间的胶结多呈现薄膜状分布，骨架颗粒多数直接接触，则结构松散，强度降低而湿陷性增加。黄土中的盐类以较难溶的碳酸钙为主而具有胶结作用时，湿陷性减弱，但石膏和溶岩的含量增加时，湿陷性增加。影响黄土湿陷性的因素还与土体孔隙比、含水量以及所受压力的大小有关。天然孔隙比越大，或天然含水量越小则湿陷性越强，当压力超过一定值后，再增加压力，湿陷性反而会降低。

二、湿陷性黄土地基的工程措施

湿陷性黄土地基的设计和施工除要遵守一般工程设计和施工的指导原则外，还应结合工程特点、要求和湿陷性黄土的特性，因地制宜，以地基处理为主要内容的综合措施来满足工程设计和施工的需要，其中主要措施包括以下三方面：

1. 地基处理

地基处理通常采用灰土垫层，重锤夯实、强夯、预浸水、化学加固（主要为硅化和碱液加固）、采用灰土挤密桩挤密等，也可采用将桩端进入非湿陷性土层的桩基础。

2. 防水措施

对于地面雨水和潜在的管道漏水等应有严密的排泄和防护措施，注重建筑在长期使用过程中的排水和防水问题，同时也要做好施工阶段临时性排水、防水工作。不仅要着眼于整个建筑场地排水和防水问题，而且要考虑到单体建筑的防水措施。

3. 结构措施

在建筑和结构设计时采取相应措施，综合考虑地基、基础和上部结构之间相互作用的性质，增加建筑物适应和调节因湿陷性可能引起的不均匀沉降对建筑造成的破坏程度，以达到降低由于地基土湿陷性对房屋建筑造成的危害。

地基处理措施是上述工程措施中最重要的措施，它是从根本上主动消除或减少地基土湿陷性的主动性措施。其他两种措施可根据地基处理的程度不同而有所区别。地基处理程度达到全部消除湿陷性的程度后，就不必采用其他措施，但地基处理只消除地基主要部分湿陷量，还应辅以防水和结构措施。

第二节　膨胀土地基

膨胀土地基是指黏粒成分主要由强亲水矿物组成，同时具有显著的吸水膨胀、失水收缩的两种变形特征的黏性土地基。其黏粒成分主要是以蒙脱石或以伊利石为主，在我国广西、云南、湖北、河南、安徽、四川、河北、山东、陕西、江苏、贵州和广东均有不同程度分布。

膨胀土一般强度较高、压缩性较低，容易被误认为是良好的天然地基。实际上膨胀土具有强烈的膨胀和收缩性质，作为地基土时往往威胁建筑物和构筑物的安全，特别是对低层轻型房屋、边坡和路基的破坏作用更为显著，如图 8-2 所示。膨胀土上房屋开裂后则不易修复。

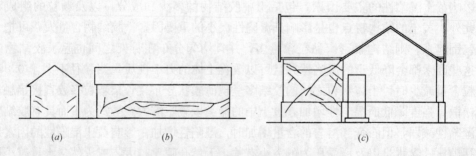

图 8-2　膨胀土地基上低矮房屋墙的裂缝

我国在总结膨胀土地区建筑经验的基础上，于 1987 年由城乡建设环境保护部颁布了《膨胀土地区建筑技术规范》GBJ 112—87，对于协调和规范勘察、设计、施工等各项工作，保证建筑物的安全具有重要作用。

一、膨胀土的特性

1. 膨胀土的特征

在我国分布的膨胀土黏粒含量一般很高，其中粒间小于 0.02mm 的胶体颗粒含量一般大于 20％；液限大于 40％；塑形指数大于 17，且多数在 22～35 之间；自由膨胀率超过 40％。膨胀土的天然含水量接近或略小于塑限，液性指数小于零，土的压缩性小，大多属于低压缩性土。

2. 膨胀土对建筑物的危害

膨胀土地基上的建筑物随着季节性气候变化会反复不断地产生不均匀沉降，而使房屋破坏，并主要表现出以下特征：

(1) 建筑物的开裂具有地域性和集中连片出现的特点。当遇到干旱年份，膨胀土失水严重，收缩严重，建筑物裂缝发展更为严重。

(2) 一、二层砖木结构房屋变形破坏严重。这类建筑物自重小，结构整体性差，地基埋深较浅，地基土受地表等外部环境影响而产生膨胀变形，故建在膨胀土上的这类建筑容易开裂破坏。

(3) 房屋山墙上出现对称或不对称的倒八字形裂缝。产生这种裂缝的主要原因是山墙两侧下沉量大，中部下沉量小，在墙体内形成了主拉应力的缘故。外纵墙下部出现水平裂缝，墙体外倾并有水平错动。墙体也可在交替变化的膨胀力作用下出现交叉裂缝。

(4) 房屋的独立砖柱通常发生水平裂缝而断裂，并伴随有水平移动的转动。

(5) 地坪隆起开裂。隆起的地坪多出现长裂缝，并于室外地裂相连。地裂缝穿过建筑地基处墙面出现上小下大的竖向和斜向裂缝。

(6) 膨胀土地区边坡边缘不稳定，易产生浅层滑坡，建在其上的建筑物或构筑物墙体容易开裂破坏。

3. 影响膨胀土变形性能的主要因素

膨胀土的胀缩变形特性受内在因素和外在因素制约，胀缩变形的产生是膨胀土内在因素在适当的外部环境条件下综合作用的结果。

(1) 影响土胀缩变形的主要内在因素

1) 矿物成分。如前所述，膨胀土中主要是由蒙脱石、伊利石等亲水矿物成分组成。蒙脱石矿物亲水性强，具有既易吸水又易失水的强烈活动性。伊利石亲水性比蒙脱石低，但也有较高的活动性。此外，蒙脱石矿物吸附外来的阳离子的类型对土的胀缩性也有影响，吸附钠离子时具有特别强烈的胀缩性。

2) 微观结构特征。膨胀土矿物在空间分布上的结构特征对其胀缩性也有很大的影响。膨胀土中普遍存在片状黏土矿物，颗粒叠聚成微集聚体基本单元。膨胀土的微观结构为集聚体与集聚体彼此面与面接触形成分散结构，这种结构具有很大的吸水膨胀和失水收缩的性质。

3) 黏粒的含量。黏土颗粒细小，表面积大，具有很大的表面能，对水分子和水中阳离子的吸附能力强。因此，土中黏粒含量愈多，则土的胀缩性越强。

4) 土的密度和含水量。土的胀缩变化主要体现在体积的变化。当黏土中含有一定数量蒙脱石和伊利石时，同样的天然含水条件下浸水，天然孔隙比越小的土膨胀性能大，其收缩性小。反之，孔隙比越大，收缩越大。因此，在一定条件下，土的天然孔隙比是影响胀缩变形性能的一个重要因素。此外，土中原有的含水量与土体膨胀所需的含水量相差越大，遇水后土的膨胀越大，而失水后土的收缩越小。

5）土的结构强度。土的结构强度越大，土体限制膨胀变形的能力也越大。当土的结构受到破坏后，土的胀缩性随之增强。

（2）影响土胀缩变形的主要外在因素

1）气候条件。在膨胀土分布地区季节性的气候变化对其上建筑物安全性能有很大影响。在降雨量相对较大的雨季后，接着就是时间很长的旱季，地表水和潜在的地下水位剧烈变化，土中的水分也随之变化。建在类似地区的建筑物，室内外土层受到季节性气候影响不同，室外土层受到较大的影响。因此，基础内外两侧土的膨胀变形也有了明显的差异，旱季外缩内胀，雨季外胀内缩，如此往复交替变化长期作用，就会导致建筑物的开裂。

2）地形地貌的影响。地形地貌的变化影响土中含水量大小，从而导致胀缩性的不同。地势较低处土层含水量高，土的膨胀对水分的变化不敏感，水分增加和减少，土的胀缩变化较之含水量较低的高凸地段要小。高凸地段土中含水量少，水分的变化对膨胀和收缩影响很大。由于高度较高的高地临空面大，地基土中水分蒸发较快，因此含水量大幅度变化，高凸的坡顶地段同类地基的胀缩变形比边坡地带、坡脚地带比要大许多。

3）膨胀土地基上建筑物周围阔叶树木对建筑物的影响。在旱季，当无地下水或地表水补给时，由于树根的吸水作用，使土中含水量减少，加剧了地基土的干缩变形，导致附近有成排树木的房屋产生裂缝。如不落叶的桉树对膨胀土地基上建筑物的影响就很显著。

4）日照时间和强度的影响。由于日照时间和强度的不同，导致建筑物不同部位的地基土中含水量不同，因此，膨胀土地基上建筑物不同部位的胀缩量也就存在差异。实际观察资料可知，房屋向阳面开裂严重而背阳面开裂较少。建筑物内、外若有一侧水源补给时，也会造成胀缩的差异。高温建筑物如无隔热措施，也会由于不均匀变形而开裂。

二、膨胀土地基计算

1. 一般规定

建筑场地按地形地貌分为平坦场地、坡地场地两类。

平坦场地是指地形坡度小于5°，或地形坡度大于5°、小于14°的坡脚地带和距坡肩水平距离大于10m的坡顶地带。

坡地场地是指地形坡度大于5°，或地形坡度虽小于5°，但同一座建筑物范围内局部地形高差大于1m。

膨胀土地基设计的一般规定如下：

1）位于平坦场地上的建筑物地基，应按变形控制设计。

2）位于坡地场地上的建筑物地基，除按变形控制设计外，尚应验算地基的稳定性。

3）基地压力要满足承载力要求。

4）地基变形量不超过允许变形值。

2. 地基承载力

膨胀土地基承载力的确定，应考虑土的膨胀性、基础大小和埋深、荷载大小、土中含水量变化等影响因素。现阶段确定膨胀土承载力的途径有如下两种。

1）现场浸水荷载试验。

这种试验是在现场按压板面积开挖试坑，试坑面积不小于 $0.5m^2$，坑深不小于 $1m$，并在试坑两侧附近设置浸水井或浸水槽。试验时，先分级加荷至设计荷载并稳定，然后浸水使其饱和，并观测其变形，待变形稳定后，再加荷直到破坏。通过该试验可得到压力与变形的 P—s 曲线，可取破坏荷载的一半作为地基承载力特征值。在对变形要求严格的一些特殊情况下，可由地基变形控制值取对应荷载作为承载力特征值。

2）由三轴饱和不排水抗剪强度指标确定。

由于膨胀土裂隙比较发育，剪切试验结果往往难以反映土的实际抗剪能力，宜结合其他方法确定承载力特征值。

膨胀土地区的基础设计应充分利用土的承载力，尽量使基底压力不小于土的膨胀力。另外，对防水排水情况好，或埋深较大的基础工程，地基土上的含水量不受季节变化的影响，土的膨胀特性就难以表现出来，此时可以选用较高的承载力值。

3. 地基变形计算

膨胀土地基的变形，除与土的膨胀收缩特性（内因）有关外，还与地基压力和含水量的变化（外因）有关。地基压力大，土体则不会膨胀或膨胀小；地基土中的含水量基本不变化，土体膨胀总量则不会太大。而含水量的变化又与大气影响深度、地形等覆盖条件有关。如气候干燥、土的天然含水量低，或基坑开挖后经长时间的暴晒情况，都有可能在建筑物覆盖后引起土的含水量增加，导致地基产生膨胀变形。如果建房初期土中含水量偏高，覆盖条件差，不能有效阻止土中水分的蒸发，或是长期受热源的影响，就会导致地基土失水而引起收缩变形。在亚干旱、亚湿润的平坦地区，浅基础的地基变形多为膨胀、收缩周期性变化，这就需要考虑地基土的膨胀和收缩的总变形。

膨胀地基土在不同条件下表现为不同的变形形态，通常表现为上升型变形、下降型变形和波动性变形。

在设计时应根据实际情况确定变形类型，进而计算相应的变形量，并将其控制在容许值范围内。《膨胀土地区营房建筑技术规范》GBJ 2129 规定：

（1）地表下 1m 处地基土的天然含水量等于或接近最小值时，或地面有覆盖且无蒸发可能，以及建筑物在试用期间，经常有水浸湿的地基，仅计算膨胀量。

（2）地表下 1m 处地基土的天然含水量大于 $1.2w_p$（塑限），或直接受高温的地基，仅计算收缩变形量。

（3）其他情况按膨胀变形量计算。

三、膨胀土地基的工程措施

1. 设计措施

（1）建筑设计措施

1）建筑场址选择，应选择地面排水畅通或易于排水处理，地形条件比较简单，土质均匀的地段。尽量避开地裂、溶沟发育，地下水位变化大以及存在浅层滑坡可能的地段。

2）总平面布置，竖向设计宜保持自然地形，避免大开挖，造成含水量变化大的情况出现。做好排水、防水工作，对排水沟、截水沟应确保沟壁的稳定，并对沟进行必要的防水处理。根据气候条件、膨胀土等级和当地经验，合理进行绿化设计，宜种植吸水量和蒸发量小的树木、花草。

3）单体建筑的体型，应力求简单，并控制房屋长高比，必要时可采用沉降缝分隔措施隔开。屋面排水宜采用外排水，雨水管不宜布置在沉降缝处，在雨水量较大地区，应采用雨水明沟或管道排水。做好室外散水和室内地面设计，根据胀缩等级和对室内地面使用要求，必要时可增设石灰焦砟隔热层、碎石缓冲层，对Ⅲ级膨胀土地基和使用要求特别严格的地面，可采用混凝土配筋地面或架空地面。此外，对现浇混凝土散水或室内地面，分隔缝不宜超过 3m，散水或地面与墙体之间设变形缝，并以柔性防水材料嵌缝。

（2）结构设计措施

1）上部结构设计时应选用整体性好，对地基不均匀胀缩变形适应性较强的结构，而不宜采用砖拱结构、无砂大孔混凝土砌块或无筋中型砌块等对变形敏感的结构。对砖混结构房屋，可适当设置圈梁和构造柱，可注意加强较宽门窗洞口部位和低层窗台砌体的刚度，提高其抗变形能力。对外廊式房屋宜采用悬挑外廊的结构形式。

2）基础设计方面要求同一工程应采用同一类型的基础形式。对排架结构可采用独立柱基，将围护墙、山墙及隔墙砌在基础梁上，基础梁下预留 100～150mm 的空隙并进行防水处理。对桩基础，其桩端应伸入非膨胀土层或大气影响强烈层下一定长度。选择合适的基础埋深，往往是减少或消除胀缩变形的很有效的途径，一般情况下埋深不小于 1m，可根据地基胀缩等级和大气影响强烈程度等因素按变形确定，对坡地场地，还需要考虑基础的稳定性。

3）地基处理应根据土的胀缩等级、材料供应和施工工艺等条件确定处理方法，一般可采用灰土、砂土等非膨胀土进行换土处理。对于平坦场地上Ⅰ、Ⅱ级膨胀土地基，常采用砂、碎石垫层处理方法，垫层厚度不小于 300mm，宽度应大于基地宽度，并宜采用与垫层材料相同的土进行回填。

2. 施工措施

膨胀土地区的建筑物施工时应根据设计要求、场地条件和施工季节，认真制定施工方案，采取措施防止因施工造成地基土含水量发生大的变化，以便减少土的胀缩变形。

做好施工总平面设计，设置必要的护坡、挡土墙、防洪沟和排洪沟等，确保场区排水畅通，边坡稳定。施工储水池、洗料场、淋灰池及搅拌站应布置在离建筑物 10m 以外的地方，防止施工用水流入基坑。

基坑开挖过程要注意坑壁稳定，可采取支护、喷浆、锚固等措施，以防坑壁坍塌。基坑开挖接近基底设计标高时，宜在上部预留 150～300mm 土层，待下一工序开始前再挖除。当基坑验槽后，应及时做混凝土垫层或用 1:3 水泥砂浆喷、抹坑底。基础施工完毕后，应及时回填夯实，并做好散水。要求选用非膨胀土、弱膨胀土或掺有石灰等材料的土作为回填土料，其含水量宜控制在塑限含水量的 1.1～1.2 倍范围内，填土干重度不应小于 15kN/m³。

第三节　红黏土地基

红黏土是指石灰岩、白云岩等碳酸盐类岩石，在湿热气候条件作用下，经长期风化作用形成的一种以红色为主的黏性土。我国红黏土多属于第四纪残积物，也有少量原地红黏土经间隙性水流搬运再次沉积于低洼地区，当搬运沉积后仍保持红黏土基本特性，且液限大于 45% 者称为次生红黏土。

红黏土是一种物理力学性质独特的高塑性黏土，其化学成分以二氧化硫、三氧化二铁、三氧化二铝为主，矿物成分以高岭石或伊利石为主。主要分布于云南、贵州、广西、湖南、安徽部分地区。

一、红黏土的工程性质和特性

1. 主要物理力学性质

含有较多黏粒 $I_p=20\sim50$，$e=1.1\sim1.7$，常处于饱和状态（$S_r>85\%$），天然含水量（$30\%\sim60\%$）与塑限接近，液性指数小（$-0.1\sim0.4$），说明红黏土以含结合水为主。因此，尽管红黏土的含水量高，却常处于坚固或硬塑状态，具有较高的强度和较低的压缩性。

2. 红黏土的膨胀性

有些地区的红黏土受水浸湿后体积膨胀，干燥失水后收缩。

3. 红黏土的分布特征

红黏土的厚度与下卧基岩面关系密切，常因岩石表面石芽、溶沟的存在，导致红黏土的厚度变化很大。因此，对红黏土地基的不均匀性应予以足够重视。

4. 含水量变化特征

含水量有沿着土层深度增大的规律，上部土层常呈坚硬或硬塑状态，接近基岩面常呈可塑状态，而基岩凹部溶槽内红黏土呈软塑或流塑状态。

岩溶、土洞发育，这是由于地表水和地下水运动引起的冲蚀和潜蚀作用造成的结果。在工程勘察中，需要认真探测隐藏的岩溶、土洞，以便对场地的稳定性作出评价。

二、红土地基设计要点

确定合适的持力层，尽量利用浅层坚硬、硬塑状态的红黏土作为地基的持力层。

控制地基的不均匀沉降。当土层厚度变化大，或土层中存在软弱下卧层、石芽、土洞时，应采取必要的措施，如换土、填洞、加强基础和上部结构刚度等，使不均匀沉降控制在允许的范围内。

控制红黏土地基的胀缩变形。当红黏土具有明显的胀缩性时，可参照膨胀土地基，采取相应的设计、施工措施，以便保证建筑物的正常使用。

第四节　岩溶和土洞

岩溶是由石灰岩、泥灰岩、白云岩、大理石、石膏、岩盐层等可溶性岩石受水的化学和机械作用而形成的溶洞、溶沟、裂隙、暗河、石芽、漏斗、钟乳石等奇特的地面及地下形态的总称，如图 8-3 所示。

土洞是岩溶地区上覆盖层在地表水或地下水作用下形成的洞穴，如图 8-4 所示。

我国岩溶主要分布在西南的贵州、广西、四川、云南等地，溶洞最为发育，此外，湖南、浙江、江苏、山东、山西等均有规模不同的岩溶。我国西部和西北部在夹有石膏、岩盐的地层中，也发现有局部的岩溶。

岩溶地区由于溶洞及土洞等的存在，可能造成地面变形和地基陷落，发生水的渗透和涌水现象，造成场地工程地质条件急剧恶化。工程实践证明，土洞对建筑物的危害远大于溶洞，其主要原因是土洞埋藏浅、分布密、发育快，顶板强度低，因而危害大。有时在建

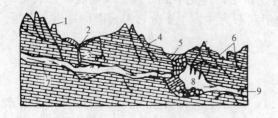

图 8-3　岩溶岩层剖面示意图
1—石芽、石林；2—漏斗；3—落水洞；4—溶蚀裂隙；
5—塌陷洼地；6—溶沟、溶槽；7—暗河；
8—溶洞；9—钟乳石

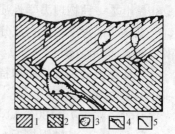

图 8-4　土洞剖面示意图
1—黏土；2—石灰岩；3—土洞；
4—溶洞；5—裂隙

筑施工阶段还未出现的土洞，却由于房屋建成后改变地表水和地下水的条件而产生新的土洞和地表塌陷。

一、岩溶的发育条件

岩溶的发育与可溶性岩层、地下水活动、气候条件、地质构造及地形等因素有关，其中可溶性岩层和地下水活动是形成岩溶的必要条件。若可溶性岩层具有裂隙，能透水且位于地下水的浸蚀基准面以上，而地下水又具有化学溶蚀能力时，就可以出现岩溶现象。岩溶的形成必须有地下水的活动，因为，当富有二氧化碳的大气降水和地表水渗入地下后，不断更新水质，就能保持地下水对可溶性岩层的化学溶解能力，从而加速岩溶的发展。在大气降水丰富及潮湿气候的地区，地下水经常得到地表水的补充，由于地表水来源充沛，因而岩溶发展也快。从地质构造来看，具有裂隙的背斜顶部和向斜轴部、断层破碎带、岩层接触面和构造断裂带等处，地下水流动快，因而也是岩溶发育的有利条件。地形的起伏直接影响地下水的流速和流向，凡地势高差大的地区，地表水和地下水流速大，水对可溶性岩的溶解和冲蚀作用进行的强烈，从而加速岩溶的发育。在各种可溶性岩层中，由于岩层的性质和形成条件不同，故岩溶的发育条件也不同。通常在石灰岩、泥灰岩、白云岩及大理岩中发育较慢，在岩盐、石膏及石膏质岩层中发育很快，经常存在漏斗、洞穴并发生塌陷现象。岩溶的发育和分布规律主要受岩层、裂隙、断层以及可溶性不同的岩层接触面的控制，其分布常具有带状合成层性。当不同岩性的倾斜岩层相互成层时，岩溶在平面上呈带状分布。相应的地壳升降次数，就会形成几级水平溶洞。两层水平溶洞之间一般都有垂直管状或脉状溶洞连通。

二、岩溶地区的稳定性评价和处理措施

在岩溶地区选择建筑场地时，首先要对岩溶的发育规律、分布情况和稳定程度要有一定了解，查明溶洞、暗河、陷穴的界限以及场地内有无出现涌水、淹没的可能性，以便作为评价和选择建筑场地、总图布置时参考。

在一般情况下，应避免在以下三类工程地质不良或不稳定的地段建设房屋：①地面石芽、暗沟、暗槽发育、基岩起伏剧烈，其间有软土分布；②有规模较大的浅层溶洞、暗河、漏斗、落水洞；③溶洞流水通路堵塞造成涌水时，有可能是场地暂时淹没。如果必须在这些地段建设房屋时，就必须采取必要防护和处理措施。

在岩溶地区，如果基础底面以下的土层厚度大于地基沉降计算深度，且不具备形成土洞的条件时，或基础位于微风化的硬质岩表面，对于宽度小于1m的竖向溶蚀裂隙和落水洞近旁地段，可以不考虑岩溶对地基稳定性的影响。当溶洞顶板与基础底面之间的土层厚度小于地基沉降计算深度时，应根据洞体大小、顶板形状、厚度、岩体结构及强度、洞内填充情况以及岩溶地下水活动等因素进行洞体稳定性分析。对于三层及三层以下的民用建筑或具有5t或5t以下吊车单层厂房，当地基的地质条件符合下列情况之一时，可以不考虑溶洞对地基稳定性的影响：①溶洞被密实的沉积物填满，其承载力超过150kPa且无冲蚀的可能性；②洞体较小、基础尺寸大于溶洞的平面尺寸，并有足够的支撑长度；③微风化的硬质岩石中，洞体顶板厚度接近或大于洞跨。

在不稳定的岩溶地区进行建筑，应结合岩溶的发育情况、工程要求、施工条件、经济原则，采用下列措施进行处理：

（1）对个体溶洞和溶蚀裂隙，可采用调整柱距，用钢筋混凝土梁板或桁架跨越的办法。当采用梁板或桁架跨越时应查明支撑端岩体的结构强度及其稳定性。

（2）对浅层洞体，若顶板不稳定，可进行清、爆、挖、填处理，即清除覆土，爆开顶板，挖去软土，用块石、碎石、黏土或毛石混凝土等分层填实。若溶洞的顶板已被破坏，又有沉积物充填，当沉积物为软土时，除了采用前述挖、填处理外，还可根据溶洞和软土的具体条件采用石砌柱、灌注柱、换土或沉井等办法处理。

（3）溶洞大、顶板具有一定的厚度，当稳定条件差，如能进入洞内，为了增强顶板岩体的稳定性，可用石砌柱、拱或钢筋混凝土柱支撑。采用此方法，应着重查明洞底的稳定性。

（4）地基岩体内的裂隙，可采用灌注水泥浆、沥青或黏土等方法处理。

（5）地下水宜疏不宜堵，在建筑物地基内宜用管道疏导。对建筑物附近排泄地表水的漏斗、落水洞以及建筑物范围内的岩溶泉（包括季节性泉）应注意清理和疏导，防止水流通路堵塞，避免场地或地基被水淹没。

三、土洞地基

土洞形成和发育与地质、地质构造、水的活动、岩溶的发育等因素有关。其中以土层、岩溶的存在和水的活动三种因素最为重要。根据地表水和地下水的作用可把土洞分为：

（1）地表水形成的土洞。

由于地表水下渗，内部冲蚀淘空而逐渐形成土洞和地表塌陷。

（2）地下水形成的土洞。

当地下水下降或人工降低地下水位时，水对松软的土产生潜蚀作用，这样就在岩土交接面处形成土洞。当土洞逐渐扩大就会引起地表塌陷。

在土洞发育地区进行工程建设时，应查明土洞的发育情况和分布规律，查明土洞和地表塌陷的形状、大小、深度和密度，以便提供选择建筑场地和进行建筑总平面布置所需的资料。

建筑场地最好选择在地势较高或地下水的最高水位低于基岩面的地段，并避开岩溶强烈发育及基岩面上软黏土厚度而集中的地段。若地下水高于基岩面，在建筑施工或建筑物使用期间，应注意由于人工降低水位或取水时，形成土洞或发生地表塌陷的可能性。

在建筑物地基范围内有土洞和地表塌陷时，必须进行认真处理。常用的措施如下：

（1）处理地表水和地下水。

在建筑场地范围内，做好地表水的截流、防渗、堵漏工作，杜绝地表水渗入土层内。这种措施对由地表水引起的土洞和地表塌陷，可起到根治作用。对形成土洞的地下水，当地质条件许可时，可采用截流和改道的方法。

（2）挖填处理。

对于地表水形成的浅层土洞和塌陷，应先挖除软土，然后用毛石混凝土回填。对地下水形成的土洞和塌陷，可挖除软土和抛填块石后做反滤层，面层用黏土夯实。

（3）灌砂处理。

灌砂适用于埋藏深、洞径大的土洞。施工时在洞体范围的顶板上钻两个或多个孔，其中直径小的（50mm）作为排气孔，直径大的（100mm）用来灌砂。灌砂的同时冲水，直到小孔冒砂为止。如洞内有水灌砂困难时，可用压力灌注强度等级为 C15 的细石混凝土，也可灌注水泥或砾石。

（4）垫层处理。

在基础底面下夯填黏土或碎石作为垫层，以提高基底标高，减少土洞顶板的附加压力，这样以碎石为骨架可降低垫层沉降量并增加垫层的强度，碎石之间有黏性土填充，可避免地表水下渗。

（5）梁板跨越。

当土洞发育剧烈，可用梁、板跨越土洞，以支承上部建筑物，采用这种方案时，应注意洞旁土体的承载力和稳定性。

（6）采用桩基或沉井。

对主要的建筑物，当土洞较深时，可用桩和沉井穿过覆盖土层，将建筑物荷载传至稳定的基岩上。

第五节 滑坡与防治

滑坡是指岩质或土质边坡受内外因素影响，使斜坡上的土石体在重力作用下丧失稳定而发生的一种滑动。滑坡产生的原因与地质地貌、地质构造、岩土性质、水文地质等条件有关，其外因与地下水活动、雨水渗透、河流冲刷、人工切坡、堆载、爆破、地震等因素有关。

在山脚、河流发育，降雨量达到国家和地区标准，滑坡发生是非常普遍的，往往由于滑坡对已建和在建工程造成很大的危害。例如，2010 年 8 月发生在我国甘肃舟曲县的泥石流对人民生命和财产造成巨大损失。因此，在山区建设城镇、工厂、矿山、铁路及水利工程时，应通过勘察手段，准确评价滑坡发生的可能性和带来的危害，做到预先发现，及早整治，防止滑坡的发生和发展。

一、滑坡的分类

1. 按滑坡的体积分类

小于 3 万 m³ 的为小型滑坡；3 万～50 万 m³ 的中型滑坡；超过 50 万 m³ 的为大型滑坡。

2. 按滑坡体的厚度分类

厚度为 6m 的为浅层滑坡；厚度为 6～20m 的为中层滑坡；厚度超过 20m 的滑坡为深

层滑坡。

3. 按滑动面通过岩层的情况分类

（1）均质土滑坡。

一般这种滑坡多发生在均质土岩性大致均一的泥岩、泥灰岩等岩层中，滑动面常接近圆弧形，且光滑均匀，如图 8-5（a）所示。

（2）顺层滑坡。

此类滑坡体是沿着斜坡岩层面或软弱结构面发生的一种滑动，其滑动面常呈平坦阶梯状，如图 8-5（b）所示。

（3）切层滑坡。

滑动面切割了不同的岩层面，常形成不滑坡平台，如图 8-5（c）所示。

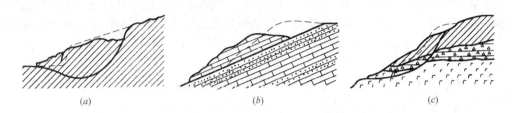

图 8-5　滑坡按滑面通过岩层情况分类
（a）均质滑坡；（b）顺层滑坡；（c）切层滑坡

4. 按滑动体的受力状态分类

（1）推动式滑坡。

主要是有斜坡上不恰当的加荷引起的。如在坡顶附近建造建筑物、弃土、行驶车辆和堆放货物等作用，导致坡体上部先滑动，而后推动下部一起滑动。

（2）牵引式滑动。

主要是由于在坡体下部任意挖方或河流冲刷坡脚引起。滑动特点是下部先滑动，而后引起上部连接下滑。

二、滑坡的成因

1. 影响滑坡的内部条件

引起滑坡的内在因素是组成坡体的岩土性质、结构构造和斜坡的外形等。自然界中的斜坡是由各种各样的岩石和土体组成，致密的硬质岩石其抗剪强度大，抗风化能力强，水对岩性作用小，因此，较稳定；而由页岩、泥岩等软质岩石及土组成的斜坡，在受雨水浸湿后，其抗剪强度显著降低，极易引起滑坡。岩层的层面、节理、裂隙以及断层的倾向和倾角，均对坡体的稳定性有影响，这些部位易于风化、抗剪强度低，当它们的倾向与斜坡的破面一致时，就容易产生滑坡；较陡斜坡上的土覆盖层，若存在遇水软化的软弱夹层时，或下卧不透水基岩时，也容易产生滑坡。另外，斜坡的坡高、倾角和断面形状等对斜坡的稳定性都有很大的影响。

2. 影响滑坡的外部条件

引起滑坡的外部因素有水的作用、人为不合理的开挖和边坡堆载、爆破以及地震等，许多滑坡的发生与水的作用有关，因为渗入坡体后使岩石的重度增加，抗剪强度降低并产生动水压力和静水压力。此外，地下水对岩石中易溶物质的溶解，使岩土体的成分和结构发生变化，河流等地表水的不断冲刷、切割坡脚、对坡脚产生冲蚀和掏空作用。因此，水的影响程度，往往是引起滑坡的第一诱因。许多滑坡都发生在雨季，而且90%的滑坡均与水的影响有关。山区修筑公路、铁路或矿区时，不合理的开挖坡脚，在斜坡上弃土或建造房屋不适当时，则会破坏斜坡的平衡状态而引起滑坡。

三、滑坡的防治

1. 滑坡的预防措施

滑坡会造成道路中断，在山区容易形成堰塞湖，在人居环境中会造成建筑物受损，在山区和雨季严重的会形成泥石流，对人民生命财产造成巨大损失。因此，山区建设中，对滑坡必须引起足够的重视和采取有效的预防措施，防止可能产生的滑坡带来的危害。对有可能形成滑坡的地段，应贯彻以预防为主的方针，确保坡体的稳定性。这就要求加强地质勘探，查明可能产生滑坡的条件和类型，并预测其发展趋势，为采取预防措施提供可靠依据。一般性的预防措施包括：

（1）慎重选择建筑场地。

对于稳定性差、易于滑坡或存在过滑坡地段，一般不应选为建筑场地。

（2）保持场地原有的稳定性。

在场地规划时，应尽量利用原有的地形条件，因地制宜地把建筑物沿等高线分级布置，避免大挖大填，破坏场地的平衡。

（3）做好排水工作。

对地表水应结合自然地形情况，采取截流引导、培养植被、片石护坡等措施，防止地表水下渗，并注意施工用水不能到处漫流，对地下给水管道应做好防水设计。

（4）做好边坡开挖工作。

在山坡整体稳定的情况下开挖边坡时，应按边坡坡度允许值确定。在开挖过程中，如发现有滑动迹象，应避免继续开挖，并尽快采取措施，以回复原边坡的平衡。

（5）做好长期维护工作。

针对边坡的稳定，排水系统的畅通以及自然条件的变化，人为活动因素的影响等情况，应做好长期的维护和养护工作。

2. 滑坡的整治

滑坡的产生一般要经历由小到大的发展过程，当出现小的滑坡时，应进行地质勘察，判明滑坡的原因、类别和稳定程度，对各种影响因素分清主次，因地制宜地采取相应的措施，使滑坡趋于稳定。整治滑坡要及时，彻底杜绝后患，一般性的处理措施有：

（1）排水。

对滑坡范围以外的地表水，可修筑截水沟进行拦截和旁引。对滑坡范围以内的地表水，可采取防渗和汇集排出措施。对地下水发育且影响较大的情况，可采取地下排水措施，如设置盲沟、盲洞、垂直孔群排水。

（2）支挡。

根据滑动推力的大小可选用重力式抗滑挡墙、阻滑桩、锚桩挡墙等抗滑结构。抗滑结构基础或桩端应埋设在滑动面以下稳定地层中，并与排水、卸荷等措施结合使用。

（3）卸载与反压。

在主动区的滑坡体上部卸土减重，以减小坡体下滑力。在阻滞区段的坡脚部位加压，以增加阻滞力。用石块或袋装土叠压，在河流岸边的部位，也常用钢丝笼装石块加压处理。卸载、反压常用坡体上陡下缓，滑坡后壁及两侧岩土较稳定的情况。

（4）护坡措施。

为防止和减少地表水下渗、冲刷坡面、避免坡面加速风化以及失水干缩等不良影响，常采取经济有效的护坡措施。通常采用机械碾压、种植草皮、三合土抹面、混凝土压面、喷水泥砂浆面或浆砌片石护坡等。

滑坡的整治，可根据滑坡规模和施工条件等因素，采取切实有效的措施进行处理，必要时采取通风疏干、电渗排水、化学加固方法来改善岩土的性质。对小型滑坡一般可通过地表排水、整治坡面、夯填裂缝等措施即能见效。对中型滑坡，则常用支挡、卸载、排除地下水等措施，对大型滑坡，则需要采取投资大的综合处理措施。

本 章 小 结

1. 在我国不同地区分布着具有明显地域特征的地基土，最常见的包括湿陷性黄土地基、膨胀土地基、红黏土地基、岩溶和土洞等地基等，它们属于特殊土地基。它们各具有不同的成因、物理及力学性能，如处理不慎，将会对工程建设带来不可挽回的巨大损失。

2. 山区地基的主要特点是地表高差悬殊、场地坡度一般较大，平整场地后，建筑物基础通常一部分处在挖方区，另一部分处在填方区；基岩埋藏较浅且层面起伏较大，有时会出露地表，覆盖土层薄厚不均；常会遇到大块孤石、局部石芽或软土情况；不良地质较多，诸如滑坡、崩塌、泥石流以及岩溶和土洞等，常会给建筑物造成直接或潜在的威胁。山区地基最主要的问题是地基的不均匀性和场地的稳定性。认真进行工程地质勘察、查明地层分布、岩土性质及地下水和地表水情况，查明不良地质现象的规模和发展趋势，提供完整、准确、可靠的地质资料对于确保房屋建筑安全具有重要意义。

3. 湿陷性的黄土是指在覆盖土层的自重应力或自重应力和建筑物附加应力综合作用下，受水浸湿后，土体内支撑土体骨架结构的可溶性矿物质溶解，土体结构迅速破坏，并发生显著的附加下沉，强度相应迅速下降的特性称为湿陷性的黄土。湿陷性黄土的不均匀沉降是造成黄土地区是造成黄土地区事故的主要原因。

湿陷性黄土地基的工程措施包括以下三方面：（1）地基处理通常采用灰土垫层、重锤夯实、强夯、预浸水、化学加固（主要为硅化和碱液加固）、采用灰土挤密桩挤密等，也可采用将桩端进入非湿陷性土层的桩基础。（2）对于地面雨水和潜在的管道漏水等，应有严密的排泄和防护措施，注重建筑在长期使用过程中的排水和防水问题，同时也要做好施工阶段临时性排水、防水工作，不仅要着眼于整个建筑场地排水和防水问题，而且要考虑到单体建筑的防水措施。（3）在建筑和结构设计时采取相应措施，综合考虑地基、基础和上部结构之间相互作用的性质，增加建筑物适应和调节因湿陷性可能引起的不均匀沉降对建筑造成的破坏程度，以达到降低由于地基土湿陷性对房屋建筑造成的危害。

4. 膨胀土一般强度较高、压缩性较低，容易被误认为是良好的天然地基。实际上膨胀土具有强烈的膨胀和收缩性质，作为地基土时往往威胁建筑物和构筑物的安全，特别是对低层轻型房屋、边坡和路基的破坏作用更为显著。膨胀土上房屋开裂后则不易修复。

膨胀土地基的工程措施包括：建筑设计措施，结构设计措施，施工措施等。

5. 红黏土是指石灰岩、白云岩等碳酸盐类岩石，在湿热气候条件作用下经长期风化作用形成的一种以红色为主的黏性土。我国红黏土多属于第四纪残积物，也有少量原地红黏土经间隙性水流搬运再次沉积于低洼地区，当搬运沉积后仍保持红黏土基本特性，且液限大于45％者称为次生红黏土。

红土地基设计要点包括：确定合适的持力层，尽量利用浅层坚硬、硬塑状态的红黏土作为地基的持力层。控制地基的不均匀沉降，当土层厚度变化大，或土层中存在软弱下卧层、石芽、土洞时，应采取必要的措施，如换土、填洞，加强基础和上部结构刚度等，使不均匀沉降控制在允许的范围内。控制红黏土地基的胀缩变形，当红黏土具有明显的胀缩性时，可参照膨胀土地基，采取相应的设计、施工措施，以便保证建筑物的正常使用。

6. 岩溶是由石灰岩、泥灰岩、白云岩、大理岩、石膏、岩盐层等可溶性岩石受水的化学和机械作用而形成的溶洞、溶沟、裂隙、暗河、石芽、漏斗、钟乳石等奇特的地面及地下形态的总称。

岩溶地区由于溶洞及土洞等的存在，可能造成地面变形和地基陷落，发生水的渗透和涌水现象，造成场地工程地质条件急剧恶化。工程实践证明，土洞对建筑物的危害远大于溶洞，其主要原因是土洞埋藏浅、分布密、发育快，顶板强度低，因而危害大。有时在建筑施工阶段还未出现的土洞，却由于房屋建成后改变地表水和地下水的条件而产生新的土洞和地表塌陷。

土洞形成和发育与地质、地质构造、水的活动、岩溶的发育等因素有关。其中以土层、岩溶的存在和水的活动三种因素最为重要。根据地表水和地下水的作用可把土洞分为：地表水形成的土洞和地下水形成的土洞。

7. 滑坡是指岩质或土质边坡受内外因素影响，使斜坡上的土石体在重力作用下丧失稳定而发生的一种滑动。滑坡产生的原因与地质地貌、地质构造、岩土性质、水文地质等条件有关，其外因与地下水活动、雨水渗透、河流冲刷、人工切坡、堆载、爆破、地震等因素有关。

滑坡会造成道路中断，在山区容易形成堰塞湖，在人居环境中会造成建筑物受损，在山区和雨季严重的会形成泥石流，对人民生命财产造成巨大损失。因此，山区建设中，对滑坡必须引起足够的重视和采取有效的预防措施，防止可能产生的滑坡带来的危害。对有可能形成滑坡的地段，应贯彻以预防为主的方针，确保坡体的稳定性。这就要求加强地质勘探，查明可能产生滑坡的条件和类型，并预测其发展趋势，为采取预防措施提供可靠依据。

复习思考题

一、名词解释
特殊土地基　　山区地基　　湿陷性黄土　　膨胀土　　红黏土　　土洞　　岩溶　　滑坡

二、问答题
1. 影响黄土湿陷性的因素有哪些？并应采取哪些工程措施？
2. 膨胀土具有哪些工程特征？影响膨胀土胀缩变形的主要因素有哪些？
3. 岩溶和土洞各有哪些特点？它们对地基承载力和变形有哪些不良影响？
4. 什么是滑坡？它有几种类型？引起滑坡的主要因素有哪些？怎样采取措施防治滑坡的危害产生？

第九章　软弱地基处理

学习要求与目标：

1. 了解常用地基处理方法的原理与适用范围。
2. 熟悉复合地基设计的概念。
3. 掌握换土垫层的设计要点。

第一节　概　　述

在工程建设中，不可避免地会遇到地质条件不良或软弱地基，若在这样的地基上修筑建筑物，则不能满足其设计和正常使用的要求。随着科学技术的不断发展，高层建筑不断涌现，建筑物的荷载日益增大，对地基变形的要求越来越严格，因此，即使原来一般可被评价为良好的基础，也可能在特定的条件下必须进行地基加固。地基处理是指对不满足承载力和变形要求的软弱地基进行人工处理，也称为地基加固。软弱地基是指主要有淤泥、淤泥质土、冲填土、杂填土和其他高压缩性土层构成的地基。

一、地基处理的目的

衡量地基好坏的一个主要标准就是看其承载力和变形性能是否满足要求。地基是否需要处理？处理到什么程度？用什么手段处理？这类问题的答案并不是唯一不变的，从这一点上说地基的处理具有复杂性和多变性。地基处理的目的是利用换填、夯实、挤密、排水、胶结和加筋等方法对地基进行加固，用以改良地基土的特性。

工程实际中建筑地基所需处理的问题表现在以下几个方面。

（1）地基的强度与稳定性问题

当地基的抗剪强度不足以支承上部结构传来的荷载时，地基就会产生局部剪切或整体滑移破坏，它不仅影响建筑物的正常使用，还将对建筑的安全构成很大威胁，以至于造成灾难性的后果。

（2）地基的变形问题

地基在上部荷载作用下，产生严重沉降或不均匀沉降时，就会影响建筑物的正常使用，甚至引起建筑物整体倾斜、墙体开裂、基础断裂等事故。

（3）地基的渗漏与溶蚀

水库一类构筑物的地基发生渗漏就会使库内存水渗漏，严重的会引起溃坝等破坏。溶蚀会使地面塌陷。

（4）地基振动液化与振沉

强烈地震会引起地表以下一定深度范围内含水饱和的粉土和砂土产生液化，使地基丧失承载力，造成地表、地基或公路发生破坏。强烈地震会造成软弱黏性土发生振沉现象，导致地基下沉。例如，1976 年 7 月 28 日的唐山 7.8 级强烈地震造成唐山矿业学院书库振沉一层，就是振沉引起破坏的典型实例。

建筑物的天然地基，存在上述四类问题之一时，就必须采取地基处理措施，以确保建筑物的安全性、适用性和耐久性。

二、软弱地基处理的对象

《建筑地基基础设计规范》GB 50007—2011 规定，软弱地基是指主要由淤泥、淤泥质土、冲填土、杂填土或其他高压缩性土构成的地基。

（1）软土

淤泥、淤泥质土总称为软土。软土的特性是含水量高、孔隙比大、渗透系数小、压缩性高、抗剪强度低。在外荷载作用下，软土地基承载力低、地基变形大，不均匀变形也大，且变形稳定历时较长。在比较深厚的软土层上，建筑物基础的沉降往往要持续数年甚至数十年。软土地基是工程实践中遇到最多需要人工处理的地基。

（2）冲填土

在整治和疏浚江河航道时，用挖泥船通过泥浆将夹有大量水分的泥砂吹到江河两岸而形成的沉积土，称为冲填土或吹填土。冲填土的工程性质主要取决于其自身的颗粒组成、均匀性和排水固结条件，如以黏土为主的冲填土往往是欠固结的，其强度较低且压缩性较高，通常需经过人工处理才能作为建筑物地基。以砂土和其他粗颗粒为主组成的冲填土，其工程性质与砂土相似，可按砂性土考虑是否需要进行地基处理。

（3）杂填土

是由人类活动所形成的建筑垃圾、工业废料和生活垃圾等无规则堆积物。其组成成分复杂、组成物质杂乱，分布极不均匀，结构松散且无规律性。其重要特性是强度低、压缩性高以及均匀性差，即便是在同一建筑场地的不同位置，其地基承载力和压缩性也有很大的差异。杂填土未经处理一般不能作为建筑物的地基。

（4）其他高压缩性土

饱和松散粉细砂及部分砂土，在强烈地震和机械振动等的重复荷载作用下，有可能在含水饱和情况下发生液化或振陷变形，另外，在基坑开挖时，也可能会产生流沙或管涌，因此，对于这类地基土，往往需要根据有关专门规范的要求进行处理，以满足受力和变形的要求。

三、地基处理方案的确定与施工注意事项

1. 地基处理方案的确定

（1）准备工作

收集详勘资料和地基基础设计资料是准备工作的第一步。了解采用天然地基存在的主要问题，弄清楚是否可用建筑物移位、修改上部结构设计或其他简单措施来解决；明确地基处理的目的、处理的范围和要求处理后达到的技术经济指标等，论证地基处理的必要性是准备工作的第二步。调查了解本地区已建成建筑物地基施工条件和地基处理的经验是准备工作的第三步。

（2）确定地基处理方法的步骤

1）方案初选。根据结构类型、荷载大小及使用要求，结合地形地貌、地层结构、土质条件、地下水及环境情况和对邻近建筑物的影响进行选择。

2）最佳方案选择。对初选的各个方案，从加固原理、适用范围、预期处理效果、材料来源与消耗机具条件、施工进度和对环境影响方面，进行全面技术经济比较，从中选择一个最佳的地基处理方案。最佳方案的确定通常是集中和选取各方案的优点，采用一个综合处理的方案。

3）现场试验。对已选定的地基处理方案的具体处理方法，按建筑物安全等级和场地复杂程度，选择代表性的场地试验并进行必要的测试。检验处理效果，必要时修改处理方案。

2. 地基处理施工注意事项

地基处理是一项技术复杂、难度较大的非常规工程，必须精心组织、周密安排、精心施工，并注意以下几个环节：

（1）技术交底与质量监理

在地基处理工作开始前，应对施工人员进行技术交底，讲明地基处理方法的原理，技术标准和质量要求，技术交底最好为示范处理、边干边讲，以期达到最佳效果。地基处理施工过程应有专门技术和管理人员跟班，负责质量监督和管理工作。

（2）做好监测工作

在地基处理施工过程中，应有计划地进行监测工作，根据监测结果指导下一阶段的工作，不断提高技术水平和地基处理质量。

（3）处理效果检验

在地基处理施工完成后，经必要的时间间隔，采取多种手段检验地基处理的效果。同一地点用地基处理前后定量的指标发生的变化加以说明。例如，通过地基承载力提高，c、ϕ 及 E_s 增加，地基变形是否已满足设计要求，液化是否被消除等来评价。

四、地基处理方法

地基处理的方法分为：根据处理时间分为临时处理和永久处理；根据处理深度分为浅层处理和深层处理；根据被处理土的特性，分为砂土处理和黏土处理，饱和土处理和不饱和土处理。根据地基处理的原理分类，能充分体现各种处理方法自身的特点分类方法较为妥当、合理，因此，现阶段一般按地基处理的作用机理对地基处理方法进行分类。

1. 机械压实法

机械压实法通常采用机械碾压法、重锤夯实法、平板振动法。这种处理方法是利用了土的压实原理，把浅层地基土压实、夯实或振实。属于浅层处理。适用地基土为碎石、砂土、粉土、低饱和度的粉土与黏性土、湿陷性黄土、素填土、杂填土等地基。

2. 换土垫层法

换土垫层法，通常的处理方法是采用砂石垫层、碎石垫层、粉煤灰垫层、干渣垫层、土或灰土垫层置换原有软弱地基土来对湿陷地基处理的。其原理就是挖除浅层软弱土或不良土，回填碎石、粉煤灰、干渣、粗颗粒土或灰土等强度较高的材料，并分层碾压或夯实，提高承载力和减少变形，改善特殊土的不良特性，属浅层处理。这种处理方法适用于淤泥、淤泥质土、湿陷性黄土、素填土、杂填土地基及暗沟、暗塘等的浅层处理。

3. 排水固结法

排水固结法，对地基处理方法是采用天然地基和砂井及塑料排水板地基的堆载预压、降水预压、电渗预压等方法达到地基处理的。其原理是通过在地基中设置竖向排水通道并对地基施以预压荷载，加速地基土的排水固结和强度增长，提高地基稳定性，提前完成地基沉降。属深层处理。适用于深厚饱和软土和冲填土地基，对渗透性较低的泥炭土应慎用。

4. 深层密实法

深层密实法，是通过采用碎石桩、砂桩、砂石桩、石灰桩、土桩、灰土桩、二灰桩、强夯法、爆破挤密法等对软弱地基土处理的一种方法。这种方法的原理是采用一定的技术方法，通过振动和挤密，使土体孔隙减少，强度提高，在振动挤密的过程中，回填砂、碎石、灰土、素土等，形成相应的砂桩、碎石桩、灰土桩、土桩等，并与地基土组成复合地基，从而提高强度，减少变形；强夯即利用强大的夯实功能，在地基中产生强烈的冲击波和动应力，迫使土体动力固结密实（在强夯过程中，可填入碎石，置换地基土）；爆破则为引爆预先埋入地基中的炸药，通过爆破使土体液化和变形，从而获得较大的密实度，提高地基承载能力，减少地基变形。这类地基处理方法属深层次处理。这种方法适用于松砂、粉土、杂填土、素填土、低饱和度黏性土及湿陷性黄土，其中强夯置换适用于软黏土地基的处理。

5. 胶结法

这种方法是对地基土注浆、深层搅拌和高压旋喷等方法使地基土土体结构改变，从而达到改善地基土受力和变形性能的处理方法。这类处理方法是采用专门技术，在地基中注入泥浆液或化学浆液，使土粒胶结，提高地基承载力，减少沉降量，防止渗漏等；或在部分软土地基中参入水泥、石灰等形成加固体，与地基土组成复合地基，提高地基承载力、减少变形、防止渗漏；或高压冲切土体，在喷射浆液的同时旋转，提升喷浆管，形成水泥圆柱体，与地基土组成复合地基，提高地基承载力，减少地基沉降量，防止砂土液化、管涌和基坑隆起等。这类处理方法适用于淤泥、淤泥质土、黏性土、粉土、黄土、砂土、人工填土地基；注浆法还可适用于岩石地基。

6. 加筋法

加筋法是采用土工膜、土工织物、土工格栅、土工合成物、土锚、土钉、树根桩、碎石桩、砂桩等对地基土加固的一种方法。它的原理是将土工聚合物铺设在人工填筑的堤坝或挡土墙内起到排水、隔离、加固、补强、反滤等作用；土锚、土钉等置于人工填筑的堤坝或挡土墙内可提高土体的强度和自稳能力；在软弱土层上设置树根桩、碎石桩、砂桩等，形成人工复合土体，用以提高地基承载力，减少沉降量和增加地基稳定性。这类方法适用于软黏土、砂土地基、人工填土及陡坡填土等地基的处理。

第二节 浅层地基处理

一、换土垫层法

换土垫层法是将基础下一定深度范围内的软弱土层全部或部分挖除，然后分层回填砂、碎石、素土、灰土、粉煤灰、高炉干渣等强度较大、性能稳定和无侵蚀性材料，并夯实的地基处理方法。

当软弱地基承载力和变形不能满足建筑物要求，且软弱土层的厚度又不很大时，换土垫层法是一种较为经济、简单的软土地基浅层处理方法。不同的材料形成不同的垫层，如砂垫层、碎石垫层、素土或灰土垫层、粉煤灰及煤渣垫层等。

换土深度较大时，经常出现开挖过程中地下水位高而不得不采用降水措施；坑壁放坡占地面积大或需要基坑支护；施工土方量大、弃方多等问题，从而使地基处理费用增高、工期延长，因此，换土垫层法的处理深度常控制在 3～5m 范围内。但是，当换土垫层厚度较薄，则其作用不够明显，因此，处理深度也不应小于 0.5m。

换土垫层法处理软土地基，其作用主要体现在以下几个方面：提高浅层地基承载力；减少地基沉降量；加速软弱土层的排水固结，即垫层起排水作用；防止土的冻胀，即粗颗粒材料垫层起隔水作用；减少或消除土的胀缩性。换土垫层法在处理一般地基时，其可起的作用主要为前面三种，在某些工程中可能几种作用同时发挥，如提高垫层强度、减少沉降量和排水等几种作用同时发挥。

换土垫层法适用于淤泥、淤泥质土、湿陷性黄土、素填土、杂填土地基及暗沟、暗塘等的浅层处理。

1. 砂（碎石）垫层设计要点

砂（碎石）垫层设计的主要内容是确定断面合理的厚度和宽度。根据建筑物对地基变形和稳定的要求，对于垫土层，既要求有足够厚度置换可能被剪切破坏的软土层，又要有足够的宽度以防止砂垫层向两侧挤动。对于排水垫层，一方面要求有一定的厚度和宽度，防止加荷过程中产生局部剪切破坏；另一方面要求形成一个排水层，促进软弱土层的固结。较为常用的砂垫层设计方法如下：

（1）砂（碎石）垫层厚度的确定

砂垫层厚度应满足在上部荷载作用下本身不产生剪切破坏，同时通过垫层传递至下卧软弱层的应力也不会使下卧层产生剪切破坏，即应满足对下卧层验算的要求。砂垫层的压力扩散角 θ 按表 9-1 取用。

垫层的压力扩散角 θ（°）   表 9-1

换土材料 z/b	中砂、粗砂、砾砂、圆砾、角砂、石屑、卵石、碎石、矿渣	粉质黏土、粉煤灰	灰土
0.25	20	6	28
≥0.50	30	23	

注：1. 当 $z/b<0.25$，除灰土取 $\theta=28°$ 外，其余材料均取 $\theta=0°$，必要时，宜由试验确定。

2. 当 $0.25<z/b<0.5$ 时，θ 值可内插求得。

计算时，先假设一个垫层厚度，然后验算，如不符合要求则改变厚度，重新验算直到满足要求为止。一般砂垫层的厚度为 1～2m 左右，垫层厚度过小（小于 0.5m）时，则施工较困难。

（2）砂垫层宽度的确定

砂垫层的宽度，一方面满足应力扩散的要求，另一方面防止垫层两边挤动。砂垫层宽度的确定，通常采用当地某些经验数据（考虑垫层两侧土的性质）或按经验方法确定。常用的是经验角法。设垫层厚度为 z，垫层底宽按基础底面每边向外扩出考虑，条形基础下砂垫层宽度不应小于 $b+2z\tan\theta$。扩散角 θ 根据表 9-1 确定。

砂垫层顶面宽度可从垫层两侧向上，按基坑开挖期间保持边坡稳定的当地放坡经验确定。垫层顶面每边超出基础底边不小于 300mm。

砂垫层断面确定后，对于重要的建筑物还要验算基础的沉降，以便使建筑物基础的最终沉降值小于建筑物的允许沉降值。验算时一般不考虑砂垫层本身的变形。但对沉降要求严或垫层厚的建筑应计算垫层本身的变形。

以上这种按应力扩散设计砂垫层的方法比较简洁，故设计中经常被使用。砂垫层剖面如图 9-1 所示。

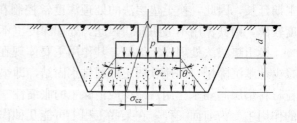

图 9-1　砂垫层剖面图

2. 砂（碎石）垫层的施工要点

1）砂垫层的砂料必须具有良好的压实性，以中、粗砂为好，也可使用碎石。细砂虽然也可以用作垫层，但不易压实，且强度不高。垫层所用砂料不均匀系数不能小于 5，有机质含量、含泥量和水稳定不良的物质不宜超过 3%，且不宜掺入大块石。

2）砂垫层施工的关键是如何将砂加密至设计要求。加密的方法常用的有水振动法、水撼法、碾压法。上述方法都要求控制一定的含水量，分层铺砂厚度约 200~300mm，逐层振密或压实。通常以湿润到接近饱和状态时为好。

3）开挖基坑铺设砂垫层时，必须避免扰动软土层表面和破坏坑底土的结构。因此，基坑开挖后应立即回填，不应暴露过久或浸水，更不得任意践踏坑底。

4）当采用碎石垫层时，为了避免碎石挤入土中，应在坑底先铺一层砂，再铺碎石垫层。

二、抛石挤淤法

抛石挤淤法是强迫换土的一种形式。通过在软黏土中抛入较大的片石、块石，使片石、块石强行挤出黏土并占据其位置，以此来提高地基承载力，减少沉降量，提高土体的稳定性。

抛石挤淤法一般适用于厚为 3~4m 的软土层和常年积水且不易抽干的湖、塘、河流等积水洼地，以及表层无硬壳、软土的液性指数大、厚度较薄、片石能沉入下卧层的情况。由于抛石挤淤法施工简单，不用抽水，不用挖淤，施工迅速，所以现场乐于采用。

抛石挤淤法施工时，抛石顺序应自基础中部开始，然后逐次向两旁展开，使淤泥向两侧挤出。当抛入的片石露出水面后，用重锤夯实或用压路机碾压密实，然后在其上铺反滤层再行填土，如图 9-2（a）所示。当下卧岩石层面具有明显的横向坡度时，抛石应从下卧层高的一侧向低的一侧扩展，并且在低的一侧适当高度范围内多抛填一些，以增加其稳定性，如图 9-2（b）所示。

三、重锤夯击法

重锤夯实法是用起重机械将夯锤提升到一定高度，然后使重锤自由下落并重复夯击，使浅层土体变得密实，地基得以加固。重锤夯实法既是一种独立的地基浅层处理方法，也是换土层法压实的一种手段。

重锤夯实法适用于地下水位距地表 0.8m 以上稍湿的黏性土、砂土、湿陷性黄土、杂

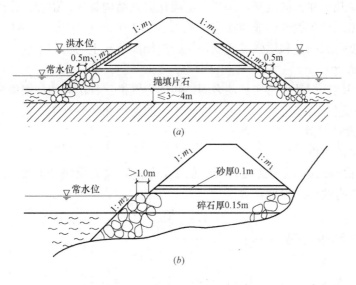

图 9-2 抛石挤淤法示意
(a) 换填片石；(b) 抛片石挤淤

填土及分层填土等。但在有效夯实深度范围内有软黏土层时不宜采用。

重锤夯实的影响深度和效果与锤重、锤底直径、落距以及土质条件等因素有关。一般夯锤采用圆台形，锤重宜大于 20kN，锤底直径宜根据锤的单位静压力为 15～20kPa 确定，夯锤落距一般应大于 4m。

重锤夯击宜一夯接一夯顺序进行。在独立基础坑内，宜先外后内进行夯击。同一基坑底面标高不同时，应按先深后浅的顺序进行夯实。一般当最后两遍夯沉量达到黏性土及湿陷性黄土小于 1.0～2.0cm，砂土小于 0.5～1.0cm 时可停止夯击。

对于具体工程，为了确定最小的夯击遍数、最后两遍平均夯沉量和有效夯实深度等，需事先进行现场试验。对于稍湿和湿、稍密到中密的建筑垃圾杂填土，如采用 15kN、锤底直径 1.15m 的锤击后，地基承载力特征值一般可达到 100～150kPa。通常正常夯击的有效夯实深度一般可达 1m 左右，并可消除 1.0～1.5m 厚湿陷性黄土的湿陷性。

四、强夯法

1969 年，法国人梅纳首创了强夯地基加固法。它是用几吨甚至十几吨的重锤从高处落下，反复多次夯击地面，对地基加固夯实。工程实践证明，加固的效果是显著的。结果强夯后的地基承载力提高 2～5 倍，压缩性可降低 200%～500%，影响深度 10m 以上，这种方法具有施工工艺简单、速度快、节省材料等特点，受到工程界的广泛欢迎。

1. 强夯法的加固机理

强夯是通过一般 8～30t，最终可达 200t 夯锤，在落距 8～30m 时，对地基土施加很大的冲击波和冲击能，一般能量为 500～8000kN·m，这种强大的夯击力在地基中产生的冲击波和动应力，可提高土体强度，降低土的压缩性，起到改善土的振动液化性和消除湿陷性黄土的湿陷性作用。同时，夯击能还可提高土层的均匀程度，减少房屋建成后的地基不均匀沉降。

夯击过程中，由于巨大的夯击能和冲击波，土体中已含有许多可压缩的微气泡很快被压缩，土体承受几十厘米的沉降，局部产生液化后，结构破坏、强度下降到最小值，随后在夯击点周围出现径向裂缝，成为加速孔隙水压力消散的主要通道，黏性土具有触变性，使降低了的强度得到回复和增强。这就是强夯法加固地基土的机理，这一机理的实质是动力密实。

强夯法加固地基有动力密实、动力固结和动力置换三种不同的加固机理。具体工程中究竟采用那种机理对地基土夯实，主要取决于土的类别和强夯施工工艺。

2. 强夯法设计计算

(1) 有效加固深度

有效加固深度既是确定地基处理方法的重要依据，又是反映处理效果的重要参数。一般可按下式估算有效加固深度：

$$H \approx \alpha \sqrt{Mh/10} \tag{9-1}$$

式中　H——有效加固深度（m）；

M——夯锤重（t）

α——折减系数，黏性土取 0.5；砂土取 0.7；黄土取 $0.35 \sim 0.50$；

h——落距（m）。

(2) 夯锤和落距

在设计时，根据需要加固深度，初步确定采用的单击夯击能，然后再根据机具条件，因地制宜地确定锤落距和锤重。

(3) 夯击点布置及间距

1) 夯击点布置。夯击点布置一般为三角形或正方形。强夯处理范围应大于建筑物基础范围，具体的放大范围，可根据建筑物类型和重要性等因素确定，对一般建筑物，每边超出基础外缘的宽度宜为基础埋深的 $1/2 \sim 2/3$，并不宜小于 3m。

2) 夯击点间距。夯击点间距的确定，一般根据地基土的性质和要求处理的深度而定。第一遍夯击点间距通常为 $5 \sim 15m$，以保证使夯击能量传递到深处和保护夯坑周围所产生的辐射向裂缝为基本原则。

(4) 夯击击数与遍数

1) 夯击击数。各夯击点的夯击数，应使土体竖向压缩最大，而侧向位移最小为原则，一般为 $4 \sim 10$ 击。

2) 锤击点间距。夯击遍数应根据土的性质和平均夯击能确定。一般情况下可采用 $1 \sim 8$ 遍，对于粗颗粒土夯击遍数可少些，而对细颗粒土夯击遍数可多些。

最后一遍是以低能量"搭夯"，即锤印彼此搭接。

(5) 垫层铺设

强夯前拟加固的场地必须具有一层稍硬的表层，使其能支承起重设备；并便于对所施工的"夯击能"得到扩散；同时也可加大地下水位与地表面的距离。因此，有时必须铺设垫层，垫层厚度一般为 $0.5 \sim 2m$，铺设的垫层不能含有黏土。

(6) 间歇时间

锤击各遍间的间歇时间取决于加固土层中孔隙水压力消除需要的时间。对砂性土，孔隙水压力峰值出现在夯完后的瞬间，可连续夯击。对黏性土，其间歇时间取决于孔隙水压力的消散情况，一般为 $2 \sim 4$ 周。

强夯法适用于处理砂土、碎石土、低饱和度的黏性土、粉土、湿陷性黄土等。在饱和软弱土地基采用强夯法时，应通过现场试验获得效果后才宜采用。这种方法不足之处是施工振动大，噪声大，影响附近建筑物，所以在建筑物稠密的大中城市不宜采用。

第三节　排水固结法

排水固结法是指预先施加荷载，为加快地基中水分的排出速度，同时在地基中设置竖向和横向排水通道，使得土体中水分排出，逐步固结，以达到提高地基承载能力和稳定性、减少沉降量目的的一种地基处理方法（图 9-3）。

排水固结法由排水系统和加压系统两部分组成。设置排水系统的目的，主要在于改变地基原有的排水边界条件，缩短孔隙水排出的路径，缩短排水固结时间。

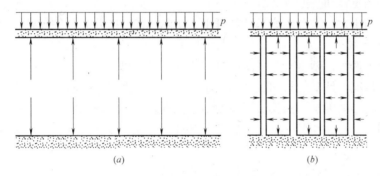

图 9-3　竖向排水体设置原理
(a) 竖向排水情况；(b) 砂井地基排水情况

排水系统由竖向排水体和水平向排水体构成，竖向排水体有普通砂井、袋装砂井和塑料排水板，水平排水体为砂垫层。加压系统主要作用是给地基增加固结压力，使其产生固结。加压的方式通常可利用建筑物（如房屋）或构筑物（如路堤、堤坝等）自重、专门堆积固体材料（如砂和石料、钢材等）、充水（如油罐充水）及抽真空施加负压力荷载等。

排水固结法主要适用于处理淤泥、淤泥质土和冲填土等饱和黏性土地基。对于含水平砂层的黏性土，因其具有较好的横向排水性能，所以处理时土体中不设竖向排水体（如砂井等），也能获得良好的固结效果。

砂井预压是排水固结法中一种常用的地基加固方法。砂井预压系指在软弱地基中用钢管打孔、灌砂设置砂井（包含袋装砂井）作为竖向排水通道，并在砂井顶部设置砂垫层作为水平排水通道，并在砂垫层上部堆载，使土体中孔隙水较快地排出，从而达到加速土体固结，提高地基土强度的目的。

砂井预压设计中应注意的问题：

（1）砂井间距和平面布置

根据砂井固结理论可知，缩小砂井间距比增大砂井直径具有更好的排水效果，因此，为加快土体中孔隙水的排出速度，减少地基排水固结时间，宜采用"细而密"的原则选择砂井间距和直径。具体施工中，砂井直径太细，则难以保证其施工质量；砂井间距太密，会对周围土体产生扰动，降低土的强度和渗透性，影响加固效果。所以实际工程中砂井的间距不宜小于 1.5m。

砂井在平面上的布置形式通常为等边三角形或正方形，一根砂井的有效圆柱体的直径 d_e 和砂井间距 s 的关系可按下式计算：

等边三角形布置 $\qquad d_e=\sqrt{\dfrac{2\sqrt{3}}{\pi}}s=1.05s$

正方形布置 $\qquad d_e=\sqrt{\dfrac{4}{\pi}}s=1.128s$

砂井的平面布设范围应稍大于基础范围，通常由基础的轮廓线向外增大 2～4m，为使沿砂井排至地面的水能迅速、顺利地排离到场地以外，在砂井顶部应设置排水垫层或纵横连通砂井的排水砂沟，砂垫层及砂沟的厚度一般为 0.5～1.0m，砂沟的宽度可取砂井直径的 2 倍。

（2）砂井的直径和长度

砂井直径的确定，需考虑能否顺利排水、实际施工时砂井质量等问题，目前工程中常用的砂井直径为 30～40cm，通常砂井的间距可按井径比 $n=s/d_w$ 确定。普通砂井的井径比可按 $n=6～8$ 选用；砂袋砂井或塑料排水带的井径比可按 $n=15～20$ 选用。

土层分布情况，地基中附加压力的大小，压缩层厚度以及地基可能发生滑动的深度等都是砂井长度的影响因素。如软土层厚度不大，则砂井宜穿透软弱土层。反之，则可根据建筑物对地基的稳定性和沉降量要求决定砂井长度，此时砂井长度应考虑穿越地基的可能滑动面或穿越压缩层。

（3）分级加荷大小及某一级荷载作用下的停歇时间

砂井地基在预压过程中，实际的预压荷载往往是分级施加的。因此，需要确定每级荷载大小和该级荷载作用下的停歇时间，即制订加荷计划。加荷计划的制订依据是地基土的排水固结程度和地基抗剪强度的增长情况。

第四节　散体材料桩复合地基

散体材料桩复合地基是指在软弱地基土中用振动或冲击的方法挤土成孔，然后在孔中充填碎石、砂、炉渣等材料，分别形成所谓的碎石桩、砂桩及炉渣桩等，这些散体材料与地基土一起形成复合地基，共同承受外荷载，抵抗变形，达到加固软弱地基的目的。本节简要介绍砂桩和碎石桩地基。

一、砂桩

在软弱地基土中用一定方式成孔，并往孔中充填砂料，在地基中形成一根砂柱体，即为砂桩。挤密砂桩目前常用于路堤、原料堆场、堤防码头、油罐及厂房等地基的加固。

挤密砂桩一般适用于松散砂土和人工填土地基的加固处理；在软黏土地基中，由于黏性土渗透性小，在成桩过程中，引起的超孔隙水压力难以迅速消散，故挤密效果差，同时黏性土灵敏度高，结构性强，施工时极易破坏地基土的天然结构，造成土的抗剪强度下降，从而影响其固结效果。因此，采用砂桩处理饱和软黏土地基时应慎重，最好加固前能进行现场试验研究，以获得必要的资料加以论证。

砂桩的加固机理可从以下几个方面加以说明。

1. 加固松散砂土地基

加固松散砂土地基时，由于砂桩施工时，采用振动或冲击的方式往土中下沉桩管，桩管将地基中等于桩管体积的砂土挤向桩管周围的土层，使其孔隙比减少，密度增加，起到对松散砂土的挤密作用，一般这种有效挤密范围可达3～4倍的桩径。通过挤密松散砂土，可以防止地基土的振动液化，提高地基土的抗剪强度，减少沉降和不均匀沉降。

2. 加固软弱黏性土地基

在软弱黏性土地基中设置砂桩，其作用为：密实的砂桩取代了与其同体积的软弱黏性土，起到了置换作用；同时砂桩与地基土一起构成了复合地基。软弱黏性土中的砂桩起到砂井排水的作用，缩短了孔隙水排出的路径，加快了地基土的固结沉降。

3. 砂桩技术参数

(1) 材料。用于砂桩的砂一般宜为中粗混合砂，含泥量不大于5%，并不宜含有大于50mm的颗粒；砂桩主要起排水作用时，含泥量不大于3%。

(2) 桩位平面布置形式及其范围。砂桩的平面布置形式常为等边三角形或正方形。等边三角形布置一般适用于大面积处理，而正方形布置一般适用于独立基础和条形基础下的地基处理。

砂桩挤密地基的宽度应超出基础宽度，每边放宽不应少于1～3排，砂桩用于防止砂层液化时，每边放宽不宜小于处理深度的1/2，并不应小于5m。当可液化层上覆盖有厚度大于3m的非液化层时，每边放宽不宜小于液化层厚度的1/2，并不应小于2m。

(3) 砂桩的直径。砂桩直径应根据土质情况和成桩设备等因素确定，一般砂桩直径可采用300～800mm，对于饱和黏性土地基宜选用较大直径。

(4) 砂桩间距。砂桩间距应通过现场试验确定，但不宜大于4倍桩径。

有关砂桩的计算内容这里不再讨论。

二、碎石桩

在软弱地基中采用一定方式成孔并向孔中填入碎石，并在地基中形成一根碎石柱体，称为碎石桩。碎石桩施工时，以起重吊装振冲器，启动潜水电机后带动偏心块，使振冲器产生高频振动，同时开动水泵，使高压水通过喷嘴喷射高压水流，在振动力和高压水流的作用下，在土层中形成孔洞，直至设计标高，然后经过清孔，用循环水带出稠泥浆后向桩孔中逐段填入碎石，每段填料均在振冲器振动作用下振挤密实，达到要求的密实度后就可以上提，重复上述操作步骤直至地面，从而在地基中形成一根具有相应直径的密实碎石柱体，即碎石桩。由于上述施工方法为边振边冲，即在土中成孔，振冲过程中也使土体得以振动密实，故也称为振动水冲法，故这里所说的碎石桩也称为振冲碎石桩。

振冲碎石桩一般适用于松散砂土的加固处理，也可适用于黏性土的加固处理，但过程应用中必须十分慎重，因为碎石桩为散体材料，在承受荷载后，其抵抗荷载的能力完全依赖于桩周土体的径向支撑力，由于软黏土的天然抗剪强度低，所以，往往难以提供碎石桩需要的足够的径向支撑力，因此，不能获得满意的效果，甚至造成加固处理的完全失败。一般当软土地基的天然不排水强度小于20kPa时，常不能取得满意的效果。

碎石桩加固地基土的机理可从以下几个方面说明。

(1) 松散砂土地基。振冲碎石加固砂土地基，除振冲成孔将砂土挤压密实外，碎石桩体因孔隙大，排水性能好，在地基中起到排水减压作用，可加快地基土的排水固结；另外，施工振冲产生的振动力，使砂土地基产生预振的效应。上述作用使加固后的地基承载力提高，沉降量减少，可有效防止砂土的振动液化。

（2）黏性土地基。由于黏性土的渗透性差，振冲不能使饱和土中的孔隙水迅速排除而减少孔隙比，振冲时振动力主要是把添加料碎石振密并挤压到周围的软土中，形成粗大密实的碎石桩，碎石桩置换部分软黏土并与软黏土一起组成非均匀的复合地基。由于地基土和桩体碎石变形模量不同，故土中应力会向碎石桩集中，于是在没有提高软黏土承载力的情况下，整个地基土的承载力得以提高，沉降量得以下降。

一般认为，无论松散砂性土还是软黏土，振冲碎石桩加固地基的作用概括起来有四种，即挤密、置换、排水和加筋。

碎石桩的平面布置通常为等边三角形或正方形，桩径一般为 0.7~1.2m，碎石桩的平面布置范围、桩长和桩间距及单根桩每米的填碎石量的确定方法，与砂桩的确定方法相同。

本 章 小 结

1. 软弱地基是指主要由淤泥、淤泥质土、冲填土、杂填土和其他高压缩性土层构成的地基。软弱地基的工程特性主要表现在变形大、承载力低，容易引起房屋产生沉降、不均匀沉降甚至倾覆。

2. 地基处理的方法可分为：根据处理时间可分为临时处理和永久处理；根据处理深度可分为浅层处理和深层处理；根据被处理土的特性，可分为砂土处理和黏土处理，饱和土处理和不饱和土处理。根据地基处理的原理分类，能充分体现各种处理方法自身的特点，较为妥当、合理，因此，现阶段一般按地基处理的作用机理对地基处理方法进行分类，有机械压实法；换土垫层法；排水固结法；深层密实法；胶结法；加筋法等。

3. 机械压实法，通常采用机械碾压法、重锤夯实法、平板振动法。这种处理方法是利用了土的压实原理，把浅层地基土压实、夯实或振实。属于浅层处理。适用地基土为碎石、砂土、粉土、低饱和度的粉土与黏性土、湿陷性黄土、素填土、杂填土等地基。

4. 换土垫层法，通常的处理方法是采用砂石垫层、碎石垫层、粉煤灰垫层、干渣垫层、土或灰土垫层置换原有软弱地基土时湿陷地基处理的。其原理就是挖除浅层软弱土或不良土，回填碎石、粉煤灰垫、干渣垫、粗颗粒土或灰土等强度较高的材料，并分层碾压或夯实土，提高承载力和减少变形，改善特殊土的不良特性，属浅层处理。这种处理方法适用于淤泥、淤泥质土、湿陷性黄土、素填土、杂填土地基及暗沟、暗塘等的浅层处理。

5. 排水固结法，是采用天然地基和砂井及塑料排水板地基的堆载预压、降水预压、电渗预压等方法达到地基处理的。其原理是通过在地基中设置竖向排水通道并对地基施以预压荷载，加速地基土的排水固结和强度增长，提高地基稳定性，提前完成地基沉降。属深层处理。适用于深厚饱和软土和冲填土地基，对渗透性较低的泥炭土应慎用。

6. 深层密实法，是通过采用碎石桩、砂桩、砂石桩、石灰桩、土桩、灰土桩、二灰桩、强夯法、爆破挤密法等对软弱地基土处理的一种方法。这种方法的原理是采用一定的技术方法，通过振动和挤密，使土体孔隙减少，强度提高，在振动挤密的过程中，回填砂、碎石、灰土、素土等，形成相应的砂桩、碎石桩、灰土桩、土桩等，并与地基土组成复合地基，从而提高强度，减少变形；强夯即利用强大的夯实功能，在地基中产生强烈的冲击波和动应力，迫使土体动力固结密实（在强夯过程中，可填入碎石，置换地基土）；爆破则为引爆预先埋入地基中的炸药，通过爆破使土体液化和变形，从而获得较大的密实度，提高地基承载能力，减少地基变形。这类地基处理方法属深层次处理。这种方法适用于松砂、粉土、杂填土、素填土、低饱和度黏性土及湿陷性黄土，其中强夯置换适用于软黏土地基的处理。

7. 注浆法，是对地基土注浆、深层搅拌和高压旋喷等方法使地基土土体结构改变，从而达到改善地基土受力和变形性能的处理方法。这类处理方法是采用专门技术，在地基中注入泥浆液或化学浆液，使土粒胶结，提高地基承载力、减少沉降量、防止渗漏等；或在部分软土地基中掺入水泥、石灰等形成加固体，与地基土组成复合地基，提高地基承载力、减少变形、防止渗漏；或高压冲切土体，在喷射浆液的同时旋转，提升喷浆管，形成水泥圆柱体，与地基土组成复合地基，提高地基承载力，减少地基沉降量，防止砂土液化、管涌和基坑隆起等。这类处理方法适用于淤泥、淤泥质土、黏性土、粉土、黄土、砂土、人工填土地基；注浆法还可适用于岩石地基。

8. 加筋法，是采用土工膜、土工织物、土工格栅、土工合成物、土锚、土钉、树根桩、碎石桩、砂桩等对地基土加固的一种方法。它的原理是将土工聚合物铺设在人工填筑的堤坝或挡土墙内起到排水、隔离、加固、补强、反滤等作用；土锚、土钉等置于人工填筑的堤坝或挡土墙内可提高土体的强度和自稳能力；在软弱土层上设置树根桩、碎石桩、砂桩等，形成人工复合土体，用以提高地基承载力，减少沉降量和增加地基稳定性。这类方法适用于软黏土、砂土地基、人工填土及陡坡填土等地基的处理。

9. 散体材料桩复合地基是指在软弱地基土中用振动或冲击的方法挤土成孔，然后在孔中充填碎石、砂、炉渣等材料，分别形成所谓的碎石桩、砂桩及炉渣桩等，这些散体材料与地基土一起形成复合地基，共同承受外荷载，抵抗变形，达到加固软弱地基的目的。

复习思考题

一、名词解释

软弱地基　　机械压实法　　换土垫层法　　排水固结法　　深层密实法　　胶结法　　加筋法　重锤夯击法　　强夯法　　散体材料桩复合地基

二、问答题

1. 地基处理的对象和目的是什么？

2. 换土垫层法、挤密法、振冲法、强夯法、深层密实法的作用、适用范围各是什么？它们的设计要点各有哪些？

3. 什么是砂土的振动液化？它有哪些危害？

4. 垫层的作用是什么？

第十章 基坑工程

学习要求与目标：

1. 了解我国基坑开挖及支护状况的特点；

2. 了解基坑开挖方法的分类和存在的问题；

3. 理解基坑开挖分类、要求与分级；

4. 熟悉基坑工程总方案设计的目的、要求和具体内容；

5. 理解深基坑支护体系、基坑支护结构设计原则；

6. 了解地下连续墙的特点、适用条件和分类。

第一节 概　　述

一、深基坑工程特点

基坑是建筑工程的一部分，与建筑业的发展关系密切相关。随着我国城市化进程不断发展，高层建筑和超高层建筑大量涌现，由于大城市中心区建筑物密集，基坑周围复杂的地下设施使得放坡开挖基坑开挖这一传统技术，不再能满足现代城市建设的需要，因此深基坑开挖和支护已成为现代建筑地基基础工程施工的一个主要内容。

深基坑工程具有以下特点：

（1）建筑趋向高层化，基坑向大深度方向发展。

（2）基坑开挖面积大，长度和宽度有的达几百米，给支撑系统带来较大难度。

（3）在软弱的土层中，基坑开挖会产生较大的位移和沉降，对周围建筑物、市政设施和地下管线造成一定的影响。

（4）深基坑施工工期长，场地狭窄，降雨、重物堆放等对基坑稳定性不利。

（5）在相邻场地施工中，打桩、降水、挖土及基础浇筑混凝土等工序会相互制约与影响，增加协调工作的难度。

二、基坑工程的组成

典型基坑工程为一个从地面向下挖掘的大空间，基坑周围一般为垂直的挡土结构，挡土结构是在开挖面基底下有一定插入深度的板墙结构。常用材料有混凝土、钢、木等，如钢板桩、钢筋混凝土板桩、桩列式灌注桩、水泥土搅拌桩和地下连续墙等。根据基坑的深度不同，板墙可以是悬臂的，更多是单撑式（单锚式）或多撑式（多锚式）结构，支撑的目的是为板墙结构提供弹性支撑点。支撑的类型可以是基坑内部受压体系或基坑外部受拉体系，前者为井字撑或其与斜撑组合的受压杆件体系。也有做成在中间留出较大空间的周边桁架式体系。后者为锚固端在基坑周围地层中受拉锚固体系，可以提供利于基坑施工的全部基坑面积大空间。当基坑较深且有较大空间时，悬臂式挡墙可做成厚度较大的实体式或格构式重力挡土墙。

三、基坑工程的设计与施工的关系

基坑开挖是基础工程施工中的一个传统内容，也是一个综合性的岩土工程难题。不仅涉及土力学中典型的强度与稳定问题，又包含了变形问题，而且还涉及土与支护结构的共同作用。这些问题的研究和解决随着科技进步逐步得到完善。

基坑工程设计广义上包括勘察、支护结构设计、施工、监测和周围环境的保护等几个方面的内容，比其他基础工程更突出的特殊性是设计和施工是相互依赖、密不可分的。施工的每一个阶段，结构体和外面的荷载都在变化，挖土次序和支撑位置的变化和留土时间的变化等不确定因素非常复杂，都对最后的结果产生直接影响。现阶段的设计理论尚不完善，对设计参数的选取还需改进，还不能事先完全考虑诸多复杂因素的影响。只要设计人员和施工人员重视，并密切配合，加强监测分析，及时发现和解决问题，及时总结经验，基坑工程的难题就会得到有效的处理。

城市基坑工程通常处在房屋和市政等公用设施的密集区，为了保护这些建筑物和构筑物正常使用和安全运营，常需对基坑工程引起的周围地层移动限制在一定的变形值之内，也即要求挡土结构的水平位移和其邻近地层的垂直沉降限制在某标准值之内，甚至也限制墙体垂直沉降和地层水平位移值满足周围环境要求，以变形控制值分成几类标准，用以完善设计基坑工程的方法，取代单纯验算强度和稳定性的方法，在软土地区变形控制在设计限制方面起着主导作用。

基坑工程的支护结构为支挡和支撑构件，为了满足变形要求，可以加大和加密支撑结构，有时更经济有效的办法是在基坑底部进行地基处理，用搅拌桩、注浆等措施改善土体刚度和强度等性质。基坑工程的结构构件包括支撑、挡墙和地基加固三部分。

第二节　基坑工程设计

深基坑开挖产生的土体位移引起周围建筑、建筑物、管线的变形和危害，对此，必须在设计阶段提出预测和治理对策，并在施工过程采用监测、监控手段及必需的应变措施来确保基坑的安全和周围环境的安全。针对不同的场地土层条件、周围环境条件及基坑开挖深度等因素，合理选择开挖方法、支护类型和支撑形式是基坑工程设计成功与否的关键。

一、基坑工程方案设计

1. 基坑开挖分类、要求与分级

（1）基坑工程根据其开挖和施工方法分为无支护开挖和有支护开挖方法。

1）有支护的基坑工程一般包括维护结构、支撑体系、土方开挖、降水工程、地基加固、现场监测和环境保护工程。有支护的基坑工程可以进一步分为无支撑维护和有支撑维护。无支撑维护开挖适合于开挖深度较浅、地质条件较好、周围环境保护要求较低的基坑工程，具有施工方便、工期短等特点。有支撑维护开挖适用于地层软弱、周围环境复杂、环境保护要求较高的深基坑开挖，但开挖机械的施工活动空间受限，支撑布置需要考虑适应主体工程施工，换拆支撑施工较复杂。

2）无支护放坡基坑开挖是空旷施工场地环境下的一种常见的基坑开挖方法，一般包括以下内容：降水工程、土方开挖、地基加固及土坡坡面保护。放坡开挖深度通常限于3～6m，如果大于这一深度，则必须采取分段开挖，分段之间应设置平台，平台宽度为2～3m。当挖土通过不同土层时，可根据土层情况改变放坡的坡率，并酌留平台。

（2）基坑工程设计的基本技术要求：

1）安全可靠性。确保基坑工程安全以及周围环境安全。

2）经济合理性。基坑支护工程在安全可靠的前提下，要从工期设备材料人工以及周围环境保护等多方面综合研究经济合理性。

3）施工便利性和工期保证性。在安全可靠性和经济性能满足的前提下，最大限度满足便利施工和尽量缩短工期的要求。

支护结构通常是临时性结构，一旦基础施工完毕即失去作用。有些支护结构的材料可以重复利用，也有一些支护结构就永久地埋在地下，如钢筋混凝土板桩、灌注桩、水泥土搅拌桩和地下连续墙等。还有在基础施工时作为基坑支护结构、施工完毕即为永久性结构物的一个组成部分，成为复合式地下室外墙，如地下连续墙等。

基坑工程按支护工程损坏造成破坏的严重性程度，根据《建筑基坑支护技术规范》JGJ 120 规定，可分为以下三级，各自的重要性系数见表 10-1 所列。

基坑侧壁安全等级及重要性系数 γ_0 表 10-1

安全等级	破坏后果	γ_0
一级	支护结构破坏、土体失稳或过大变形对基坑周边环境及地下结构施工影响很严重	1.10
二级	支护结构破坏、土体失稳或过大变形对基坑周边环境及地下结构施工影响一般	1.00
三级	支护结构破坏、土体失稳或过大变形对基坑周边环境及地下结构施工影响不严重	0.90

注：有特殊要求的建筑基坑侧壁安全等级可根据具体情况另行确定。

2. 基坑工程总方案设计

基坑工程设计的阶段划分和文件的组成，取决于基坑内主体工程的性质、投资规模、建设计划进度等要求，一般有总体方案设计和施工图设计两个阶段。

重要的深基坑应结合主体工程进行基坑总体方案设计，并从以下各点对基坑工程方案进行分析评价和对比选择。

（1）按主体工程地下室所处场地的工程地质及水文地质和周边环境条件，所考虑的基坑工程问题和相应的总体设计的对策是否全面、合理。

（2）对主体工程地下室建造的层数、开挖深度、基坑面积及形状、施工方法、造价、工期与主体工程和上部工程造价、工期等主要经济指标进行综合分析，以评价基坑工程技术方案的经济合理性。

（3）研究基坑工程的维护结构是否兼作主体结构的部分永久结构，对其技术经济效果进行评价。

（4）研究基坑工程开挖方式的可靠性和合理性。

（5）对大型主体工程及其基坑工程施工的分期和前后期工程施工进度安排及相邻影响进行技术经济分析，以通过分析对比提出适用于分期施工的总体方案。

基坑工程总体方案设计通常在主体工程施工图设计完成后的基坑工程施工前进行。但为了使基坑工程与主体工程之间较好的协调，使临时工程与主体工程的结合能够更经济合理，大型深基坑的总体方案设计应在主体工程初步设计中着手进行，以利于协调处理基坑工程与主体工程的相关问题，如部分工程桩兼作立桩，地下主体工程施工时支撑如何换撑、基坑支护结构与主体结构工程的结合方式，维护结构如何适应地下主体结构施工的浇筑方式（逆筑或顺筑）以及如何处理支模、防水等工序的配合要求。

基坑总体设计要在调查研究的基础上，明确设计依据、设计标准、提出基坑开挖方式、维护结构、支撑结构、地基加固、开挖支撑施工、施工监控以及施工场地总平面布置等各项方案设计。

基坑施工图设计一般在主体工程（地下部分）施工图已完成及基坑工程总体方案确定后进行。施工图和施工说明的内容及各项具体技术标准、依据和检验方法必须符合国家和各地区建筑行业管理部门的有关建筑法规、法令和技术规范、规程的要求。

二、基坑工程设计依据

在基坑工程设计的前期工作中，应对基坑内的主体工程设计、场地地质条件、周边环境、施工条件、设计规范等进行研究和收集，以全面掌握设计依据。

1. 深基坑支护工程勘察

深基坑支护工程地质勘察所提供的报告及资料，是做好深基坑支护设计与施工的重要依据，在一般情况下，深基坑支护勘察应与主体工程的勘察同步进行。制定勘察任务书或编制勘察纲要时，应考虑深基坑支护工程的设计、施工的特点与内容，对深基坑支护工程的工程地质和水文地质的勘察工作提出专门要求。

（1）勘察任务书所包含的资料：

1）建筑场地的地形、管线及拟建建筑物的平面布置图。

2）拟建建筑物上部结构的类型、荷载以及可能采用的基础类型。

3）基坑开挖深度、基地标高、基坑平面尺寸以及可能采用的基坑支护类型。

4）场地及附近地区的环境条件等。

（2）在建筑地基详细勘察阶段，对需要支护的工程宜按下列要求进行勘察工作：

1）勘察范围应根据开挖深度及场地的岩土工程条件决定，并宜在开挖边界外按开挖深度的1~2倍范围内布置勘察点，当开挖边界外无法布置勘探时，应根据调查取得相应的资料。对于软土地区应穿越软土层。

2）基坑周边勘探点的深度应根据基坑支护结构设计要求确定，不宜小于1倍的开挖深度，软土地区应穿越软土层。

3）勘探点间距应视地层条件确定，可在15~30m内选择，地层变化较大时，应增加勘探点，查明地质分布规律。

（3）场地水文地质勘察应达到以下要求：

1）查明开挖范围内及邻近场地内含水层和隔水层的层位、埋深和分布情况，查明各含水层（包括上层滞水、潜水、承压水）的补给条件和水力联系。

2）测量场地各含水层的湿透系数和渗透影响半径。

3）分析施工工程中水位变化对支护结构和基坑周围环境的影响，提出拟采取的措施。

（4）基坑开挖支护工程勘察报告应包括的主要内容：

1）分析场地的地层分布和岩土的物理力学性质。

2）基坑支护方式的建议、计算参数及支护结构的设计原则。

3）地下水控制方式和计算参数。

4）基坑开挖工程中应注意的问题及其防治措施。

5）基坑开挖施工中应进行的现场监测项目。

2. 岩土工程测试参数

岩土工程测试参数应满足深基坑支护和降水设计与施工的需要，一般包括下列内容：

（1）土的常规试验指标，包括土的天然重度、天然含水量与孔隙比。

（2）颗粒分析试验，以确定砂粒、粉粒及黏粒的含量和不均匀系数，以便评价土层管涌、潜蚀及流沙的可能性。

（3）土的抗剪强度指标。包括土的黏聚力、内摩擦角。可以采用原状土室内试验、现场剪切试验获得，对于饱和软黏土可采用十字板剪切试验获得土的抗剪强度。

（4）室内或原位测试土的渗透系数，对重要工程应采用现场抽水试验或注水试验确定土的渗透系数，一般工程可根据室内渗透试验确定土层垂直向渗透系数和水平向的渗透系数。砂土和碎石土可采用常水头试验，粉土和黏土可采用变水头试验。透水性很低的软土可通过固结试验确定。

（5）特殊情况下应根据实际情况选择其他适宜的试验方法测定参数。

3. 基坑周边环境勘察

在深基坑支护设计施工前，应对周围环境进行详细调查，查明影响范围内已有建筑物、地下结构物、道路及地下管线设施的位置、现状，并预测由于基坑开挖和降水对周围环境的影响，提出必要的预防、控制和监测措施。

基坑周边环境勘察应包括以下内容：

（1）查明影响范围内建（构）筑物的结构类型、层数、基础类型、埋深、基础荷载大小及上部结构的现状。

（2）查明基坑周边的各类地下设施，包括上、下水、电缆、煤气、污水、雨水、热力等管线或管道的分布和性状。

（3）查明场地周围和邻近地区地表水汇流、排泄情况，地下水管渗透情况以及对基坑开挖的影响程度。

（4）查明基坑距四周道路的距离及车辆载重情况。

4. 基坑支护结构的设计资料

支护结构设计、施工前应取得以下基本资料：

（1）建筑场地及周边区域地表至支护结构底面下一定深度范围内地层分布、土（岩）的物理力学性质、地下水位及渗透系数等资料。

（2）标有建筑红线、施工红线的地形图及基础结构设计图。

（3）建筑场地及其附近的地下管线、地下埋设物的位置、深度、结构形式及埋设时间等资料。

（4）邻近的已有建筑的位置、层数、高度、结构类型、完好程度，已建时间以及基础类型、埋置深度、主要尺寸、基础距基坑上口周围的净距离等资料。

（5）基坑周围的地面排水情况，地面雨水与污水、上下水管线排入或渗入基坑的可能性。

（6）基坑附近地面堆载及大型车辆的动、静荷载情况。

（7）已有相似支护工程的经验性资料。

5. 基坑支护结构设计原则

支护结构应符合以下原则：

（1）满足边坡和支护结构稳定的要求，即不产生倾覆、滑移和整体或局部失稳；基坑底部不产生隆起、管涌；锚杆系统不致抗拔失效。

（2）满足支护结构构件受荷后不致弯曲折断、剪短和压屈。

（3）水平位移和地基沉降不超过允许值，支护结构的最大水平位移允许值见表10-2和表10-3，地基沉降按邻近建筑不同结构形式的要求控制；当邻近有重要管线和支护结构作为永久性结构时，其水平位移和沉降按其特殊要求控制。

支护结构最大水平位移允许值   表10-2

安全等级	支护结构最大水平位移允许值(mm)	
	排桩、地下连续墙、放坡、土钉墙	钢板桩、深层搅拌
一级	$0.0025h$	
二级	$0.0050h$	$0.0100h$
三级	$0.0100h$	$0.0200h$

基坑变形控制保护等级标准   表10-3

保护等级	地面最大沉降量及围护墙水平位移控制要求	环境保护要求
特级	(1)地面最大沉降量≤0.1%H (2)围护路最大水平位移≤0.14%H ≥2.2	离基坑10m,周围有地铁、共同沟、煤气管、大型压力总水管等重要建筑及设施必须确保安全
一级	(1)地面最大沉降量≤0.1%H (2)围护路最大水平位移≤0.3%H ≥2.2	离基坑周围为坑深(H)范围内没有较重要干线、水管、大型在使用的构筑物、建筑物
二级	(1)地面最大沉降量≤0.5%H (2)围护路最大水平位移≤0.7%H ≥2.0	离基坑周围为坑深(H)范围内没有较重要支线管道和一般建筑设施
三级	(1)地面最大沉降量≤1%H (2)围护路最大水平位移≤1.4%H ≥2.0	在基坑周围30cm范围内没有需要保护建筑设施和管线、构筑物

6. 支护结构设计依据

基坑支护结构的设计依据，应包含以下两个方面内容：

（1）基坑支护设计必须依据国家及地区现行有关设计、施工技术规范、规程。如地下连续墙、钻孔灌注桩、搅拌桩等设计施工技术规程、规范和钢筋混凝土结构、钢结构等设计规范。因此，设计前必须调研和汇总有关规范和规程，并注意各类规范的统一和协调。

（2）调研和吸取当地相似基坑工程的成功与失败的原因、经验和教训。在基坑工程设计中应以此为重要设计依据。特别在进行异地设计、施工时，更需注意。

第三节 支撑方案设计

一、支撑结构类型

深基坑支护体系由围护墙和土层锚杆两部分组成。支撑与围护墙之间相互联系，增强了支护结构的整体稳定性，不仅直接关系基坑的安全和土方的开挖，对基坑工程的造价和施工进度也产生很大的影响。

在基坑工程中，基坑结构是承受围护墙所传递土压力的结构体系。作用在围护墙上土体水平压力、水的压力通过支撑有效传递和平衡，也可以由坑外设置的土锚维持其平衡，它们还能减少支护结构的位移。内支撑可以直接平衡坑内两端维护墙上所受的侧压力，其特点是构造简单、传力明确。土锚设置在围护墙的背后，为挖土和结构施工创造了空间，有利于提高施工效率。支撑系统按材料可分为钢支撑、钢筋混凝土支撑，根据工程情况，有时在同一个基坑中可以采用两种支撑组成的组合支撑。

钢结构支撑具有自重小，安装和拆除都很方便，可重复使用等优点。使用钢支撑可以通过调整轴力，有效控制围护墙的变形，对控制墙体变形十分有利。钢筋混凝土支撑有较大的刚度，适应于各种复杂平面形状的基坑支撑。

二、支撑体系的结构形式

支撑体系按其受力情况不同可分为以下几种：

（1）单跨压杆式支撑。当基坑平面呈窄长条状，短边的长度不很大时，所用的支撑杆件在该长度下的极限承载力尚能满足支护系统的需要，则采用这个形式具有受力明确、设计简洁、施工安装方便灵活等优点，如图10-1（a）所示。

（2）多跨压杆式支撑。当基坑平面尺寸较大，所用支撑杆件在基坑短边长度下的极限承载力尚不能满足支护系统要求时，就需要在支撑杆件中部加设若干支点，给水平支撑杆加设垂直支点，就组成了多跨压杆式的支撑系统。这种形式的支撑受力也较明确，施工安装较单跨压杆式要复杂，如图10-1（b）所示。

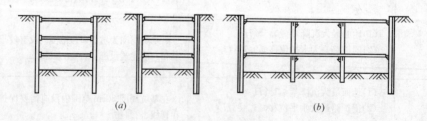

（a）   （b）

图10-1 支撑结构示意图

（a）单跨压杆式支撑；（b）多跨压杆式支撑

三、支撑体系的布置形式

通常工程实际中支撑体系的布置设计应考虑以下要求：

（1）能够因地制宜合理选定支撑材料和支撑体系布置形式，使其综合技术经济指标得以优化。

（2）支撑体系受力明确，充分协调发挥各杆件的力学性能，安全可靠，经济合理，能够在稳定性和控制变形方面满足对周围环境保护的设计标准要求。

（3）支撑体系布置能在安全可靠的前提下，最大限度的方便土方开挖和主体结构的快速施工要求。

工程中常用的支撑体系的布置形式如图 10-2 所示。

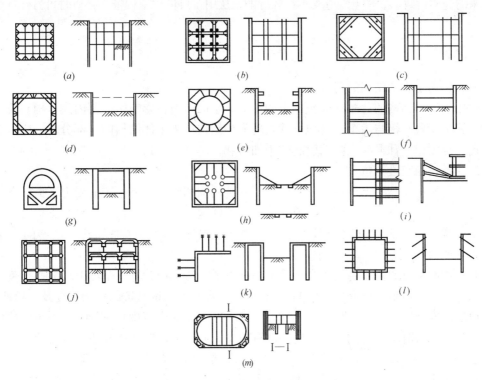

图 10-2　常用支撑体系的布置形式

（a）平面交叉式（单层或多层）支撑；（b）井字式支撑；（c）角（斜）撑式支撑；（d）周边桁架；
（e）圆形环梁；（f）水平压杆支撑；（g）圆拱形支撑；（h）斜向支撑；（i）中心岛式开挖及支撑；
（j）逆作法；（k）锚杆；（l）拉锚（锚破）；（m）组合式支撑

四、支撑体系布置的要点

（1）支撑材料和类型。

选择支撑时应根据施工现场的地质、周围环境及施工技术和材料设备条件，因地制宜选择安全、经济的支撑材料种类和支撑类型。

（2）支撑道数。

水平支撑的道数应根据基坑开挖深度、地质条件、地下室层数和标高等条件，结合选用的支护构件和支撑系统酌情决定，设置的各层支撑标高以不妨碍主体工程地下结构各层构件的施工为标准。支护结构设置应满足其变形控制要求，以减少对周围环境的影响。

（3）支撑体系的平面布置。

各层支撑的走向应尽量一致。即上、下层水平支撑轴在投影上应尽量接近，并力求避开主体结构的柱、墙位置。支撑形成的水平净空以大为好，以方便施工。

在平面形状不规则的基坑中，高层建筑的塔楼及筒体结构的下部要求尽早出地面时，可因地制宜地选择采用边桁架、圆形、圆拱、角撑、斜撑、组合式等形式，以方便土方开挖和主体工程施工。

（4）支撑立柱桩。

立柱通常布置在纵横向支撑的交点处或桁架式支撑的交点处，并力求避开主体工程梁、柱及结构墙的位置。立柱的间距应尽量拉大，但必须保证水平支撑的稳定且足以承受水平支撑传来的竖向荷载。立柱下端应支承在较好的土层中，可借用工程桩。必要时可另行打桩。

第四节　基坑工程的设计计算

一、作用于支护结构的荷载

作用于支护结构的荷载一般包括土的压力、水的压力，影响区范围内建（构）筑物的荷载，施工阶段车辆与吊车及场地堆载，若支护结构作为主体结构的一部分时，应考虑地震作用、温度影响和混凝土收缩引起的附加荷载。

二、基坑稳定性分析

基坑开挖后，其中土被挖出后，改变了基坑周围和底部土体原来的受力平衡状态，可能会造成地基失去稳定性，产生边坡失稳、坑底隆起及流沙等。在进行基坑支护设计时应验算基坑稳定性，必要时应采取一定的加强防范措施，以确保地基具有足够的安全稳定性。

有支护的基坑的整体稳定性分析，采用圆弧滑动法进行验算。基坑工程的勘查范围在基坑水平方向应达到基坑开挖深度的 1～2 倍，勘查深度应按基坑的复杂程度及工程地质、水文地质条件确定，宜为基坑深度的 2～3 倍，当在此深度范围内遇到厚层坚硬黏性土、碎石土及岩石层时，应注意支护结构一般有内支撑或外侧锚拉结构和墙面垂直的特点，不同于边坡稳定的圆弧滑动，滑动面的圆心一般在挡土墙上方的靠坑内侧附近。

支护结构在坑底面以下的部分称为插入深度，有时也称为入土深度。支护结构的入土深度不仅要保证结构本身的强度和稳定性，还应满足坑底地基的稳定性要求和抗渗要求。

（一）基坑的抗隆起稳定性验算

当基坑底为软土时，基坑开挖后常会发现基地隆起、坑顶下陷和板桩向坑内倾斜，这主要是由于板桩后的土柱重量超过基地以下的地基承载力，地基土的塑性平衡状态受到破坏，发生板桩后土的流动，即使坑顶下陷，坑底隆起，严重的可能造成坑壁坍塌、基地破坏等，如图 10-3 所示。

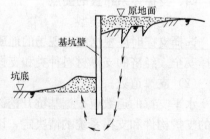

图 10-3　基坑隆起现象

1. 太沙基-派克方法

太沙基研究了坑底的稳定条件，设黏土的内摩擦角 $\varphi = 0$，滑动面为圆筒面与平面组成，如图 10-4 所示。太沙基认为，对于基坑底部的平面来说，基坑两侧的土就如作用在该断面上的均布超载。这个超载有趋向使无超载的坑底发生隆起的现象。当考虑 dd_1 面上的黏聚力 c 之后，c_1d_1 面上的全荷载 P 为

$$P = \frac{B}{\sqrt{2}}\gamma H - cH \tag{10-1}$$

式中　γ——土的湿容重；

　　　B——基坑宽度；

　　　c——土的黏聚力；

　　　H——基础开挖的深度。

其荷载强度 P_v 为

$$P_v = \gamma H - \frac{\sqrt{2}cH}{B} \qquad (10\text{-}2)$$

太沙基认为，若荷载强度超过地基极限承载力就会产生隆起。以黏聚力 c 表达黏土地基承载 q_d 为

$$q_d = 5.7c \qquad (10\text{-}3)$$

则隆起的安全系数为

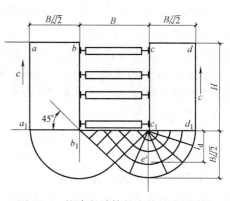

图 10-4　抗隆起计算的太沙基和派克法

$$K = \frac{q_d}{P_v} = \frac{5.7c}{\gamma H - \dfrac{\sqrt{2}cH}{B}} \qquad (10\text{-}4)$$

太沙基建议 K 不小于 1.5。

这种方法适用于一般的基坑开挖工程，但没有考虑刚度很大且有一定插入深度的板桩墙对抗隆起的有利作用。

2. 柯克和克里泽尔方法

如果基坑挡墙的插入深度不够，即使在无水的情况下，基坑底面也有隆起的危险。这种隆起现象如图 10-5 所示。坑底通过沿着图中的 ACB 那样的曲线滑动，造成抬高现象。设以墙底的水平面为基准面，非开挖 A 点上的竖向应力为

$$q_1 = \gamma H$$

在开挖侧的竖向应力为

$$q_2 = \gamma D$$

根据滑移线理论可以导得

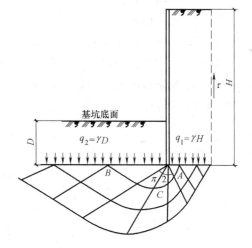

图 10-5　基坑底面抗隆起计算示意图

$$q_1 = q_2 \tan^2\left(45° + \frac{\varphi}{2}\right) e^{\pi\tan\varphi} = q_2 K_p e^{\pi\tan\varphi}$$

即

$$D = \frac{H}{K_p e^{\pi\tan\varphi}} \qquad (10\text{-}5)$$

式中　H——挡墙高度；

　　　K_p——被动土压力系数，即 $K_p = \tan^2\left(45° + \dfrac{\varphi}{2}\right)$；

　　　γ——土的容重；

　　　φ——土的内摩擦角；

　　　D——墙体入土深度。

由式（10-5）可见，当内摩擦角很大时，所需插入深度很小。根据太沙基分析，当 $\varphi=30°$ 时，若插入深度为零，则相应安全系数为 8。

实际上 A 点的竖向应力小于 γH，因为当塑流量发生时，墙背必定有一条土带在下沉，这种位移将受到摩阻力 τ 的阻碍。

3. 考虑 c、φ 的抗隆起计算法

在土体抗剪强度中应包括内摩擦角和黏聚力二者共同的影响因素，将墙底面的平面作为求极限承载力的基准面，其滑移线形状如图 10-6 所示。此时，采用下式进行抗隆起稳定验算，以求得墙体的插入深度：

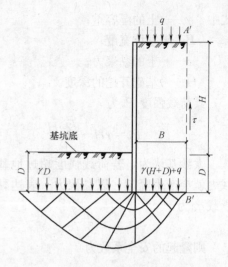

图 10-6　考虑 c、φ 的抗隆起计算示意图

$$K_{\mathrm{L}}=\frac{\gamma_2 DN_{\mathrm{q}}+cN_{\mathrm{c}}}{\gamma_1(H+D)+q} \qquad (10\text{-}6)$$

式中　D——墙体入土深度；

H——基坑开挖深度；

q——地面超载；

γ_1——坑外地面至墙底，各土层天然重度的加权平均值；

γ_2——坑内开挖面以下至墙底，各土层天然重度的加权平均值；

N_{q}、N_{c}——地基极限承载力的计算系数。

用普朗德尔公式，N_{q}、N_{c} 分别为

$$N_{\mathrm{qp}}=\tan^2\left(45°+\frac{\varphi=30°}{2}\right)e^{\pi\tan\varphi} \qquad (10\text{-}7)$$

$$N_{\mathrm{cp}}=(N_{\mathrm{qp}}-1)\frac{1}{\tan\varphi} \qquad (10\text{-}8)$$

用太沙基公式则为

$$N_{\mathrm{qT}}=\frac{1}{2}\left[\frac{e\left(\frac{3}{4}\pi-\frac{\varphi}{2}\right)\tan\varphi}{\cos(45°+\varphi/2)}\right] \qquad (10\text{-}9)$$

$$N_{\mathrm{cT}}=(N_{\mathrm{qT}}-1)\frac{1}{\tan\varphi} \qquad (10\text{-}10)$$

用本法验算抗隆起安全系数时，由于图 10-6 中的 $A'B'$ 上的抗剪强度抵抗隆起作用没有考虑，故安全系数 K_{L} 可以取得低一些。一般采用 $K_{\mathrm{L}}\geqslant 1.2\sim 1.3$。

（二）基坑的抗渗稳定性验算

1. 抗管涌稳定性验算

在含水饱和的土层中进行深基坑开挖过程中，随时都要考虑到水压的存在。为了确保稳定，有必要验算在渗流情况下是否存在发生管涌（流沙）现象的可能性。当地下水从基坑底面以下向基坑底面以上流动时，砂土地基中的砂土颗粒就会在流动中呈悬浮状态，从而发生管涌现象，如图 10-7 所示。如果增加支护墙的入土深度，就能增加流线长度从而降低了动水梯度，因而增加入土深度对防止管涌的发生是有利的。

在施工中常遇到如下管涌现象：

（1）轻微的。板桩缝隙不密，有一部分细砂随着地下水一起穿过缝隙而流入基坑。增大基坑的泥泞程度。

（2）中等的。在基坑底部，尤其是靠近板桩的地方，常会发现一堆细砂缓慢冒起，细砂堆中有许多小小的排水槽，冒出的水夹带着一些细砂颗粒慢慢地流动。

（3）严重的。如果基坑在出现上述现象还继续往下挖，在某些情况下，流沙的冒出速度很快，

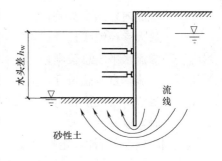

图 10-7　自由水引起的流沙

有时会像开水初沸时的翻泡，此时，基坑底部成为流塑状态，无法进行施工。

管涌是土的一种渗流破坏现象。在砂性土层中，土颗粒会随着地下渗流向上流出，开始是细微颗粒被水带出，然后渗流作用加强，最后会导致基坑被淹没。在粉细砂层和软弱黏土层中，由于渗流系数较小，渗流水量小，管涌现象往往是突然产生的流塑性泥流，和砂性土的管涌有所不同。

管涌的验算方法是建立在以下极限平衡公式上的，如图 10-8 所示的基坑，在基坑底部渗流出口处管涌范围 B 上的全部渗透压力 J 为

$$J = \gamma_w h B \qquad (10-11)$$

式中　h——在 B 范围内从墙底到基坑底面的水头损失，一般可取 $h \approx h_w / 2$；

　　　γ_w——水的容重；

　　　B——流沙发生的范围，根据实验结果，首先发生在离坑壁大约等于挡墙插入深度一半范围内，即 $B \approx D/2$。

$$W = \gamma' D B \qquad (10-12)$$

式中　γ'——土的浮重度；

　　　D——地下墙的插入深度。

如果满足 $W > J$ 的条件，则不会发生管涌，即必须满足以下条件：

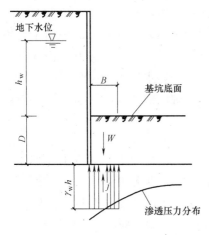

图 10-8　管涌验算示意图

$$K_s = \frac{\gamma' D}{\gamma_w h} = \frac{2\gamma' D}{\gamma_w h_w} \qquad (10-13)$$

式中　K_s——抗管涌的安全系数，一般取为 $K_s \geqslant 1.5$。

此外，由于基坑挡墙作为临时挡土结构，为简化计算，可近似取最短流线，如图 10-8 所示，即紧贴地下墙的流线来求最大渗流力 j：

$$j = i \gamma_w = \frac{h_w}{L} \gamma_w$$

$$i = \frac{h_w}{L}$$

$$L = \sum L_h + m \sum L_v$$

式中　i——坑底土的渗流水力坡度；

　　　h_w——坑底内外的水头差；

　　　L——最大渗径流线长度；

　　$\sum L_h$——渗流水平段总长度；

　　$\sum L_v$——渗流垂直段总长度；

　　　m——渗流垂直段换算为水平段换算系数，单排帷幕墙时，取 $m=1.5$；多排帷幕墙时，取 $m=2.0$。

坑底土抗渗流或管涌稳定性可按下式计算：

$$K_s=\frac{\gamma'}{j}=\frac{\gamma'}{i\gamma_w}=\frac{i_c\gamma_w}{i\gamma_w}=\frac{i_c}{i} \qquad (10\text{-}14)$$

式中　i_c——坑底土体的临界水力坡度，$i_c=\frac{\gamma'}{\gamma_w}=\frac{d_s-1}{1+e}$；

　　　d_s——土粒相对密度；

　　　e——土洞孔隙比；

　　　K_s——抗渗流或抗管涌稳定性安全系数，取 1.5～2.0 坑底土为砂性土、砂质土或黏性土与粉土中有明显薄弱粉砂夹层时取大值。

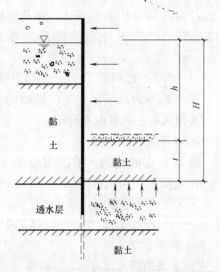

图 10-9　承压水引起的隆起

2. 抗承压水头稳定性验算

在不透水的粉土层下，有一层承压含水层，或者含水层中虽然不是承压水，但由于土方开挖形成的基坑内外水头差，使基坑内侧含水层中的水压力大于静水压力，如图 10-9 所示，可按下式验算基坑底部上的抗承压水的稳定性：

$$K_y=\frac{\sigma_{cz}}{\sigma_{wy}} \qquad (10\text{-}15)$$

式中　σ_{cz}——基坑开挖面以下至承压水层顶板间覆盖土的自重压力；

　　　σ_{wy}——承压水层的水头压力；

　　　K_y——抗承压水头稳定性安全系数，取 1.05。

第五节　地下连续墙

一、地下连续墙的特点

地下连续墙是用特殊的挖槽设备在地下构筑的连续墙体，常用于挡土、截水、防渗和承重等。地下连续墙在城市建设和公共交通的发展、高层建筑、重型厂房、大型地下设施和地铁、桥梁等工程领域广泛使用。例如，在新建和扩建的地下工程由于四周临街或与现有建筑物紧相连接；有些工程由于地基土比较松软，打桩会影响邻近建筑物的安全和产生噪声；有的工程由于受环境条件所限或水文地质和工程地质较为复杂，很难设置井点降水等。上述情况下采用地下连续墙支护具有明显的优越性。

地下连续墙具有以下优点：

（1）减少工程施工对环境的影响。施工时振动少，噪声低，能够紧邻相邻的建筑物及地下管线施工，对沉降及变位较易控制。

（2）地下连续墙的墙体高度大，整体性好，结构和地基的变形都较小，既可用于超深维护结构，也可用于主体结构。

（3）地下连续墙为整体连续结构，加上现浇墙壁厚度一般不小于600mm，钢筋保护层较大，耐久性好，抗渗性也较好。

（4）可实行逆作法施工，有利于施工安全，加快施工进度，降低造价。

地下连续墙的缺点如下：

（1）弃土及废泥浆的处理。除增加工程费用外，若处理不当，会造成新的环境污染。

（2）地质条件和施工的适应性。地下连续墙最适应的地层为软塑、可塑的黏性土层。当地层条件复杂时，还会增加施工难度和工程造价。

（3）槽壁坍塌。地下水位急剧上升，护壁泥浆液面急剧下降、有软弱疏松或砂性夹层、泥浆的性质不当或已变质，施工管理不当等，都可引起槽壁坍塌。槽壁坍塌轻则引起槽壁混凝土超方和结构尺寸超出允许界限，重则引起相邻地面沉降、坍塌，危害邻近建筑物或地下管线的安全。

（4）造价比钻孔灌注桩和深层搅拌桩造价昂贵。

二、地下连续墙的适用条件

地下连续墙在基础工程中的适用条件有：

（1）基坑深度不少于10m。

（2）软土地基或砂土地基。

（3）在密集建筑群中施工基坑，对周围地面沉降、建筑物沉降要求须严格限制时，宜用地下连续墙。

（4）维护结构与主体结构相结合，用作主体结构的一部分，对抗渗有较严格的要求时，宜采用地下连续墙。

（5）采用逆作法施工，内衬与护壁形成复合结构的工程。

三、地下连续墙的分类

地下连续墙按其填筑的材料，分为土质墙、钢筋混凝土墙、预制钢筋混凝土板和现浇混凝土的组合或预制钢筋混凝土墙板和自凝水泥膨润土泥浆的组合墙。按其成墙方式，分为桩排式（由钻孔灌注桩并排连接形成）、壁板式（采用专用设备，利用泥浆护壁在地下开挖深槽，水下浇筑混凝土所形成）和桩壁组合式（将桩排式和壁板式地下连续墙组合起来使用的连续墙）；按其用途可分为临时挡土墙、防渗墙、用作主体结构兼作临时挡土墙的地下连续墙。

四、地下连续墙施工概述

地下连续墙的施工需要经过以下几个工艺过程，即导墙、成槽、放接头管、吊放钢筋笼、浇筑水下混凝土及拔接头管成墙等，如图10-10所示。

1. 导墙

修筑导墙是地下连续墙施工的第一道工序，以此保证开挖槽段竖直作导向，并防止机械上下运行时碰坏槽壁。导墙位于地下连续墙的墙面线两侧。导墙深度一般为1～2m，顶

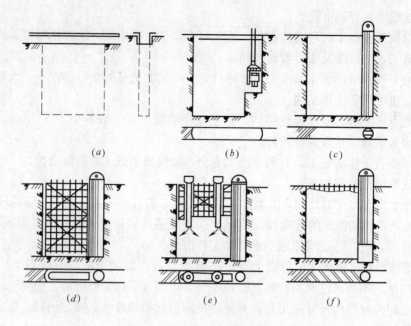

图 10-10　地下连续墙施工顺序

(a) 挖导沟、筑导墙；(b) 挖槽；(c) 吊放接头管；(d) 吊放钢筋笼；

(e) 浇灌水下混凝土；(f) 拔出接头管成墙

面略高于施工地面。导墙的内墙面应竖直。内外导墙面之间为地下连续墙的设计厚度加施工余量，一般不小于 600mm。

导墙的施工，通常采用在现场开挖导沟，现场浇筑混凝土，成为两个倒 L 形截面，并放一层钢筋网。混凝土强度等级为 C15，拆模后，应立即在导墙之间加设支撑。

2. 槽段开挖

槽段开挖宽度及内外导墙之间的间距，即为地下连续墙的厚度。施工时，沿地下连续墙长度分段开挖槽孔。对于不同土质条件和槽壁深度应采用不同的成槽机具开挖槽段。

3. 制备泥浆

泥浆以膨润土或细粒在现场加水搅拌而成，用以平衡侧向地下水压力和土压力，保持槽壁不致坍塌，并起到携渣、防渗作用。泥浆液面应保持高出地下水位 0.5～1.0m，相对密度应大于地下水的密度。泥浆浓度、黏度、pH 值、含水量、泥皮厚度及胶体率等多项指标应严格控制并随时测定、调整，以保证其稳定性。

4. 分段衔接

地下连续墙标准槽段为 6m 长，最大不超过 8m。分段施工，两端之间的接头可采用圆形或凸形接头管，使相邻槽段紧密相接；还可放置竖向止水带防止渗漏。接头管应能承受混凝土的压力，在浇筑混凝土过程中，需经常转动或提动转头管，以防止接头管与一侧混凝土固结在一起。当混凝土凝固，不会发生流动或坍塌时，即可拔出接头管。

5. 钢筋笼制作与吊放

钢筋笼的尺寸应根据单元槽段的规格与接头形式确定，并应在平面制作台上成形或预留插放导管的位置，为了保证钢筋保护层的厚度，可采用水泥砂浆滚轮固定在钢筋笼两面的外侧。同时应采用纵向钢筋桁架及在主筋平面内加斜向拉条等措施，使钢筋笼在清槽换浆合格后立即安装，用起重机整段吊起，对准槽孔徐徐落下，安置在槽段的准确位置。

6. 混凝土浇筑

混凝土配合比要求：水灰比不大于 0.6，水泥用量不少于 370kg/m³，坍落度宜为 18～20mm，扩散度 34～38cm，应通过试验确定。混凝土的细骨料为中、粗砂，粗骨料为粒径不大于 40mm 的卵石或碎石。

在槽段中的接头管和钢筋笼就位后，用导管浇筑混凝土。要求槽段内混凝土的上升速度不应小于 2m/h；导管埋入混凝土内的深度在 1.5～6.0m 范围之内。一个单元槽段应连续浇筑混凝土，直至混凝土顶面高于设计标高 300～500mm 为止。凿去浮浆层后的墙顶标高应符合设计要求。重复上述步骤直到完成全部地下连续墙的施工。

本 章 小 结

1. 基坑是建筑工程的一部分，与建筑业的发展关系密切。深基坑工程具有以下特点：(1) 建筑趋向高层化，基坑向大深度方向发展；(2) 基坑开挖面积大，长度和宽度有的达几百米，给支撑系统带来较大难度；(3) 在软弱的土层中，基坑开挖会产生较大的位移和沉降，对周围建筑物、市政设施和地下管线造成一定的影响；(4) 深基坑施工工期长，场地狭窄，降雨、重物堆放等对基坑稳定性不利；(5) 在相邻场地施工中，打桩、降水、挖土及基础浇筑混凝土等工序会相互制约与影响，增加协调工作的难度。

2. 典型基坑工程为一个从地面向下挖掘的大空间，基坑周围一般为垂直的挡土结构，挡土结构是在开挖面基底下有一定插入深度的板墙结构。常用材料有混凝土、钢、木等，如钢板桩、钢筋混凝土板桩、桩列式灌注桩、水泥土搅拌桩和地下连续墙等。根据基坑的深度不同，板墙可以是悬臂的，更多是单撑式（单锚式）或多撑式（多锚式）结构，支撑的目的是为板墙结构提供弹性支承点。支撑的类型可以是基坑内部受压体系或基坑外部受拉体系，前者为井字撑或其与斜撑组合的受压杆件体系。也有做成在中间留出较大空间的周边桁架式体系。后者为锚固端在基坑周围地层中受拉锚固体系，可以提供利于基坑施工的全部基坑面积大空间。当基坑较深且有较大空间时，悬臂式挡墙可做成厚度较大的实体式或格构式重力挡土墙。

3. 深基坑开挖产生的土体位移引起周围建筑、构筑物、管线的变形和危害，对此，必须在设计阶段提出预测和治理对策，并在施工过程采用监测、监控手段及必需的应变措施来确保基坑的安全和周围环境的安全。针对不同的场地土层条件、周围环境条件及基坑开挖深度等因素，合理选择开挖方法、支护类型和支撑形式是基坑工程设计成功与否的关键。

4. 在基坑工程设计的前期工作中，应对基坑内的主体工程设计、场地地质条件、周边环境、施工条件、设计规范等进行研究和收集，以全面掌握设计依据。

5. 支撑体系按其受力情况不同可分为以下几种：(1) 单跨压杆式支撑。当基坑平面呈窄长条状、短边的长度不很大时，所用的支撑杆件在该长度下的极限承载力尚能满足支护系统的需要，则采用这个形式，其具有受力明确、设计简洁、施工安装方便灵活等优点。(2) 多跨压杆式支撑。当基坑平面尺寸较大，所用支撑杆件在基坑短边长度下的极限承载力尚不能满足支护系统要求时，就需要在支撑杆件中部加设若干支点，给水平支撑杆加设垂直支点，就组成了多跨压杆式的支撑系统。这种形式的支撑受力也较明确，施工安装较单跨压杆式要复杂。支撑体系的布置设计应考虑以下要求：（1）能够因地制宜，合理选定支撑材料和支撑体系布置形式，使其综合技术经济指标得以优化；（2）支撑体系受力明确，充分协调发挥各杆件的力学性能，安全可靠，经济合理，能够在稳定性和控制变形方面满足对周围环境保护的设计标准要求；（3）支撑体系布置能在安全可靠的前提下，最大限度地方便土方开挖和主体结构的快速施工要求。

6. 地下连续墙是用特殊的挖槽设备在地下构筑的连续墙体，常用于挡土、截水、防渗和承重等。在新建和扩建的地下工程由于四周临街或与现有建筑物紧相连接；有些工程由于地基比较松软，打桩会影响邻近建筑物的安全和产生噪声；有的工程由于受环境条件所限或水文地质和工程地质较为复杂，很难设置井点降水等。采用地下连续墙支护具有明显的优越性。

地下连续墙在基础工程中的适用条件有：基坑深度不少于 10m；软土地基或砂土地基；在密集建筑群中施工基坑，对周围地面沉降、建筑物沉降要求有严格限制时，宜用地下连续墙；维护结构与主体结构相结合，用作主体结构的一部分，对抗渗有较严格的要求时，宜采用地下连续墙；采用逆作法施工，内衬与护壁形成复合的结构的工程。

地下连续墙的施工需要经过以下几个工艺过程，即导墙、成槽、放接头管、吊放钢筋笼、浇筑水下混凝土及拔接头管成墙等。

复习思考题

一、名词解释

基坑工程　　放坡开挖　　挡土支护开挖　　基坑的稳定性　　管涌现象　　地下连续墙　　导墙

二、问答题

1. 我国目前基坑工程发展的现状是什么？前景如何？

2. 目前我国基坑工程有哪些特点？

3. 什么是基坑隆起？如何验算基坑隆起稳定性？

4. 管涌产生的原因是什么？怎样防止发生管涌？管涌发生后怎样整治？

5. 地下连续墙的特点、用途和施工难点有哪些？

第十一章　地基基础的抗震验算和隔振设计

学习要求与目标：
1. 理解场地土、场地的概念。
2. 掌握场地土类别的划分方法和场地类别的确定方法。
3. 理解地基基础对房屋抗震的影响。
4. 掌握地基基础抗震验算的方法。

第一节　场　　地

建筑抗震中的场地是指建筑物所在地一个较大的区域，一般在城市是一个大的街区、大的厂区，在农村为一个自然村。

震害调查表明，地震发生后同一地区的不同场地条件产生的震害截然不同。场地、地基的作用一方面是将其受到的地震作用通过振动传递给附着在其上部的建筑物，引起房屋结构产生强迫振动，使房屋结构受到惯性力影响出现内力和变形；另一方面场地和地基承受房屋结构施加给它的各种作用。从以往震害分析看，地震引起的破坏有两类，一类是建筑场地和地基在强烈地震作用下发生破坏，引发附着在其上的建筑物破坏；另一类是场地和地基本身没有破坏，而是附着在场地上的建筑物在地震作用影响下的破坏。

理论分析及震害调查证实，场地条件对建筑物震害大小影响的主要因素包括：场地土的刚性（即坚硬或密实程度）大小和附着在坚硬土层上覆盖土层的厚度。场地土越软、覆盖层越厚，建筑物的震害就越严重；同时也得知，在坚硬场地上通常发生的震害是上部结构的破坏；在软土地基上，大部分是由地基失效引起的建筑结构破坏。

场地土的刚性越大，密实度就越高，剪切波在土中的传播速度就越高。根据场地土剪切波速的大小来反映场地土的动力特性，划分土的类别是世界各国普遍采用的方法。

一、场地土的类型

场地土的类型按土层剪切波速划分。

1. 剪切波速的测定

通常采用速度检层法，是在原位测试土层剪切波速度的一个常用方法。速度检层法的工作原理如下：在地勘钻孔附近设置一个震源，一般采用敲板法。在离钻孔 $1\sim1.5\text{m}$ 处铺设一块木板并打入地面，该木板长 $2\sim3\text{m}$，宽 $0.3\sim0.5\text{m}$，厚 0.05m，板上压 0.5t 左右的重物，然后用大锤沿板的纵向猛烈敲击，使板和地面之间因摩擦力的作用产生一个水平剪力，从而在板的纵轴垂直方向（即土层的横向）形成强烈的剪切波。

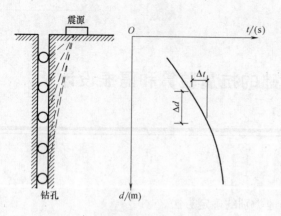

图 11-1 场地土速度检层法示意图

检测时，用绞车或人提钢丝绳将附壁式检波组探头缓慢放入检测钻孔内。检控探头是一个外径小于 90mm 的钢筒，内部安装三个互相垂直的小拾振器，放置在检测土层的下界，由井口的打气筒向探头外壁的胶囊充气，使探头被挤紧在朝向震源一侧的孔壁上，便可收拾到试验时发出的地震波。利用附壁式检测探头测得的剪切波到达检测点的时间，作出相应的时距曲线。如图11-1所示，纵轴为测点深度 d，横轴为波到达时间 t。当地基土分成若干层明显的土层时，相应的时间距离曲线是一条折线，每一段的斜率就是该土层的剪切波速。

$$v_{si} = \frac{d_i}{t_i} \tag{11-1}$$

场地土类型的划分见表11-1。《建筑抗震设计规范》GB 50011—2010 规定，对于 10 层以下、高度在 24m 以下的丙类建筑，当无实测剪切波速时，可根据场地土的岩土名称和形状按表 11-1 划分土的类型，并利用场地周边的既往经验在表 11-1 的范围内估计各种土的剪切波速，其中岩土的鉴别可按现行《岩土工程勘察规范》GB 50021 进行。《建筑抗震设计规范》GB 50011—2010 将场地土划分为岩石、坚硬土、中硬土、中软土、软弱土，见表 11-1。

土的类型划分和剪切波速范围　表 11-1

土的类型	岩土名称和性状	土层剪切波速(m/s)
岩石	坚硬、较硬且完整的岩石	$v_s > 800$
坚硬土或岩石	破碎、较破碎的岩石或软和较软的岩石，密实的碎石土	$800 \geqslant v_s > 500$
中硬土	中密、稍密的碎石土、密实、中密的砾、粗、中砂，$f_{ak} > 150$ 的黏性土和粉土，$f_{ak} > 130$ 的填土，可塑新黄土	$500 \geqslant v_s > 250$
中软土	稍密的砾、粗、中砂，$f_{ak} > 130$ 填土，可塑黄土	$250 \geqslant v_s > 150$
软弱土	淤泥和淤泥质土，松散的砂，新近沉积的黏性土和粉土，$f_{ak} \leqslant 130$ 填土、流塑黄土	$v_s \leqslant 150$

注：f_{ak} 为由荷载试验等方法得到的地基承载力特征值（kPa），v_s 为岩土剪切波速。

2. 等效剪切波速 v_{se}

一般场地在抗震考虑的土深度为覆盖土层或 20m 两者的较小值，可能会有多层剪切波速不同的土层，需求出剪切波速在土层内的等效波速（平均波速），才能结合坚硬土层上面覆盖土层的厚度综合评判场地类别。等效剪切波速 v_{se} 的计算公式为：

$$v_{se} = \frac{\sum\limits_{i=1}^{n} v_{si} d_i}{d} \tag{11-2}$$

式中　v_{si}——第 i 层土的实测剪切波速（m/s）；

d_i——第 i 层土的厚度（m）；

d——场地土计算厚度，取地面以下 20m 或覆盖土层厚度二者之间的较小值（m）；

n——场地土计算厚度范围内土层的数目。

场地土土层等效剪切波速 v_{se} 也可根据剪切波通过多层土层的时间等于通过这算土层所需的时间相等的条件求得，如图 11-2 所示。

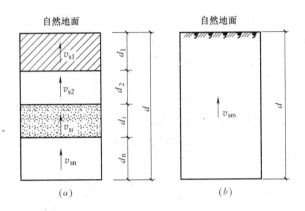

图 11-2　场地土等效剪切波速计算示意

(a) 各土层中剪切波速；(b) 等效剪切波速

当表层土有 n 种性质不同的土组成时，折算土层厚度应按场地土计算厚度确定。设剪切波通过各个土层的波速分别为 v_{s1}、v_{s2} …… v_{sn}，对应的各个土层的厚度分别为 d_1、d_2……d_n，折算前后土层厚度相等则：

$$t = \sum_{i=1}^{n} \frac{d_i}{v_{si}} = \frac{d}{v_{se}} \tag{11-3}$$

$$v_{se} = \frac{d}{\sum_{i=1}^{n} \dfrac{d_i}{v_{si}}} \tag{11-4}$$

式中符号的意义同前面解释。

3. 场地土覆盖层的厚度

覆盖土层厚度是指从地面至剪切波速度大于规定值的土层顶面的距离。《抗震规范》规定，工程场地覆盖层厚度的确定应符合下列要求：

(1) 一般情况下，应按地面至剪切波速大于 500m/s 且其下卧各层岩石的剪切波速均不小于 500m/s 的土层顶面的距离确定。

(2) 当地面 5m 以下存在剪切波速大于其上部各土层剪切波速的 2.5 倍的土层，且该层及其下卧岩土层的剪切波速均不小于 400m/s 时，可按地面至该土层顶面的距离确定。

(3) 剪切波速大于 500m/s 的孤石、透镜石，应视同周围土层。

(4) 土层中的火山岩硬夹层，应视为刚体，其厚度应从覆盖土层中扣除。

二、场地类别的划分

根据《建筑抗震设计规范》GB 50011—2010 规定，建筑场地类别应根据土层等效剪切波速和场地覆盖土层厚度按表 11-2 划分为四类，其中Ⅰ类分为Ⅰ₀、Ⅰ₁两个亚类。当有可靠剪切波速和覆盖层厚度且其值介于表 11-2 所列场地类别的分界线附近时，应允许按插值方法确定地震作用计算所用的特征周期。

各类建筑场地的覆盖土层厚度（m）   表 11-2

等效剪切波速(m/s)	场地类别				
	I_0	I_1	II	III	IV
$v_s > 800$	0				
$800 \geqslant v_s > 500$		0			
$500 \geqslant v_s > 250$		<5	≥5		
$250 \geqslant v_s > 150$		<3	3~50	>50	
$v_s \leqslant 150$		<3	3~15	15~80	>80

【例 11-1】 表 11-3 为某场地钻孔地质资料。试判别该场地类别。

场地钻孔地质资料   表 11-3

土层底部深度(m)	土层厚度 d_i(m)	岩土名称	剪切波速(m/s)
3.2	3.2	可塑性黄土	180
4.6	1.4	杂填土	190
5.8	1.2	中砂	320
7.4	1.6	砾砂	500

【解】 因为地面以下 5.8m 以下为坚硬土层，剪切波速 $v_{se} = 500$m/s，因此，该场地的计算深度为 5.8m，于是按式（11-3）可得：

$$t = \sum_{i=1}^{n} \frac{d_i}{v_{si}} = \frac{3.2}{180} + \frac{1.4}{190} + \frac{1.2}{320} = 0.029 \text{ s}$$

$$v_{se} = \frac{d}{t} = \frac{5.8}{0.029} = 200 \text{m/s}$$

查表 11-2 得知，该场地为 II 类场地。

三、主断裂带避让距离

发震断裂带附近地表，在地震影响下可能产生新的错动，使建筑物遭受较大的破坏，在选择场地时应尽量避开，避开的距离见表 11-4。

发震断裂的最小避让距离   表 11-4

烈度	建筑抗震设防类别			
	甲	乙	丙	丁
8	专门研究	200m	100m	—
9	专门研究	400m	200m	—

若场地内存在发震断层时，《建筑抗震设计规范》GB 50011—2010 规定，对符合下列规定情况之一时，可以忽略发震断层错动对地面建筑物和构筑物的影响：

（1）抗震设防烈度小于 8 度。

（2）非全新世活动断裂。

（3）抗震设防烈度为 8 度和 9 度时，隐伏断裂的土层覆盖厚度分别大于 60m 和 90m。

《建筑抗震设计规范》GB 50011—2010 同时强调，当需要在条状凸出的山嘴、高耸风化石的陡坡、河岸和边坡的边缘等不利地段建造丙类及丙类以上建筑时，除保证其在地震作用下的稳定性外，尚应估计不利地段对设计地震动参数可能产生的放大作用，其水平地震影响系数最大值应乘以增大系数。其值应根据不利地段的具体情况确定，在 1.1～1.6 范围内采用。

场地岩土工程勘察，应根据实际需要划分的对建筑有利、一般、不利和危险地段，提供建筑场地类别和岩土地震稳定性（含滑坡、崩塌、液化和震陷特性）评价，对需要采用时程分析法补充计算的建筑，尚应根据设计要求提供土层剖面、场地覆盖层厚度和有关的动力参数。

第二节 地基基础的抗震验算

一、验算原则

地基和基础无论是在平时还是地震作用影响下，对房屋结构的安全使用都起到根本性作用。地震发生后地基承受的作用不仅包括上部荷载作用还包括地震作用对地基的影响，地基在地震发生后地基基础和结构受力变形过程比较复杂，目前还做不到对地基变形进行定量计算。地基在地震作用影响和上部荷载作用下，要求同时满足地基承载力和变形两方面的要求。《建筑抗震设计规范》GB 50011—2010 规定，只要求对地基的抗震承载力进行验算，至于地基的变形条件，则通过对上部结构或地基基础采取一定的抗震措施来弥补。由于地震作用对地基的影响经历的时间短暂，在地基抗震验算时需对地基承载力特征值调整后才能使用。

历次震害表明，一般天然地基上的有些建筑很少因为地基丧失承载力和出现大变形而破坏。因此，《建筑抗震设计规范》GB 50011—2010 规定，下列建筑可以不进行天然地基及基础的抗震承载力验算。

（1）《建筑抗震设计规范》GB 50011—2010 规定可不进行上部结构抗震验算的建筑。

（2）地基主要受力层范围内不存在软弱黏性土层的下列建筑：

1）一般的单层厂房和单层空旷房屋。

2）砌体房屋。

3）不超过 8 层且高度 24m 以下的一般民用框架和框架—抗震墙房屋。

4）基础荷载与 3）相当的多层框架厂房和多层混凝土抗震墙房屋。

软弱土层是指 7 度时地基土静承载力特征值小于 80kPa，8 度时地基土静承载力特征值小于 100kPa，9 度时地基土静承载力特征值小于 120kPa 的土层。

二、天然地基及基础抗震承载力验算

1. 天然地基基础在地震作用下的抗震承载力

在地震作用影响下，地基土承载力与其静力荷载作用下的承载力是有差异的。主要表现在以下几个方面：一是通常静载作用下，地基将产生弹性变形和不可恢复的残余变形。这里的弹性变形可在短时间里完成，而不可恢复的残余变形则需要较长的时间才能完成。因此，在静载长期作用下，地基中将产生较大的变形。地震作用对地基的影响表现在，一方面是随机性大，另一方面是作用时间短。地震作用是有限次数不等幅的随机荷载，其等效循环次数也就十几次到几十次，由于作用时间短，只能在土层内产生弹性变形，持续缓

慢发生的残余变形来不及产生。所以有地震作用产生的地基变形较同样静载作用下产生的变形值要小许多。从变形的角度考虑，地震作用的地基抗震承载力要比地基静承载力大，即地基土在短时动力荷载作用下发挥的强度比静荷载作用时要高。二是从荷载特性和结构安全的角度考虑，因为地震是一种随机的偶发事件，它是一种惯性作用，不可能每次和每时刻都达到自身的最大值，考虑到这个因素，地基抗震验算时可以略微偏高的估计地基的承载力值，也就是地基抗震承载力要比通常静力荷载作用下的静承载力高。

在总结国内外地震抗震验算经验的基础上，我国《建筑抗震设计规范》GB 50011—2010 规定：天然地基基础抗震验算时，应采用地震作用效应标准组合，且地基抗震承载力应取地基承载力特征值乘以地基抗震承载力调整系数，计算公式为：

$$f_{aE} = \zeta_a f_a \tag{11-5}$$

式中　f_{aE}——调整后的地基承载力设计值（kPa）；

　　　ζ_a——地基抗震承载力调整系数，应按表 11-4 采用；

　　　f_a——深度和宽度修正后的地基承载力特征值，应按现行国家标准《建筑地基基础设计规范》GB 50007—2011 的规定采用。

由式（11-5）可知，要想求得调整后的地基的抗震承载力设计值 f_{aE}，首先应根据《建筑地基基础设计规范》GB 50007—2011 查得根据深度和宽度修正后的地基承载力特征值 f_{ak}，再查表 11-5 得到地基抗震承载力调整系数 ζ_a。ζ_a 的取值主要根据国内外抗震勘测资料和其他有关规范的规定，考虑了地基土在有限次数循环动力作用下强度比常规静荷载作用下要高的特性，以及地震作用的特性对房屋结构可能造成的影响，按岩土的名称、性能及其承载力特征值 f_{ak} 来确定。

地基抗震承载力调整系数　　　　　　　　　　表 11-5

岩土名称和形状	ζ_a
岩石，密实的碎石土，密实的砾、粗、中砂，$f_{ak} \geqslant 300$kPa 的黏性土和粉土	1.5
中密、稍密的碎石土，中密和稍密的砾、粗、中砂，密实的中密的细、粉砂，150kPa$\leqslant f_{ak} <$300kPa 的黏性土和粉土，坚硬黄土	1.3
稍密的细、粉砂，100kPa$\leqslant f_{ak} <$150kPa 的黏性土和粉土，可塑黄土	1.1
淤泥，淤泥质土，松散的砂，杂填土，新近堆积黄土及流塑黄土	1.0

2. 天然地基抗震承载力验算

《建筑抗震设计规范》GB 50011—2010 规定，验算天然地基基础抗震承载力时，按地震作用效应标准组合的基础底面平均压力应符合式（11-6），基础偏心受压时边缘最大压力应满足式（11-7）的要求。

$$p \leqslant f_{aE} \tag{11-6}$$

$$p_{max} \leqslant 1.2 f_{aE} \tag{11-7}$$

式中　p——地震作用效应标准组合的基础底面平均压力；

　　　p_{max}——地震作用效应标准组合的基础边缘的最大压力。

《建筑抗震设计规范》GB 50011—2010 规定，高宽比大于 4 的高层建筑，在地震作用下基础底面不宜出现脱离区（零应力区）；其他建筑，基础底面与地基土之间脱离区（零应力区）面积不应超过基础底面面积的 15%（图 11-3）。

【例 11-2】 单层工业厂房采用阶梯形杯口基础，作用于杯口顶面的荷载 $F=1800\text{kN}$；$M=720\text{kN·m}$；$V=45\text{kN}$。预制钢筋混凝土柱的断面尺寸为 $500\text{mm}\times1000\text{mm}$。基础采用 C20 混凝土，钢筋采用 HPB300 级，基础埋深 $d=1.6\text{m}$。地基持力层为粉质黏土，$\gamma=18.5\text{kN/m}^3$，地基承载力特征值 $f_{aE}=210\text{kPa}$，基础底面以上土的平均重度 $\gamma_m=18.0\text{kN/m}^3$。地下水位在天然地面以下 -0.5m 处。试验算地基土抗震承载力是否满足要求。

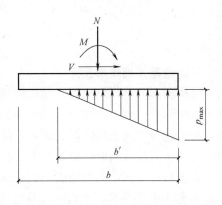

图 11-3 基础底面受压宽度

【解】 （1）基础底面尺寸的确定及地基承载力验算

1）基础底面尺寸的确定 在轴向荷载 F 作用下，基础的底面积为 A_j 为：

$$A_j=\frac{F}{f_{aE}-\gamma_G\times d}=\frac{1800}{210-20\times1.6}=10.11\text{m}^2$$

式中，地基土的承载力特征值 f_{ak} 先用未修正的 f_{aE} 进行估算。考虑到偏心弯矩 M 作用的影响，基础底面积乘以 1.2 适当放大，即

$$1.2A_j=1.2\times10.11=12.132\text{m}^2$$

选取基础宽度 $b=3.5\text{m}$，长度 $l=4.4\text{m}$，则基础底面积 A 为：

$$A=3.5\times4.4\text{m}^2=15.4\text{m}^2$$

2）地基承载力验算 经修正后地基承载力特征值 f_a 为：

$$f_a=f_{ak}+\eta_b\gamma(b-3)+\eta_b\gamma_m(d-0.5)$$
$$=210+0.3\times18.5\times(3.5-3)+1.6\times18.0\times(1.5-0.5)=241.575\text{kPa}$$

（2）基础底面积对形心轴的抵抗矩

$$W=\frac{bl^2}{6}\text{m}^3=11.29\text{m}^3$$

基础底面的最大压力 p_{max}、最小压力 p_{min} 为：

$$p_{max}=\frac{F+G}{A}+\frac{M}{W}$$

$$=\frac{1800+20\times1.6\times15.4}{15.4}+\frac{720+45\times1.4}{11.29}=218.23\text{kPa}$$

上式里分子中的 1.4 是指台阶形杯口基础高度为 1.4m，第一阶高 0.4m，下面两阶高均为 0.5m，共计 1.4m 高。

$$p_{min}=\frac{F+G}{A}-\frac{M}{W}$$

$$=\frac{1800+20\times1.6\times15.4}{15.4}-\frac{720+45\times1.4}{11.29}=79.53\text{kPa}$$

$p_{max}=218.23\text{kPa}<1.2f_{ak}=1.2\times241.575\text{kPa}=289.89\text{kPa}$，满足要求；

$p_{min}=79.53\text{kPa}>0$，满足要求。

第三节　地基基础隔震设计

一、地基基础隔震原理

结构隔震就是隔离地震对建筑物的作用和影响，其基本的思路是将整个结构物或其局部坐落在隔震支座上，或者坐落在起隔震作用的地基或基础上，通过隔震装置的有效工作，减少地震波向上部结构的输入，控制上部结构物地震作用效应和隔震部位的变形，从而减少结构的地震响应，提高结构的抗震安全性。

震害调查得知，典型地震动的卓越周期一般约为 0.1～1.0s，因此，自振周期为 0.1～1.0s 的中低层结构在地震时容易发生共振而遭受破坏。隔震系统是通过减小房屋结构的刚度使得自振周期增大，从而有效避开地震动卓越周期，避免地震时可能发生的共振或接近共振现象发生，较大程度减少了上部结构的地震作用。

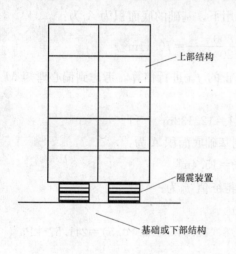

图 11-4　隔震体系的组成

隔震体系是在上部结构物底部与基础底面或底部柱顶之间设置隔震装置而形成的结构体系。它包括了上部结构、隔震装置、基础或下部结构，如图 11-4 所示。常用的隔震装置有橡胶隔震垫和摩擦隔震装置。

如上所述，一般中低层建筑刚度大、周期短，结构地震反应处在地震影响系数曲线的最高端，但由于结构本身刚度大，结构受到的地震作用较大，位移反应谱的值较小，大震时结构处于弹塑性工作状态，结构主要通过构件本身的塑性变形来消耗输入的地震能量。隔震结构由于设有隔震垫，与非隔震结构相比，其自振周期有较大的增加，处在地震影响系数曲线的第三段或第四段，地震

加速度和地震作用力比起非隔震的结构要降低许多。隔震结构中由于柔性垫层的存在，结构整体位移很大且集中发生在隔震层，上部结构层间位移很小处于整体平动状态。隔震结构的隔震层对地震作用有较大降低，但位移值可能超出允许值。为控制位移，可在隔震层设置各种形式的阻尼器，由于阻尼器的存在，结构的位移会下降，地震作用会进一步减小，且隔震结构整体位移也进一步下降，隔震层的位移得到有效控制。

工程中已经采用的基础隔震可分为橡胶垫基础隔震、滑移基础隔震和混合基础隔震等隔震系统。它们虽然各自隔震反应的性态不同，但隔震原理大致相同，都是通过隔震层来减少和削弱上部结构与基础的联系，改变结构系统的动力特性，避免共振或接近共振的现象发生，达到减少地震作用和降低隔震层位移的目的。

二、基础隔震技术简介

橡胶隔震支座按所用材料可分为：天然橡胶夹层橡胶垫、铅芯夹层橡胶垫和高阻尼夹层橡胶垫等，如图 11-5 所示。

1. 橡胶垫基础隔震

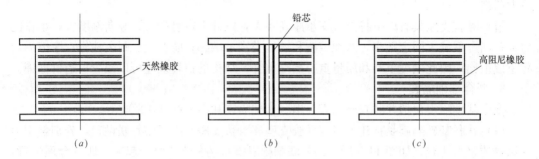

图 11-5　不同材料类型的建筑隔震橡胶支座

(*a*) 天然橡胶夹层橡胶垫；(*b*) 铅芯夹层橡胶垫；(*c*) 高阻尼夹层橡胶垫

橡胶垫基础隔震结构是指隔震层由建筑隔震橡胶支座支撑。建筑隔震支座又称为夹层橡胶隔震垫或形象的称为叠层橡胶隔震垫，是一种竖向承载力高、水平刚度较小、水平侧移允许值较大的装置，它既能减少水平地震作用，又能承受竖向地震作用，适用于房屋等各种结构物及设备的隔震，它是目前世界各国应用最多的隔振器。橡胶式隔震支座按所用的材料分为：叠层橡胶支座、铅芯橡胶支座以及高阻尼橡胶支座等。

（1）叠层橡胶垫　是由多层橡胶夹着钢板通过专用的胶水粘结而成的，它具有低水平刚度与高竖向刚度的特性。钢板作为加劲层，可避免因荷载较大时橡胶垫与侧面产生拉力，影响橡胶垫的疲劳强度和耐久性，如图 11-5 （*a*）所示。试验分析证明，叠层橡胶垫在外力作用下吸收的地震能量有限，地震发生时可能产生过大位移，并且无法抵抗环境振动，工程应用时需要在隔震层同时设置阻尼器作为吸收能量的元件。

（2）铅芯夹层橡胶垫　是在橡胶垫中心置入一高纯度的铅芯形成的，它是目前应用最为普遍的一种隔震支座，由叠层橡胶和中心的高纯度铅芯组成。采用铅芯的原因是铅是很好的耗能材料，因为铅的剪切屈服强度为 $10N/mm^2$ 左右，铅屈服后可产生迟滞耗能作用，达到降低结构位移反应的目的，如图 11-5 （*b*）所示。同时铅具有在常温下可迅速发生再结晶，不易产生应变硬化现象，可以长期使用。通常情况下，铅芯保持弹性，可以承受环境振动。地震时铅芯屈服，可以发挥耗能作用。其橡胶部分可提供较低的侧向刚度，以延长结构周期，降低地震作用。

2. 滑移基础隔震

滑移隔震系统是利用滑移摩擦截面来隔断地震作用的传递。上部结构所受地震作用不超过各截面间最大摩擦力，从而大幅降低上部结构的地震反应。滑移隔震系统无侧向刚度，上部结构可能产生偏移，一般需要设置附加的恢复装置。国际上通常采用聚四氟乙烯板—不锈钢板作为摩擦界面，国内也有不少工程采用柔性石墨及涂层作为摩擦面。

滑移隔震系统可根据隔震层有无恢复力情况，分为无恢复力的隔震结构和有恢复力的隔震结构两类。无恢复力的隔震结构，隔震层部件主要由纯摩擦滑移支座或砾砂等材料组成。为提高其可靠性，还应设置安全锁位装置。有恢复力的隔震结构，其恢复部件可与滑移支座合为一体，也可分开设置，便于设计参数选取和震后检修。

滑移隔震系统根据恢复部件是否承受竖向重力荷载，可以分为普通滑移隔震结构和混合滑移隔震结构两类。普通滑移隔震结构中，只有滑移支座承受重力荷载；混合滑移隔震结构中，隔震层一般由滑移支座和橡胶垫支座组成，滑移支座和恢复部件均要承受一部分重力荷载。

滑移隔震支座具有以下特点：支承净高不大，设计上容易配合，竖向刚度大，承重能力强；隔震系统无固定频率，对地震波和场地类别不敏感；防腐性、耐久性好；摩擦力与载重成正比，因此刚度重心和质量重心始终重合，结构的扭转效应可以减少；造价低廉。

3. 混合基础隔震

混合基础隔震包括并联基础隔震、串联基础隔震和串并联基础隔震等。

(1) 并联基础隔震是指建筑隔震橡胶支座和滑移支座在隔震层并联设置，分别承担上部结构的重力荷载，如图 11-6 所示。并联基础隔震将两种支座联合起来，通过合理配置，可以有效地提高隔振效果。滑移支座可以提供较大的阻尼，且有足够的初始刚度和承载力，以保证风荷载、环境振动等正常使用条件下结构的稳定。普通橡胶垫支座可提供恢复力。由于两种隔震支座分别承担一部分结构自重，故与橡胶垫隔震相比可以减少建筑隔震橡胶支座的尺寸或数量，降低隔震层的造价；与滑移隔震相比，滑移支座承担的结构自重减少，若提供相同的摩擦力，其摩擦系数可较大，故降低了对摩擦材料的要求，且减少了隔震效果对摩擦系数的敏感性，即放宽了材料的性能要求及其波动范围。

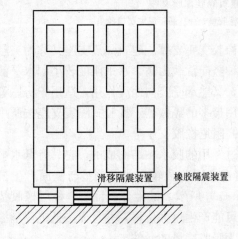

图 11-6　并联基础隔震

并联基础隔震的缺点是：随着位移的增大，两种隔震支座竖向刚度的比值会产生变化，并导致不同的竖向变形，引起自重在各支座之间重分布，特别是滑移支座上的压力和摩擦力的变化将影响到上部结构的地震反应。

(2) 串联基础隔震　是指建筑隔震橡胶支座和滑移支座在隔震层串联设置，共同承担上部结构的重力荷载。串联基础隔震相当于有两个隔震层。它的构造形式有分层式和一体式两种，如图 11-7 所示。其中，分层式在下层支座与上层支座间设一个平面整体构架，以有利于协调上下层之间的水平位移，并使滑移支座保持一致的滑移，其造价较高。一体式即为去掉前述的平面构架，将剪切变形集中于一个支座，水平侧力通过滑板和橡胶层直接传递。

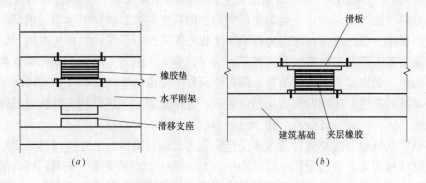

图 11-7　串联基础隔震的构造形式

（3）串联联基础隔震　混合基础隔震结构中，还可以将滑移支座和橡胶垫支座串联后再进行并联，组成更复杂的混合隔震系统。

三、建筑隔震设计简介

1. 一般规定

采用隔震方案的多层砌体、钢筋混凝土框架等房屋，应符合下列要求：

（1）结构高宽比小于4，且不应大于相关规范规程对非隔震结构的具体规定，其变形特征接近剪切变形，最大高度应满足《建筑抗震设计规范》GB 50011—2010 中同类型结构的非隔震结构的要求；高宽比大于4或非隔震结构相关规定的结构采用隔震设计时，应进行专门研究。

（2）建筑场地宜为Ⅰ、Ⅱ、Ⅲ类，并应选用稳定性较好的基础类型。

（3）风荷载和其他非地震作用的水平荷载标准值产生的总水平力不宜超过结构总重力的10%。

（4）隔震层应提供必要的竖向承载力，侧向刚度和阻尼；穿过隔震层的设备配管、配线，采用柔性连接或其他有效措施以适应隔震层的罕遇地震水平位移。

2. 隔震设计

隔震设计应根据预期的竖向承载力、水平向减震系数和位移控制要求，选择适当的隔震装置及抗风装置组成结构的隔震层。

隔震支座应进行竖向承载力的验算和罕遇地震下的水平位移的验算。

隔震层以上结构水平地震作用，应根据水平向减震系数确定；其竖向地震作用标准值，8度（0.2g）、8度（0.3g）和9度时分别不应小于隔震层以上结构总重力荷载代表值的20%、30%和40%。

（1）隔震层的设置

隔震层的设置应符合下列要求：

1）隔震层的位置宜设置在结构的底部或下部，如图 11-8 所示。

2）橡胶支座应设置在受力较大的部位，间距不宜过大，其规格、数量和分布应根据竖向承载力、侧向刚度和阻尼的要求通过计算确定。隔震层在罕遇地震作用下应保持稳定，不宜出现不可恢复的变形；其橡胶支座在罕遇地震的水平和竖向地震同时作用下，拉应力不应大于1MPa。

3）橡胶支座和隔震层的其他部位尚应根据隔震层所在位置的耐火等级，采取相应的防火措施。

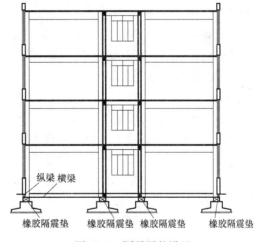

图 11-8　隔震层的设置

4）隔震层的水平等效刚度和等效黏滞阻尼比可按下列公式计算：

$$K_h = \sum K_j \tag{11-8}$$

$$\zeta_{eq} = \sum K_j \zeta_j / K_b \tag{11-9}$$

式中　ζ_{eq}——隔震层等效黏滞阻尼比；

K_h——隔震层水平等效刚度；

ζ_j——第 j 个隔震支座由试验确定的等效黏滞阻尼比；

K_j——第 j 个隔震支座（含消能器）由试验确定的水平等效刚度。

5）隔震支座由试验确定设计参数时，竖向荷载应保持表 11-6 的压应力限值；对水平向减震系数计算应取剪切变形 100％的等效刚度和等效黏滞阻尼比；对罕遇地震验算，宜采用剪切变形 250％时的等效刚度和等效粘滞阻尼比，当隔震支座较大时可采用剪切变形 100％时的等效刚度和等效粘滞阻尼比。当采用时程分析时，应以试验所得滞回曲线作为计算依据。

橡胶隔震支座平均压应力限值（MPa）   表 11-6

建 筑 类 别	甲 类 建 筑	乙 类 建 筑	丙 类 建 筑
平均压应力限值	10	12	15

（2）隔震房屋设计的计算分析方法

1）计算简图可采用剪切型结构模型，如图 11-9 所示。

2）一般采用时程分析法计算。输入地震波反应谱特性和数量，应符合《建筑抗震设计规范》中时程分析法的规定，计算结果宜取其包络值。

3）当处于发震断层 10km 以内时，若输入地震波未考虑近场影响，对甲、乙类建筑，计算结果尚应乘以近场影响系数：5km 以内取 1.5；5km 以外取 1.25。

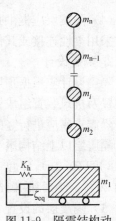

图 11-9　隔震结构动
力计算简图

（3）隔震层以上结构的地震作用计算

1）对多层结构，水平地震作用沿高度可按重力荷载代表值分布。

2）隔震后水平地震作用计算的水平地震影响系数可按《建筑抗震设计规范》所述的方法计算。其水平地震影响系数最大值可按式（11-10）计算：

$$\alpha_{max1}=\beta\alpha_{max}/\psi \tag{11-10}$$

式中　α_{max1}——隔震后的水平地震影响系数最大值；

α_{max}——非隔震的水平地震影响系数最大值，按抗震规范所述的方法确定；

ψ——调整系数。一般橡胶支座，取 0.8；支座性能偏差为 S—A 类，取 0.85；隔震装置带有阻尼器时，相应减少 0.05；

β——水平向减震系数。它描述了隔震建筑的地震作用较不隔震建筑的地震作用降低的程度，其值可由式（11-11）、式（11-12）计算；对于多层建筑，为按弹性计算所得的隔震与非隔震各层剪力的最大值。对于高层建筑结构，尚应计算隔震与非隔震各层倾覆力矩的最大比值，并与层间剪力的最大比值相比较，取二者较大值。

$$\beta=\frac{(\psi_i)_{max}}{0.7} \tag{11-11}$$

$$\psi_i=\frac{V_{gi}}{V_i} \tag{11-12}$$

式中　$(\psi_i)_{max}$——设防烈度下，结构隔震与非隔震时各层层间剪力比的最大值；

　　　ψ_i——设防烈度下，结构隔震时第 i 层层间剪力与非隔震时第 i 层层间剪力比；

　　　V_{gi}——设防烈度下，结构隔震时第 i 层层间剪力；

　　　V_i——设防烈度下，结构非隔震时第 i 层层间剪力。

3）隔震层以上结构的总水平地震作用不得低于非隔震结构在 6 度设防时的总水平地震作用，并应进行抗震验算。各楼层的水平地震作用尚应符合《抗震规范》第 5.2.5 条对本地区设防烈度的最小地震剪力系数的规定。

水平向减震系数不大于 0.25，表 11-7 中是层间剪力最大比值与水平向减震系数的对应关系，表中水平向减震系数是最大层间剪力比的最大值除以 0.7，因此，隔震层以上结构的实际水平地震作用，仅为水平地震作用值的 70%。这就意味着按水平向减震系数进行设计，隔震层以上结构的水平地震作用和抗震验算均留有大约半度的安全储备。因此，相应的构造要求可以降低。验算时各楼层的水平地震剪力尚应满足抗震规范的规定。

层间剪力最大比值与水平向减震系数的对应关系　　　　　　　　　表 11-7

层间剪力最大值	0.53	0.35	0.26	≤0.18
水平向减震系数	0.75	0.50	0.38	0.25

4）9 度时和 8 度且水平向减震系数不大于 0.3 时，隔震层以上的结构应进行竖向地震作用计算。隔震层以上结构竖向地震作用标准值计算时，各楼层可视为质点计算竖向地震作用标准值沿高度的分布。

（4）隔震层承载力验算

《建筑抗震设计规范》GB 50011—2010 规定，隔震层的橡胶隔震支座应符合下列要求：

1）隔震支座在表 11-6 所列的压应力下的极限水平变位，应大于其有效直径的 0.55 倍和支座内部橡胶层总厚度的 3 倍二者较大值，即满足式（11-15）、式（11-16）的要求。

2）在经历相应设计基准期的耐久试验后，隔震支座阻尼特性变化不超过初期值的 ±20%，徐变量不超过支座内部橡胶总厚度的 5%。

3）橡胶隔震支座在重力荷载代表值的竖向压应力不应超过表 11-1 的规定。

3. 隔震层支座水平剪力应根据隔震层在罕遇地震下的水平剪力按各层隔震支座的水平等效刚度分配；隔震支座对于罕遇地震水平剪力的水平位移，应符合下列要求：

$$u_i \leqslant [u_i] \tag{11-13}$$

$$u_i = \eta u_c \tag{11-14}$$

式中　u_i——罕遇地震作用下第 i 个隔震支座考虑扭转的水平位移；

　　　u_c——罕遇地震下隔震层质心处或不考虑扭转的水平位移；

　　　η——第 i 个隔震支座扭转影响系数，应取考虑扭转和不扭转时 i 支座计算位移的比值；当隔震层以上结构的质心与隔震层刚度中心在两个主轴方向无偏心时，边支座的扭转影响系数不应小于 1.15。

　　$[u_i]$——第 i 个隔震支座的水平位移限值；对橡胶隔震支座，不应超过该支座有效直

径的 0.55 倍和支座内部橡胶总厚度 3.0 倍二者的较小值，即

$$u_{max} < 0.55d \tag{11-15}$$

$$u_{max} < 3t_r \tag{11-16}$$

式中　u_{max}——在罕遇地震作用下，考虑扭转影响时隔震支座的最大水平位移；

　　　d——隔震支座有效直径；

　　　t_r——隔震支座各橡胶层总厚度。

4. 隔震结构抗倾覆验算

对高宽比较大的结构，应进行罕遇地震作用下的抗倾覆验算。抗倾覆验算包括结构整体抗倾覆验算和隔震支座承载力验算。抗倾覆验算安全系数应大于 1.2。

隔震建筑地基基础的抗震验算和地基处理仍应按本地区抗震设防烈度进行，甲、乙类建筑的抗液化措施应按提高一个液化等级确定，直至全部消除液化沉陷。

本 章 小 结

1. 场地是建筑物所在地一个具有共性的较大区域，一个厂区、一个街区、一个自然村属于同一场地。场地土的性状和传播剪切波的波速是划分场地土的依据，《建筑抗震设计规范》GB 50011—2010 将场地土划分为岩石、坚硬土、中硬土、中软土和软弱土五类。建筑场地类别确定的依据是场地土的类别和地下坚硬土层上面覆盖的较为软弱的土层（覆盖土层）厚度。划分场地土的目的在于抗震验算时取用的有关地震动参数不同，《建筑抗震设计规范》GB 50011—2010 将场地划分为 I_0、I_1、II、III、IV 共四大类五小类。

2. 《建筑抗震设计规范》GB 50011—2010 将可用于建设的场地地段类别划分为：有利地段、一般地段、不利地段和危险地段四大类。选择建设场地时宜选择有利地段、避开不利地段，但无法避开时应采取适当的抗震措施；不应在危险地段建造甲、乙、丙级建筑。

3. 地基基础抗震验算是房屋结构抗震的重要组成部分。天然地基及基础的抗震承载力设计值是在《建筑地基基础设计规范》GB 50007—2011 给定的地基承载力基础上修正后得到的。天然地基基础在地震作用下承载力验算须满足《建筑抗震设计规范》GB 50011—2010 的要求。

4. 在软弱场地、不均匀场地和危险地段建设房屋时，需要根据不同情况采取不同的地基处理方法和工艺，尽量避免或减少震害损失。

5. 结构隔震就是隔离地震对建筑物的作用和影响，其基本的思路是将整个结构物或其局部坐落在隔震支座上，或者坐落在起隔震作用的地基或基础上，通过隔震装置的有效工作，减少地震波向上部结构的输入，控制上部结构物地震作用效应和隔震部位的变形，从而减少结构的地震响应，提高结构的抗震安全性。

6. 采用隔震方案的多层砌体、钢筋混凝土框架等房屋，应符合下列要求：1) 结构高宽比小于 4，且不应大于相关规范规程对非隔震结构的具体规定，其变形特征接近剪切变形，最大高度应满足《建筑抗震设计规范》GB 50011—2010 中同类型结构的非隔震结构的要求；高宽比大于 4 或非隔震结构相关规定的结构采用隔震设计时，应进行专门研究。2) 建筑场地宜为 I、II、III 类，并应选用稳定性较好的基础类型。3) 风荷载和其他非地

震作用的水平荷载标准值产生的总水平力不宜超过结构总重力的 10%。4）隔震层应提供必要的竖向承载力，侧向刚度和阻尼；穿过隔震层的设备配管、配线，采用柔性连接或其他有效措施以适应隔震层的罕遇地震水平位移。

复习思考题

一、名词解释

场地　　危险地段　　不利地段　　有利地段　　地基抗震承载力调整系数

二、问答题

1. 什么是场地？它和场地土有什么区别？为什么要划分场地类别？怎样划分？

2. 怎样划分场地土？场地土可分为几类？

3. 建设场地的地段怎样划分？建设场地的选择要考虑哪些因素？

4. 地震引起的地基震害有哪几种形式？

5. 地基抗震设计的基本原则是什么？哪些建筑可不进行天然地基及基础的抗震承载力验算？

6. 地基基础抗震验算的基本思路、方法、公式各有哪些？

7. 什么是建筑隔震？建筑隔震的原理是什么？建筑隔震设计包括的范围有哪些？

三、计算题

试按表 11-8 计算场地的等效剪切波速，并判断场地类别。

土层剪切波速　　　　　　　　　　　　　　表 11-8

土层厚度(m)	2.1	5.2	7.4	3.5	4.3
v_s(m/s)	190	220	70	410	510

附录 A 混凝土结构设计基本资料

混凝土强度设计值（N/mm²）

强度	混凝土强度等级													
	C15	C20	C25	C30	C35	C40	C45	C50	C55	C60	C65	C70	C75	C80
轴心抗压 f_c	7.2	9.6	11.9	14.3	16.7	19.1	21.2	23.1	25.3	27.5	29.7	31.8	33.8	35.9
轴心抗拉 f_t	0.91	1.10	1.27	1.43	1.57	1.71	1.80	1.89	1.96	2.04	2.09	2.14	2.18	2.22

注：1. 计算现浇钢筋混凝土轴心受压及偏心受压构件，如截面的长边或直径小于 300mm，则表中的混凝土的强度等级应乘以系数 0.8；当构件质量（如混凝土成型、截面尺寸等）确有保证时，可不受此限制；

2. 离心混凝土的强度设计值应按有关专门规定取用。

混凝土的弹性模量（×10⁴N/mm²）

混凝土强度等级	C15	C20	C25	C30	C35	C40	C45	C50	C55	C60	C65	C70	C75	C80
E_c	2.20	2.55	2.80	3.00	3.15	3.25	3.35	3.45	3.55	3.60	3.65	3.70	3.75	3.80

注：1. 当有可靠试验依据时，弹性模量可根据实测数据确定；

2. 当混凝土中掺有大量矿物掺合料时，弹性模量可按规定龄期根据实测数据确定。

普通钢筋强度设计值（N/mm²）

种类	抗拉强度设计值 f_y	抗压强度设计值 f_y'
HPB300	270	270
HRB335、HRBF335	300	300
HRB400、HRBF400、RRB400	360	360
HRB500、HRBF500	435	410

注：在钢筋混凝土结构中，轴心受拉和小偏心受拉强度设计值大于 300N/mm² 时，仍应按 300N/mm² 取用。

钢筋的弹性模量 E_s（×10⁵N/mm²）

牌号或种类	弹性模量 E_s
HPB300 钢筋	2.10
HRB335、HRB400、HRB500 钢筋 HRBF335、HRBF400、HRBF500 钢筋 RRB400 级钢筋 预应力螺纹钢筋	2.00
消除预应力钢丝、中强度预应力钢丝	2.05
钢绞线	1.95

注：必要时可采用实测的弹性模量。

钢筋的公称截面面积及质量表

直径 d (mm)	不同根数钢筋的计算截面面积(mm²)									理论质量 (kg/m)
	1	2	3	4	5	6	7	8	9	
6	28.3	57	86	113	142	170	198	226	255	0.222
8	50.3	101	151	201	251	302	352	401	453	0.395
8.2	52.8	106	158	211	264	317	370	423	475	0.432
10	78.5	157	236	314	393	471	550	638	707	0.617

直径 d (mm)	不同根数钢筋的计算截面面积(mm²)									理论质量 (kg/m)
	1	2	3	4	5	6	7	8	9	
12	113.1	226	339	462	565	678	791	904	1017	0.888
14	153.9	308	461	615	769	923	1077	1230	1387	1.21
16	201.1	401	603	804	1005	1206	1407	1608	1809	1.58
18	254.5	509	763	1017	1272	1525	1780	2036	2290	2.00
20	314.2	628	941	1256	1570	1884	2200	2513	2827	2.47
22	380.1	760	1140	1520	1900	2281	2661	3041	3421	2.98
25	490.9	982	1473	1964	2454	2945	3436	3927	4418	3.85
28	615.3	1232	1847	2463	3079	3695	4310	4926	5542	4.83
32	804.3	1609	2418	3217	4021	4826	5630	6434	7238	6.31
36	1017.9	2036	3054	4072	5089	6107	7125	8143	9161	7.99
40	1256.1	2513	3770	5027	6283	7540	8796	10053	11310	9.87
50	1964	3928	5892	7856	9820	11784	13748	15712	17676	15.42

注：表中钢筋直径为8.2mm的计算面积及公称质量，仅适用于有纵肋的热处理钢筋。

每米宽板带实配钢筋面积表 附表 A-6

钢筋间距	钢筋直径(mm)													
	3	4	5	6	6/8	8	8/10	10	10/12	12	12/14	14	14/16	16
70	101	180	280	404	561	719	920	1121	1360	1616	1907	2199	2536	2872
75	94.3	168	262	377	524	671	859	1047	1277	1508	1780	2052	2367	2681
80	88.4	157	245	354	491	629	805	981	1198	1414	1669	1924	2218	2513
85	83.2	148	231	233	462	592	759	924	1127	1331	1571	1811	2088	2365
90	78.5	140	218	314	437	559	716	872	1064	1257	1483	1710	1972	2234
95	74.5	132	207	298	414	529	678	826	1008	1190	1405	1620	1868	2116
100	70.6	126	196	283	393	503	644	785	958	1131	1335	1539	1775	2011
110	64.2	114	178	257	357	457	585	714	871	1028	1214	1399	1614	1828
120	58.9	105	163	236	327	419	537	654	798	942	1113	1283	1480	1676
130	54.4	96.6	151	218	302	387	495	604	737	870	1027	1184	1366	1547
140	50.5	89.7	140	202	281	359	460	561	684	808	954	1099	1268	1436
150	47.1	83.8	131	189	262	335	429	523	639	754	890	1026	1183	1340
160	44.1	78.5	123	177	246	314	403	491	599	707	834	962	11110	1257
170	41.5	73.9	115	166	231	296	379	462	564	665	785	905	1044	1183
180	39.2	69.8	109	157	218	279	358	436	532	628	742	855	985	1117
190	37.2	66.1	103	149	207	265	339	413	504	595	703	810	934	1058
200	35.3	62.8	98.2	141	196	251	322	393	479	565	668	770	888	1005
220	32.1	57.1	89.2	129	179	229	293	357	463	514	607	700	807	914
240	29.4	52.4	81.8	118	164	210	268	327	399	471	556	641	740	838
250	28.3	50.3	78.5	113	157	201	258	314	383	452	534	616	710	838
260	27.2	48.3	75.5	109	151	193	248	302	369	435	513	592	682	773
280	25.2	44.9	70.1	101	140	180	230	280	342	404	477	550	634	718
300	23.6	41.9	65.5	94.2	131	168	215	262	319	377	445	513	592	670
320	22.1	39.3	61.4	88.4	123	157	201	245	299	353	417	481	554	628

附录 B　　中国季节性冻土标准冻深线图

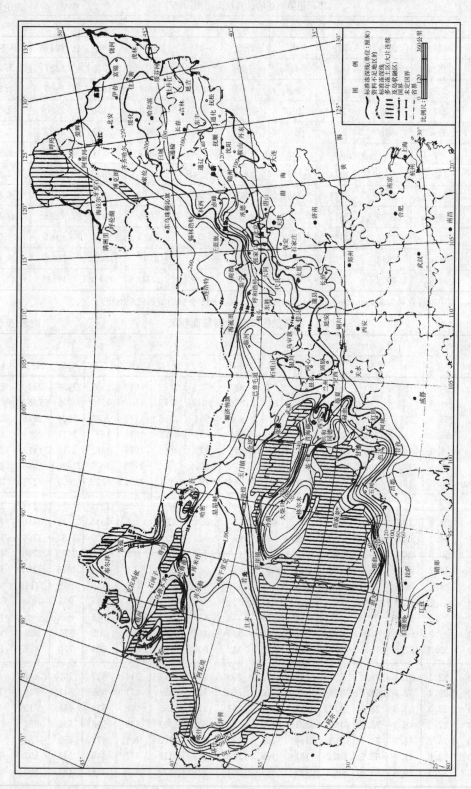

附录 C　　地勘报告附件的图

(1) 勘探点平面布置图 1 张，详见附图 C-1；

(2) 工程地质剖面图 6 张，详见附图 C-2～附图 C-7；

(3) 钻孔柱状图 8 张，详见附图 C-8～附图 C-15。

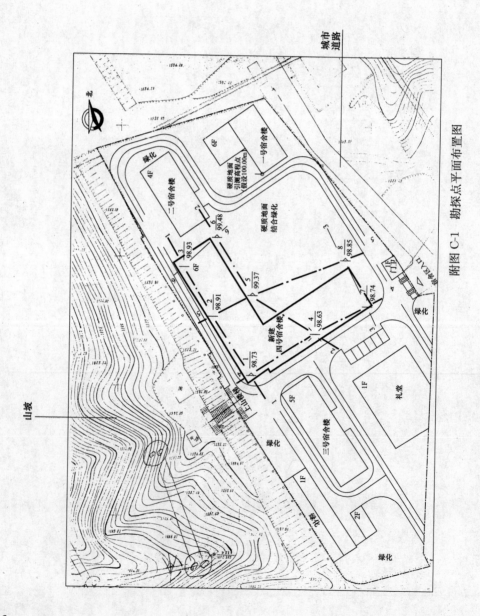

附图 C-1　勘探点平面布置图

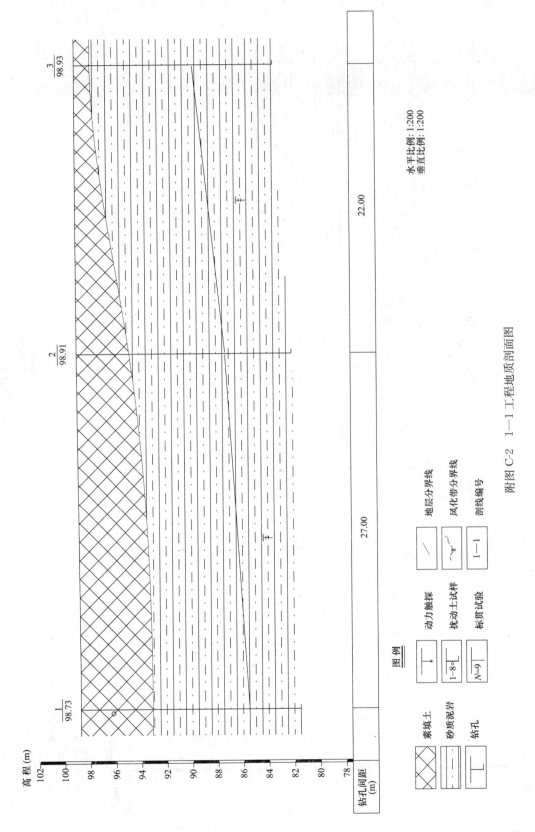

图例

⊤	动力触探		地层分界线	
1-8° ⊤	扰动土试样	~	风化带分界线	
N=9 ⊤	标贯试验	1—1	剖线编号	

素填土
砂质泥岩
钻孔

水平比例: 1:200
垂直比例: 1:200

附图 C-2 1—1 工程地质剖面图

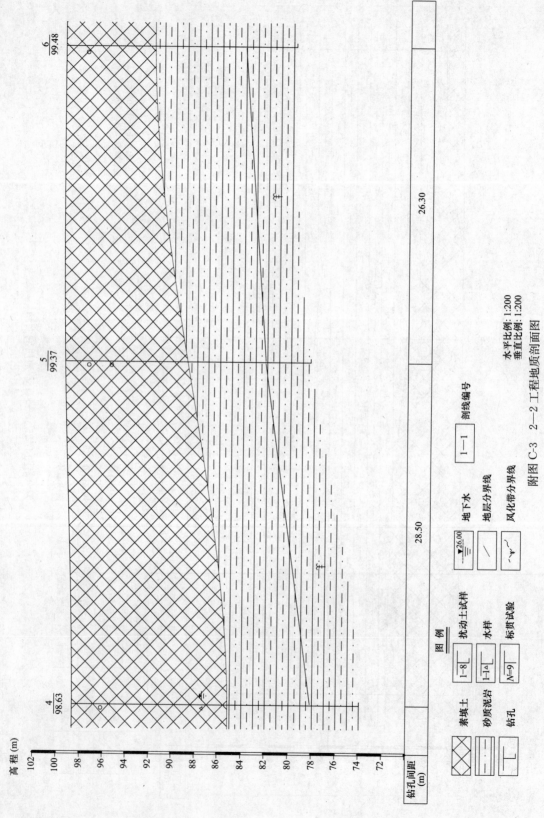

图 例

素填土	扰动土试样	地下水	剖线编号
砂质泥岩	水样	地层分界线	
钻孔	标贯试验	风化带分界线	

水平比例: 1:200
垂直比例: 1:200

附图 C-3   2—2 工程地质剖面图

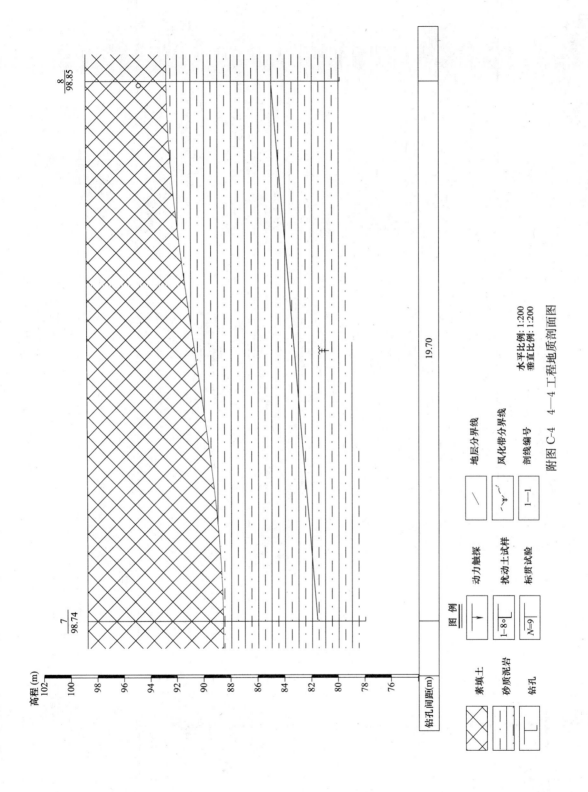

图 例

	素填土		动力触探		地层分界线
	砂质泥岩	1-8○	扰动土试样		风化带分界线
	钻孔	N=9	标贯试验	1—1	剖线编号

附图 C-4 4—4 工程地质剖面图

水平比例: 1:200
垂直比例: 1:200

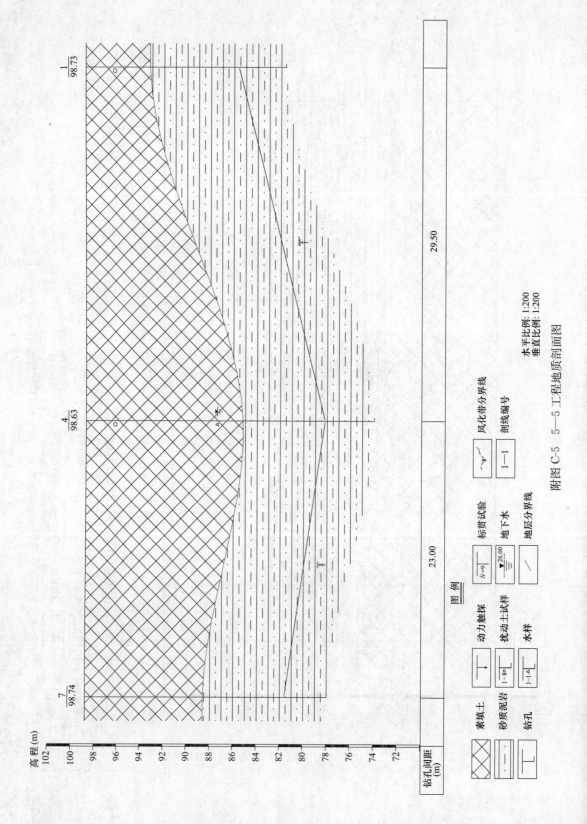

附图 C-5 5—5 工程地质剖面图

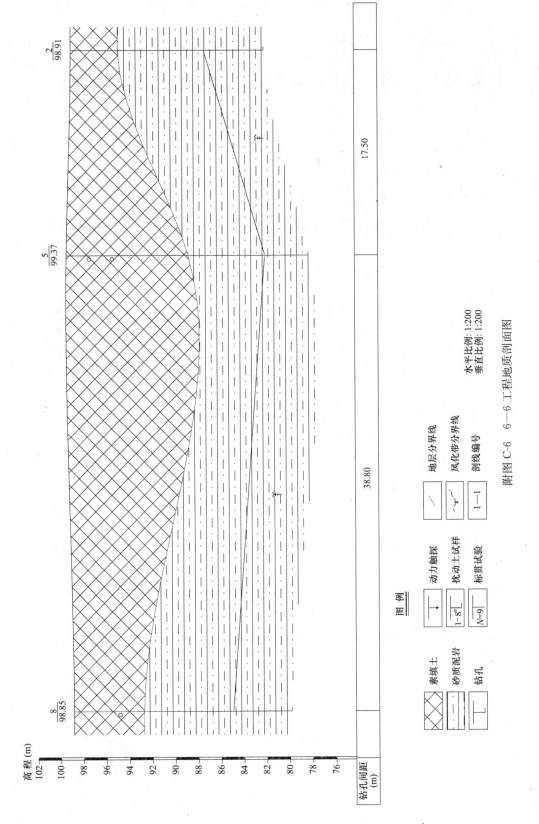

图 例

	素填土		动力触探		地层分界线
	砂质泥岩	1~8°	扰动土试样		风化带分界线
	钻孔	N=9	标贯试验	1—1	剖线编号

水平比例: 1:200
垂直比例: 1:200

附图 C-6　6—6 工程地质剖面图

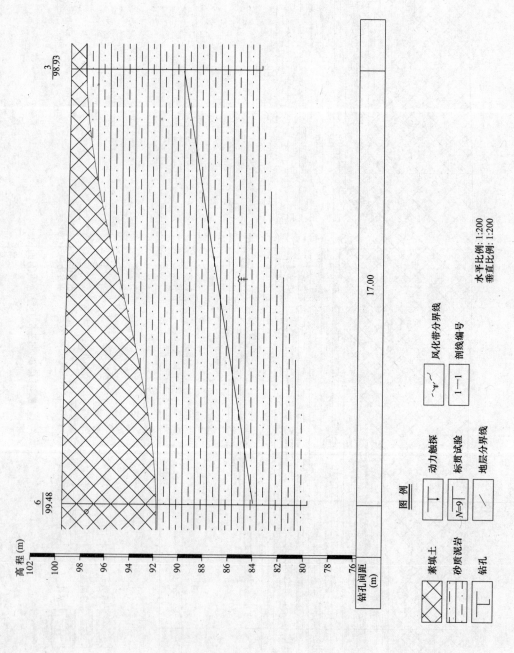

高程 (m)

钻孔间距 (m)

图例

动力触探

标贯试验 N=9

地层分界线

风化带分界线

剖线编号 1—1

素填土

砂质泥岩

钻孔

水平比例: 1:200
垂直比例: 1:200

附图 C-7 7—7 工程地质剖面图

钻 孔 柱 状 图

第 1 页 共 1 页

工程名称							
工程编号				钻孔编号	1		
孔口高程	98.73m	坐		开工日期	2009-01-07	稳定水位深度	
孔口直径	127.00mm	标		竣工日期	2009-01-07	测量水位日期	

时代成因	层底高程(m)	层底深度(m)	分层厚度(m)	取样	柱状图 1:150	岩土名称及其特征
Q_4^{ml}	93.13	5.60	5.60	1-1 2.50–2.70	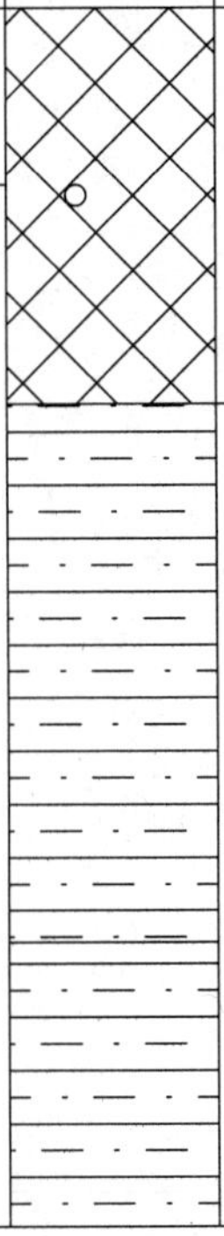	
K	85.53	13.20				
	81.53	17.20	11.60			

专业负责人　　　　校核　　　　审核

附图 C-8　钻孔柱状图（一）

钻 孔 柱 状 图

第 1 页 共 1 页

工程名称					
工程编号		钻孔编号	2		
孔口高程	98.91m	坐标	开工日期	2009-01-06	稳定水位深度
孔口直径	127.00mm		竣工日期	2009-01-06	测量水位日期

时代成因	层底高程 (m)	层底深度 (m)	分层厚度 (m)	取样	柱状图 1:150	岩土名称及其特征
Q_4^{ml}	94.81	4.10	4.10			
K	87.31	11.60				
	82.11	16.80	12.70			

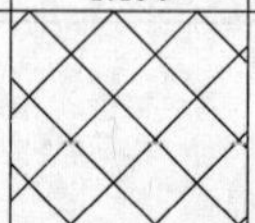

专业负责人　　　　校核　　　　审核

附图 C-9　钻孔柱状图（二）

钻 孔 柱 状 图

第1页 共1页

工程名称							
工程编号				钻孔编号	3		
孔口高程	98.93m	坐标		开工日期	2009-01-06	稳定水位深度	
孔口直径	127.00mm			竣工日期	2009-01-06	测量水位日期	

时代成因	层底高程(m)	层底深度(m)	分层厚度(m)	取样	柱状图 1:150	岩土名称及其特征
Q_4^{ml}	97.73	1.20	1.20			
K	89.73	9.20				
	83.43	15.50	14.30			

专业负责人	校核	审核

附图 C-10 钻孔柱状图（三）

钻 孔 柱 状 图

工程名称									

工程编号				钻孔编号			4		

孔口高程	98.63m	坐		开工日期	2009-01-05	稳定水位深度	11.30m
孔口直径	127.00mm	标		竣工日期	2009-01-05	测量水位日期	2009-01-05

时代成因	层底高程 (m)	层底深度 (m)	分层厚度 (m)	取样	柱状图 1:150	岩土名称及其特征
Q_4^{ml}				4-1 2.50-2.70		
				4-2 11.30-11.50		
	85.13	13.50	13.50			
K						
	78.13	20.50				
	73.93	24.70	11.20			

专业负责人	校核	审核

附图 C-11 钻孔柱状图（四）

钻 孔 柱 状 图

第1页共1页

工程名称							
工程编号				钻孔编号	5		
孔口高程	99.37m	坐标		开工日期	2009-01-05	稳定水位深度	
孔口直径	127.00mm			竣工日期	2009-01-05	测量水位日期	

时代成因	层底高程(m)	层底深度(m)	分层厚度(m)	取样	柱状图 1:150	岩土名称及其特征
Q_4^{ml}	88.77	10.60	10.60	5-1 2.00-2.20 5-2 4.00-4.20	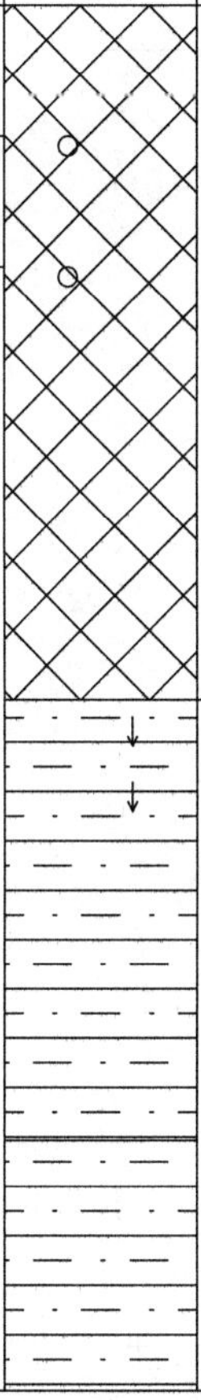	
K	82.07	17.30				
	78.27	21.10	10.50			

专业负责人　　　　校核　　　　审核

附图 C-12　钻孔柱状图（五）

钻 孔 柱 状 图

第1页 共1页

工程名称							
工程编号				钻孔编号	6		
孔口高程	99.48m	坐标		开工日期	2009-01-06	稳定水位深度	
孔口直径	127.00mm			竣工日期	2009-01-06	测量水位日期	

时代成因	层底高程 (m)	层底深度 (m)	分层厚度 (m)	取样	柱状图 1:150	岩土名称及其特征
Q_4^{ml}	91.78	7.70	7.70	6-1 2.00-2.20	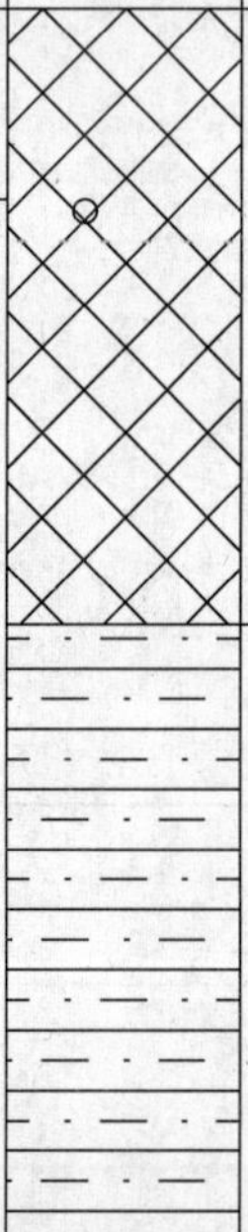	
K	83.98	15.50				
	79.68	19.80	12.10			

专业负责人　　　　校核　　　　审核

附图 C-13　钻孔柱状图（六）

钻 孔 柱 状 图

第1页共1页

工程名称							
工程编号				钻孔编号		7	
孔口高程	98.74m	坐		开工日期	2009-01-05	稳定水位深度	
孔口直径	127.00mm	标		竣工日期	2009-01-05	测量水位日期	

时代成因	层底高程(m)	层底深度(m)	分层厚度(m)	取样	柱状图 1:150	岩土名称及其特征
Q_4^{ml}	88.54	10.20	10.20		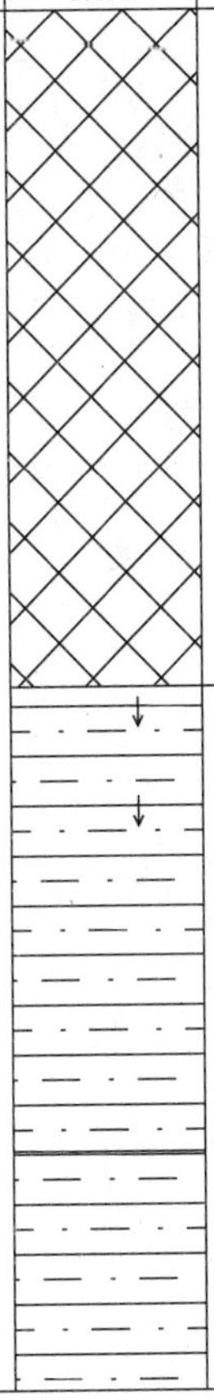	
K	81.54	17.20				
	77.94	20.80	10.60			

专业负责人　　　　　　　　　校核　　　　　　　审核

附图 C-14　钻孔柱状图（七）

315

钻 孔 柱 状 图

第 1 页 共 1 页

工程名称								
工程编号					钻孔编号		8	
孔口高程	98.85m	坐		开工日期	2009-01-06	稳定水位深度		
孔口直径	127.00mm	标		竣工日期	2009-01-06	测量水位日期		

时代成因	层底高程(m)	层底深度(m)	分层厚度(m)	取样	柱状图 1:150	岩土名称及其特征
Q$_4^{ml}$				8-1 4.00-4.20		
	92.75	6.10	6.10			
K						
	84.95	13.90				
	79.85	19.00	12.90			

专业负责人   校核   审核

附图 C-15　钻孔柱状图（八）

316

参 考 文 献

1. 国家标准. 建筑地基基础设计规范 GB 50007—2011. 北京：中国建筑工业出版社，2011.
2. 国家标准. 建筑地基基础工程施工质量验收规范 GB 50202—2011. 北京：中国建筑工业出版社，2011.
3. 国家标准. 建筑结构荷载规范 GB 50009. 北京：中国建筑工业出版社，2001.
4. 国家标准. 建筑桩基技术规范 JGJ 94—2008. 北京：中国建筑工业出版社，2008.
5. 国家标准. 建筑桩基检测技术规范 JGJ 106—2003. 北京：中国建筑工业出版社，2003.
6. 国家标准. 建筑地基处理技术规范 JGJ 79—2002. 北京：中国建筑工业出版社，2002.
7. 国家标准. 建筑基坑支护技术规范 JGJ 120—99. 北京：中国建筑工业出版社，1999.
8. 国家标准. 建筑边坡工程技术规范 JGJ 50330—2002. 北京：中国建筑工业出版社，2002.
9. 国家标准. 建筑抗震设计规范 GB 50011—2010. 北京：中国建筑工业出版社，2010.
10. 孙维东. 土力学与地基基础. 北京：机械工业出版社，2004.
11. 杨小平. 土力学与地基基础. 武汉：武汉大学出版社，2000.
12. 陈书申. 土力学与地基基础. 武汉：武汉理工大学出版社，2006.
13. 陈国兴. 基础工程学. 北京：中国水利水电出版社，2009.
14. 叶书麟. 地基处理. 北京：中国建筑工业出版社，1997.
15. 龚晓南. 基坑工程设计手册. 北京：中国建筑工业出版社，1998.
16. 陈兰云. 土力学与地基基础. 北京：机械工业出版社，2001.
17. 王成华. 基础工程学. 天津：天津大学出版社，2002.
18. 张力霆. 土力学与地基基础. 北京：高等教育出版社，2002.